AF400554

Arnold Peiter

HANDBUCH SPANNUNGS MESSPRAXIS

Arnold Peiter (Hrsg.)

HANDBUCH SPANNUNGS MESSPRAXIS

EXPERIMENTELLE ERMITTLUNG MECHANISCHER SPANNUNGEN

Mit 237 Bildern und 13 Tabellen

Der Herausgeber:
Prof. Dr.-Ing. A. Peiter, ehem. Leiter des Materialprüfungsamtes des Saarlandes und
Prof. an der Hochschule für Technik und Wirtschaft Saarbrücken

Die Autoren:
Prof. Dr. E. Fantner, Philips Analytical, Almelo (NL)
Prof. M. Erhard, FH Schweinfurt
Prof. Dr. rer. nat. K. Goebbels, Hydac, Sulzbach/Saar
Dr. E. Houtmann, Philips Analytical, Almelo (NL)
Dipl.-Ing. R. Kaufmann, Measurements Group, Lochhamm
Dr.-Ing. P. Pantucok, Fraunhofer-Institut LBF, Darmstadt
Dr. H. G. Priesmeyer, GKSS-Forschungszentrum, Geesthacht
Prof. Dr. H. Ruppersberg, Universität des Saarlandes, Saarbrücken
Prof. Dr.-Ing. H. Schimmöller, Universität Hamburg
Prof. Dr. rer. nat. H. Wern, Hochschule für Technik und Wirtschaft des Saarlandes, Saarbrücken

Alle Rechte vorbehalten
© Friedr. Vieweg & Sohn Verlagsgesellschaft mbH, Braunschweig/Wiesbaden, 1992
Softcover reprint of the hardcover 1st edition 1992

Der Verlag Vieweg ist ein Unternehmen der Verlagsgruppe Bertelsmann International.

Druck und buchbinderische Verarbeitung: W. Langelüddecke, Braunschweig
Gedruckt auf säurefreiem Papier

ISBN-13: 978-3-322-83109-5   e-ISBN-13: 978-3-322-83108-8
DOI: 10.1007/978-3-322-83108-8

Vorwort zum Handbuch Spannungspraxis

Das Handbuch führt das im selben Verlag erschienene Studienbuch Spannungspraxis, Ermittlung von Last- und Eigenspannungen aus dem Jahre 1986 fort und erweitert es. – In drei Teilen werden für den Praktiker, und der es werden will, zunächst die mechanischen und physikalischen Grundlagen mathematisch korrekt, aber trotzdem leicht verständlich erläutert. Sodann folgen im zweiten Teil die wichtigsten, in der Praxis angewendeten Verfahren und im dritten ihr Einsatz mit numerischen Auswertungen und Fehlerabschätzungen. Durch diese Einteilung wird es dem Anfänger und Fortgeschrittenen ermöglicht, sich schnell einzulesen und zu informieren. Das Handbuch will Lehrbuch und Nachschlagewerk zugleich sein, was auch eine Forderung unserer schnellebigen Zeit ist. Um diesen Rahmen nicht zu sprengen, wurden ganz bewußt Theorie und Prinzip von Aufnehmern, Meßgeräten und Verfahren nur so weit skizziert, wie sie zum Verständnis der Spannungsmeßtechnik erforderlich sind. Das war zwar nicht immer möglich, wie z.B. in der Neutronentechnik. Aber wie in jeder Neuentwicklung muß zur Einführung und zum Verständnis oft etwas weiter ausgeholt werden.

Das Handbuch spannt einen Bogen von der einaxialen Längenmessung bis zur dreiaxialen Spannungsanalyse im Innern von Werkstücken; von dem HOOKE-Gesetz aus dem Jahre 1678 bis zu den Methoden der Finiten Elementen, die nur mit großen Rechnern zu bewältigen sind. Darüber hinaus wird gezeigt, wie man neben dem elastischen Beanspruchungsbereich auch den plastischen mit einparametrigen Ausgleichsfunktionen beschreiben kann; wie Eigenspannungsverteilungen mathematisch zu handhaben sind, und wie die Wege des Röngtenstrahles bei unterschiedlich gekrümmten Oberflächen und veränderlichen Spannungsgradienten im Werkstoffinnern theoretisch zu erfassen und zu wichten sind. Ohne diese ganzheitlichen, mathematischen Hilfsmittel sind die heute gesuchten Spannungstensoren nicht zu ermitteln. Durch die Allgemeingültigkeit der Auswertungen in Verbindung mit TAYLOR-Reihenentwicklungen sind die funktionalen Ansätze zugleich erweiterungsfähig auf Verfahren, die noch in der Entwicklung sind, wie z.B. in der Ultraschall- und Neutronentechnik. Der verstärkte Einsatz ausgefeilter, voraussetzungsfreier Methoden ermöglicht auch zum ersten Male, in der Röntgentechnik, die Richtigkeit von Messung und Auswertung zu belegen, indem man nämlich die örtlichen Randbedingungen der Spannungen aus den Messungen verifiziert und nicht nur postuliert. Parallel dazu können auch noch elastische Kennwerte in situ gemessen werden, was bislang unmöglich war. Somit werden in dem Handbuch Praxis und Theorie, Bekanntes und Neues miteinander verbunden, denn es gilt auch hier das Wort von M. Freudenthal: „Nichts ist praktischer als eine gute Theorie!"

Mit dazu beigetragen haben viele Hände:

- Zehn Kollegen aus Forschung und Lehre, Entwicklung und Vertrieb gestalteten eigenverantwortlich die von ihnen bearbeiteten Kapiteln.
- Zwei Mitarbeiter, Dipl.-Ing. P. Schlarb und Th. Meiser, übernahmen die mühevolle Aufgabe, alle Texte, Formeln und Bilder mit einer Textverarbeitungsanlage einheitlich darzustellen.
- Herr E. Schmitt, Vieweg Verlag Wiesbaden, regte die Veröffentlichung des Handbuches an und war stets ein hilfreicher Ansprechpartner und Mittler zur Verlagsleitung.

Ihnen allen danke ich für die vertrauensvolle Zusammenarbeit, die zahlreichen Diskussionen und Verbesserungsvorschläge. Mögen die fachlichen und persönlichen Kontakte weiterhin mithelfen, daß die Spannungsmeßtechnik bald technisch-wissenschaftliches Allgemeingut wird, ohne Partikularinteressen. Das angestrebte Ziel der örtlichen Ermittlung dreiaxialer Spannungen mit ihren Gradienten wird nur in Zusammenarbeit von Geräteherstellern und Anwendern, sowie mit computer-gesteuerten Messungen und Auswertungen zu erreichen sein, nicht im Alleingang und auch nicht ex cathedra.

Saarbrücken, im September 1992   *Arnold Peiter*

Inhaltsverzeichnis

A Grundlagen

B Verfahren

C Anwendungen

A Grundlagen

1 Materialbeanspruchung

1.1 Materialien

Technische Vorhaben, Pläne und Entwürfe lassen sich nur mit solchen Materialien verwirklichen, deren Kennwerte bekannt, zuverlässig und in gewissen Grenzen veränderlich und einstellbar sind. Das gilt schon für mikroskopisch kleine Bauelemente der Elektrotechnik, aber auch für die Geräte des Alltags für Motore, Maschinen, Leitungen, Chemieanlagen, Hochbauten, Flugzeuge und Raketen. Die dabei eingesetzten Stoffe sind u.a. : Werk-, Bau-, Kunst-, Natur-, Verbund-, Farb- und Isolierstoffe, die jeweils wieder unterteilt werden können in mehrere Untergruppen. So faßt man z.B. unter dem Begriff "Werkstoffe" zusammen: alle Metalle und deren Legierungen, Reinst-, Leicht-, Schwer- und Edelmetalle, hoch und niedrig schmelzende, gegossene, gesinterte, warm und kaltgeformte. Verbunden damit ist eine Vielzahl von Kennwerten und deren Abhängigkeiten, die sich noch weiter variieren lassen durch Entwicklung von Verbund-, Tränk- und Schichtwerkstoffe. Diese Materialien sind zum größeren Teil in Deutschland seit einigen Jahrzehnten genormt, sowie mit Kurzbezeichnungen und Werkstoffnummern versehen. Nur wenig älter ist der Beginn einer objektiven, wissenschaftlichen Materialprüfung. Ihre Anfänge fallen mit der Industrialisierung im 19. Jahrhundert zusammen [1.1]

In der früher als "Werkstoffkunde" benannten Wissenschaft gab es von allen den bekannten Stoffen nur erklärende Beschreibungen der Gefüge, Phasenumwandlungen und Meßverfahren, unterstützt durch einfache empirische Regeln. Die heutigen "Werkstoffwissenschaften" dagegen begründet Stoffkennwerte, erklären ihre gegenseitigen Abhängigkeiten mit physikalischen Gesetzen, ordnen systematisch die Legierungen und ermöglichen damit auch eine Vorhersage von zu erwarteten Eigenschaften. Sollen verbindliche Aussagen gemacht werden über Materialbeanspruchung und -haltbarkeit, Sicherheitsfaktor und Belastbarkeit, so reichen die stoff- und gefügeabhängigen Kenngrößen alleine nicht aus. Es ist auch die Beanspruchung im späteren Betrieb zu beachten, denn gesicherte Kennwerte in zunächst einaxial belasteten Proben lassen sich nicht ohne weiteres auf neue und mehraxiale Belastungen übertragen. [1.2; 1.3; 1.4]

1.2 Beanspruchungsart

Die seit eh und je an die Techniker gestellte Forderung, immer schneller, leichter und billiger zu produzieren, führte neben der Entwicklung neuer Stoffe zusätzlich zu neuen Verfahren, Einrichtungen und Konstruktionen. Technische, wissenschaftliche Zeitschriften berichten über den damit verbundenen Fortschritt, das Erzielte und Erstrebenswerte.

Infolge der stets dem augenblicken Wissensstand vorauseilenden Plänen
entsteht auf diese Weise ein dauerndes Spannungsfeld zwischen Erreichtem und
Erreichbarem, zwischen Möglichem und Unmöglichem, zwischen Realität und
Utopie. Markante Beispiele dieser Wechselwirkungen liefert die unmittelbare Vergangenheit, so zum Beispiel die Kerntechnik, die Weltraumforschung, die Luftfahrt
und die Energietechnik. Begann man erst vor etwa 100 Jahren mit einer im
heutigen Sinne anerkannten Festigkeitslehre, so hat heute die Materialbeanspruchung eine derartige Vielfältigkeit erreicht, daß Mechanik und Festigkeitslehre
mit ihren einfachen Annahmen und Näherungen nur eine Abschätzung der Be-
triebsfestigkeit ermöglichen. Hinzu kommen schwer erfassbare Einflüsse wie
z.B. Kerbform und -zahl, Oberflächenrauheit, mechanisch, thermisch und
chemisch veränderliche Beanspruchungen, sowie kombinierte Wirkung von äußeren
Verschleiß-, Sperr- und Schutzschichten mit der darunter liegenden Tragschicht.

Bei diesem Erkenntnisstand ist es kaum möglich, eine Zusammenstellung aller
Versagensarten zu geben. In Tafel 1.1 wird daher nur versucht, die Dreierkette
"Beanspruchung- Stoff- Versagen" mit ihren Untergruppen darzustellen. Es ist
daraus eine Vielzahl möglicher Beanspruchungsarten zu entnehmen. Kombiniert
man sie, so erreicht man schnell 100 und mehr unterschiedliche Versagensarten.
Ein solcher Katalog ist aus mehreren Gründen für die Anwendung nicht
praktikabel. Zum einen erlaubt er nicht, gesicherte Kennwerte auf neue Beanspruchungen zu übertragen, und zum anderen schafft er keine Verbindung
zwischen den fast immer einaxialen Prüfverfahren und den zu meist mehraxialen
wahren Beanspruchungen. Die Folge wären überhöhte Sicherheitswerte und
Überdimensionierungen. Will man eine optimale Stoffauswertung erreichen, so muß
daher versucht werden, die wahre örtliche Beanspruchung an der höchstbe-
anspruchten Stelle zu messen. Eine vollständige Analyse des gesamten Spannungsfeldes würde zwar alle Schwachpunkte einer Konstruktion erfassen, sie wäre aber
zumeist mit einem nicht zu vertretendem Aufwand verbunden. Hier hilft man sich
oft weiter mit Messungen an Modellen oder, soweit das möglich ist, mit betriebs-
gerechten Prüfungen ganzer Konstruktionen, wie z.B. simulierte Belastung von
Flüssigkeitstanks, Motoren und Brücken.

Bei Kunststoffen kommen schon bei klimatischen Einflüssen neben den Abhängigkeiten nach Tafel 1.1 noch weitere hinzu. Dort hängen die Beanspruchungen noch
stark ab von : Textur, Anisotropie, Kristallinität, Füllstoffe, Feuchtigkeit,
Bestrahlung u.a.. Sie lassen sich nicht mehr mit konstanten Kenngrößen beschreiben und auch zumeist nicht mit linearen mathematischen Funktionen. Es
bleiben nur graphische Parameterdarstellungen oder experimentell veränderliche
Kennfunktionen. [1.5]

Experimentelle Verformungs- und Spannungsmessungen sind für alle diese
Materialien und Beanspruchungen eine notwendige Ergänzung und Kontrolle
erster theoretischer Berechnungen und Sicherheitsabschätzungen. Voraussetzung ist
jedoch, daß die Höchst- oder gar Gesamtbeanspruchung gemessen oder verglichen
werden kann mit der Materialbelastbarkeit oder dem Versagen der Konstruktion.

Tafel 1.1 : Abhängigkeiten zwischen Beanspruchung, Stoff und Versagen

	Kennwerte	Art
Beanspruch-ung	mechanisch	einaxial: Zug, Druck, Biegung, Torsion, Knicken, Beulen,Abrieb und mehraxiale Kombinationen, einschließlich Eigenspannungen
	thermisch	bei tiefen, klimatischen, hohen wechselnden Temperaturen
	zeitlich	statisch: Kurz- oder Langzeitver-suche; dynamische: wechselnde, schwel-lende, stoßende
	chemisch biologisch	in neutralen oder aggressiven Medien mit und ohne Span-nungen; in Kontakt mit Gasen, Flüssigkeiten, Schmelzen, Feststoffe
Stoff	Werkstoff Baustoff Kunststoff	amorph und kristallien, ein- und mehrphasig, homogen und heterogen,isotrop und anisotrop und Kombinationen daraus
Versagen	Abtragen Verformen Brechen	Reibung, chemischer Angriff; teil- und vollplastisches Fließen Kriechen oder Relaxieren Anriß und Weiterriß Spröd-, Verformungs- und Mischbruch

1.3   Beanspruchungsgrößen

Ein allgemeingültiges, theoretisch begründetes Stoffgesetz zur Beschreibung der verschiedenen Versagensarten existiert nicht. Ausgangspunkt der Hypothese sind Form und Lage von An- und Weiterrisse, von Bruchformen und -flächen sowie von Arbeitsgrößen. Es handelt sich in jedem Falle um eine phänomenologische Beschreibung erkannter oder vermuteter Zusammenhänge des Fließens oder Brechens unter ein- oder mehraxial aufgebrachter Last.

Trotz dieser Vielfalt von Eigenschaften zieht man bei Werkstoffen oft nur einen Kennwert heran, um sie zu charakterisieren und zu messen. So unterscheidet man durch die Zugfestigkeit die Baustähle nach DIN 17100 (z.B. St 44–2), Gußeisen mit Lamellengraphit nach DIN 1691 (z.B. GG-25), weißen und schwarzen Temperguß nach DIN 1692 (z.B. GTW-25 und GTS-55) und Gußeisen mit Kugelgraphit nach DIN 1693 (z.B. GGG-60). Bei Aluminium- und Kupferlegierungen nach DIN 1745 und DIN 1785 kann man den Festigkeitskennwert der Analysen-Kurzbezeichnung anhängen (z.B. Al Mg4,5 Mn F30 und Cu Zn30 F35). Nach den Eu- und ISO-Normen, sowie den Stahl- Eisen- Werkstoffbehältern werden schweißbare Stähle und Schweißzusätze durch Angabe der Streckgrenze benannt (z.B. FeE460 V, StE360.7). Aus dieser kurzen Darstellung ist zu ersehen, daß zur Beurteilung von Werkstoffen der Zugversuch nach DIN 50145 das wichtigste Prüfverfahren ist. [1.6]

Rechnet man die beiden Meßwerte Kraft F in NEWTON und Verlängerung ΔL in mm in die Spannung $\sigma = F/S_0$ [N/mm^2] und die Dehnung $\varepsilon = \Delta L/L_0 \cdot 100$ [%] um, so erhält man dimensionsunabhängige Spannung - Dehnung - Kurven. (S_0 = Proben-Anfangsquerschnitt, L_0 = Anfangsmeßlänge bei Raumtemperatur nach DIN 50145) Typische Spannung- Dehnung- Diagramme zeigt Bild 1.1.

Die Kennwerte dieser Diagramme sind:
1. Linearer Anfangsbereich, der auch als HOOKE- oder Elastizitätsbereich bezeichnet wird. Der Geradenanstieg entspricht dem Elastizitätsmodul E, es gilt dort das HOOKE'sche Gesetz : $\sigma = E \cdot \varepsilon$.

2. Übergang vom elastischen zum plastischen Bereich. Je nach Werkstoff und Prüfbedingung kann er unstetig (Streckgrenze R_e in Bild 1.1 e) oder stetig sein. Beim stetigen Übergang spricht man von Proportionalgrenze R_{po} (Bild 1.1 b und 1.1 c) oder von der

3. Dehngrenze $R_{p\varepsilon r}$ (siehe Bild 1.2). Dabei ist ε_r die dazu gehörende nichtproportionale Dehnung in %. Es gibt verschiedene Dehngrenzen, die nach DIN 50145 von 0.005 bis 1% reichen können.

4. Plastischer Bereich mit Gleichmaßdehnung und Tangentenmodul T (veränderlicher Kurvenanstieg).

5. Zugfestigkeit $R_m = F_m / S_0$ ist die Maximalspannung aus der Höchstkraft F_m und dem Anfangsquerschnitt S_0 .

6. Der Einschnürungsbereich folgt nach Überschreiten der Höchstkraft. Die Zugprobe
   bricht dann anschließend.

Bis auf einige Ausnahmen tritt eine ausgeprägte Streckgrenze nur bei kohlenstoff-
armen, weichgeglühten Stählen auf. Zur Beurteilung des technische zuverlässigen
elastischen Verhaltens wurden daher nach DIN 50145 Dehngrenzen festgesetzt. Sie
werden aus dem σ - ε - Diagramm bestimmt, indem zur HOOKE'schen Geraden
im Abstand von ε_r (z.B. 0,2 %) eine Parallele gezogen wird (siehe Bild 1.2).
Die Ordinate des Schnittpunktes ist die gesuchte Dehngrenze
R_{per} (z.B. $R_{p0.2}$=230 MPa).

Analoge Spannungs- und Verformungskennwerte gibt es für die anderen, einaxialen
Prüfungen wie Druck, Biegung, Torsion, Schub oder Abscheren (DIN 1602, DIN-
Taschenbuch 19 "Materialprüfnormen für metallische Werkstoffe"). Dabei ist weiter
zu unterscheiden, ob die Beanspruchung statisch oder dynamisch (wechselnd oder
schwellend) über lange oder extreme kurze Zeiten, bei Raumtemperatur oder bei
tiefen bzw. erhöhten Temperaturen aufgebracht wird. Es muß unterschieden werden,
ob Kriechen vorliegt d.h. Verformen unter konstanter Spannung oder Relaxieren
d.h. Spannungsminderung bei konstanter Verformung.

Daneben ist zu beachten, daß Konstruktionsteile selten nur einaxial belastet
werden; zumeist wirken immer mehrere Kräfte bzw. Momente in verschiedenen
Achsen. Um diese mehraxialen Beanspruchungen durch eine einzigen Kennwert
zu erfassen, wird mit Hilfe mathematischer Hypothesen eine rechnerische, als
positiv festgelegte Vergleichsspannung geschaffen, die als rein einaxiale Zugspannung die gleiche Beanspruchung hervorrufen soll. Aus dieser Übersicht ist zu ersehen, daß die mechanische Spannung die wichtigste Größe ist, um Materialien
und Konstruktionen zu beurteilen und zu vergleichen. Sie ist der Ausgangspunkt
aller Festigkeitsberechnungen, Dimensionierungen und Sicherheitsabschätzungen
und hängt im starken Maße bei jedem Material neben der Verformungen von
der Belastungszeit, -temperatur, -umgebung und -art ab. Damit wird sie zum
Schlüssel für jedes Stoffverhalten. Es müssen daher Methoden entwickelt werden,
um sie zuverlässig zu ermitteln.

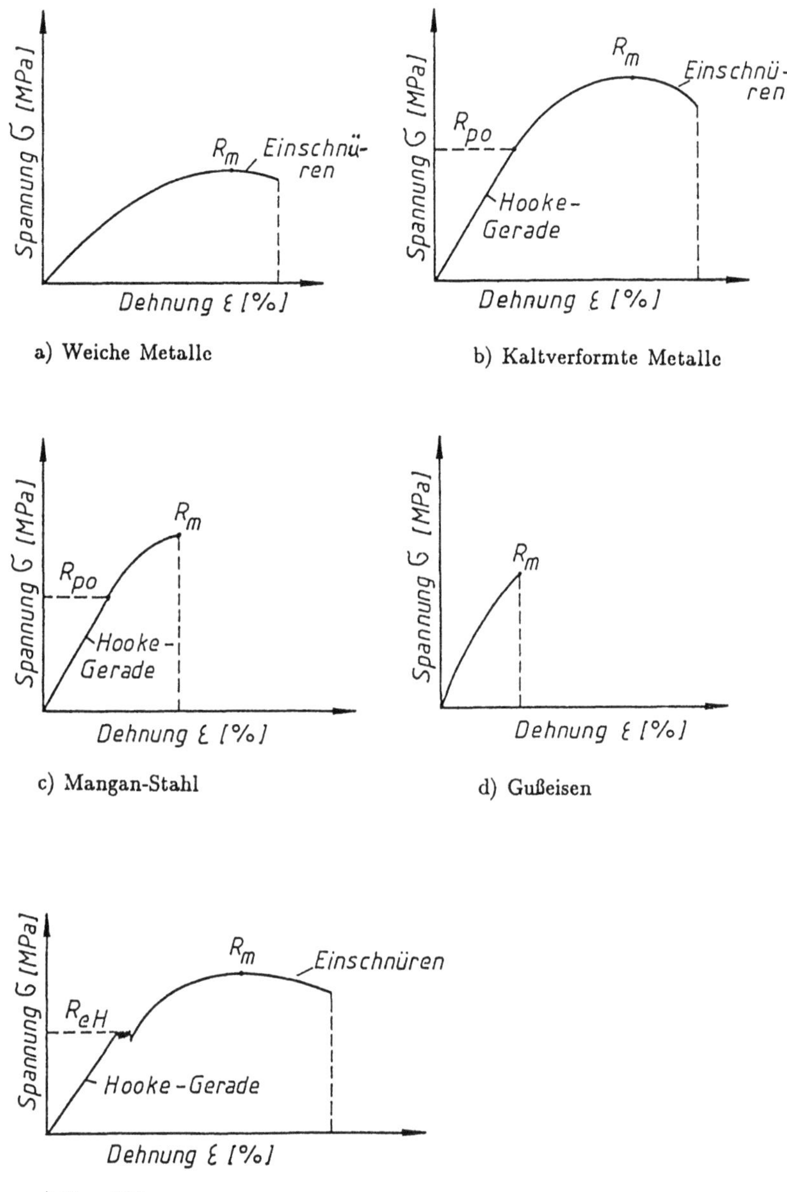

Bild 1.1 Typische Spannungs-Dehnungs-Diagramme für Werkstoffe

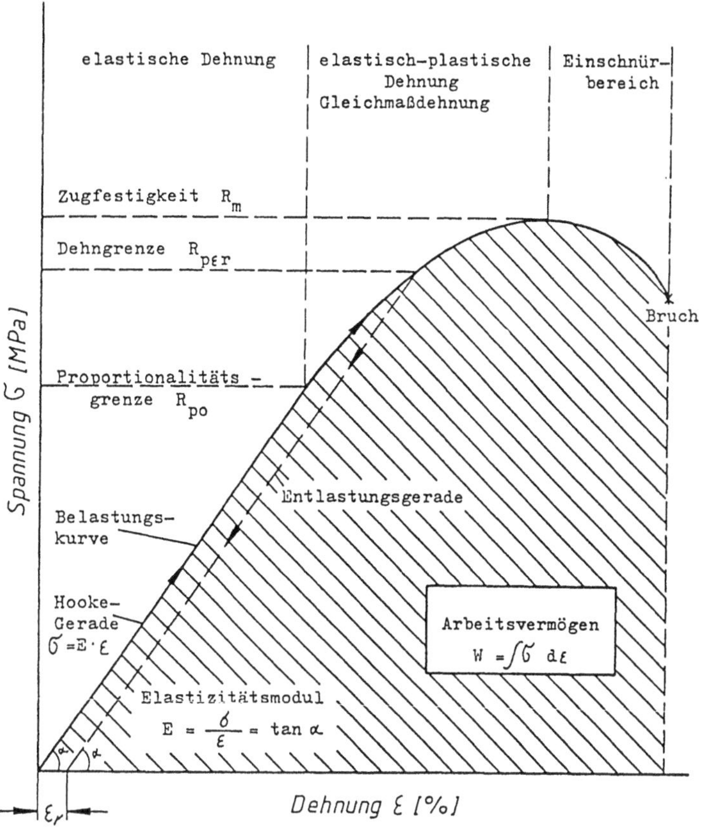

Bild 1.2 Schemat. Spannungs-Dehnungs-Diagramm mit Kennwerten

2 Verformungen

Unter der Wirkung von Kräften, Momenten, Drücken, Beschleunigungen, Konzentrationen und Temperaturänderungen verformen sich alle Materialien. Es treten dabei Verlängerungen, Verkürzungen und Winkeländerungen auf, die in den Raumrichtungen zumeist verschieden sind. Es hängt daher von den gewählten Koordinaten ab, wie sie zu beschreiben sind. [2.1; 2.2]

2.1 Koordinatenverformung

In Bild 2.1 ist ein, im mathematischen Sinne, rechts drehendes, rechtwinkliges Koordinatensystem gezeichnet. Man versteht darunter eine solche Anordnung, bei welcher die x- Achse von rechts nach links in die y- Achse überführt wird, wenn sich der Betrachter in die senkrecht stehende z- Achse versetzt denkt. Der gestrichelt eingezeichnete, verformungsfreie, kleinere, elementare Quader wird durch die in den drei Ecken angreifenden Verformungen in einen schiefwinkligen Körper überführt. Damit wird der allgemeinste Verformungszustand im Inneren eines Werkstückes beschrieben. Er kann sich je nach Beanspruchung oder Werkstückform von Ort zu Ort d.h. innerhalb von Millimeter- oder gar Mikrometerbereichen ändern.

Zunächst wird der einaxiale Fall betrachtet. Bild 2.2, links zeigt einen zylindrischen Zugstab mit der Ausgangslänge l_0, der durch eine mittige, achsparallele Kraft gestreckt wird auf die Endlänge 1. Es stellt sich dabei eine Verlängerung $\Delta l = 1 - l_0$ ein. Die Dehnung ε ist dann nach der Definition: Verlängerung Δl je Längeneinheit l_0 gegeben durch:

$$\varepsilon = \Delta l \, / \, l_0 = (1 - l_0) \, / \, l_0 \qquad [-] \qquad\qquad (2\text{-}1)$$

mit $1 > l_0$ ist ε eine positive, dimensionslose Zahl. Sie wurde früher oft in Prozent oder Promille angegeben; heute jedoch zu meist in 10^{-6}. Wird z.B. ein Stab mit $l_0 = 200$ mm um $\Delta l = 0,1$ mm gestreckt, so berechnet sich für die Gesamtlänge eine mittlere Dehnung von $\varepsilon = 500 \cdot 10^{-6}$ oder 0.05 % bzw. 0.5 ‰. Prozentangaben werden heute vorwiegend nur noch für Abweichungen, relative Fehler oder Streuungen benutzt.

Wird der Stab in Bild 2.2 gestaucht, so gelten die gleichen Beziehungen. Weil aber nun die Endlänge 1 kleiner ist als die Ausgangslänge l_0, wird ε negativ.

Wird die eingespannte Welle in Bild 2.2, rechts durch ein Drehmoment M_t tordiert, so wandert die Mantellinie A_0B_0 in die Lage A_0B. Es kommt zu Winkeländerungen γ_{lt}, ohne daß sich die Welle dabei in erster Näherung verkürzt oder verlängert. Ist dies die einzige Verformung, so kann man die Indizes 1 und t weglassen und einfach γ schreiben. Die Größe wird im Bogenmaß gemessen und mit $\hat{\gamma}$ bezeichnet, um sie von dem Gradmaß γ° zu unterscheiden. $\hat{\gamma}$ entspricht einem gewissen Bogen des Einheitskreises mit dem Radius R = 1.

Dessen Gesamtumfang U = 2 · π · 1 ist dem Winkel $\gamma° = 360$ ° zuzuordnen und daraus ergibt sich die Umrechnung:

$$\gamma° / \hat{\gamma} \quad = 360 / (2 \cdot \pi) \qquad\qquad \gamma° = 57{,}30 \cdot \hat{\gamma} \qquad\qquad (\text{2-2})$$

$\gamma°$ ist bei üblichen mechanischen Beanspruchungen sehr viel kleiner als ein Grad und $\hat{\gamma}$ entsprechend noch kleiner. Für $\hat{\gamma} = 2 \cdot 10^{-3}$ errechnet sich nach Gleichung 2-2 ein Gradmaß von $\gamma° = 0{,}1146$ °.

Der Scherwinkel γ steht auch in Beziehung zu dem Verdrehwinkel φ. Bild 2.2 ist zu entnehmen, daß man dem sehr kleinen Bogen B_0B beschreiben kann mit:

$$B_0B = \gamma_{1t} \cdot l_0 = \varphi \cdot r_0 \qquad\qquad (\text{2-3})$$

Daraus berechnet sich $\qquad \varphi = \gamma_{1t} \cdot l_0 / r_0$

Kleine örtliche Form- und Gestaltänderungen (ε , γ) lassen sich in Verbindung mit den Seitenänderungen eines Elementarrechteckes bringen, wie es in Bild 2.4 veranschaulicht. Die Rechteckfläche kann auf zwei Arten verformt werden. Bleiben die Winkel erhalten und erfahren die Seiten eine Parallelverschiebung durch Normalspannungen, so ergeben sich die Formänderungen, wie im Bild 2.4 angegeben, als erste partielle Ableitungen aus den Längenänderungen. Treten nur Verschiebungen durch Schubspannungen auf, so erfahren die Seiten dabei nur eine vernachlässigbar kleine Längenänderung. Bei den kleinen Winkeländerungen darf man außerdem tan $\gamma = \hat{\gamma}$ setzen. Der Scherwinkel $\hat{\gamma}_{xy}$ zwischen zwei benachbarten Seiten ergibt sich dann aus der Summe von zwei partiellen Ableitungen.

Je nach der Verformungsrichtung von P_0 nach P treten in den Elementarvolumen nur Formänderungen (Dehnung und Stauchungen) oder nur Winkel- bzw. Gestaltänderungen auf. Beide werden unter dem Oberbegriff Verformungen zusammengefasst.

Überträgt man alle diese Verformungen auf die drei Raumachsen von Bild 2.1, so ergeben sich für rechtwinklige Koordinaten im allgemeinen Fall 3 x 3 = 9 unterschiedliche Größen. Man faßt sie zu einer Matrix :

$$\overset{\Gamma}{\varepsilon} = \begin{pmatrix} \varepsilon_{11} & \varepsilon_{12} & \varepsilon_{13} \\ \varepsilon_{21} & \varepsilon_{22} & \varepsilon_{23} \\ \varepsilon_{31} & \varepsilon_{32} & \varepsilon_{33} \end{pmatrix} \qquad\qquad (\text{2-4})$$

zusammen. Die Doppelindizes bezeichnen: Richtung der Flächennormalen und der Verformungen d.h.

$\quad \varepsilon$ Flächennormale Verformungsrichtung

Bild 2.1 ist die Zuordnung je Element zu entnehmen. Dort wird allerdings vereinfachend angenommen, daß der betrachtete Körper isotrop ist, und damit die

Elemente ε_{ij} und ε_{ji} einander gleich sind, was bei quasi- isotropen Stoffen in der Technik zutrifft. Demnach wird technisches, vielkristallines Material in seinem örtlichen, allgemeinsten Verformungszustand beschrieben durch $\varepsilon_{11} \neq \varepsilon_{22} \neq \varepsilon_{33}$ und $\varepsilon_{12} = \varepsilon_{21}$; $\varepsilon_{23} = \varepsilon_{32}$; $\varepsilon_{31} = \varepsilon_{13}$ d.h. durch sechs zumeist unterschiedliche Verformungen. Davon sind die ε_{ii} drei Formänderungen und die $\varepsilon_{ij} = \varepsilon_{ji}$ drei paarweise gleiche Gestalt- oder Winkeländerungen . Bei den Formänderungen (Dehnungen, Stauchungen) sind Flächennormale und Verformungsrichtung gleich, bei den Gestaltsänderungen stehen sie senkrecht aufeinander. ε_{ii} ist demnach eine relative Längenänderung, ε_{ij} eine Winkeländerung. Wegen den zumeist kleinen Winkeländerungen darf man den Tangens dem Bogenmaß gleichsetzen. Zwischen ε_{ij} und γ_{ij} ist aber zu unterscheiden.

Bild 2.3 ist zu entnehmen, daß die Scherung $\hat{\gamma}$ des quadratischen Elementes verschieden ist von der Winkeländerung seiner Achsen. Wird das gestrichelte Quadrat durch Scherung zu der Raute verformt, so wandert der Punkt A nach B und die senkrechte Achse MA wird $\hat{\gamma}$ / 2 nach MB gedreht d.h. es wird die Gestaltänderung ε_{12}. Das ganze Element wird allerdings um $2 \cdot \hat{\gamma}$ / $2 = \hat{\gamma}$ verschoben. Demnach gilt:

$$\varepsilon_{12} = \hat{\gamma}_{12} / 2 \qquad\qquad\qquad (\text{2-5})$$

Die Scherung setzt sich demnach aus zwei Teilen zusammen, so wie in Bild 2.4, unten angegeben ist. Für isotrope Stoffe sind beide gleich groß.

Alle Verformungen (ε_{ii} und ε_{ij}) sind mathematisch zu definieren d.h. man muß Koordinatensystem und Achsen angeben. Die rechtwinkligen Koordinaten lassen sich formal ineinander überführen, wenn man folgende zyklische Permutation beachtet.

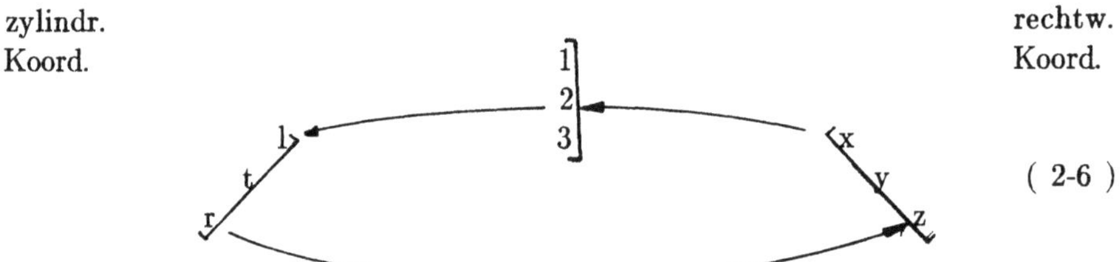

D.h. ε_1 entspricht ε_x in rechtwinkligen Koordinaten und ε_1 in zylindrischen; ε_{23} entspricht ε_{yz} sowie ε_{tr}.

Neben diesen koordinatenabhängigen Verformungen ist es auch wichtig, diejenigen in einer beliebigen anderen Richtung α zu kennen. In Bild 2.5 wird dargestellt, wie sich aus den einaxialen Verformungen ε_x, ε_y und $\hat{\gamma}_{xy}$ die resultierenden Verformungen ε_α und $\hat{\gamma}_\alpha$ errechnen. Demnach besteht eine gegenseitige Abhängigkeit. Wird z.B. ein Zugstab nach Bild 2.2 um $\varepsilon_x = 100 \cdot 10^{-6}$ in Längsrichtung einaxial gedehnt, ohne daß eine Querschnittkontraktion ε_y auftritt, so berechnet sich für $\alpha = 30°$ die zugeordneten Form- und Winkeländerungen zu:

$$\varepsilon_{30°} = \varepsilon_x \cdot \cos^2 30° = 100 \cdot 3/4 \cdot 10^{-6} = 75 \cdot 10^{-6};$$

$$\hat{\gamma}_{30°} = - \varepsilon_x \cdot \sin(2 \cdot 30°) = -100 \cdot 1/4 \cdot 10^{-6} = -25 \cdot 10^{-6}$$

Bei zweiaxialen Verformungen sind die Beziehungen aus Bild 2.5 anzuwenden. Liegen dreiaxiale Koordinatenverformungen vor, so können die Gleichungen aus Bild 2.6 formal erweitert werden. Bezeichnet man gemäß Bild 2.6 die Winkel der betrachteten Flächennormale n mit den drei Achsen mit (n_x), (n_y) und (n_z), so gilt für die resultierende Formänderung in n-Richtung:

$$\begin{aligned}
\varepsilon_n = \ &\varepsilon_x \cdot \cos^2(nx) + \varepsilon_y \cdot \cos^2(ny) + \varepsilon_z \cdot \cos^2(nz) + \\
&\hat{\gamma}_{xy} \cdot \cos(nx) \cdot \cos(ny) + \hat{\gamma}_{yz} \cdot \cos(ny) \cdot \cos(nz) + \\
&\hat{\gamma}_{zx} \cdot \cos(nz) \cdot \cos(nx)
\end{aligned} \qquad (2\text{-}7)$$

und für die Gestaltsänderungen:

$$\begin{aligned}
\hat{\gamma}_n = \ &-(\varepsilon_x - \varepsilon_y) \cdot \sin 2(nx) - (\varepsilon_y - \varepsilon_z) \cdot \sin 2(ny) - \\
&(\varepsilon_z - \varepsilon_x) \cdot \sin 2(nz) + \hat{\gamma}_{xy} \cdot \cos 2(nx) + \hat{\gamma}_{yz} \cdot \cos 2(ny) + \\
&\hat{\gamma}_{zx} \cdot \cos 2(nz)
\end{aligned} \qquad (2\text{-}8)$$

Mit diesen Ausdrücken lassen sich bei Kenntnis der Koordinatenverformungen die resultierenden Form- und Gestaltsänderungen in beliebige andere Richtungen berechnen. Will man z.B. wissen, unter welchen Winkel zur Stabachse einer ebenen Zugprobe keine Formänderung ε_α auftreten, so ist von den Größen ε_x, ε_y und $\hat{\gamma}_{xy}$ auszugehen. Entspricht ε_x der Längsdehnung (siehe Bild 2.7), so ist die Querkontraktion nach dem Gesetz von POISSON $\varepsilon_y = - \mu \cdot \varepsilon_x$ und $\hat{\gamma}_{xy} = 0$. Damit erhält man:

$$\varepsilon_\alpha = \varepsilon_x \cdot \cos^2(\alpha) - \mu \cdot \varepsilon_x \cdot \sin^2(\alpha) \qquad (2\text{-}9)$$

Für $\varepsilon_\alpha = 0$ folgt der gesuchte Winkel α zu:

$$\tan\alpha = \pm \sqrt{\mu} \qquad (2\text{-}10)$$

Mit $\mu = 0.27$ ergibt sich $\alpha = \pm 62,5\ °$

Wird eine Welle rein auf Torsion beansprucht, und will man wissen unter welchen Winkel α zur Längsachse die größten Formänderungen ε_α auftreten, so ist auszugehen von $\hat{\gamma}_{xy} \neq 0 = \varepsilon_x = \varepsilon_y$. Bildet man die erste Ableitung von:

$$\varepsilon_\alpha = \hat{\gamma}_{xy} \cdot \sin^2\alpha/2 \qquad (2\text{-}11)$$

nach dem Winkel α, und setzt diese null, so ergibt sich:

$$d\varepsilon_\alpha \ / \ d\alpha \ = \ 0 \ = \ \hat{\gamma}_{xy} \cdot \cos 2\alpha \qquad\qquad (\ 2\text{-}12 \ )$$

und damit die Winkel $2\alpha = 90\,° + 180\,°$ oder $\alpha_1 = 45\,°$ und $\alpha_2 = 135\,°$. Appliziert man dort die Dehnungsaufnehmer unter diesen Richtungen, so erhält man dort die größten Anzeigen und damit die kleinste relative Ungenauigkeit.

2.2 Hauptverformungen

Die zweiaxialen Verformungen ε_x, ε_y und $\hat{\gamma}_{xy}$ sind zumeist nicht die größten an der Meßstelle. Diese sogenannten Hauptverformungen ε_1, ε_2, γ_1 und γ_2 werden aber immer wieder gesucht, denn sie sind mit den dortigen größten Beanspruchungen eng verbunden.

Christian Otto MOHR (1835 - 1918) erkannte als erster, daß sich die beiden Gleichungen des ebenen Verformungszustandes (siehe Bild 2.8) zusammenfassen lassen. Quadriert und addiert man sie, so läßt sich der Parameter α eleminieren, es ergibt sich die Gleichung eines Kreises. Die mathematischen Beziehungen mit numerischer Anwendung sind in Bild 2.8 zu entnehmen. Die Richtung der Hauptverformung ergibt sich entweder aus der geometrischen Beziehung des Kreises oder aus den Extremalbedingungen von ε_α und γ_α aus Bild 2.8. Damit lassen sich bei bekannten zweiaxialen Koordinatenverformungen, die entsprechenden Hauptverformungen und ihre Richtungen errechnen. Sollen dreiaxiale Analysen durchgeführt werden , so sind für jede der drei Koordinatenebenen analoge Ermittlungen notwendig, d.h. für die xy-, yz- und zx- Ebene mit den jeweiligen drei Verformungen ε_x, ε_y, γ_{xy}; ε_y, ε_z, γ_{yz}; ε_z, ε_x, γ_{zx}. Daraus können drei MOHR-Kreise ermittelt werden. Zeichnet man sie in eine Ebenen, so liegen die zwei kleineren,wegen den Übergängen an den Achsen von einer Ebene zur anderen, in dem größten. Dessen Durchmesser ist dann die Summe der beiden anderen. Der Zusammenhang mit einer Matrix ist aus Bild 2.9 zu ersehen.

2.3 Vergleichsformänderung

Die Wirkung mehraxialer Verformungen auf die Beanspruchung von Werkstoffen kann auch mit der als einaxial angenommenen Vergleichsformänderungen σ_v beschrieben werden. Je nach experimentell ermittelten Versagensmechanismus beschreibt man sie mit den größten auftretenden Spannungen oder dem mechanischen Arbeitsvermögen. Aus den dabei errechneten Vergleichsspannungen σ_v (siehe Kap. 3) folgt definitionsgemäß die einaxiale Vergleichsformänderung ε_v zu:

$$\varepsilon_v \ = \ \sigma_v \ / \ E \qquad\qquad (\ 2\text{-}13 \ )$$

E ist der Elastizitätsmodul.

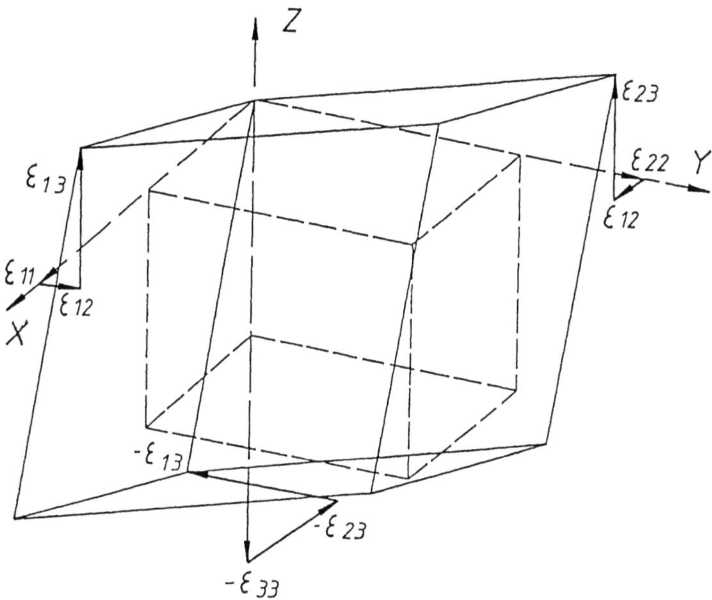

Bild 2.1 Verformungsmatrix und Raumkoordinaten

Jedem Punkt der Probe ist eine Verformungs-Matrix zugeordnet.

$$\overset{\Gamma}{\varepsilon} = \begin{pmatrix} \varepsilon_{11} & \varepsilon_{12} & \varepsilon_{13} \\ \varepsilon_{21} & \varepsilon_{22} & \varepsilon_{23} \\ \varepsilon_{31} & \varepsilon_{32} & \varepsilon_{33} \end{pmatrix}$$

Bei isotropen Stoffen gilt:

$$\varepsilon_{12} = \varepsilon_{21}; \quad \varepsilon_{13} = \varepsilon_{31}; \quad \varepsilon_{23} = \varepsilon_{32}$$

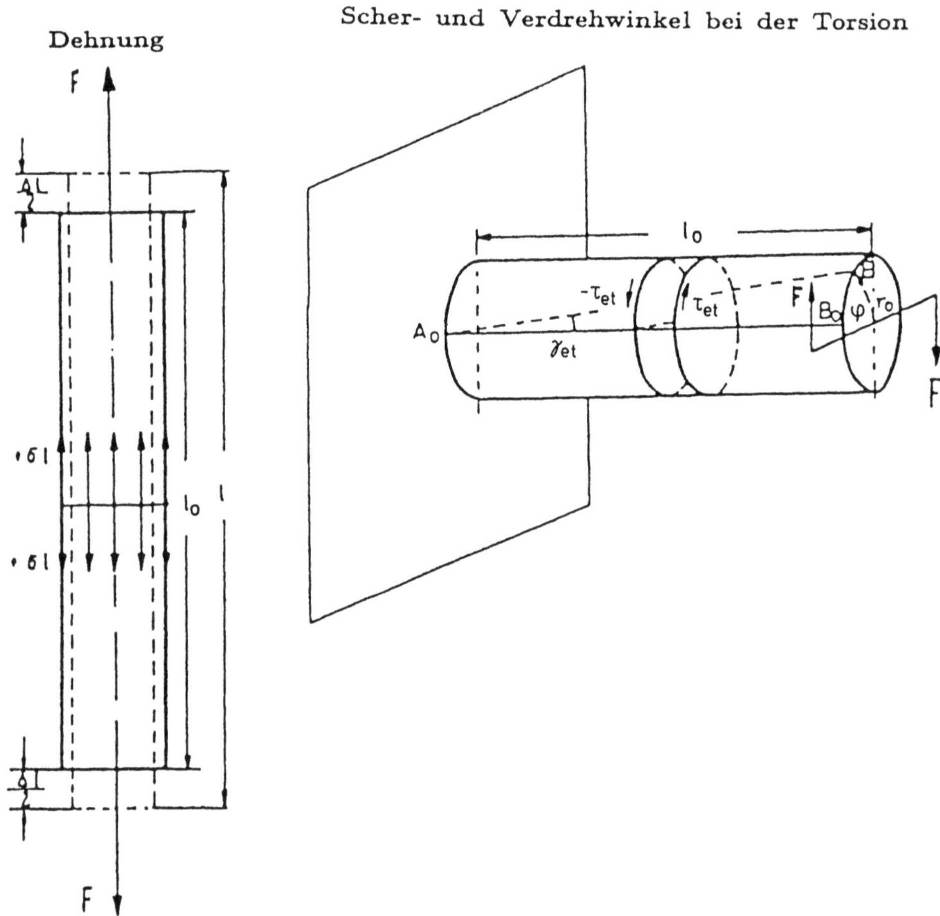

Bild 2.2 Form- und Gestaltänderungen bei Zug und Verdrehen

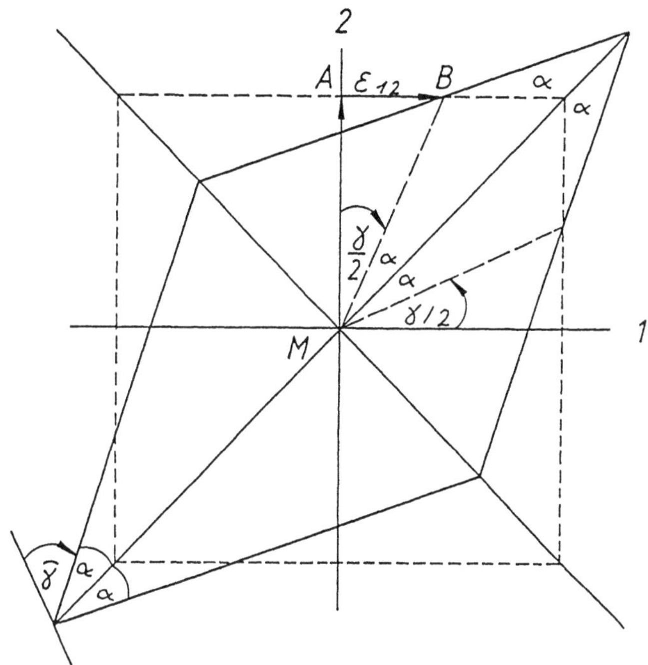

Bild 2.3 Scherung eines Quadrates

Die Winkeldrehung einer Diagonalen (ε_{12}) entspricht $\gamma/2$

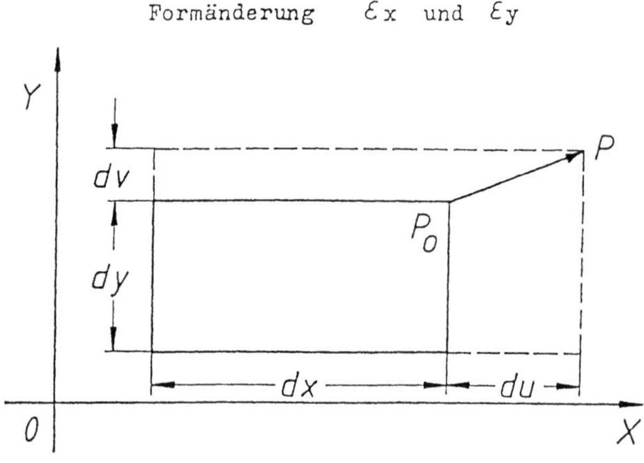

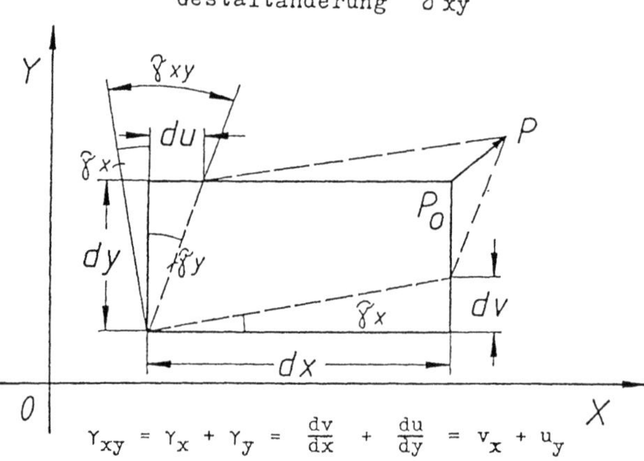

$$\gamma_{xy} = \gamma_x + \gamma_y = \frac{dv}{dx} + \frac{du}{dy} = v_x + u_y$$

Bild 2.4 Zusammenhang zwischen Längenänderungen und Formänderungen sowie zwischen Schiebungen und ihrer Gestaltänderung an einer Seite eines Elementarvolumens

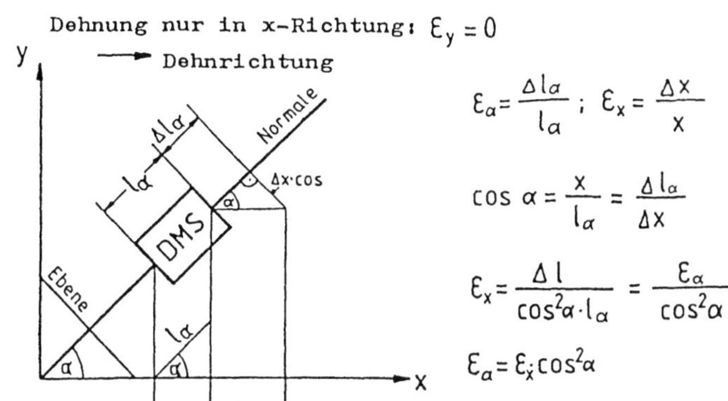

$$\varepsilon_\alpha = \frac{\Delta l_\alpha}{l_\alpha} \;;\; \varepsilon_x = \frac{\Delta x}{x}$$

$$\cos \alpha = \frac{x}{l_\alpha} = \frac{\Delta l_\alpha}{\Delta x}$$

$$\varepsilon_x = \frac{\Delta l}{\cos^2\alpha \cdot l_\alpha} = \frac{\varepsilon_\alpha}{\cos^2\alpha}$$

$$\varepsilon_\alpha = \varepsilon_x \cos^2\alpha$$

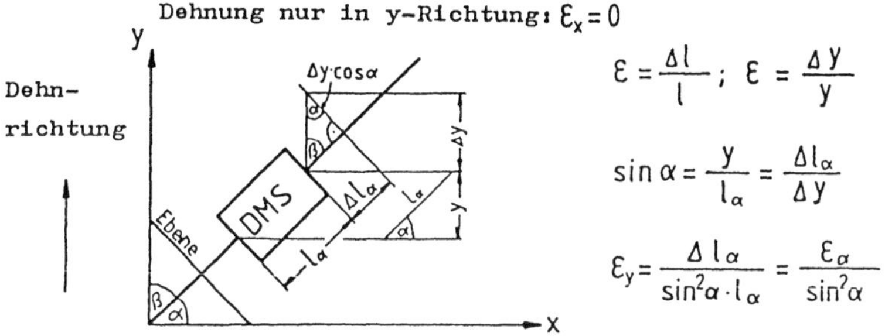

$$\varepsilon = \frac{\Delta l}{l} \;;\; \varepsilon = \frac{\Delta y}{y}$$

$$\sin \alpha = \frac{y}{l_\alpha} = \frac{\Delta l_\alpha}{\Delta y}$$

$$\varepsilon_y = \frac{\Delta l_\alpha}{\sin^2\alpha \cdot l_\alpha} = \frac{\varepsilon_\alpha}{\sin^2\alpha}$$

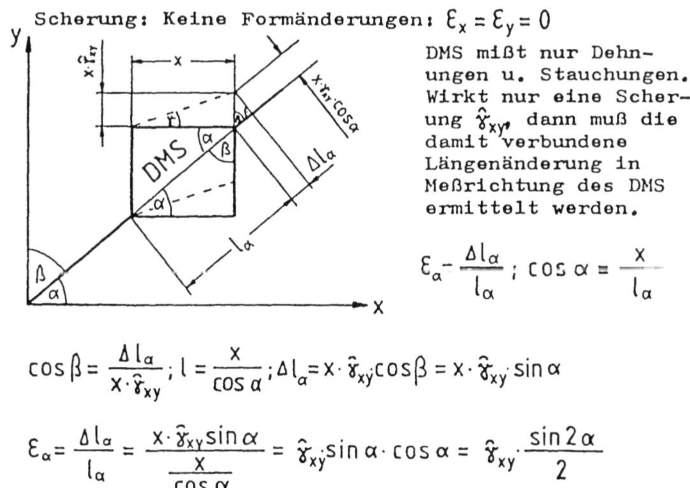

DMS mißt nur Dehnungen u. Stauchungen. Wirkt nur eine Scherung $\hat{\gamma}_{xy}$, dann muß die damit verbundene Längenänderung in Meßrichtung des DMS ermittelt werden.

$$\varepsilon_\alpha = \frac{\Delta l_\alpha}{l_\alpha} \;;\; \cos \alpha = \frac{x}{l_\alpha}$$

$$\cos \beta = \frac{\Delta l_\alpha}{x \cdot \hat{\gamma}_{xy}} \;;\; l = \frac{x}{\cos \alpha} \;;\; \Delta l_\alpha = x \cdot \hat{\gamma}_{xy} \cos \beta = x \cdot \hat{\gamma}_{xy} \sin \alpha$$

$$\varepsilon_\alpha = \frac{\Delta l_\alpha}{l_\alpha} = \frac{x \cdot \hat{\gamma}_{xy} \sin \alpha}{\dfrac{x}{\cos \alpha}} = \hat{\gamma}_{xy} \sin \alpha \cdot \cos \alpha = \hat{\gamma}_{xy} \cdot \frac{\sin 2\alpha}{2}$$

Bild 2.5 Beanspruchung in Richtung α

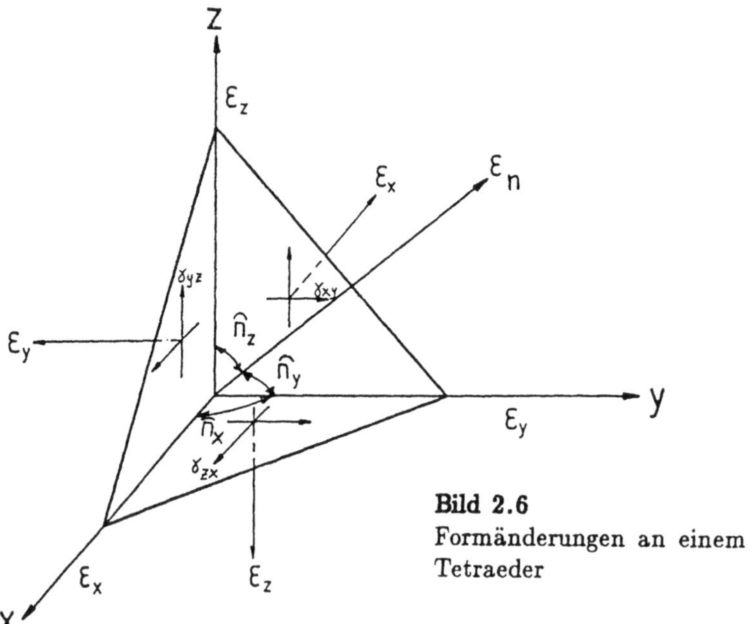

Bild 2.6
Formänderungen an einem
Tetraeder

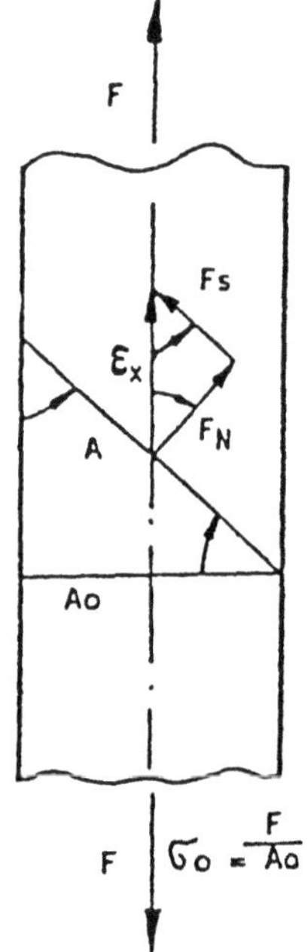

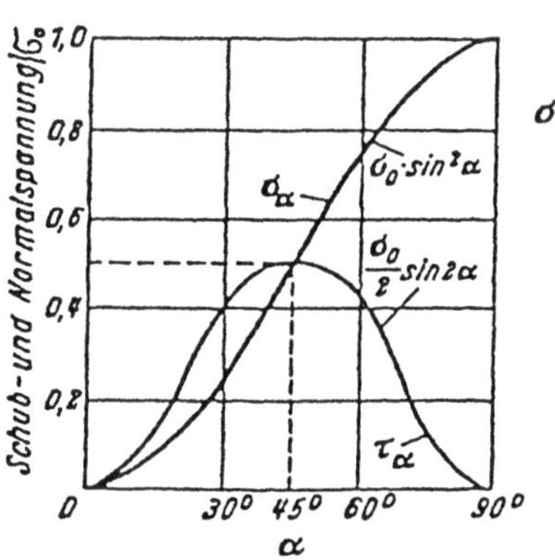

Bild 2.7 Verteilung der Spannungen in
einem Zugstab

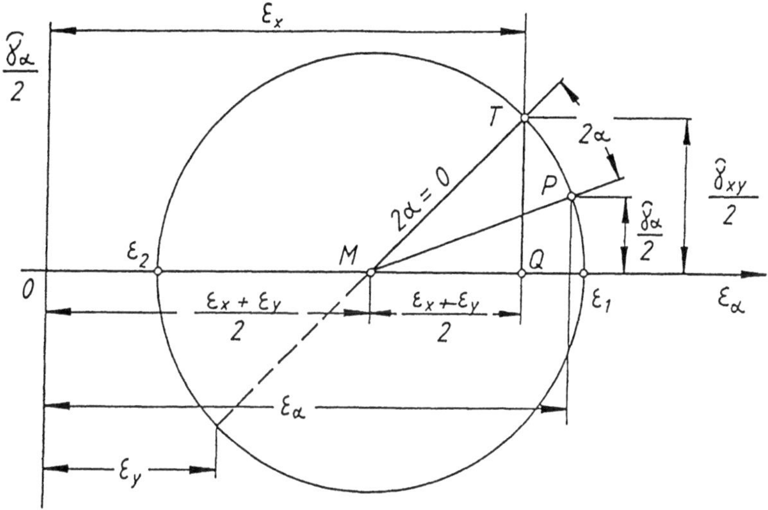

Bild 2.8 Allgemeiner MOHR'sche Verformungskreis eines zweiaxialen Verformungszustandes

$$\varepsilon_\alpha = \frac{\varepsilon_x + \varepsilon_y}{2} + \frac{\varepsilon_x - \varepsilon_y}{2}\cos 2\alpha + \frac{\gamma_{xy}}{2}\sin 2\alpha$$

$$\frac{\gamma_\alpha}{2} = \qquad -\frac{\varepsilon_x - \varepsilon_y}{2}\sin 2\alpha + \frac{\gamma_{xy}^2}{2}\cos 2\alpha$$

$$2\varepsilon_\alpha = \varepsilon_x + \varepsilon_y + (\varepsilon_x - \varepsilon_y)\cos 2\alpha + \gamma_{xy}\sin 2\alpha$$

$$\gamma_\alpha = \qquad -(\varepsilon_x - \varepsilon_y)\sin 2\alpha + \gamma_{xy}\cos 2\alpha$$

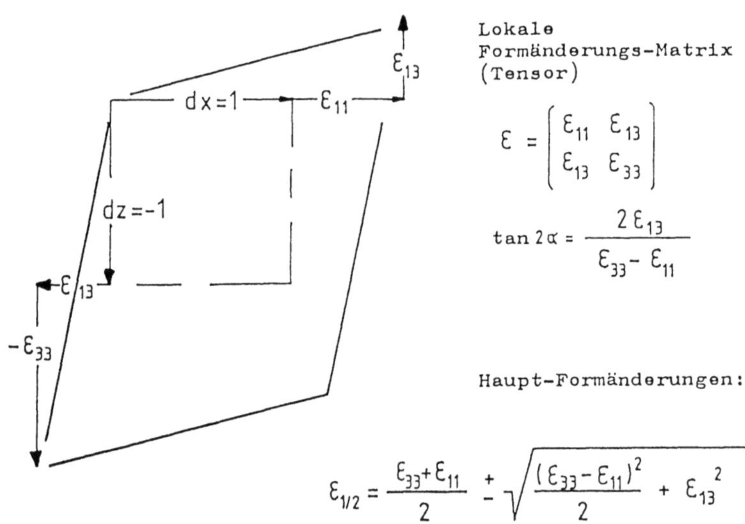

$$\mathcal{E} = \begin{pmatrix} \mathcal{E}_{11} & \mathcal{E}_{13} \\ \mathcal{E}_{13} & \mathcal{E}_{33} \end{pmatrix}$$

$$\tan 2\alpha = \frac{2\,\mathcal{E}_{13}}{\mathcal{E}_{33} - \mathcal{E}_{11}}$$

Haupt-Formänderungen:

$$\mathcal{E}_{1/2} = \frac{\mathcal{E}_{33} + \mathcal{E}_{11}}{2} \pm \sqrt{\frac{(\mathcal{E}_{33} - \mathcal{E}_{11})^2}{2} + \mathcal{E}_{13}^{\;2}}$$

Bild 2.9 Darstellung von Formänderungen als Matrix, Verformungskörper und mathematische Gleichung

3 Spannungen

3.1 Koordinatenspannungen

Wirkt eine beliebige, schräg orientierte Einzelkraft F auf eine Fläche A (siehe Bild 3.1), so kann man sie in eine Normal- und eine Parallelkomponente F_N und F_S zerlegen. Je nach Koordinatensystem läßt sich F_S noch einmal in Richtung der beiden, in der Fläche liegenden Koordinatenachsen projizieren, so daß schließlich drei Kraftkomponenten in Richtung der Raumachsen vorliegen. Damit ergeben sich auch drei zumeist unterschiedliche Kräfte je Flächeneinheit, d.h. eine Normalspannung $\sigma_z = F_N / A$ und zwei Scher- oder Schubspannungen, die für die xy-Koordinaten mit $\tau_{zx} = F_{Sx} / A$ und $\tau_{zy} = F_{Sy} / A$ bezeichnet werden. Ändert sich die Spannungen in einer betrachteten Fläche nicht, so bezeichnet man sie oft als homogen. Es muß außerdem unterschieden werden zwischen den wahren Spannungen σ und τ und den Nennspannungen σ_0 und τ_0. Der Unterschied ist dadurch bedingt, daß man die wahren Flächen A betrachtet oder die Ausgangsflächen A_0 ohne Belastung. Unter Last verändert sich die Bezugsflächen. Sie verkleinern sich bei Zug, und vergrößern sich bei Druck. Diese Unterscheidungen sind vorallem bei Kunststoffen zu beachten. Bei metallischen Werkstoffen werden sie in der Praxis für kleine Beanspruchungen oft vernachlässigt. Im Zugversuch lassen sie sich für elastische und plastische Beanspruchungen ineinander umrechnen.

Betrachtet man in einem belasteten Werkstück ein in seiner Lage beliebig gewähltes, würfelförmiges Elementarvolumen von etwa 1 mm^3 und kleiner, so läßt sich jede dortige, homogene Beanspruchung durch drei Normal- und sechs Schubspannungen beschreiben (Bild 3.2). Beide Spannungsarten unterscheiden sich durch ihre Angriffsrichtung in bezug auf die Würfelflächen, und zwar stehen die Normalspannungen σ_x, σ_y, σ_z senkrecht darauf, während die Schub- oder Scherspannungen τ_{xy}, τ_{yz}, τ_{zx} in der Würfelfläche liegen. Die Doppelindizes geben die Richtung der Flächennormalen und die der Spannung an, entsprechend

τ Flächennormale Spannungen

Bei den Normalspannungen fallen diese zusammen, so daß man mit einem Index auskommt.

In Bild 3.2 versuchen die beiden Normalspannungen σ_x und σ_z den Würfel auseinanderzuziehen. Sie werden daher auch als Zugspannungen bezeichnet. Ihr algebraisches Vorzeichen in Rechnungen ist positiv (+). Die σ_y- Komponente drückt den Würfel zusammen, sie ist eine Druckspannung. Ihr Vorzeichen ist negativ (−). Bei den Schubspannungen ist diese Vorzeichenfestsetzung nicht eindeutig. Je nach dem positiven oder negativen Drehsinn des erzeugenden Momentes wird das Vorzeichen zumeist als positiv definiert, wenn die Flächennormale in positive Achse zeigt und die Schubspannungen ebenfalls.

Den Zusammenhang zwischen äußerem Lastangriff und innerer Beanspruchung kann man auch so beschreiben, daß man sagt, jede beliebig gewählte Beanspruchung erzeugt im allgemeinsten Fall an einer Stelle im Inneren maximal neun verschiedene Spannungen. Diese große Zahl der durch Berechnung oder Messung zu ermittelnden Größen läßt sich auf drei Hauptspannungen σ_1, σ_2, σ_3 verringern, wenn durch geeignete Drehung des Elementarvolumens die Normalspannungen ein Extremum erreichen. Dabei werden die sechs Schubspannungen null. Die Aufgabe der Spannungsmeßtechnik ist es daher, einmal aus beliebig orientierten, gemessenen Verformungen die Spannungen zu berechnen und zum anderen auch anzugeben, wie groß die größten Spannungen sind und in welcher Richtung sie wirken [3.1]

Schubspanungen mit gleichen Indizes sind in der Größe gleich, in der Angriffrichtung aber nicht. Das läßt sich dadurch beweisen, daß man das Momentengleichgewicht um eine Drehachse in Würfelmitte ansetzt (Bild 3.2). Liegt sie parallel zur x- Achse, so gilt:

$$M_{tx} = 0 = \tau_{yz} \cdot l_0{}^2 \cdot l_0 \, / \, 2 - \tau_{zy} \cdot l_0{}^2 \cdot l_0 \, / \, 2 \qquad\qquad (\, 3\text{-}1 \,)$$

Analoge Beziehungen lassen sich für die beiden anderen Achsrichtungen aufstellen. Dies führt zu:

$$\tau_{yz} = \tau_{zy} \, ; \qquad \tau_{xy} = \tau_{yx} \, ; \qquad \tau_{zx} = \tau_{xz} \qquad\qquad (\, 3\text{-}2 \,) \, (\, 3\text{-}3 \,)$$

Daraus folgt dann, daß Schubspannungen immer paarweise auftreten und daß sich ihre Anzahl auf drei erniedrigt. Man darf daher für Zylinderkoordinaten schreiben:

$$\tau_{lt} = \tau_{tl} \, ; \qquad \tau_{tr} = \tau_{rt} \, ; \qquad \tau_{rl} = \tau_{lr} \qquad\qquad (\, 3\text{-}4 \,)$$

Anstelle der rechtwinkligen Koordinaten werden in der Praxis oft zylindrische verwendet. Den Übergang erhält man rein formal durch ersetzen von x, y, z durch r, t, l. Bild 3.3 zeigt Lage und Benennung. So ist σ_r eine radiale Zugspannung, σ_t eine tangentiale Druckspannung und σ_l eine longitudinale oder axiale Zugspannung. τ_{lt} ist die durch Verdrehen der Welle (im Bild 3.3 nur ausschnittweise angezeigt) erzeugte Schubspannung mit ihrem Größtwert im Wellenmantel.

Die im Innern eines Werkstückes vorhandenen neun Spannungskomponenten faßt man zu dem Rechenschema einer Matrix $\overset{\ulcorner}{\sigma}$ zusammen und spricht dann auch von einem Tensor. Ein dreiaxialer Tensor in Zylinderkoordinaten schreibt sich:

$$\overset{\ulcorner}{\sigma} = \begin{pmatrix} \sigma_r & \tau_{rt} & \tau_{rt} \\ \tau_{tr} & \sigma_t & \tau_{tl} \\ \tau_{lr} & \tau_{lt} & \sigma_l \end{pmatrix}$$

und ein axialer Tensor in rechtwinkligen Koordinaten:

$$\overset{\ulcorner}{\sigma} = \begin{pmatrix} \sigma_x & \tau_{xy} & 0 \\ \tau_{yx} & \sigma_y & 0 \\ 0 & 0 & 0 \end{pmatrix}$$

3.2 Hauptspannungen

Die nach den beliebig gewählten Koordinatenachsen orientierten Elemetarvolumen (Bild 3.2 und 3.3) an einer Stelle im Inneren werden nicht immer die am höchsten beanspruchten sein. Je nach Drehung um die drei Raumachsen, werden sich die Spannungen ändern und in einer bestimmten Orientierung ihren Größtwert erreichen. Dieser wird die örtliche Haltbarkeit oder das Versagen der Konstruktion bestimmen. Sie werden analog, zu den Verformungen, Hauptspannungen σ_1, σ_2, σ_3 und τ_1, τ_2, τ_3 bezeichnet.

Betrachtet man zunächst einmal einen ebenen oder zweiaxialen Spannungszustand, wie er z.B. in der Oberfläche einer Welle, eines Kessels oder einer Stahlkonstruktion vorliegt. Es wird dabei angenommen, daß das sehr kleine, elementare Dreieck OAB von Bild 3.4 die zweiaxiale Beanspruchung in einem Punkt auf der Oberfläche eines Maschinenteiles beschreibt. In einer Lagerstelle einer Antriebswelle z.B., die auch noch einem Biegemoment ausgesetzt ist, bedeutet τ_{lt} die Verdrehung, σ_l die Biegebeanspruchung in Längsrichtung und σ_t den Lagerdruck. Diese Einzelbeanspruchung sind aus Messungen in der Wirkrichtungen oder aus Berechnungen bekannt. Unbekannt sind die Normal- und Schubspannungen σ_α und τ_α in der um den Winkel α beliebig geneigten Schnittebene AB im Bild 3.4. Insbesondere sucht man die Richtungen, in denen die größten Normal- und Schubspannungen wirken. Diese Hauptspannungen werden mit σ_1 und σ_2 bezeichnet. Das Problem läßt sich anschaulich in numerischer oder analytischer Form mit dem MOHR'schen Spannungskreis lösen. Hierzu kann man wie folgt argumentieren:
Hat die Beanspruchung gemäß Bild 3.4 ihren Endzustand erreicht, so muß u.a. Kräftegleichgewicht in x- und y- Richtung vorliegen. Dies bedeutet aber mathematisch:

$$F_x = 0 = - \sigma_x \cdot a - \tau_{yx} \cdot b + \sigma_\alpha \cdot c \cdot \cos\alpha - \tau_\alpha \cdot c \cdot \sin\alpha \qquad (\text{ 3-5 })$$

$$F_y = 0 = - \sigma_y \cdot b - \tau_{xy} \cdot a + \sigma_\alpha \cdot c \cdot \sin\alpha + \tau_\alpha \cdot c \cdot \cos\alpha$$

Nach Division beider Gleichungen durch c folgt unter Beachtung von $\cos\alpha = a/b$ und $\sin\alpha = b/c$:

$$0 = - \sigma_x \cdot \cos\alpha - \tau_{yx} \cdot \sin\alpha + \sigma_\alpha \cdot \cos\alpha - \tau_\alpha \cdot \sin\alpha \qquad (\text{ 3-6 })$$

$$0 = - \sigma_y \cdot \sin\alpha - \tau_{xy} \cdot \cos\alpha + \sigma_\alpha \cdot \sin\alpha + \tau_\alpha \cdot \cos\alpha$$

Die in der beliebig orientierten α- Ebene wirkenden Spannungen σ_α und τ_α sind die beiden gesuchten Unbekannten. Man erhält sie getrennt aus den zwei Gleichungen (3-6) nach Multiplikation mit $\cos\alpha$ und $\sin\alpha$ und Addition beider Ausdrücke. Führt man auch noch zur Vereinfachung den doppelten Winkel 2α mit Hilfe der Formeln: $\cos2\alpha = \cos^2\alpha - \sin^2\alpha$ und $\sin2\alpha = 2 \cdot \sin\alpha \cdot \cos\alpha$, so folgt:

$$\sigma_\alpha = (\sigma_x + \sigma_y)/2 + (\sigma_x - \sigma_y)/2 \cdot \cos2\alpha + \tau_{xy} \cdot \sin2\alpha \qquad (3\text{-}7)$$

$$\tau_\alpha = \qquad\qquad - (\sigma_x - \sigma_y)/2 \cdot \sin2\alpha + \tau_{xy} \cdot \cos2\alpha$$

Um den Winkel 2α aus der Parameterdarstellung zu eliminieren, werden beide Gleichungen (3-7) quadriert und addiert. Daraus ergibt sich:

$$\left[\sigma_\alpha - (\sigma_x + \sigma_y)/2 \right]^2 + \tau_\alpha^2 = \left[(\sigma_x - \sigma_y)/2 \right]^2 + \tau_{xy}^2 \qquad (3\text{-}8)$$

Das ist die Gleichung eines Kreises mit dem Mittelpunkt

$$OM = (\sigma_x + \sigma_y)/2 \qquad (3\text{-}9)$$

auf der σ_α- Achse und dem Radius

$$R = \sqrt{ \left[(\sigma_x - \sigma_y)/2 \right]^2 + \tau_{xy}^2 } \qquad (3\text{-}10)$$

Jeder Kreispunkt entspricht mit seinen Koordinaten σ_α und τ_α einem möglichen Spannungszustand in der durch den Winkel α festgelegten Ebene AB von Bild 3.4. Der Nullpunkt von α ($\alpha = 0$) entspricht gemäß den Gleichungen (3-10) dem Radius MT im Bild 3.5. Will man bei Kenntnis des MOHR'schen Spannungskreises die Spannungen in einer Schnittebene, die um den Winkel α_1 gegen die positive y- Achse geneigt ist, ermitteln, so trägt man aufgrund von dem Radius MT im Bild 3.5 den doppelten Winkel $2\alpha_1$ im mathematisch negativen Sinne (mit dem Uhrzeiger) an. Der so erhaltene Punkt P_1 im Bild 3.5 gibt mit seinen Koordinaten die beiden gesuchten Spannungen $\sigma_{\alpha1}$ und $\tau_{\alpha1}$ an. Die resultierende Spannung $s_{\alpha1}$ ergibt sich mit Hilfe des Pythagoräischen Lehrsatz $s_{\alpha1}^2 = \sigma_{\alpha1}^2 + \tau_{\alpha1}^2$ zu der Strecke OP.

Die größten und die kleinsten Normalspannungen ergeben sich zu:

$$\sigma_1 = OM + R \qquad (3\text{-}11)$$
$$\sigma_2 = OM - R$$

Ihre Richtung in der beide wirken, erhält man aus der Forderung, daß dann Punkt T auf der σ_α- Achse in σ_1 oder σ_2 liegen muß. Man bezeichnet diesen Winkel mit α_σ , und es gilt:

$$\tan2\alpha_\sigma = 2 \cdot \tau_{xy} / (\sigma_x - \sigma_y) \qquad (3\text{-}12)$$

Dieser Ausdruck ergibt sich auch aus der Extremal- Forderung von Gleichung (3-7) für $d\sigma_\alpha$ / $d\alpha = 0 = (\sigma_x - \sigma_y) / 2 \cdot \sin2\alpha + \tau_{xy} \cdot \cos2\alpha$.
Weil der Zentriwinkel 2α doppelt so groß wie der zugeordnete Peripheriewinkel ist, kann man die Richtungen von σ_1 und σ_2 auch konstruieren (Bild 3.5). Aus den Gesetzmäßigkeiten des THALES- Halbkreises (σ_2, T, σ_1) folgt dann daß beide Richtungen senkrecht aufeinander stehen. Diese Aussage entspricht auch der Forderung, daß die Tangens- Funktion (Gleichung 3-12) nur auf $\pi = 180°$ genau bestimmt ist, d.h. daß sich beiden α_σ- Werte um $90°$ unterscheiden.

Ähnliche Aussagen lassen sich auch für beide Hauptschubspannungen machen:

$$\tau_{1,2} = \pm\ R = (\sigma_1 - \sigma_2)/2 \qquad\qquad (3\text{-}13)$$

Bild 3.6 bringt einige MOHR'sche Spannungskreise von ein- und mehraxialen Beanspruchungen.

Liegt nur die einaxiale Zugspannung $\sigma_y = \sigma_0$ und $\sigma_x = \tau_{xy} = 0$ vor, so ergibt die erste Gleichung (3-7) die eingangs schon aufgestellte Beziehung in Bild 2.7 (3-7). Die Schubspannung folgt auf gleicher Weise aus der zweiten Gleichung (3-7).

Bild 3.7 zeigt in räumlicher Darstellung Koordinatenspannungen an einem kubischen Elementarvolumen und die dazu gehörenden drei MOHR' Kreise der xy, yz und yx- Ebenen. Überträgt man sie in eine Ebene, so ergibt sich Bild 3.8. Wegen der Symmetrie zur Horizontalen läßt sich die Darstellung noch auf die Halbkreise oberhalb der σ_y - Achse reduzieren. Jedem Punkte- Tripel auf den Kreisen entspricht einer möglichen Beanspruchung von drei Normal- und drei Scherspannungen in Verbindung mit ihren Richtungen. Das Vorzeichen der Schubspannungen bleibt dabei unberücksichtigt.

Abschließend sei noch darauf hingewissen, daß sich der MOHR'sche Spannungskreis auch in den Verformungskreis überführen läßt. Diese Transformation ergibt sich rein formal, wenn man den Normalspannungen die entsprechenden Formänderungen und den Schubspannungen die halben Gestaltänderungen zuordnet, d.h.:

$$\sigma_x \rightarrow \varepsilon_x,\ \sigma_y \rightarrow \varepsilon_y,\ \sigma_\alpha \rightarrow \varepsilon_\alpha,\ \tau_{xy} \rightarrow \gamma_{xy} / 2,\ \tau_\alpha \rightarrow \gamma_\alpha / 2$$

3.3 Vergleichsspannungen

Die örtliche Beanspruchung eines Werkstückes ist zumeist mehraxial. In der Oberfläche liegen durchweg zwei- und im Inneren sogar dreiaxiale Spannungszustände vor. Um die Abhängigkeiten mit anderen technologischen Kenngrößen, wie z.B. Fließen, Brechen, Härte, Dauerfestigkeit und Stabilität, zu beschreiben, muß zum Vergleich eine einzige Kenngröße geschaffen werden [3.2].

Diese einaxial angenommene Vergleichsspannung $\sigma_{V...}$ soll den gleichen gefähr-
denden Zustand erzeugen, wie eine rein einaxiale Zugspannung. Je nach den Ver-
sagensmechanismen durch Trenn-, Gleit- oder Mischbrüche postuliert man verschiedene Versagenshypothesen. Zu ihrer mathematischen Formulierung werden das
HOOKE'sche Gesetz, der MOHR'sche Spannungskreis und Arbeitsgrößen herangezogen. Im Einzelnen ergeben sich nachstehende Zusammenhänge:

Normalspannungshypothese σ_{VN}

Man nimmt an, daß die größten Normalspannungen σ_{max} des mehraxialen Spannungszustandes die gleiche Wirkung haben wie die einaxiale Zugspannung. Mit Hilfe
des MOHR'schen Spannungskreises ergibt sich daher:

$$\sigma_{VN} = (\sigma_x + \sigma_y) / 2 + \sqrt{ (\sigma_x - \sigma_y)^2 / 4 + \tau_{xy}^2 } \qquad\qquad (3\text{-}14)$$

$$= \sigma_1 = \sigma_{max} \leq \sigma_{zul}$$

Diese Vergleichsspannung wird angewendet bei spröden Stoffen wie z.B. Steine,
Beton, Glas, Porzellan, Gußeisen wenn sie auf Zug oder Druck beansprucht werden

Schubspannungshypothese, σ_{VS}

Man postuliert, daß die größte Schubspannung τ_{max} des mehraxialen Spannungszustandes die gleiche Wirkung hat wie eine dem Betrage nach gleiche Zugspannung.
Aus dem MOHR'schen Spannungskreis kann man ablesen:

$$\tau_{max} = R = + \sqrt{ (\sigma_x - \sigma_y)^2 / 4 + \tau_{xy}^2 }$$

$$= \tau_1 = (\sigma_1 - \sigma_2) / 2 \leq \tau_{zul}$$

Soll einaxialer Zug die gleiche Schubspannungen erzeugen, so muß er doppelt so groß
sein, wie τ_{max}, und es gilt:

$$\sigma_{VS} = 2 \cdot \tau_{max} = + \sqrt{ (\sigma_x - \sigma_y)^2 + 4 \cdot \tau_{xy}^2 } \qquad\qquad (3\text{-}15)$$

$$= \sigma_1 - \sigma_2 \leq \sigma_{zul}$$

Diese Vergleichsspannung wird im allgemeinen angewendet auf zähe Stoffe, insbesondere aber bei überwiegender Druckbeanspruchung spröder Stoffe. Sie ist mathematisch am einfachsten formuliert.

Dehnungshypothese, σ_{VD}

Man fordert, daß die größte örtliche Dehnung $\varepsilon_{max} = \varepsilon_1$ des mehraxialen Spannungszustandes die gleiche Wirkung hat, wie des einaxialen Zugversuches. Mit Hilfe des

Mit Hilfe des HOOKE'schen Gesetzes kann man ε_1 der Vergleichsspannung σ_{VD} zuordnen, und es gilt für den dreiaxialen Spannungszustand:

$$\sigma_{VD} = E \cdot \varepsilon_1 = \sigma_1 - \mu \cdot (\sigma_2 + \sigma_3) \le \sigma_{zul} \qquad (\text{3-16})$$

Für den zweiaxialen Spannungszustand in der Werkstückoberfläche ist $\sigma_3 = 0$. Setzt man die beiden Hauptspannungen σ_1 und σ_2 aus dem MOHR'schen Spannungskreis dann in Gleichung (3-16) ein, so folgt nach einer kurzen Zwischenrechnung:

$$\sigma_{VD} = (1 - \mu) \cdot (\sigma_x + \sigma_y)/2 + (1 + \mu) \cdot \sqrt{ (\sigma_x - \sigma_y)^2/4 + \tau_{xy}^2 } \le \sigma_{zul} \qquad (\text{3-17})$$

Setzt man für die POISSON- Zahl ihren Durchschnittswert ein $\mu = 0{,}3$ so folgt:

$$\sigma_{VD} = 0{,}35 \cdot (\sigma_x + \sigma_y) + 0{,}65 \cdot \sqrt{ (\sigma_x - \sigma_y)^2 + 4\,\tau_{xy}^2 } \le \sigma_{zul} \qquad (\text{3-18})$$

Diese Vergleichsspannung wird angewendet bei zähen Werkstoffen zur Vorhersage des Fließens und bei spröden zur Angabe eines Trennbruches, unter der Voraussetzung, daß die Hauptspannungen nicht gleich sind und gleiches Vorzeichen haben.

Formänderungsarbeits- Hypothese, σ_{VF}

Man setzt die durch den mehraxialen Spannungszustandes aufgewandte spezifische Formänderungsarbeit A_F gleich der des einaxialen Zugversuches. Mit Hilfe des HOOKE'schen Gesetzes und der Beziehung zwischen den elastischen Kennwerten E, G und μ folgt:

$$A_F = 1/2 \cdot \sigma_{VF} \cdot \varepsilon_{VF} = \sigma_{VF}^2 / 2E \qquad (\text{3-19})$$
$$A_F = 1/2 \cdot (\sigma_x \cdot \varepsilon_x + \sigma_y \cdot \varepsilon_y + \sigma_z \cdot \varepsilon_z + \tau_{xy} \cdot \gamma_{xy} + \tau_{yz} \cdot \gamma_{yz} + \tau_{zx} \cdot \gamma_{zx}) \qquad (\text{3-20})$$

Setzt man beide Ausdrücke einander gleich, so findet man nach Umformung die gesuchte Vergleichsspannung:

$$\sigma_{VF} = \sqrt{(\sigma_x^2 + \sigma_y^2 + \sigma_z^2) - 2 \cdot \mu(\sigma_x \sigma_z + \sigma_y \sigma_z + \sigma_z \sigma_x) + } \qquad (\text{3-21})$$

$$\overline{2 \cdot (1 + \mu) \cdot (\tau_{xy}^2 + \tau_{yz}^2 + \tau_{zx}^2)} \le \sigma_{zul}$$

Diese wird angewendet bei sehr zähen Werkstoffen wie bei Federstahl oder vergüteten, zähharten Stählen.

Gestaltänderungsarbeits- Hypothese, σ_{VG}

Versuche belegen, daß allseitiger Druck und die damit verbundene Volumenkompression ohne Erliegen bei vielen Stählen sind. Um diesen Zusammenhang zu beschreiben, muß man daher den Einzelspannungen (3-21) einen allseitigen

Spannungszustand mit der Mittelspannung $\sigma_m = 1/3\,(\,\sigma_x + \sigma_y + \sigma_z\,)$ überlagern. Dadurch entsteht eine Gestaltänderung (3-19) bis (3-21). Setzt man in Gleichung (3-21) anstelle der Normalspannungen die Spannungsdeviatoren: $\sigma_x - \sigma_m,\ \sigma_y - \sigma_m,\ \sigma_z - \sigma_m$ ein, und berücksichtigt man die Gestaltänderungsarbeit des einaxialen Zugversuches

$$A_G = 2/12G \cdot \sigma_{VG}^2 = \sigma_{VG}^2 / 6G \qquad\qquad (\,3\text{-}22\,)$$

so erhält man nach einer umfangreichen Zwischenrechnung:

$$\sigma_{VG} = \sqrt{1/2[(\sigma_x-\sigma_y)^2 + (\sigma_y-\sigma_z)^2 + (\sigma_z-\sigma_x)^2] + (\tau_{xy}^2+\tau_{yz}^2+\tau_{zx}^2)} \leq \sigma_{zul}$$

Diese Vergleichsspannungen eignet sich am besten zum Beschreiben der technologischen Eigenschaften verformungsfähiger, weicher Baustähle. [3.3]

Eine Gegenüberstellung der Aussagen von Vergleichsspannungen bringen die Bilder 3.9 und 3.10. Die graphischen Darstellungen sind demnach Quadrate (σ_{VN}),Raute (σ_{VS}) oder Ellipsen. Die maximalen, relativen Abweichungen untereinander liegen bei + 50%. Sind die Versagenskennwerte bei Zug und Druck (K_z , K_d) verschieden, so ist es angebracht, normierte Größen z.B. σ_1/K_d einzuführen. Dadurch sind die Darstellungen in Bild 3.10 allgemein verwendbar. Der Einfluß veränderlicher POISSON- Zahlen ($\mu = 0{,}3$ und $0{,}5$) ist aus Bild 3.9 zusehen.

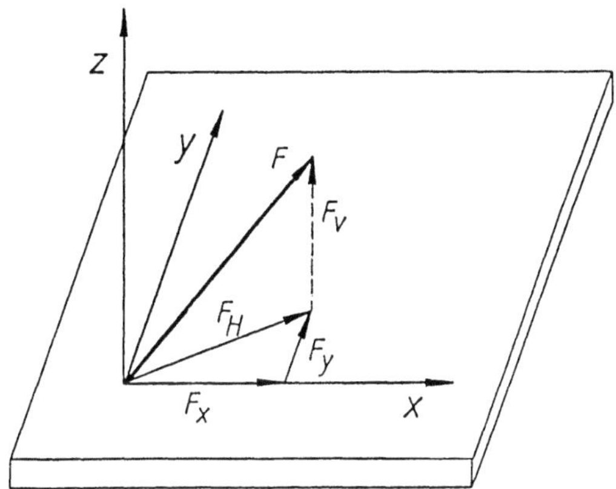

Bild 3.1 Kräfte im räumlichen Koordinatensystem

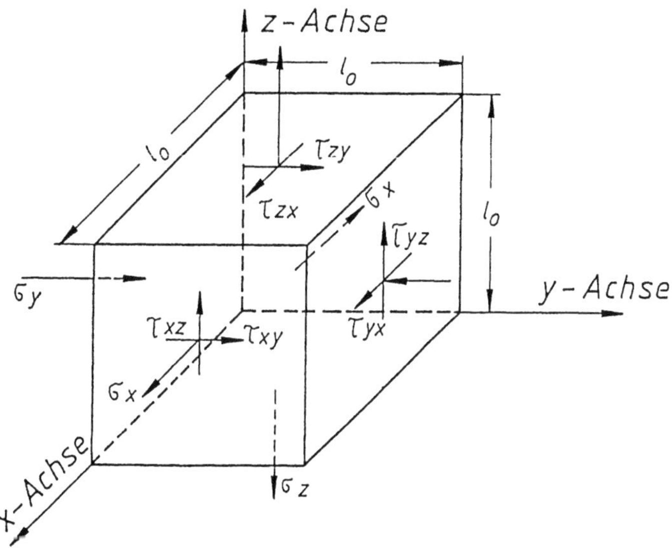

Bild 3.2 Kubisches Elementarvolumen mit der Kantenlänge l_0 in rechtwinkligen Koordinaten. Zum besseren Verständnis wurden die Schubspannungen nur auf den sichtbaren Flächen eingetragen

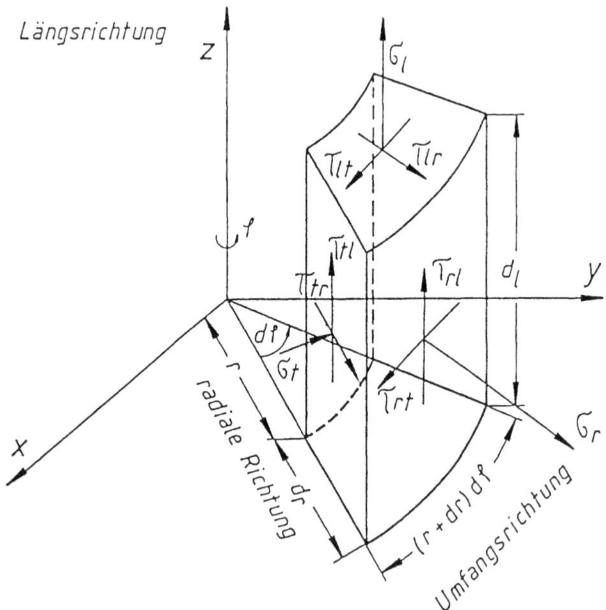

Bild 3.3 Elementarvolumen in Zylinderkoordinaten. Zum besseren Verständnis wurden alle Spannungen nur auf den sichtbaren Flächen eingetragen

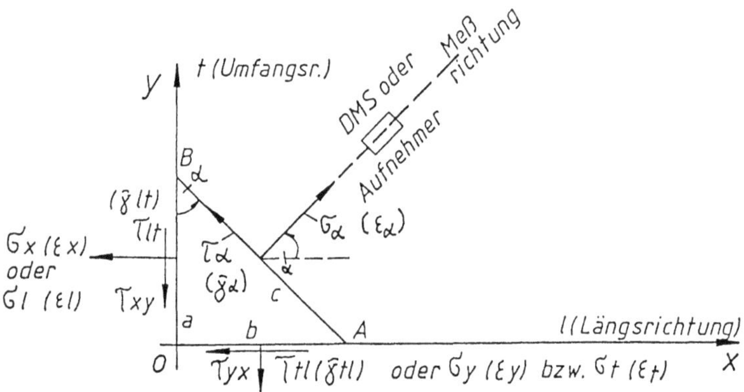

Bild 3.4 Normal- und Schubspannungen, sowie die zugeordneten Verformungen an den Seiten eines elementaren Dreiecks der Dicke 1

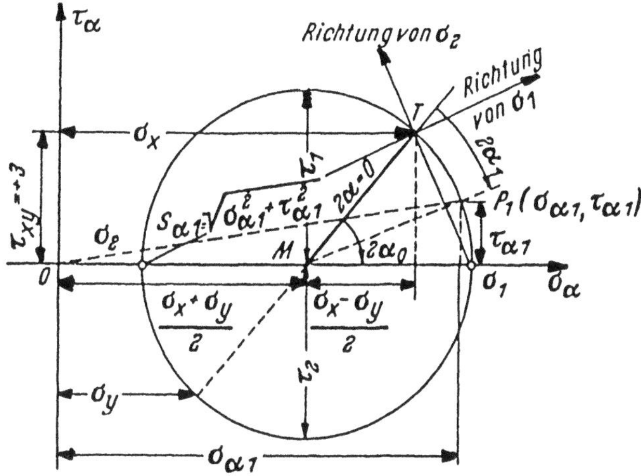

Bild 3.5 MOHR'scher Spannungskreis in allgemeiner Darstellung

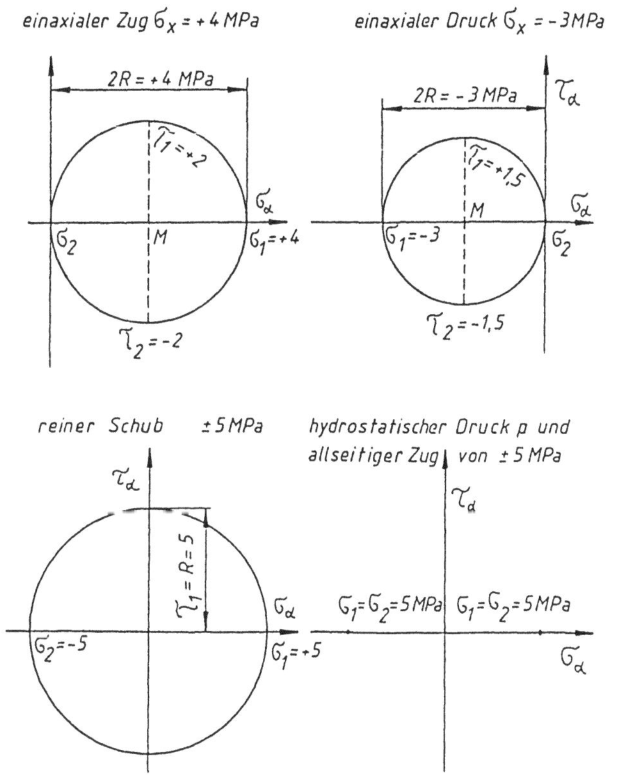

Bild 3.6 Typische Spannungszustände und ihre MOHR'schen Spannungskreis

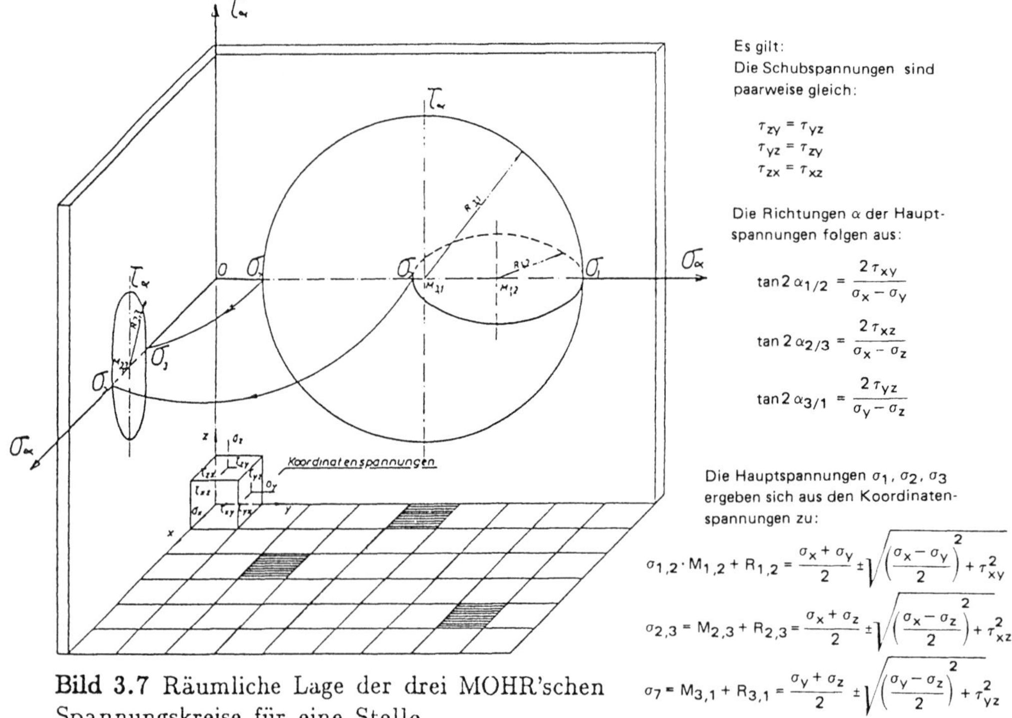

Es gilt:
Die Schubspannungen sind paarweise gleich:

$$\tau_{zy} = \tau_{yz}$$
$$\tau_{yz} = \tau_{zy}$$
$$\tau_{zx} = \tau_{xz}$$

Die Richtungen α der Hauptspannungen folgen aus:

$$\tan 2\,\alpha_{1/2} = \frac{2\,\tau_{xy}}{\sigma_x - \sigma_y}$$

$$\tan 2\,\alpha_{2/3} = \frac{2\,\tau_{xz}}{\sigma_x - \sigma_z}$$

$$\tan 2\,\alpha_{3/1} = \frac{2\,\tau_{yz}}{\sigma_y - \sigma_z}$$

Die Hauptspannungen σ_1, σ_2, σ_3 ergeben sich aus den Koordinatenspannungen zu:

$$\sigma_{1,2} \cdot M_{1,2} + R_{1,2} = \frac{\sigma_x + \sigma_y}{2} \pm \sqrt{\left(\frac{\sigma_x - \sigma_y}{2}\right)^2 + \tau_{xy}^2}$$

$$\sigma_{2,3} = M_{2,3} + R_{2,3} = \frac{\sigma_x + \sigma_z}{2} \pm \sqrt{\left(\frac{\sigma_x - \sigma_z}{2}\right)^2 + \tau_{xz}^2}$$

$$\sigma_7 = M_{3,1} + R_{3,1} = \frac{\sigma_y + \sigma_z}{2} \pm \sqrt{\left(\frac{\sigma_y - \sigma_z}{2}\right)^2 + \tau_{yz}^2}$$

Bild 3.7 Räumliche Lage der drei MOHR'schen Spannungskreise für eine Stelle im Werkstoffinnern

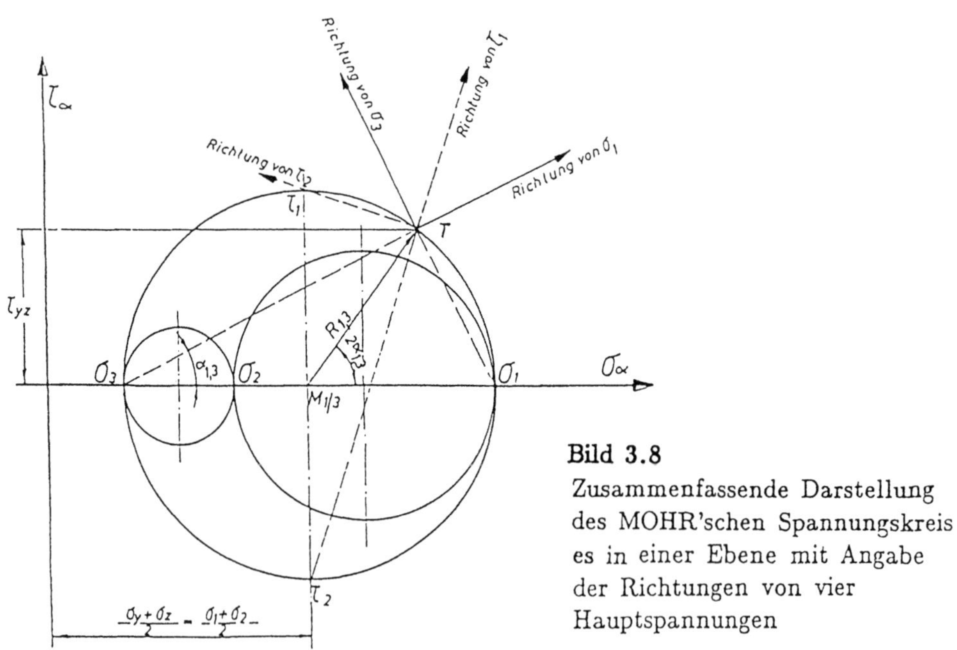

Bild 3.8
Zusammenfassende Darstellung des MOHR'schen Spannungskreises in einer Ebene mit Angabe der Richtungen von vier Hauptspannungen

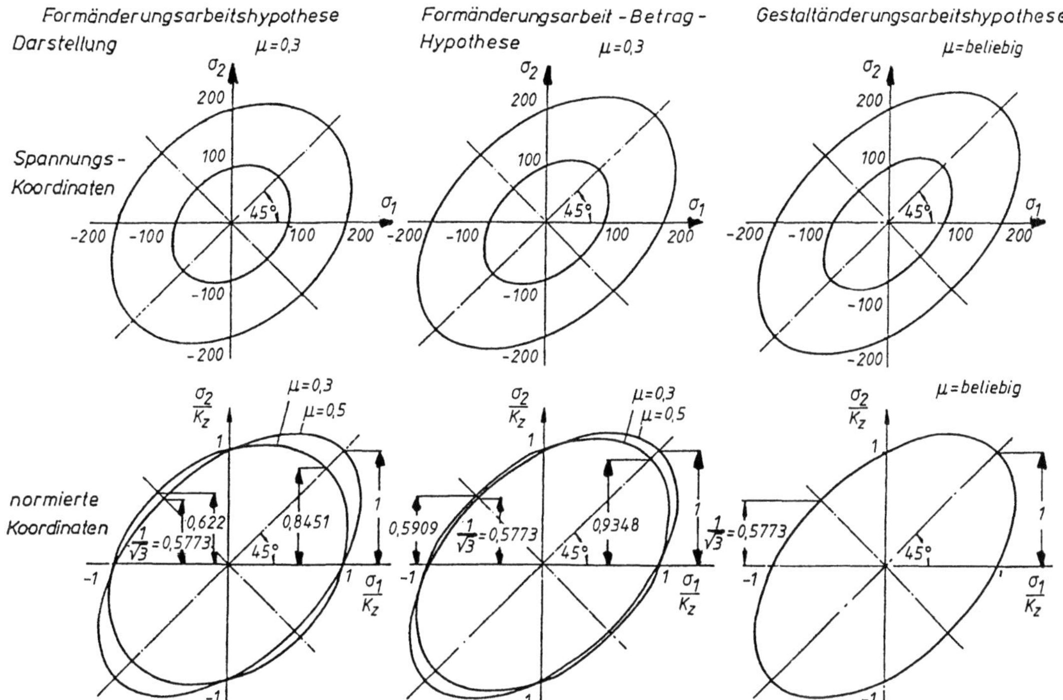

Bild 3.9 Unterschiedliche Vergleichsspannungen zweiaxialer, gleich großer Hauptnormalspannungen

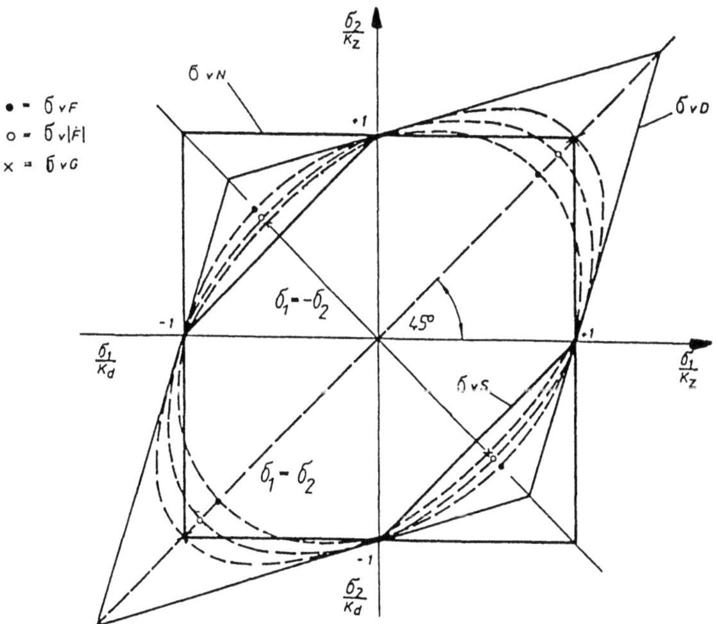

Bild 3.10 Vergleich verschiedener Versagenshypothesen in normierten Koordinaten mit μ=0,3

4 Elastisches Verhalten – HOOKE-Gesetze

Die häufig benutzte Bezeichnung "Spannungsmessung" ist zumeist nicht zutreffend, denn es werden in der mechanischen Meßtechnik ganz selten "Spannungen" gemessen, ja noch nicht einmal die zugeordneten Kräfte. Die Spannungen werden vielmehr aus gemessenen Verformungen mit Hilfe der Elastizitätskonstanten berechnet. In der Festigkeitslehre werden sie dagegen aus bekannten äußeren Kräften und Momenten den Abmessungen des beanspruchten Teiles ermittelt.

4.1 Elastische Kennwerte

Das Wort "elastisch" ist eine seit dem 17./18. Jahrh. bezeugte Neubildung aus dem Griechischen und bedeutet "dehnbar, biegbar". Gemeint ist damit das anfängliche reversible Verhalten eines Materials unter äußerer Belastung. Überschreitet diese nicht eine gewisse Grenze, so gehen die auferlegten Verformungen (Dehnung/Stauchung: $\pm\,\varepsilon$, Winkeländerung: $\pm\,\gamma$) wieder in ihren Anfangszustand zurück, d.h. die ε- und γ- Werte streben wieder bei Entlastung nach Null (siehe Bild 4.1)

Robert HOOKE (1635-1703), englischer Physiker, geboren auf der Insel Wight, formulierte 1678, nach Experimenten an Federn und Drähten, das später nach ihm benannte elastische Gesetz mit den Worten: "Sic tensio, sic vis" ["Wie die Dehnung, so die Kraft (je Fläche)"]. Er postuliert damit allgemein eine Proportionalität zwischen Verformungen und Spannungen. [4.1]

Bei einaxialer Belastung, z.B. im Zugversuch mit der Spannung σ_1 gilt dann in Stabrichtung mit den Ausgangs- und Endlängen (l_o, l):

$$\sigma_1 = E \cdot \varepsilon_1 = E \cdot (l - l_o)/l_o \qquad\qquad (\text{ 4-1 })$$

Der Proportionalitätsfaktor E ist der für jeden Werkstoff veränderliche Elastizitätsmodul. Er ist bei den meisten Metallen und ihren Legierungen ein in den Grenzen von $\pm 5\%$ unveränderlicher Werte und weicht nur bei erheblichen Änderungen der chemischen Zusammensetzung von diesem ab. So gilt für unlegierte und niedrig legierte Stähle E = 205.000 $\pm$ 5000 N/mm^2. (Siehe Anhang, Kapitel 26)

Erst bei hochlegierten Stählen, z.B. bei rostfreien Stählen mit 18% Cr und 8% Ni, sinkt E um 15% auf etwa 180.000 N/mm^2. Bei Gußeisensorten schwankt der E-Modul infolge der verschiedenartigen, heterogenen Gefügestruktur in weiten Grenzen von 100.000 bis 200.000 N/mm^2. Außerdem ist er dann noch für eine Sorte spannungsabhängig. Für GG-20 sinkt z.B. E von 110.000 auf 90.000 N/mm^2 ab, wenn die Zugspannung von 40 auf 120 N/mm^2 ansteigt. Aus diesem Verhalten folgt, daß die Spannungs- Dehnungs- Kurve von Gußeisen keine Gerade ist, wie es das axiale HOOKE-Gesetz nach Gleichung 4-1 fordert, sondern eine schwach gekrümmte

Kurve. Vergleicht man nämlich Gleichung 4-1 mit der analytischen Gleichung einer Geraden, so ergibt sich, daß E dem Geradenanstieg entspricht gemäß:

$$E = \tan \alpha = \Delta\sigma \, / \, \Delta\varepsilon \qquad\qquad (\, 4\text{-}2 \,)$$

Eine zweite Stoffkonstante wurde von dem französischen Physiker und mathematiker Simeon DENISE POISSON (1781-1840) festgestellt. Er beobachtete, daß unter den damaligen Versuchsbedingungen bei einem Zugversuch Querkürzung $\varepsilon_q=(d-d_0)/d_0$ und Längsdehnung ε_l in einem konstanten Verhältnis stehen:

$$\mu = - \, \varepsilon_q \, / \, \varepsilon_l = 1/m \qquad\qquad (\, 4\text{-}3 \,)$$

Der Kehrwert der POISSON- Zahl μ wird als Querkontraktionszahl m bezeichnet. Genaue Messungen belegen heute, daß die Konstanz nicht zutrifft und daß sich μ schon bei kleinen Spannungen ändert. Das gilt auch für Gummi. Die POISSON- Zahl fällt dort oft von 0,55 auf 0,40 mit steigenden Zugspannungen ab. Dieser Verlauf wird auch bei Stählen beobachtet, wobei der häufig verwendete Mittelwert von $\mu = 0,3$ in Wirklichkeit je nach Stahlsorte und Spannung zwischen 0,25 und 0,35 schwankt. Bei Kunststoffen liegt der Wert zwischen $\mu = 0,4$ und 0,5. Damit wird die theoretische obere Grenze erreicht, die bei plastischen Verformungen unter Volumenkonstanz von der Festigkeitslehre vorausgesagt wird. Trotz dieser Abweichungen spricht man auch heute noch von der POISSON- Konstanten, obwohl es besser wäre, zumindest von der POISSON- Zahl oder gar der μ- Kennfunktion zu sprechen.

Die dritte Kenngröße elastischer Beanspruchung isotroper Stoffe ist der Schub- oder Schermodul G. Er verbindet die Gestaltänderung γ mit der Scherspannung τ in der schon von HOOKE geforderten linearen Form:

$$\tau_{xy} = G \cdot \gamma_{xy} \qquad\qquad (\, 4\text{-}4 \,)$$

Diese Zuordnung gilt auch für die anderen Richtungen. Man braucht nur die Indizes zu permutieren, um die fehlenden Gleichungen zu erhalten. Ein vierter elastischer Kennwert, der Kompressionsmodul K, verbindet die relative Volumenänderungen $\upsilon = \Delta V/V_0$ mit dem aufgewendeten Druck p, und es gilt $p = K \cdot \upsilon$. Beachtet man, daß zwischen den vier Werten E, μ, G und K die Beziehungen bestehen:

$$G = E \, / \, [\, 2 \cdot (\, 1 + \mu \,)] \qquad ; \qquad K = E \, / \, 3 \cdot (\, 1 - 2\mu) \qquad (\, 4\text{-}5 \,)$$

so ist man in der Lage, das elastische Verhalten eines isotropen Stoffes schon mit zwei Zahlen zu beschreiben. In der ersten Näherung darf man sagen, daß bei allen Stoffen der Schermodul ein Drittel des E- Modul ist und K etwa 5/6 von ihm.

Will man sehr genaue Spannungsangaben aus Verformungsmessungen machen, so wird man die elastischen Kenngrößen zuvor ermitteln. Dazu eignen sich die einaxialen Prüfverfahren. Nach Möglichkeit wird man eine ähnliche Prüfung wie bei der späteren Spannungsmessung wählen und nicht etwa E aus Ultraschallmessungen für statische Untersuchungen verwenden. Es ist nämlich zu berücksichtigen, daß das Werkstoffverhalten nicht immer den geforderten linearen oder einfachen Gesetzen folgt, und daß sich wegen der angewendeten Näherungen Abweichungen ergeben können.

4.2 Isotrope Stoffe

Die Kombination der Erkenntnisse von HOOKE und POISSON führte zu den allgemeinen, räumlichen Spannungs- Verformungs- Beziehungen isotroper Stoffe. Demnach muß man unterscheiden zwischen Normal- und Schubspannungen (σ und τ) sowie zugeordneten Formänderungen und Gestaltänderungen (ε und γ). Bild 3.2 zeigt die neun möglichen Spannungskomponenten an einem Elementarvolumen in rechtwinkligen Koordinaten. An isotropen und homogenen Stoffen bestehen in erster Näherung nur lineare Beziehungen zwischen σ und ε, sowie zwischen τ und γ. Man kann sie so formulieren, daß Normalspannungen nur die Abmessungen eines Körpers ändern und damit sein Volumen, und Schubspannungen nur die Winkel.

Bei dreiaxialer Beanspruchung ist die Dehnung oder Stauchung ε_x in einer beliebigen Richtung proportional der gleichgerichteten Zug- und Druckspannung σ_x, vermindert um den μ- fachen Wert der beiden dazu senkrecht stehenden Spannungen ($\mu \cdot \sigma_y + \mu \cdot \sigma_z$).

Für Schubspannungen τ_{xy} besteht keine Querwirkung der orthogonalen Spannungen (τ_{yz}, τ_{zx}). Diese Beziehungen sind in Tafel 4.1 zusammengestellt und explizit nach Spannungen und Verformungen angegeben. Zur Auflösung der drei HOOKE'schen Gleichungen nach den Normalspannungen (siehe Tafel 4.1, links oben) kann man sie nach den Veränderlichen ordnen und mit der CRAEMER-Regel und Determinatenrechnung ermitteln. Einfacher ist es jedoch z.B., die auf die x bezogene Gleichung mit ($1 - \mu$) und die beiden folgenden mit μ zu multiplizieren und zu addieren. Es entfallen dabei alle Spannungsgrößen bis auf σ_x, so daß diese Größe dann expizit angegeben werden kann (siehe Tafel 4.1, rechts oben). Zuweilen werden diese auch in der nachstehenden Form angegeben:

$$\sigma_x = E_1 \cdot [(1 - \mu) \cdot \varepsilon_x + \mu \cdot (\varepsilon_y + \varepsilon_y)] \qquad\qquad (4\text{-}6)$$

$$\sigma_y = E_1 \cdot [(1 - \mu) \cdot \varepsilon_y + \mu \cdot (\varepsilon_z + \varepsilon_x)]$$

$$\sigma_z = E_1 \cdot [(1 - \mu) \cdot \varepsilon_z + \mu \cdot (\varepsilon_x + \varepsilon_y)]$$

Hierin bedeutet $E_1 = E / [(1 + \mu) \cdot (1 - 2\mu)]$

Tafel 4.1: Beziehungen zwischen elastischen Verformungen und ihren Spannungen

Verteilung	Verformungszustand	Spannungszustand	Beispiele
Dreiaxial	Alle Verformungen verschieden Null $E \cdot \varepsilon_x = \sigma_x - \mu(\sigma_y + \sigma_z)$ $E \cdot \varepsilon_y = \sigma_y - \mu(\sigma_z + \sigma_x)$ $E \cdot \varepsilon_z = \sigma_z - \mu(\sigma_y + \sigma_x)$	Alle Spannungen verschieden Null $\sigma_x = \frac{E}{1+\mu}\left[\varepsilon_x + \frac{\mu}{1-2\mu}(\varepsilon_x + \varepsilon_y + \varepsilon_z)\right]$ $\sigma_y = \frac{E}{1+\mu}\left[\varepsilon_y + \frac{\mu}{1-2\mu}(\varepsilon_x + \varepsilon_y + \varepsilon_z)\right]$ $\sigma_z = \frac{E}{1+\mu}\left[\varepsilon_z + \frac{\mu}{1-2\mu}(\varepsilon_x + \varepsilon_y + \varepsilon_z)\right]$	allgemeinste Beanspruchung im Innern isotroper Stoffe
	$G \cdot \gamma_{xy} = \tau_{xy}$ $G \cdot \gamma_{yz} = \tau_{yz}$ $G \cdot \gamma_{zx} = \tau_{zx}$		
zweiaxial	Verformungen in z-Richtung Null $(\varepsilon_z = 0)$ $\frac{E}{1+\mu} \cdot \varepsilon_x = \sigma_x(1-\mu) - \sigma_y \cdot \mu$ $\frac{E}{1+\mu} \cdot \varepsilon_y = \sigma_y(1-\mu) - \sigma_y \cdot \mu$ $\varepsilon_z = 0$ oder - - - - - - - - - - - - $\sigma_x = \frac{E}{1+\mu}\left[\varepsilon_x + \frac{\mu}{1-2\mu}(\varepsilon_x + \varepsilon_y)\right]$ $\sigma_y = \frac{E}{1+\mu}\left[\varepsilon_y + \frac{E}{1-2\mu}(\varepsilon_x + \varepsilon_y)\right]$ $\sigma_z = \frac{E}{1+\mu} \cdot \frac{\mu}{1-2\mu}(\varepsilon_x + \varepsilon_y)$ Aus $\varepsilon_z = 0$ folgt $\sigma_z = \mu \cdot (\sigma_x + \sigma_y)$ $G \cdot \gamma_{xy} = \tau_{xy}$ $\gamma_{yz} = \tau_{yz} = 0$ $\gamma_{zx} = \tau_{zx} = 0$	Spannungen in z-Richtung Null $(\sigma_z = 0)$ $E \cdot \varepsilon_x = \sigma_x - \mu \cdot \sigma_y$ $E \cdot \varepsilon_y = \sigma_y - \mu \cdot \sigma_x$ $E \cdot \varepsilon_z = -\mu(\sigma_x + \sigma_y)$ $\sigma_z = 0$ - - - - - - - - - - - - $\sigma_x = \frac{E}{1-\mu^2} \cdot (\varepsilon_x + \mu \cdot \varepsilon_y)$ $\sigma_y = \frac{E}{1-\mu^2} \cdot (\varepsilon_y + \mu \cdot \varepsilon_x)$ Aus $\sigma_z = 0$ folgt $\varepsilon_z = -\frac{\mu}{1-\mu}(\varepsilon_x + \mu \cdot \varepsilon_y)$	$\varepsilon_z = 0$ allgemeinster Verformungsstand langer prismatischer Körper unter Querkräften bei behinderter Längsformänderung $\sigma_z = 0$ allgemeinster makroskopischer Spannungszustand unbelasteter Oberflächen
Einaxial	Nur Verformurgen in x-Richtung $(\varepsilon_x \neq 0)$ $\frac{E}{1+\mu} \cdot \frac{\mu}{1-2\mu} \cdot \varepsilon_x = \sigma_x$ $\varepsilon_y = 0$ $\varepsilon_z = 0$ - - - - - - - - - - - - $\sigma_x = \frac{E}{1+\mu} \cdot \frac{1-\mu}{1-2\mu} \cdot \varepsilon_x$ $\sigma_y = \frac{E}{1+\mu} \cdot \frac{\mu}{1-2\mu} \cdot \varepsilon_x$ $\sigma_z = \frac{E}{1+\mu} \cdot \frac{\mu}{1-2\mu} \cdot \varepsilon_x$ $\gamma_{xy} = \tau_{xy} = 0$ $\gamma_{yz} = \tau_{yz} = 0$ $\gamma_{zx} = \tau_{zx} = 0$	Nur Spannungen in x-Richtung $(\sigma_x \neq 0)$ $E \cdot \varepsilon_x = \sigma_x$ $E \cdot \varepsilon_y = -\mu \cdot \sigma_x$ $E \cdot \varepsilon_z = -\mu \cdot \sigma_x$ - - - - - - - - - - - - $\sigma_x = E \cdot \varepsilon_x$ $\sigma_y = 0$ $\sigma_z = 0$	$\varepsilon_x \neq 0$ Zug- oder Druckkörper mit behinderter Querformänderung $\sigma_x = 0$ Zug- oder Druckkörper mit freier Querformänderung

4.3 Anisotrope Stoffe

Bei anisotropen oder kristallinen gelten die HOOKE- Gleichungen in ihrer einfachsten Form nach Tafel 4.1 nicht mehr. Im allgemeinsten Falle hängen die Verformungen von allen sechs Spannungen ab, und es gilt z.B. für die Formänderung in
x- Richtung:

$$\varepsilon_x = s_{11} \cdot \sigma_x + s_{12} \cdot \sigma_y + s_{13} \cdot \sigma_z + s_{14} \cdot \tau_{xy} + \qquad\qquad (\text{4-7})$$

$$s_{15} \cdot \tau_{yz} + s_{16} \cdot \tau_{zx}$$

Analoge Beziehungen ergeben sich für ε_y, ε_z , γ_{xy}, γ_{yz}, γ_{zx}. Es folgen daraus
6 x 6 = 36 elastische Konstanten. Sie reduzieren sich jedoch für verschiedenen
Kristallsysteme wegen vorhandener Symmetrie. Ein beliebiger anisotroper Stoff
kann im allgemeinsten Falle wegen der zur Hauptdiagonalen symmetrischen Verformungsmatrix ($\varepsilon_{ij} = \varepsilon_{ji}$) maximal 36 − 15 = 21 elastische Konstanten besitzen.
Für das bei Metallen am häufigsten vorkommende kubische Gitter, reichen drei
Konstanten, um das Spannungs- Verformungs- Verhalten vollständig zu beschreiben. Die erweiterten HOOKE'schen Beziehungen in Form von Gleichung 4-7
sind unumgänglich bei Untersuchungen von Verbundkörpern mit z.B. glasfaser-
verstärkten Kunststoffen.

Zur numerischen Anwendung der HOOKE- Gesetze ist zu beachten, daß sie streng
nur für wahre Spannungen gültig sind und nicht für Nennspannungen, bei denen
die wirkende Kraft auf den Anfangsquerschnitt bezogen ist. Bei Metallen ist dieser
Unterschied zumeist vernachlässigbar klein, bei Kunststoffen und Gummi nicht.
Dort verringert sich der Querschnitt A_0 bei Zug merklich. Dies läßt sich mit Hilfe
der POISSON- Zahl μ aus dem Zugversuch wie folgt berechnen: Der wahre Stab-
durchmesser d berechnet sich aus dem Anfangswert d_0 und der Querkontraktion
ε_q zu:

$$d = d_0 \cdot (1 + \varepsilon_q) = d_0 \cdot (1 - \mu \cdot \varepsilon_1) \qquad\qquad (\text{4-8})$$

Die wahre Spannung wird berechnet aus der wirkenden Zugkraft F und dem
wahren Querschnitt A zu:

$$\sigma = F/A = F/[(\pi \cdot d_0^2 / 4) \cdot (1 - \mu \cdot \varepsilon_1)^2] \qquad\qquad (\text{4-9})$$

$$\# \sigma_0 / (1 - 2 \cdot \mu \cdot \varepsilon_1) \# \sigma_0 \cdot (1 + 2 \cdot \mu \cdot \varepsilon_1)$$

Beachtet man, daß bei großen plastischen Verformungen $2\mu = 2 \cdot 0,5 = 1$ ist, so
ergibt sich für $\varepsilon_1 = 0,05$ eine Erhöhung der wahren Spannung gegenüber der Nennspannung um 5%.

4.4   Texturierte Stoffe

Die bisherigen Betrachtungen und Berechnungsgleichungen basierten auf der Annahme, daß makroskopisch die Werkstoffe quasi- homogen und quasi- isotrop sind. Dies trifft auch auf Metalle zumeist näherungsweise zu. Aber bereits Weiterbearbeitungsvorgänge von Rohmaterialien und Halbzeuge z.B. durch Walzen oder Tiefziehen von Stahlblechen verändert diesen Zustand. Viele Kristalle nehmen eine, durch die Beanspruchungsrichtung des Bearbeitungsvorganges orientierte Lage ein. Das Material erhält eine makroskopisch richtungsabhängige Struktur. Noch stärker ausgeprägte Strukturen findet man bei Naturstoffen wie Holz oder bei künstlich hergestellten Werkstoffen (CFK oder GFK) und auch bei Verbundwerkstoffen.

Diese faserverstärkten Kunststoffe findet man heutzutage, wegen ihrer Vorteile gegenüber Stahl, immer mehr Verwendung. So sind sie in Richtung der Faser enorm hoch belastbar (bis 1200 N/mm^2) und dabei sehr viel leichter als Stahl, korrosionsbeständig und gegen die meisten Säuren und aggressive Medien resistent.

Will nun der Konstrukteur diese Vorteile nutzen, so muß er über die besonderen Eigenschaften und die Werkstoffkennwerte der eingesetzten Kunststoffe informiert sein. So zeigt ein Bauteil, das z.B. würfelförmig sei, bei identischer Belastung in jeder der Richtungen der Raumachsen unterschiedliche Festigkeiten und Elastizitäten. Das ist dadurch begründet, daß texturierte Stoffe, im Gegensatz zu isotropen, nicht zwei unabhängige Elastizitätskenngrößen besitzen, sondern zwölf richtungsabhängige. Dies führt zu folgenden Gleichungen: [4.3]

$$\varepsilon_x = \frac{1}{E_x} \cdot \sigma_x - \frac{\upsilon_{xy}}{E_y} \cdot \sigma_y - \frac{\upsilon_{xz}}{E_z} \cdot \sigma_z \qquad\qquad (\text{4-10})$$

$$\varepsilon_y = \frac{1}{E_y} \cdot \sigma_y - \frac{\upsilon_{yz}}{E_z} \cdot \sigma_z - \frac{\upsilon_{yx}}{E_x} \cdot \sigma_x \qquad\qquad (\text{4-11})$$

$$\varepsilon_z = \frac{1}{E_z} \cdot \sigma_z - \frac{\upsilon_{zx}}{E_x} \cdot \sigma_x - \frac{\upsilon_{zy}}{E_y} \cdot \sigma_y \qquad\qquad (\text{4-12})$$

$$\gamma_{yz} = \frac{1}{G_{yz}} \cdot \tau_{yz} \qquad\qquad (\text{4-13})$$

$$\gamma_{zx} = \frac{1}{G_{zx}} \cdot \tau_{zx} \qquad\qquad (\text{4-14})$$

$$\gamma_{xy} = \frac{1}{G_{xy}} \cdot \tau_{xy} \qquad\qquad (\text{4-15})$$

Hierin sind:

- E_x, E_y, E_z die drei Elastizitätsmoduln in den drei orthogonalen Richtungen x, y und z.

- G_{xy}, G_{yz}, G_{zx} die drei Gleitmoduln in den von den indizierten Richtungen angegebenen Gleitebenen.

- ν_{xy}, ν_{xz},... usw. die sechs Querkontraktionszahlen, bei denen der erste Index die quer zur Belastungsrichtung betrachtete Verformungsrichtung und der zweite Index die Richtung der Belastung (Spannung) angibt.

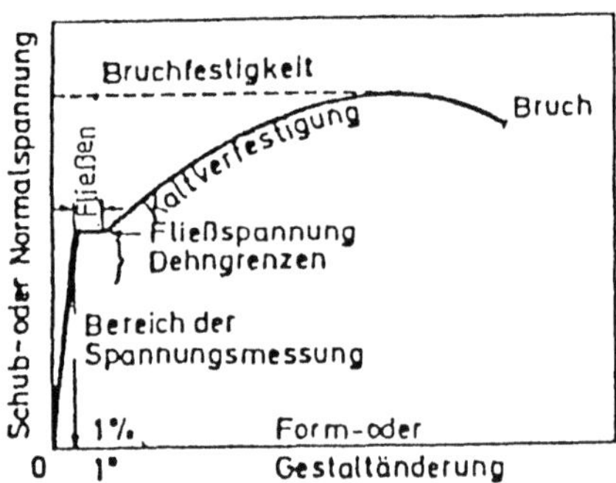

Bild 4.1 Spannungs-Verformungs-Diagramm von weichen Stahl, z.B. St 37 oder St 42, bei einaxialer Prüfung

5 Plastisches Verhalten

Überschreitet eine hohe Belastung die elastische Grenze (siehe Bild 5.1), so gelten die linearen Beziehungen nach Tafel 4.1 nicht mehr. Die Spannungs- Dehnungs-Kurve weicht dann mit beginnender plastischer Verformung von der Geraden ab, und der neue Kurvenanstieg T ist kleiner als der Geradenanstieg E. Damit verbunden sind auch niedrigere Spannungen als sie sich mit den HOOKE- Gleichungen ergeben würden.

Der elastisch- plastische Übergang läßt sich bei Kenntnis der Gleichungen für den geraden elastischen und gekrümmten plastischen Kurventeil errechnen. Es müssen dort Punkt- und Tangentengleichheit für beide Kurvenäste bestehen. In der Praxis ist der Punkt jedoch schwierig zu bestimmen, falls nicht, wie bei weichen Stählen, eine ausgeprägte Fließgrenze beobachtet wird. Nach der deutschen Norm DIN 50145, Ausgabe Mai 1975, "Zugversuch" zur Prüfung metallischer Werkstoffe, wird bei stetigem elastisch-plastischen Übergang eine Dehngrenze R_{per} bestimmt, um den Übergangspunkt zu bestimmen. Der Index "p" weist auf die nichtproportionale Dehnung hin und ergibt die nach Entlasten vorhandene Restdehnung in Prozent an. $R_{p0,2} = 400$ MPa bedeutet demnach, daß nach Entlasten von der Zugspannung 400 MPa eine Restdehnung von 0,2% gemessen wird, d.h. eine Meßlänge von $l_0 = 100$ mm hat sich um 0,2 mm verlängert. Es können verschiedene Dehngrenzen gemessen und auch vereinbart werden, z.B. $R_{p0,01}$, $R_{p0,2}$, R_{p1}. Die Elastizitätsgrenze wird oft mit $R_{p0,001}$ bestimmt.

5.1 Be- und Entlastungskurven

Die Spannungen im überelastischen Verformungsbereich können auf zwei Arten ermittelt werden. Kennt man die mathematischen Beziehungen für den geraden und gekrümmten Kurventeil, so lassen sich die Spannungen rein rechnerisch aus den gemessenen Verformungen unter Last ermitteln. Dieser Weg ist mathematisch aufwendig und erfordert den Einsatz von Rechnern. Man erhält einfache Beziehungen, wenn man neben den Belastungs- auch Entlastungsmessungen macht und dabei insbesondere die Rückfederungen $\varepsilon_{r\ddot{u}}$ nach vollständiger Entlastung mißt (siehe Bild 5.1). Werkstoffe federn linear und parallel zur Belastungskurve zurück, d.h. der konstante E- Modul entspricht dem Anstieg der gesamten Rückfederungsgeraden. Demnach läßt sich der nach überelastischer Verformung erreichte Punkt P(ε, σ) beschreiben mit dem rückfedernden und verbleibenden Anteil ε_r der Formänderungen, und es gilt nach Bild 5.1:

$$E = \tan\alpha = \sigma \, / \, \varepsilon_{r\ddot{u}} \qquad\qquad (\ 5\text{-}1 \ )$$

$$\sigma = E \cdot \varepsilon_{r\ddot{u}} = E \cdot (\ \varepsilon - \varepsilon_r \ ) \qquad\qquad (\ 5\text{-}2 \ )$$

Überträgt man dieses einaxiale Gesetz auf die Gleichungen von Tafel 4.1, so ist jeweils nur vor dem Index der Verformungen ε und γ der Zusatz "rü" zu schreiben.

Diese Beziehungen gelten dann für den ganzen Umformbereich, d.h. bis zur Beanspruchung. Betrachtet man, daß bei rein elastischer Beanspruchung definitionsgemäß $\varepsilon_r \equiv 0$ ist, so gehen alle diese Gleichungen automatisch in die angegebenen von Tafel 4.1 über. Dadurch lassen sich die HOOKE- Gesetze in ihrer Form und mit ihren Parametern beibehalten. Eine kleine Einschränkung ist jedoch zu beachten. Bei starken plastischen Verformungen ändern sich die Elastizitätskonstanten. μ geht gegen 0,5. Der Gleitmodul G bleibt konstant. Außerdem erfolgt die Ent- und Wiederbelastung nicht vollkommen linear. Es wird eine kleine Fläche dabei eingeschlossen. Diese Hysteresis ist aber sehr klein und kann für technische Spannungsmessungen vernachlässigt werden.

5.2 Vollständige Beschreibung von Spannungs-Dehnungs-Kurven

Die allgemeinste Form der Spannungs- Dehnungs- Kurve (σ-ε-Kurve) setzt sich, wie aus Bild 5.2 zu ersehen, aus drei Bereichen zusammen, nämlich dem:

HOOKE- Bereich mit $\qquad$ $\sigma = E \cdot \varepsilon,$ $\qquad$ $0 \le \sigma \le R_e$
$$0 \le \varepsilon \le R_e/E$$

Fließbereich mit $\qquad$ $\sigma = R_e$ $\qquad$ $R_e/E \le \varepsilon \le \varepsilon_F$

Verfestigungsbereich mit $\qquad$ $\sigma = f(\varepsilon),$ $\qquad$ $R_e \le \sigma \le R_m$
$$\varepsilon_F \le \varepsilon \le \varepsilon_m$$

Ist nach dem elastischen Verformen kein ausgeprägter Fließbereich vorhanden und geht die σ-ε-Kurve direkt in das Verfestigungsgebiet über, so gilt $\varepsilon = R_e/E$.

Das Spannungs- Dehnungs- Diagramm mit seinen Kennwerten ist die Grundlage vieler technischer und theoretischer Berechnungen.

Es kommt ihm heute ganz besondere Bedeutung zu, wenn man die Tragfähigkeit einer Konstruktion gesichert bestimmen will. Sichere Aussagen sind aber nur möglich, wenn man mathematisch exakt die funktionellen Beziehungen zwischen σ und ε auch im überelastischen Bereich kennt. In der Vergangenheit wurde dieses Problem stückweise durch lineare, parabolische oder exponentielle Funktionen gelöst. Eigene Untersuchungen um mit den Ausgleichskurven den gesamten Verfestigungsbereich zu erfassen, führten je nach Werkstoff zu unterschiedlichen Erkenntnissen:

Kurze σ-ε-Kurven, wie z.B. bei Al-Si-Legierungen (G-AlSi 12 nach DIN 1725,Blatt 2) lassen sich hinreichend genau mit der Ausgleichparabel 2. Grades beschreiben.

$$\sigma = A + B \cdot \varepsilon + C \cdot \varepsilon^2 \qquad\qquad\qquad\qquad (5\text{-}3)$$

Lang gestreckte σ-ε-Kurven konnten recht gut mit der Exponential-Funktion:

$$\sigma = E \cdot \varepsilon + P_1 \cdot (\varepsilon - \varepsilon_F)^{P_2} \qquad\qquad (\,5\text{-}4\,)$$

und der LANGEVIN-Funktion:

$$\sigma = P_3 \cdot \left[\coth(\varepsilon \cdot P_4) - \frac{1}{\varepsilon \cdot P_4} \right] \qquad\qquad (\,5\text{-}5\,)$$

beschrieben werden. Am besten eignet sich dabei die LANGEVIN-Funktion; denn deren Standardabweichung von der Meßkurve war am kleinsten.

Aus der Erkenntnis, daß die drei-parametrige Parabel-Näherung ungeeigneter ist als die zwei-parametrigen Kurven, stellte sich die Frage, ob es ein-parametrige Kurven, gäbe, welche den Verfestigungsbereich gut beschreiben. Die Suche ergab, daß Klothoiden, auch als Spiralen von CORNU bekannt (siehe Bild 5.2, 5.3), geeignet sind, diesen Kurvenverlauf mit steilem Anstieg zu Beginn und zunehmend flacherem gegen Ende gut zu erfassen. Wahrscheinlich sind sie wesensgleicher mit dem Werkstoffverhalten als die anderen Funktionen. Mathematisch beschrieben werden sie mit der Bogenlänge s und dem örtlichem Krümmungsradius ρ. Das Produkt aus beiden ist konstant und es gilt:

$$\rho \cdot s = V^2 \qquad\qquad (\,5\text{-}6\,)$$

Es wurden daher eine Meß-, Registrier- und Auswerttechnik (siehe Bild 5.4, 5.5) entwickelt um mit wenigen Werkstoffkennwerten und dem neuen Parameter V das Spannungs-Dehnungs-Diagramm des Zugversuches vollständig zu erfassen und zu beschreiben. Dadurch wird es dann möglich, korrekte Angaben zu machen über:

− Spannungen bei elastischen und plastischen Formänderungen − und umgekehrt − im gesamten Verformungsgebiet;
− Dehngrenzen, als Ende elastischer Beanspruchungen;
− Tangenten-Modul, als Kurvenanstieg im überelastischen Bereich;
− spezifisches Arbeitsvermögen u.a.

Damit verbessern sich wesentlich die numerischen Angaben bei:

− Ermittlung von Last- und Eigenspannungen;
− plastischem Verformungen;
− Umformen durch Walzen, Ziehen, u.a.;
− Traglastverfahren;
− theoretischen Berechnungen z.B. bei Kerbspannungen und Bruchmechanik.

Als Klothoiden-Parameter wurde der Buchstabe V gewählt, um damit anzudeuten, daß er die Verfestigung des Werkstoffes beschreibt. Ist er hinreichend genau bestimmt, so läßt sich mit nachstehenden sechs Kennwerten, jede

Spannungs-Dehnungs-Kurve fixieren (siehe Bild 5.6). Es sind:

E-Modul	:	E,
E-Grenze	:	R_e
Fließdehnung	:	ϵ_F (LÜDERS-Dehnung),
Bruchfestigkeit	:	R_m,
Gleichmaßdehnung	:	$\epsilon_m \hat{=} A_g$,
Verfestigungsmodul	:	V.

$$(5\text{-}7)$$

Ist der E-Modul bekannt und liegt kein Fließbereich vor, so reichen schon 4 Parametern zum Beschreiben der gesamten Kurve aus, nämlich:

$$R_e, R_m, \epsilon_m \text{ und } V$$

Dadurch wird es im überelastischen Verformungsbereich möglich, numerische Angaben (siehe Bild 5.8) zu machen über:

Tangentenmodul	:	T,
Dehngrenzen	:	$R_{p\epsilon r}$,
Restdehnung	:	ϵ_r,
spez. Arbeitsvermögen	:	W
Nenn- u. wahre Spannungen	:	σ_o, σ.

$$(5\text{-}8)$$

Bei einigen Werkstoffen bricht die Zugprobe unter steigender Last und nicht in einem ausgeprägten σ-ϵ-Maximum mit horizontaler Tangente. Das kann man z.B. beobachten bei Mn-Hartstählen und Gußeisen (siehe Bild 1.1). In diesem Falle muß noch zusätzlich der Neigungswinkel bei Bruch bestimmt werden. Diese Kurven zeigen aber keinen Fließbereich, sodaß bei Kenntnis von E, nur 5 weitere Parameter zu bestimmen sind (siehe Bild 5.7).

Zum Erfassen der Kennwerte wurde am langen Proportionalstäben (Probeform: B10 nach DIN 50125) ein Aufnehmer mit induktiven Wegaufnehmern zum Messen der Verlängerung Δl und der Queränderung ΔD geklemmt (siehe Bild 5.4).

Die Meßlänge l_o ist einstellbar zwischen 50 und 120mm. Die maximale Verschiebung beträgt Δl = 40mm bei einer Meßungenauigkeit $\leq$ 0,1µm. Alle Meßwerte werden über einen getriggerten Meßwertspeicher on line in einem Rechner (HP 9122) gegeben und gespeichert. Die Querkontraktion $\Delta D/D_o$ wird analog mit einem zweiten induktiven Wegaufnehmer erfaßt, welcher an der feststehenden Schneide des unteren Querhaupts befestigt ist. Dessen Meßungenauigkeit liegt auch bei ΔD = 0,1µm. Mit den Formänderungen ϵ_l und ϵ_q wird gleichzeitig die Zugkraft gemessen und mit dem eingegebenen Probendurchmesser in die Nennspannung σ_o umgerechnet und gespeichert.

Alle Meßwerte können auf dem Bildschirm des Rechners (siehe Bild 5.5) je nach den gewählten Maßstäben unterschiedlich abgebildet werden. Im elastischen Bereich kann man durch die Meßpunkte eine im Nullpunkt schwenkbare Gerade legen, deren Neigung sofort E anzeigt oder durch Ausgleichrechnung ihren Anstieg ermitteln. Die grafische Methode ist schneller als eine numerische, und außerdem lassen sich Unregelmäßigkeiten besser eliminieren.

Zur vollständigen mathematischen Beschreibung der gesamten σ-ε-Kurve werden mit einem Läufer am Bildschirm festgelegt:

- Streckgrenze R_e,
- Fließdehnung ε_F (Lüders-Dehnung),
- Bruchfestigkeit R_m,
- Gleichmaßdehnung $\varepsilon_m \hat{=} A_g$

Sodann ermittelt der Rechner die Ausgleichsklothoide mit Verfestigungsmodul V. Außerdem zeichnet er die Rechnerkurve in die Meßkurve ein und gibt die numerischen Rechenwerte an.

In einem zweiten Bild werden als Funktion der Längsdehnung dargestellt: E- und T-Modul, Restdehnung ε_r und das spezifische Arbeitsvermögen $W_s = \int \sigma \, d\varepsilon$. Ein drittes Bild zeigt die Dehngrenzen $R_{p\varepsilon r}$ als Funktion der bleibenden Dehnung ε_r. Damit lassen sich auch beliebige Dehngrenzen ineinander umrechnen.

Im vierten Bild wird die Verteilung der POISSON-Zahl in Abhängigkeit der Längsdehnung dargestellt und zwar je nach Wahl als Anfangsverteilung bis etwa 3% oder als Gesamtverteilung.

Bild 5.9 bringt eine Zusammenstellung von Meß-, Rechen- und Auswerteverteilung aus dem Zugversuch an Blankstahl St37 K nach DIN 1652. Die Originalschriebe liegen im Format A4 vor. Zur Übersicht wurden sie entsprechend verkleinert.

Das Nennspannungs-Dehnungs-Diagramm wird punktgenau durch HOOKE-Gerade, Fließhorizontale und Verfestigungsklothoide beschrieben. Die dazu gehörenden sechs Kennwerte sind darunter angegeben. Mit ihnen und dem erarbeiteten Computerprogramm läßt sich jederzeit und an jedem Ort das Diagramm wieder regenerieren und auswerten.

In Bild 5.9 b1 und b2 werden vier Auswertungen wiedergegeben. Es sind Tangentenmodul T, Restdehnung ε_r, spezifisches Arbeitsvermögen W_s und die Dehnung $R_{p\varepsilon r}$ in Abhängigkeit der Längsdehnung ε_l. Diese Funktionen sind wichtig beim plastischen Umformen, Entlasten, Zerspanen und beim elastisch-plastischen Übergang. Insbesondere werden dadurch die zahlreichen Einzelkennwerte ersetzt durch Kennfunktionen (siehe " Zugversuch ", DIN 50145, Ausgabe Mai 1975).

In Bild 5.9 c1 und c2 werden die Verteilungen des POISSON-Verhältnisses μ wiedergegeben. Demnach ist μ keine Konstante, sondern ein zwischen $\mu = 1$ und $\mu = 0,3$ stark veränderlicher Quotient, so wie er auch im englischen Schrifttum bezeichnet wird. Man kann drei unterschiedliche Verformungsgebiete erkennen.

Im elastischen Bereich sind anfangs mit $\mu \neq 1$ Längs- und Querverformungen etwa gleich. Der ε_q-Anteil sinkt aber schnell bis auf etwa 20%. Sind die elastischen ε_l-Schersysteme erschöpft, steigt μ und damit auch ε_q wieder an bis etwa $\mu = 0,8$.

Im plastischen Bereich kann man anfangs einen ähnlichen Steilabfall erkennen. Dies entspricht wahrscheinlich dem plastischen Abgleiten von Kristallamellen. Stauen sie sich an den Korngrenzen, tordieren, zerbrechen und verkeilen sie sich, so kommt es nur noch zu einem linearen Abfall von μ mit ε_l.

Nach diesen Auswertungen ist es nicht mehr angebracht von der elastischen Werkstoffkonstanten und ihren Kombinationen zu sprechen, sondern von Werkstoffunktionen.

Für verschiedene Stähle wurde nachgewissen, daß die μ-Werte von etwa $+1$ mit steigenden, elastisch getragenen Zugspannungen abfallen auf etwa 0,2 bis 0,3, um bei einsetzendem Fließen wieder zuzunehmen. Solche Änderungen können bei der inzwischen gesicherten hohen Meßgenauigkeit nicht mehr unberücksichtigt bleiben, denn μ wird auch in unterschiedlichen mathematischen Ausdrücken in Verbindung mit E zur Umrechnung von Verformungen, Schallgeschwindigkeiten und Temperaturänderungen in Spannungen benutzt, so zum Beispiel in

$$\frac{E}{1+\mu}\ , \quad \frac{E}{1-\mu^2}, \quad \frac{E\cdot\mu}{1-2\mu}\ , \quad \frac{E(1-\mu)}{(1+\mu)(1-2\mu)} \tag{5-9}$$

Bei E muß man mit relativen Ungenauigkeiten von mindestens $\pm 2\%$ rechnen. Nimmt man an, daß μ beispielsweise zwischen 0,3 und 0,4 schwankt, so ergeben sich für die vorstehenden Ausdrücke relative Abweichungen in bezug auf den Kleinstwert von 7,7%, 8,3%, 166% und 59%. Solche Schwankungen sind nicht mehr zu vertreten. Insbesondere werden dadurch die in der Meßtechnik erreichbaren hohen Genauigkeiten (z.B. bei Dehnungsmeßstreifen) vertan. Beachtet man noch, daß bei vergleichenden Last- oder Eigenspannungsanalysen oft an verschiedenen Stellen gemessen wird und dort unterschiedliche Beanspruchungen vorliegen, so sollte man am Meßort auch noch die elastischen Kennwerte nach Möglichkeit messen. μ-Bestimmungen sind heute schon mit der Röntgen-Integral-Methode möglich.

E- Messungen an der Meßstelle sind bis jetzt noch nicht bekannt geworden. Sie erfordern das zusätzliche Aufbringen bekannter äußerer Kräfte oder Momente und die Umrechnung in die örtlichen Spannungen. Ist dies am Meßobjekt nicht möglich, so sollte dies aber an Zug- oder Biegeproben aus dem gleichen Werkstoff erfolgen. Dabei ist darauf hinzuweisen, daß statische und dynamische Messungen verschieden sein können und auch Erst- und Zweitbelastungen.

Um die Wirkung der veränderlichen μ-ε_l-Verteilung auf Größen nach Gleichung 5-9 zu beurteilen, sind in den Bildern 5.10 und 5.11 für den untersuchten Stahl einige Faktoren errechnet und dargestellt. Bei ihrer Deutung und Auswertung muß beachtet werden, daß es sich um Erstbelastungen des Zugversuchs handelt.

Wurde der Werkstoff durch Formgebungsverfahren plastisch verformt und entlastet, so wird er beim späteren Wiederbelasten wahrscheinlich andere μ-ε_1-Abhängigkeiten aufweisen. In den Bildern sind auch die konstanten Werte $\mu=0,3$ und 0,5 eingetragen. Die Übereinstimmung zwischen theoretischen und experimentellen Werten ist im elastischen Bereich unzureichend. Im plastischen Bereich ist sie bei der unbehandelten Probe (Bild 5.10) (St37K) am besten. Sieht man einmal von der Unstetigkeit bei Fließbeginn ab, so können beide Festwerte als obere und untere Schranke der Funktionswerte angesehen werden. Bei dem normalgeglühten St37K+N in Bild 5.11 gilt diese Aussage nur für den Faktor $1/(1+\mu)$. Die Funktionen ändern sich hier auch stärker im plastischen Bereich, was wahrscheinlich mit den größeren Gleitwegen zusammenhängt.

Zur Berechnung der Spannungen : σ, τ aus überelastische gemessenen Formänderungen ε sind, je nach geforderter Genauigkeit mehrere Näherungen möglich. Die ε-σ-τ-Zuordnung geschieht am sinnvollsten mit einem Bildschirmrechner, denn der numerische Aufwand für die unterschiedlichen elastisch-plastischen Bereichen ist sehr aufwendig, jedoch nicht unmöglich.

Bei einaxialen Beanspruchungen, z.B. in einem Fachwerk, lassen sich sofort am Bildschirm die Spannungen numerisch und grafisch anzeigen. Dabei ist zwischen Nennspannung σ_o und wahrer Spannung σ zu unterscheiden (siehe Gl. 4-9). Nimmt man bei plastischen Verformungen Volumenkonstanz des Werkstoffes an, so folgt aus:

$$\frac{\Delta V}{V} = \varepsilon_x + \varepsilon_y + \varepsilon_z = 0 \qquad\qquad\qquad (5\text{-}9)$$

mit $\varepsilon_y = \varepsilon_z = -\mu \cdot \varepsilon_x$
Die POISSON-Zahl zu je $\mu=0,5$
Daraus ergibt sich angenähert

$$\sigma = \sigma_o \cdot (1+\varepsilon_1) \qquad\qquad\qquad (5\text{-}10)$$

Baustähle haben Gleichmaßdehnungen von 20% und mehr. Dem entsprechend ist dann auch die wahre Spannung um 20% größer als die Nennspannung und es gilt $\sigma = \sigma_o \cdot 1,2$.

Bei zweiaxialen Beanspruchungen müssen im allgemeinsten Fall drei Verformungen z.B. ε_x, ε_y, ε_{45} gemessen werden. Nimmt man an, daß das HOOKE'sche Gesetz in seiner Form weiter gültig ist, so müssen den Meßwerten ihre einaxiale Spannungen $\sigma_{x,1}$, $\sigma_{y,2}$, $\sigma_{45,2}$ aus dem plastischen Bereich des Dehnungs-Spannungs-Diagramm zugeordnet werden. Es gilt dann für den überelastische, zweiaxialen Spannungszustand:

$$\sigma_x = \frac{\sigma_{x,1} + \mu \cdot \sigma_{y,1}}{1-\mu^2} \qquad , \qquad \sigma_y = \frac{\sigma_{y,1} + \mu \cdot \sigma_{x,1}}{1-\mu^2} \qquad (5\text{-}11)$$

$$\tau_{xy} = \frac{2 \cdot \sigma_{45,1} - \sigma_{x,1} - \sigma_{y,1}}{2 \cdot (1+\mu)}$$

Je nachdem, ob man μ als Konstante oder Veränderliche annimmt, ob man Nenn- oder wahre Spannungen sucht wird man unterschiedlich genaue Angaben erhalten. Dabei ist zu beachten, daß in der Nähe von Fließgrenzen instationäre Vorgänge ablaufen, die nicht ohne Einschränkung den im statischen Gleichgewicht stehenden mechanischen Spannungen zugeordnet werden können.

Mit der funktionalen Ermittlung elastischer, plastischer und technologischer Kennwerte des Zugversuches wird der Einsatzbereich des Diagrammes wesentlich erweitert, insbesondere entfallen bei überelastischen Beanspruchungen Näherungen oder Abschätzungen.

Die Anpassungsfähigkeit der Meß- und Auswertprogramme an unterschiedlich behandelten Werkstoffe ist aus Bild 5.12 zu ersehen. Dort werden Zugversuche an Automatenstählen 9 SMn 28 im Anlieferungszustand und nach verschiedenen Anlassen wiedergegeben und die gemessenen Spannungs-Dehnungs-Kurven mit HOOKE-Gerade und Klothoide genähert. Die Übereinstimmungen sind sehr gut. Der V-Modul variiert von 3,59 bis 18,46.

Der Einfluß unterschiedlicher V-, ε_m- und R_m-Werten auf Klothoiden ist in Bild 5.13 zusammengestellt. Demnach bedingt eine Variation von $\Delta V = \pm 1$ keine großen Abweichungen. Es genügt daher den Verfestigungsmodul auf $\Delta V = \pm 0,5$ genau zu bestimmen.

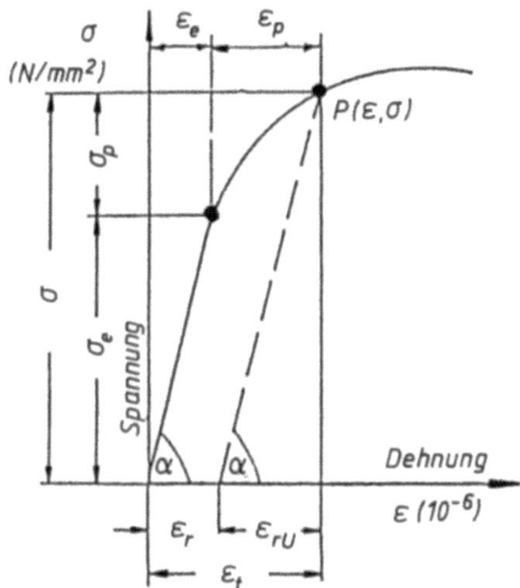

Bild 5.1 Elastische und überelastische Verformung

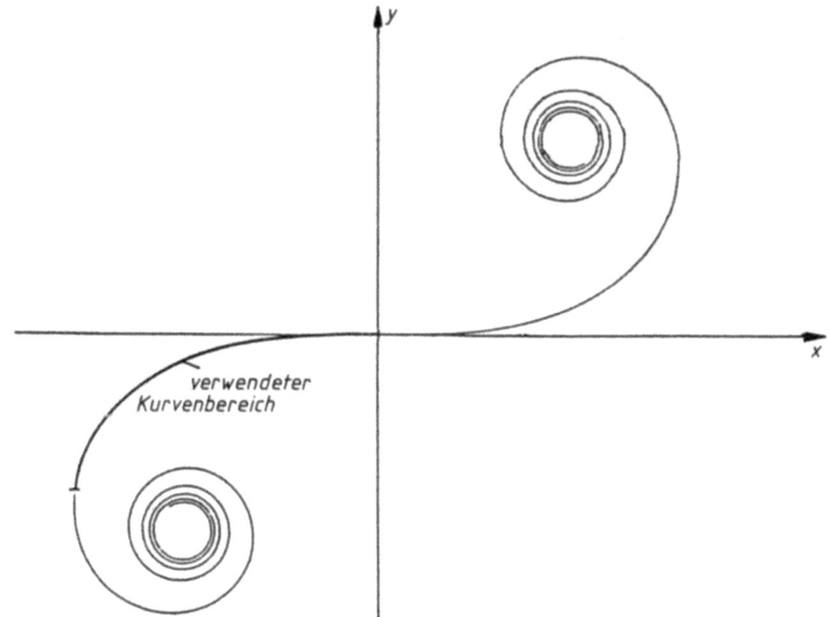

Bild 5.2 Einheits-Klothoide mit verwendbarem Kurvenbereich

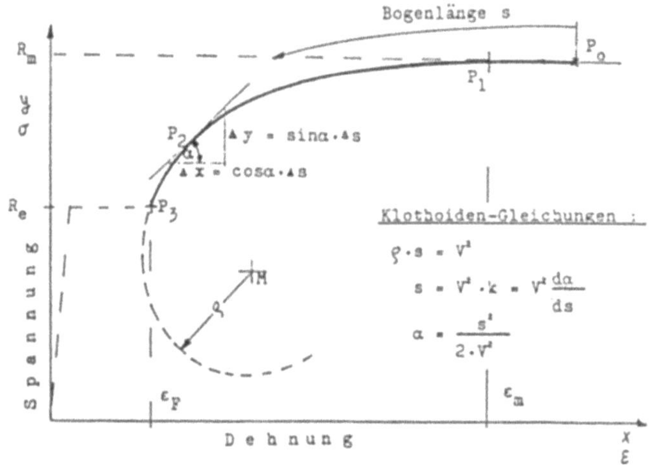

Bild 5.3 In den Punkt P_0 verschobene Klothoide mit Angabe der Meß- und Rechenwerte

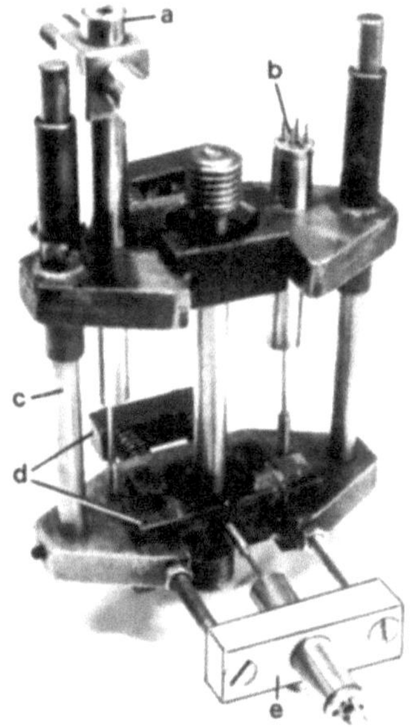

a) Induktiver Wegaufnehmer für Längsdehnung $\Delta l \leq 40$ mm
b) Induktiver Wegaufnehmer für Längsdehnung $\Delta l \leq 10$ mm
c) Aufnehmer-Gestänge
d) Klemmbacken für Rundproben
e) Induktiver Wegaufnehmer für Querdehnung

Bild 5.4 Aufnehmer für Längs- und Querverformungen von Zugproben für Meßlängen von 30 bis 150 mm

Bild 5.5 HP-Rechner 9/217 mit Schreiber und Bildschirm auf dem eine gemessene und angenäherte σ-ε-Kurve dargestellt werden

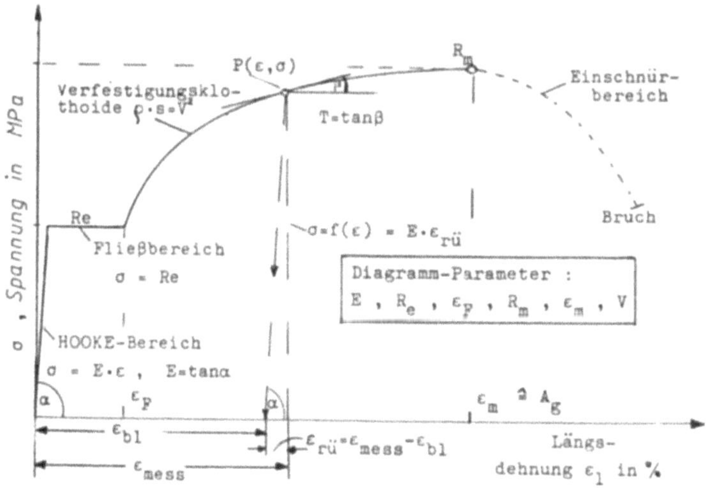

Bild 5.6 Allgemeines Spannungs-Dehnungs-Diagramm nach DIN 50 145 mit Angabe der Funktionen und ihrer Parameter

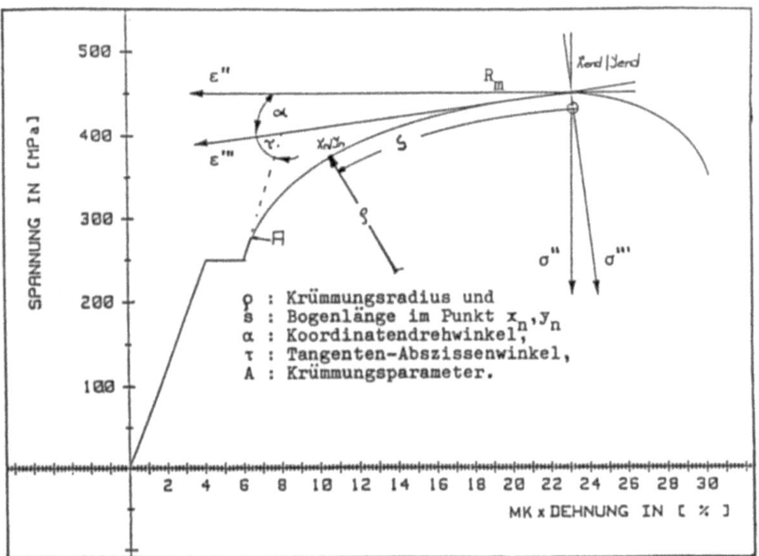

Bild 5.7 Definition der Koordinaten zur Berechnung von Ausgleichsklothoiden mit Angabe der Parameter

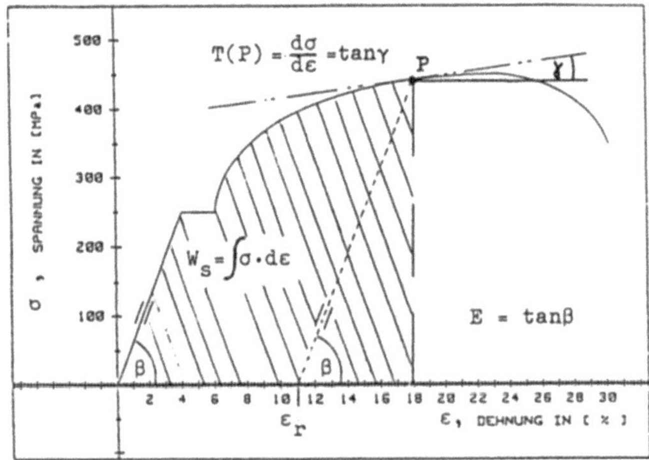

Bild 5.8 Definition von: E-Modul E, Tangenten-Modul T, Restdehnung ε_r und spezifischem Arbeitsvermögen W_s für Klothoiden-Punkt P

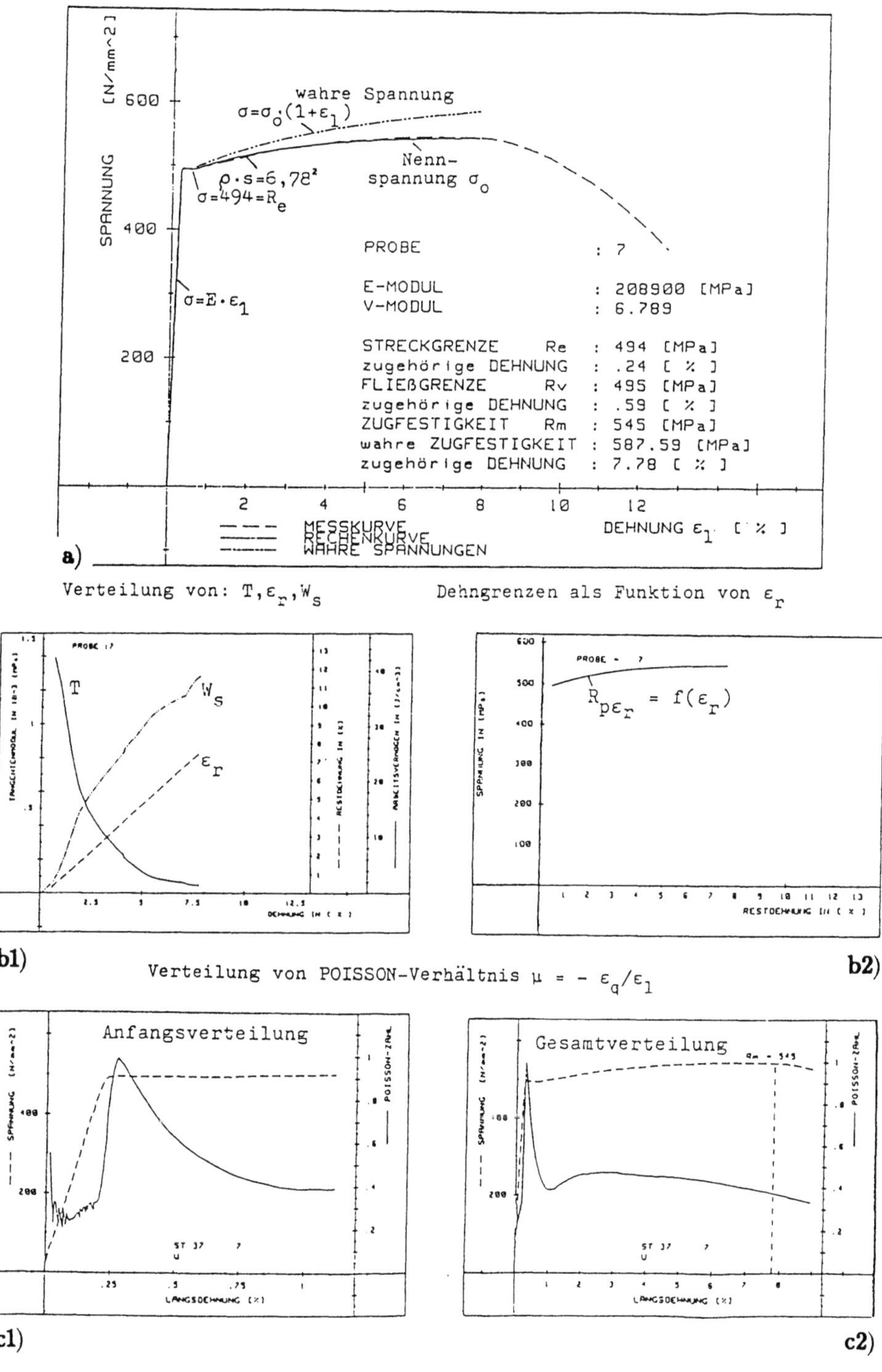

Bild 5.9 Gemessene und numerisch ausgewerte Spannungs-Verformungs-Kurve von Blankstahl St 37 K nach DIN 1652, sowie daraus berechnete Kennwerte

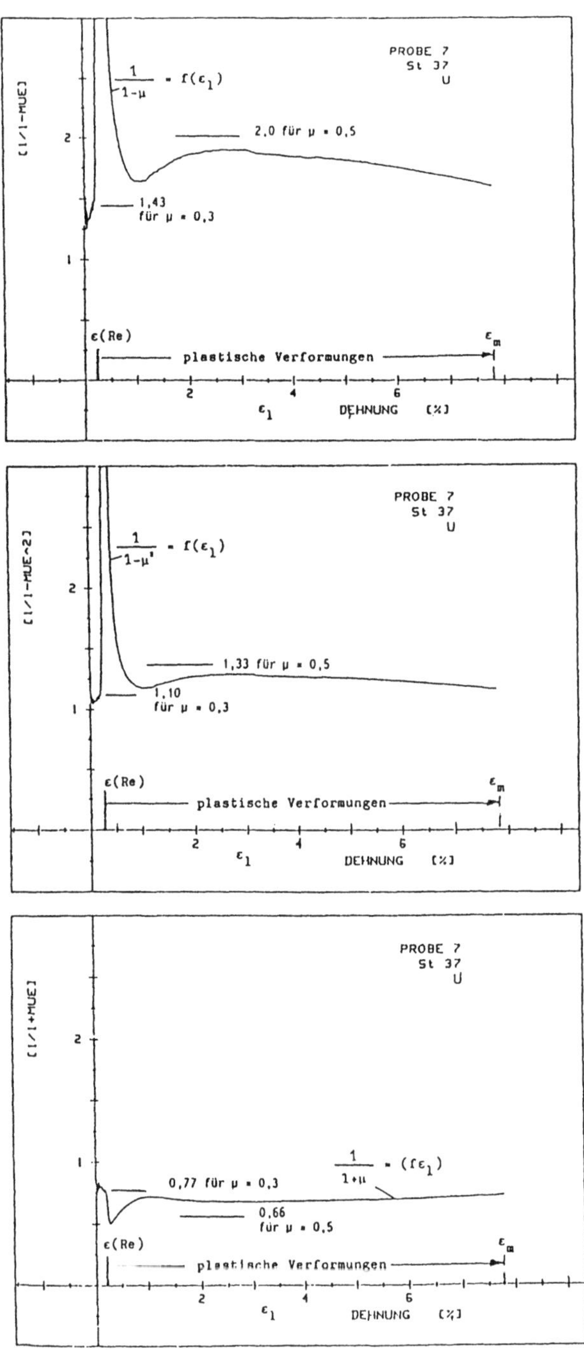

Bild 5.10 Verlauf von drei µ-abhängigen Faktoren als Funktion der Dehnung ϵ_1 im Zugversuch für Blankstahl St 37 K

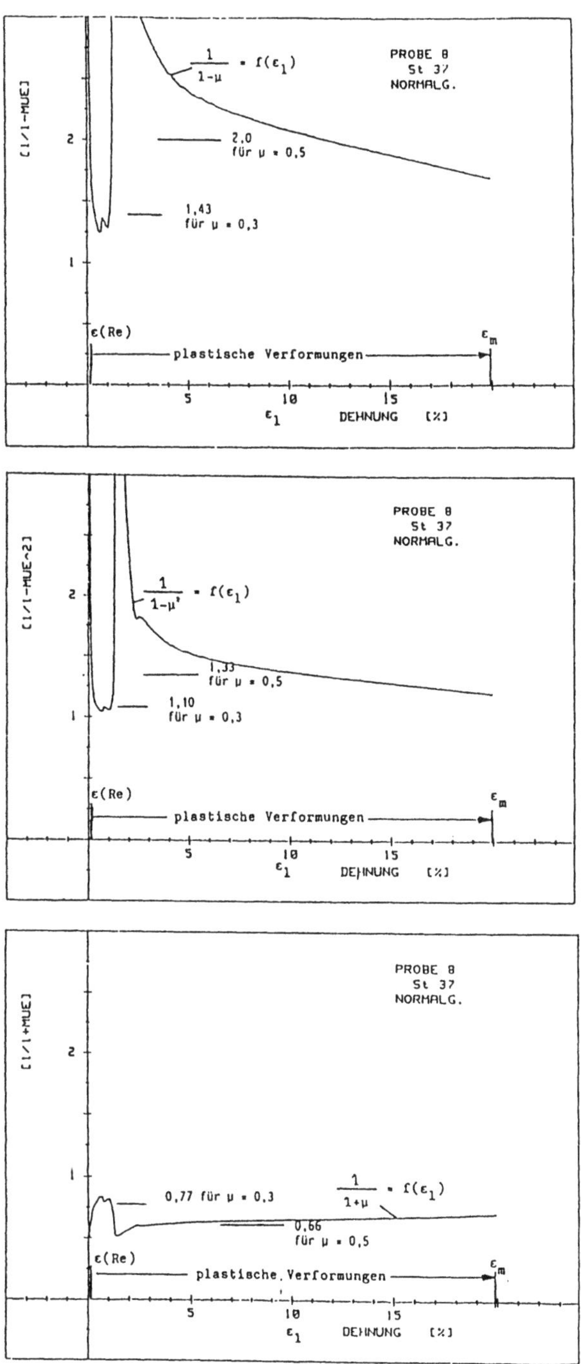

Bild 5.11 Verlauf von drei μ-abhängigen Faktoren als Funktion der Dehnung ε_1 im Zugversuch für Blankstahl St 37 K + N

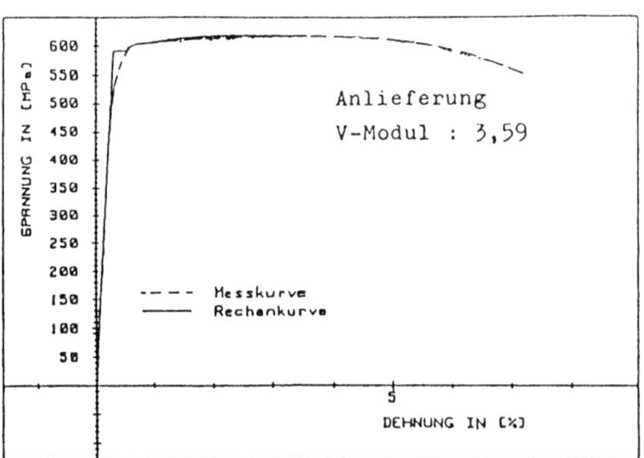

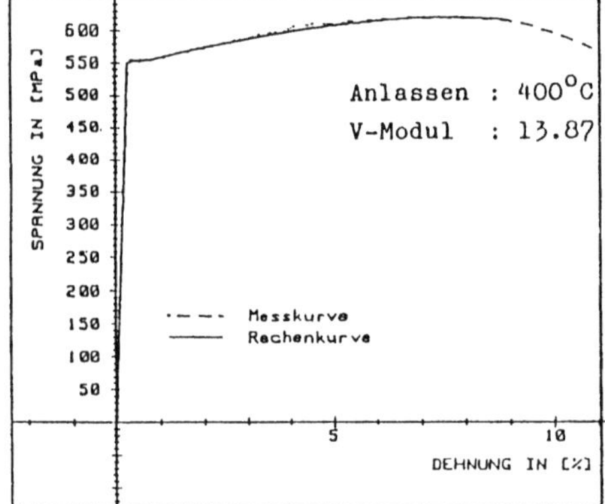

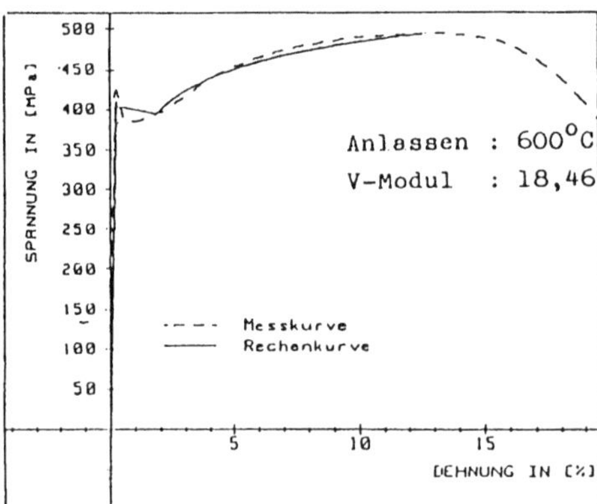

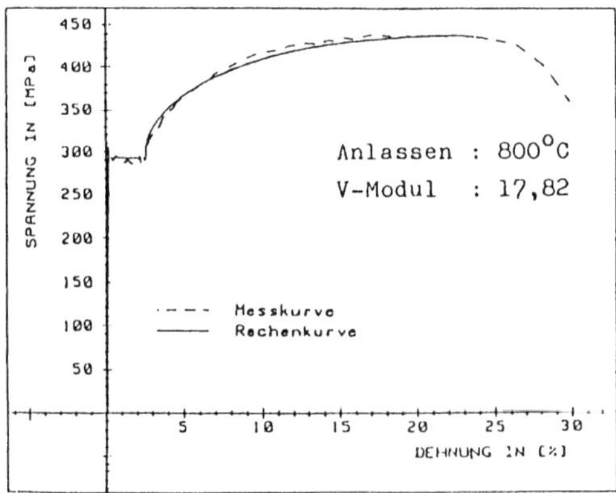

Bild 5.12 Einfuß des Anlassens auf gemessene und durch Klothoiden genäherte Spannungs-Dehnungs-Diagramme von Automatenstahl 9 SMn 28

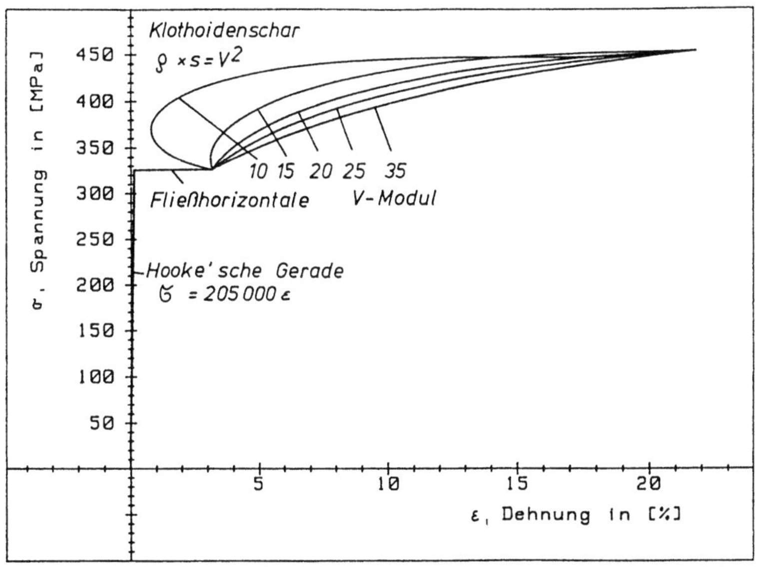

Allgemeiner Vergleich von Verfestigungskurven für Stahl in Abhängigkeit vom angenommenen V-Modul

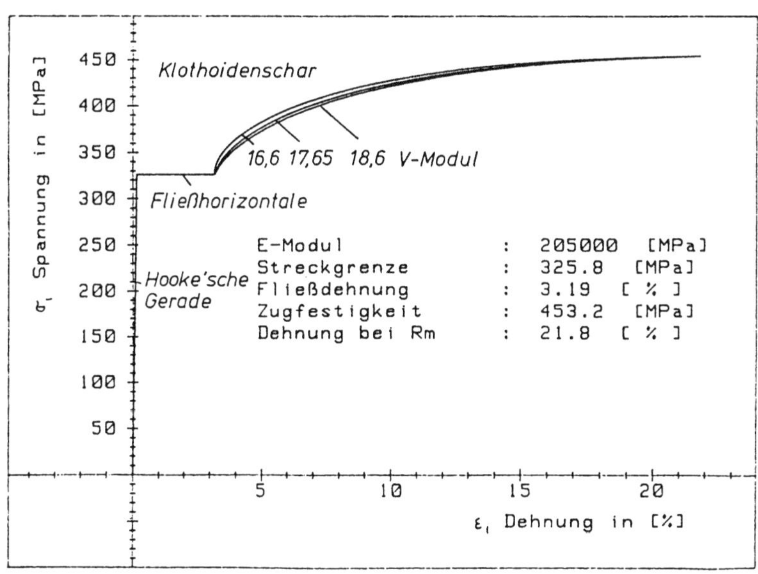

Bild 5.13 Vergleich der errechneten Verfestigungskurve für 9 SMn 28 von V = 17,6516 mit Variation um ΔV = ±1

6 Physik der Spannungsnachweise

6.1 Prinzip

Mit dem "Begriff" der Beanspruchung werden im folgenden Spannungen <u>und</u> die zugeordneten Verformungen verstanden. Sie sind bei allen Materialien eng miteinander verknüpft und lassen sich auch unter gewissen Bedingungen ineinander überführen. Erste Aussagen hierrüber gewinnt man mit Hilfe der Festigkeitslehre.Es lassen sich dann Spannungen, Verformungen und Verschiebungen vorhersagen. In den letzten Jahren hat es eine Erweiterung durch die "Methode der finiten Elemente" gegeben. Dadurch ist es möglich, die Beanspruchung in kompliziert geformten Maschinenteile zu ermitteln. [6.1]

Berechnungen setzen einmal voraus, daß alle äußeren und inneren Belastungen erkannt und bekannt sind, und daß sich das Verhalten des Werkstoffes durch einfache Gesetzmäßigkeiten beschreiben läßt. Hier beginnen nun die ersten Schwierigkeiten jeder Festigkeitsberechnungen. Sie führen oft zu sehr hohen Sicherheitsfaktoren und den damit verbundenen Überdimensionierungen. Es ist nämlich nicht möglich, alle Nebenlasten, Formabweichungen, Unsymmetrien, Instabilitäten und Plastifizierungen zu erfassen, oder gar mit linearen Funktionen zu beschreiben. Strebt man aber eine optimale Ausnutzung oder Auslegung einer Konstruktion an, so ist es sinnvoll und notwendig, die Spannungsberechnungen durch Spannungsmessungen zu ergänzen. Nur damit gewinnt man vollständige Angaben über die wahre örtliche Spannung. In dem Meßwert summieren sich nämlich Last- und Werkstoffmechanik, Fertigungstoleranzen und Betriebszustand; kurz: Die gesamte resultierende Beanspruchung. [6.2; 6.3]

Überblickt man die verschiedenen Verfahren der experimentellen Spannungsermittlung, so stellt man fest, daß die Spannung, als eine der wichtigsten Kenngrößen der Technik, bis auf Ausnahmen nicht direkt gemessen werden kann. Sie sind vielmehr aus einer Kombination von Messung, theoretischen Annahme und Berechnung ermittelt. Es gibt demnach keine Spannungsmeßtechnik, sondern nur ein Messen von Verformungen, bzw. damit zusammenhängenden Größen wie z.B. Licht- und Schallgeschwindigkeit und eine daraus folgende Berechnung der Spannungen. Umrechnungsfaktoren sind stoffspezifische Elastizitätskonstanten,Schallgeschwindigkeiten, magnetische Kennwerte u.a..

6.2 Mechanische Verfahren

Eine Spannungsmessung in unserem heutigen Sinne setzte etwa um 1900 ein. Ausgehend von dem Spannungsbegriff, wie er von dem französischen Mathematiker Augustin CAUCHY (1789 bis 1857) formuliert wurde und der Erkenntnis von Formänderung ε und Spannung σ besteht, wurde das einaxiale HOOKE-Gesetz

(siehe Gl. 4-1) überführt in:

$$\sigma_l = E \cdot \varepsilon_l = E \cdot \Delta l / l_o = E \cdot (l - l_o)/l_o \qquad\qquad (\text{6-1})$$

Demnach kann σ, bei Kenntnis des Elastizitätsmoduls E, bestimmt werden aus der Längenänderung Δl inbezug auf die Ausgangslänge l_o. Beachtet man, daß ε in der Größenordnung von 10^{-3} und kleiner liegt, so muß bei einer Meßstrecke von $l_o = 10mm$, die Differenz Δl auf $10^{-3}mm$ genau gemessen werden. Das erfordert aber für l und l_o Genauigkeiten von $1\mu m$, was sich in Werkstätten und auf Baustellen nur selten verwirklichen läßt.

Trotzdem setzt man heute noch mechanische Verfahren ein, um statisch wirkende Spannungen zu ermitteln. Dabei werden Meßstrecken durch Anreißen, Einbohren von Löchern oder Anbringen von Kugeln markiert und reine Verlängerungen oder Verkürzungen infolge Be- oder Entlastung gemessen. Biegungen und Verdrillungen werden dabei nicht erfaßt. Der Vorteil liegt darin, daß über Nuten, Rillen und Unebenheiten hinweg gemessen werden kann und das umgebende Medium, insbesondere Feuchtigkeit, fast keinen Einfluß auf die Reproduzierbarkeit haben. Der Nachteil ist das Ausmessen von Strecken und nicht von Formänderungen wie bei Dehnungsmeßstreifen.

Sollen zweiaxiale Spannungen erfaßt werden, erhöht sich einmal die Zahl der Messungen erheblich und zum anderen verringert sich die Genauigkeit wegen der Fehlerfortpflanzung.

6.3   Dehnungsmeßstreifen

Die experimentelle Ermittlung der Spannungen in Werk-, Bau- und Kunststoffen hat in den letzten Jahrzehnten eine bemerkenswerte Fortentwicklung erfahren. Konnte man bis 1940 nur mit mechanischen oder optischen Geräten die Verlängerung und Verkürzung einer Meßstrecke erfassen, so setzten danach Dehnungsmeßstreifen (DMS) neue Maßstäbe. Dieser sehr leichte Aufnehmer wird fest mit dem Prüfobjekt verbunden und erlaubt mit der dazu entwickelten elektrischen Meßtechnik der Ermittlung von Dehnungen und Stauchungen bei statischer, dynamischer und thermischer Beanspruchung. Damit wurde auch das gleichzeitige Registrieren und Schreiben an mehreren Meßstellen über große Entfernungen möglich. Die DMS-Technik liefert heute die meisten Anwendungsmöglichkeiten zur Spannungsermittlung. Das zeigt sich schon in der Anzahl der Hersteller für DMS und der dazu erforderlichen Meßgeräte, aber auch in den vielfältigen DMS-Formen und -Anordnungen.

Verwendet man Dehnungsmeßstreifen, so wird anstelle von Längen die relative Änderung ihres elektrischen Widerstandes R infolge Dehnung oder Stauchung gemessen. Aus den sehr genauen relativen Widerstandsänderungen mit der WHEATSTONE-Brücke läßt sich mit Hilfe eines statistisch ermittelten Eichfaktors k die Formänderung in Meßrichtung ermitteln; denn es gilt:

$$\varepsilon = \Delta l / l_0 = (1 - l_0) / l_0 = (\Delta R / R) / k \qquad\qquad (6\text{-}2)$$

Die Umrechnung in die zugeordneten Spannungen nach den HOOKE'schen Gesetzen ist die gleiche wie bei den mechanischen Verfahren.

6.4 Dehnlinien-Verfahren

Hier werden Lacke oder Harzmischungen benutzt um die Beanspruchung auf dem Werkstück sichtbar zu machen. Die Stoffe sind gleichmäßig unter streng vorgeschriebenen Bedingungen aufzutragen. Wird die Probe oder das Werkstück belastet, so reißt der Oberflächenfilm überall dort auf, wo die Beanspruchung des Überzuges erreicht wird. Senkrecht zu diesem Riß wirkt dann eine ganz bestimmte Spannung, die sich aus den elastischen Werkstoffwerten nachträglich angeben läßt. Zieht man die Rißlinien mit weißer Farbe nach, so erhält man Dehnlinienfelder, ähnlich Höhenlinien in Landkarten. Jede Linie verbindet Punkte gleicher Dehnung bzw. Spannung. Man könnte sie daher Isotensorien nennen. Senkrecht zu ihnen, d.h. zwischen jeweils zwei, verändert sich die Spannung um einen konstanten Betrag von z.B. 100 MPa. Damit geben die Felder auch örtliche Beanspruchungsgradienten an z.B. 50 MPa/cm. Dort wo sie sich eng zusammenscharen, waren die Spannungen sehr hoch. Der große Vorteil dieses Verfahrens liegt darin, daß man nach Auswertung das gesamte Spannungsfeld der Probe mit einem Blick erfaßt. Heute gibt es schon Atlanten, wo man experimentelle Befunde nachlesen kann.

6.5 Röntgen-Verfahren

Röntgenstrahlen haben Wellenlängen λ von unter 0,1 nm und dringen daher 20 µm und mehr in metallische Werkstoffe ein. Dadurch wird es möglich, zerstörungsfrei im Eindringbereich die dort vorhandenen Last- und Eigenspannungen zu messen. Ausgangspunkt ist die von W. BRAGG (1862 bis 1942) im Jahre 1913 aufgestellte Beziehung zwischen dem von der Röntgenröhre einfallenden monochromatischen Primärstrahl und dem an günstig orientierten Kristallebenen mit dem Gitterabstand D reflektierten Strahl (siehe Bild 6.1). Es wird nur dann ein makroskopisch nachweisbarer Reflex geben, wenn viele Einzelstrahlen nach der Beugung in Phase schwingen, oder mit anderen Worten, der Wegunterschied s zwischen ihnen muß ein Vielfaches n der Wellenlänge sein. s hängt ab von D und dem BRAGG-Winkel Θ. Es gilt daher die Beziehung:

$$s = n \cdot \lambda = 2 \cdot D \cdot \sin \Theta \qquad\qquad (6\text{-}3)$$

Bild 6.2 zeigt die Lage von Θ, des Einstrahlwinkels Ψ_1 und der reflektierenden Gitterebene inbezug auf die Prüfstückoberfläche. Wirken mechanische Spannungen auf einem Kristall, so werden dessen unverformte Netzebenenabstände D_0 verändert. Bei Zug/Druck werden sie infolge Querkontraktion kleiner/größer. Mit $D < D_0$ (Zug) wird, wie aus Gl. 6-3 zu ersehen, der Winkel Θ größer (siehe Bild 6.3). Läge nur ein einaxialer Spannungszustand vor, so ließen sich die relativen

D-Änderungen mit der Beziehung

$$\varepsilon(D) = -\cot\Theta \cdot \Delta\Theta \qquad\qquad (\,6\text{-}4\,)$$

ermitteln.

Die zugeordneten Winkeländerungen sind sehr klein, sie liegen zumeist unter $1°$ und sollten auf $0{,}01°$ gemessen werden. In der Praxis sind immer mehraxiale Beanspruchungen vorhanden, die sich im Eindringbereich noch ändern können, so z.B. nach dem Schleifen und Nitrieren. Die Bestimmung erfordert örtliche Röntgenmessungen in verschiedenen Richtungen. Ihre Auswertung ist mit einem allgemeinen elastizitätstheoretischen Ansatz möglich, wobei der integrierende Röntgenstrahl auf seinem Weg im Werkstoff mathematisch beschrieben wird. Diese Röntgen- Integralmethode, abgekürzt RIM, liefert somit erstmalig eine vollständige, drei- axiale Spannungsanalyse der Oberfläche und der darunter liegenden Schichten.

6.6 Spannungsoptik

In der Spannungsoptik werden durchsichtige, spannungsaktive Stoffe, als Modell oder Oberflächenschicht benutzt, um mechanische Spannungen zu messen. In Plexiglas oder Araldit ändert sich je nach Beanspruchung die Lichtgeschwindigkeit c, sie sind doppelbrechend. Fällt ein vertikal polarisierender Strahl (siehe Bild 6.4, rechts) auf eine zweiaxial beanspruchte Scheibe, so wird er in Richtung der senkrecht aufeinander stehenden Hauptspannungsachsen (σ_1, σ_2, bzw A_1, A_0) zerlegt und durchläuft das Modell der Dicke t mit unterschiedlichen Geschwindigkeiten c_1 und c_2. Die Strahlen sind daher nicht mehr in Phase und erzeugen hinter dem horizontal orientierten Analysator je nach Spannung und Modelldicke t helle Stellen d.h. Interferenzen. Stehen der gekreuzte Polarisator und Analysator parallel zu den örtlichen Hauptachsen, so kommt es nicht zur Strahlenzerlegung und das Bild ist an diesen Strahlen dunkel. Dreht man beide gemeinsam, so lassen sich damit für jede Stelle im Modell die Hauptachsenrichtungen bestimmen. Die Verbindungslinien dieser Stellen werden Isoklinen genannt (siehe Bild 6.5). Zur Spannungsanalyse stören die Isoklinen. Man filtert sie daher mit je einem 1/4- Wellenlängenplättchen vor und hinter dem Modell heraus. Dadurch schwingt das Licht im Modell in einer Kreisbahn, ohne bevorzugte Polarisationsrichtung. Es kann daher nicht zu Isoklinen kommen, sondern nur zu Isochromaten, auch Farbgleiche genannt. Der Gangunterschied G an den hellen Linien ist dann bestimmt durch:

$$G = t \cdot (\,c_1 + c_2\,) \cdot (\,\sigma_1 - \sigma_2\,) = t \cdot c \cdot (\,\sigma_1 - \sigma_2\,) \qquad\qquad (\,6\text{-}5\,)$$

Je nach Interferenzordnung $n = 1, 2, 3\ldots$ im Modellpunkt und der Wellenlänge λ des monochromatischen Lichtes gilt dann

$$n = \frac{G}{\lambda} = \frac{c \cdot t}{\lambda} \cdot (\,\sigma_1 - \sigma_2\,) \qquad\qquad (\,6\text{-}6\,)$$

oder mit der dickenabhängigen spannungsoptischen Konstante S

$$n \cdot S = (\sigma_1 - \sigma_2) \qquad\qquad\qquad (6\text{-}7)$$

Demnach ändert sich die Hauptspannungsdifferenz zwischen zwei Isochromaten um S. Zur Ermittlung der Einzelspannungen σ_1 und σ_2 bedarf es zusätzlicher mechanischer Messungen oder theoretischer Annahmen.

6.7 Ultraschall-Verfahren

Die Beziehung zwischen Formänderungen ε und den durch sie hervorgerufenen Spannungen σ (siehe Bild 1.1 und 1.2) wird hier durch Ansätze beschrieben, die auf den Erfahrungen der Praxis beruhen. So charakterisiert das HOOKE-Gesetz den in erster Näherung linearen Zusammenhang zwischen σ und ε im Bereich elastischer Verformungen (d.h. keine bleibende Verformung nach Wegnahme einer etwa von außen aufgeprägten Last).

Die Proportionalitätskonstanten zwischen Spannungen (z.B. Zug-, Schubspannungen) und Formänderungen (z.B. Verlängerung, Scherwinkel) sind die sogenannte elastischen Konstanten, ihre Ableitung aus der Potentialtheorie wird entsprechend als "elastische Konstanten zweiter Ordnung" bezeichnet (im engl. Sprachgebrauch SOEC: second order elastic constants).

Richtungsabhängige elastische Konstanten kennzeichnen im Einkristall die sog. elastische Anisotropie und in technischen Werkstoffen die Textur, d.h. Richtungsabhängigkeit des elastischen und überwiegend auch plastischen Verhaltens. Der Effekt liegt in der Größenordnung von Prozenten.

Messungen mit höheren Genauigkeit zeigen, daß die σ-ε-Beziehung auch im rein elastischen Bereich nichtlinear ist, und daher besser durch einen Ansatz mit linearen <u>und</u> quadratischen Beiträgen bzgl. ε beschrieben wird. Hier handelt es sich um einen Promille-Effekt. Man könnte daher ε- bzw. σ-abhängige elastische Konstanten definieren, wählt aber i.a. den Weg über die Hinzunahme der elastischen Konstanten dritter Ordnung (TOEC: third order...). So wie die SOEC (E-Modul, G-Modul, Poisson-Zahl,...) finden sich auch die TOEC (Murnaghan-Konstanten: l, m, n) für technische Werkstoffe in Tabellenwerken.

Die Ausbreitung mechanischer Schwingungen und Wellen wie z.B. des Ultraschalls besitzt elastische und anelastische Aspekte. Die elastische Seite wird im wesentlichen durch die Schallgeschwindigkeit v charakterisiert, die anelastische Seite durch den Schwächungskoeffizienten, der hier aber außer Betracht bleiben kann.

Nach dem HOOKE-Gesetz ist v eine Funktion der elastischen Konstanten (SOEC) und der Dichte ϱ. Durch Textur bedingte richtungsabhängige elastische Konstanten äußern sich in richtungsabhängigen Schallgeschwindigkeiten, so daß umgekehrt über deren Messung eine Aussage über Textur und Verformbarkeit abgeleitet werden kann.

Bei strenger Gültigkeit des HOOKE-Gesetzes wäre v unabhängig von σ, d.h. gleiche Steigung der HOOKE-Geraden im gesamten elastischen Bereich. Die genauere Betrachtung verknüpft v einerseits mit den SOEC und ℓ, sowie andererseits mit den TOEC und den lokal vorherrschenden Dehnung bzw. Spannung, so daß hochauflösende Geschwindigkeitsmessungen den Dehnungs- bzw. Spannungszustand zu bestimmen gestatten. Dabei kommt dem Ultraschall aufgrund der Wellenvielfalt (Longitudianal-, Transversal-, Oberflächenwellen,...) für die Bestimmung unterschiedlicher Spannungszustände und aufgrund der Durchdringungsfähigkeit großer Volumina für die Bestimmung von Volumenspannungen eine große Bedeutung zu. Andererseits verlangt aber die hohe Querempfindlichkeit der Schallgeschwindigkeit, d.h. ihre Abhängigkeit von z.B. chemischer Zusammnensetzung, Wärmebehandlung, Textur <u>und</u> Spannungen besondere Ansätze der Ultraschall-Spannungsmeßtechnik und -Signal-Auswertung. Die Ultraschall- Wellenlänge im mm-Bereich beschränkt die Spannungsmessung i.a. auf Makrospannungen, d.h. Spannungen 1. Art (siehe Bild 6.6), wobei über Spannungen 2. und 3. Art integriert wird.

6.8 Mikromagnetik

Die mikromagnetische Spannungsmessung ist auf ferromagnetische Werkstoffe beschränkt. Wie alle Metalle sind auch die Ferromagnetika im allgemeinen polykristallin aufgebaut, mit einer meist regellosen Verteilung der kristallographischen Achsen. Die einzelnen Kristallite (Körner) sind in sog. WEISS-Bereiche (”Domänen”) unterteilt, die eine Sättigungsmagnetisierung besitzen. Dort sind die atomaren magnetischen Dipole alle gleichsinnig ausgerichtet, (siehe Bild 6.7), und zwar parallel zu einer der drei gleichwertigen Kristallachsen (bei Fe z.B. parallel zu einer der Würfelkanten).

Diese WEISS-Bezirke sind durch die sog. BLOCH-Wände voneinander getrennt, in denen sich die magnetische Orientierung um 90° bzw. 180° ändert (siehe Bild 6.8).

Ohne äußere Magnetisierung kommen demnach alle 6 innerhalb eines Kristallits möglichen Richtungen des magnetischen Momentes der WEISS-Bezirke durchschnittlich gleich oft vor.

a) Wird das ferromagnetische Material durch ein äußeres Feld magnetisiert, so tritt als erstes mit zunehmender Feldstärke eine stetige Blochwand-Verschiebung auf, bei der alle Domänen, deren Magnetisierungsrichtung einen spitzen Winkel mit der Feldrichtung bildet, auf Kosten derjenigen Nachbarbezirke wachsen, bei denen dieser Winkel ein stumpfer ist.

b) Eine weitere Steigerung der äußeren Feldstärke bewirkt erst dann eine wachsende Magnetisierung, wenn für die verbleibenen einzelnen WEISS-Bezirke von ihrer Orientierung zum Feld abhängige Schwellwerte erreicht und überschritten werden. Diese Prozesse laufen sprunghaft ab (BARKHAUSEN-Sprünge), da das magnetische Moment der Domäne als Ganzes aus der ursprünglichen Orientierung in diejenige umklappt, in der es den kleinsten

Winkel mit der Feldrichtung bildet (siehe Bild 6.9). Die mit dem ferromagnetischen Zustand verbundene Magnetostriktion bewirkt dabei noch eine Längenänderung der WEISS-Bezirke.

c) Danach drehen sich die magnetischen Momente mit weiter wachsender Feldstärke stetig in die Richtung des äußeren Magnetfeldes, bis die vollständige Sättigung erreicht ist.

Die drei genannten Prozesse laufen in unterschiedlichen Bereichen der magnetischen Hysteresekurven B (H) ab (siehe Bild 6.10). Da es sich insgesamt um magnetinduktive Effekte handelt (Feldänderung bewirkt Strom), können sie mit geeigneten Sensoren als sog. BARKHAUSEN-Rauschen sowie als diesem verwandte Signale gemessen und ausgewertet werden.

Gitterfehler, d.h. Spannungen 2. und 3. Art, bestimmen die Schwellwerte für das Auslösen von BARKHAUSEN-Sprüngen. Unter Einfluß makroskopischer Spannungen 1. Art, läuft der umgekehrte magnetostriktive Effekt ab, d.h. die WEISS-Bezirke nehmen Vorzugsorientierungen ein, die auch mit einer Längenänderung verknüpft sind (siehe Bild 6.11):

bei Zugspannungen ordnen sich die Domänen vornehmlich parallel bzw. antiparallel zur Spannung aus,

bei Druckspannungen nehmen sie dagegen bevorzugt Orientierungen senkrecht zur Spannungsrichtung ein.

Daraus ergibt sich eine bei Zug und Druck unterschiedliche Scherung der Hysteresekurve (siehe Bild 6.12):

bei Zug sinkt die Koerzitivfeldstärke H_C während die Sättigungsinduktion B_S steigt.

bei Druck verhält sich das Ganze umgekehrt.

Eine physikalisch fundierte Beschreibung der mikromagnetischen Phänomene im Zusammenhang mit Spannungsmessungen existiert noch nicht, so daß die praktische Nutzung auf eine Kalibrierung anhand bekannter Werkstoffzustände angewiesen ist.

Auch die Mikromagnetik besitzt eine Querempfindlichkeit bzgl. so unterschiedlicher Parameter wie chemischer Zusammensetzung, Wärmebehandlung, Textur, Oberflächenhärtung, Härtegradient, Härtetiefe und Spannungen, so daß durch optimierte Auswertung geeigneter Meßgrößen die jeweils gewünschte Zielgröße herausgearbeitet werden muß.

Die Geschwindigkeit, d.h. Frequenz, mit der die magnetische Hysteresekurve durchfahren wird, bestimmt wie bei allen elektromagnetischen Analyse-Verfahren die erreichbare Wechselwirkungstiefe ("Skin-Effekt"), aus der entsprechende Signale empfangen werden können.

Schließlich ist die Mikromagnetik per physikalischer Ursache sowohl bzgl. Spannungen 1. als auch 3. Art empfindlich. Die Signalauswertung beschränkt sich heute jedoch noch auf Spannungen 1. Art.

6.9 Einsatzmöglichkeiten

Über jedes skizzierte Verfahren existiert eine Vielzahl von Veröffentlichungen und Bücher. Um in gedrängter Form eine Übersicht der verschiedenen Einsatzmöglichkeiten zu geben, werden in Tafel 6.1 die Einsatzmöglichkeiten, sowie gewisse Eigenschaften gegenüberzustellen. Damit soll einmal versucht werden, die verschiedenen Gesichtpunkte bei Spannungsermittlungen zu vergleichen, wie auch die Verfahren zu beurteilen.

6.10 Ausgewählte Anwendungsbeispiele

Zum Schluß der Ausführungen sollen noch einige Hinweise gegeben werden, wie man bei Planung und Beginn einer Meßaufgabe verfährt. Aus langjähriger Erfahrung kann man sagen, daß Spannungsmessungen heute selten bei Neukonstruktionen eingesetzt werden. Zumeist zwingt ein Versagen der Anlage und ein "nicht-mehr-weiter-können", daß man Dehnungsmeßverfahren einsetzt; so z.B. nach Ausbeulen von Kesselböden unter Prüfdruck, nach Abreißen von Abschleppgestänge, nach Zusammenbrechen von Pumpengestänge, nach dem Auftreten von Rissen in Kranen, Luftvorwärmern, Krücken, Stützen, Ketten, nach dem Losreißen von Verankerungen und nach dem Zusammenwirken von Last- und Eigenspannungen usw..

Steht man vor diesen Aufgaben, so wird man wohl kaum die Wahl haben zwischen den in Tafel 6.1 aufgeführten fünf verschiedenen Verfahren. Trifft dies ausnahmsweise zu, so ist zu bedenken, daß die Einsatzmöglichkeit zumeist sehr spezifisch sind. Dehnlinienverfahren wird man zur qualitativen Ermittlung von Spannungskonzentrationen am Prüfkörper (Gußteile und Motorgehäuse) einsetzen, um dann später mit DMS an gefährdeten Stellen die Spannung exakt zu bestimmen. Die Spannungsoptik wird zumeist an verkleinerten Modellen in Verbindung mit dem DMS-Verfahren verwendet. Es stellen sich dabei vor allem Probleme aus der Baustatik. Röntgenverfahren arbeiten zerstörungsfrei, und so werden sie vor allem zur Eigenspannungsmessung und zur metallkundlichen Analyse verwendet. Mechanische Verfahren sind billig und unempfindlich gegenüber Umwelteinflüssen, und daher setzt man sie oft bei Großmaschinen- und Leitungsbau ein; wie z.B. an Großgefäßen der Stahl- und Chemieindustrie, an Rohrleitungen und an Stellen in deren unmittelbarer Nähe geschweißt wird.

Vor der Installation der Meßeinrichtungen sollten die Meßstellen genau beurteilt und festgelegt werden. Es ist dabei wichtig, die Stellen der größten Beanspruchung zu finden und vielleicht sogar die Richtung der größten und kleinsten Spannungen. Man legt dann die Meßeinrichtung in diese. Dadurch spart man Meßstellen und auch spätere Auswertungen ein. Manuell lassen sich bei statischer Belastung bis zu hundert Stellen ausmessen. Muß man eine vollständige zweiaxiale Analyse durchführen, mit drei Meßeinrichtungen an jeder Stelle, so lassen sich etwa nur ein Drittel d.h. etwa 30 auswerten. Mit gesteuerten automatischen Anlagen, welche auch die Meßergebnisse aufschreiben oder zeichnen, sind mehrere hundert Meßstellen erfaßbar, d.h. bis zu 20 Meßstellen pro Sekunde und Bandaufzeichnung.

Der Meßort muß eben sein oder höchstens schwach gekrümmt. So sind z.B. DMS-Messungen an Rundungen von fünf Millimetern Durchmesser noch ohne Schwierigkeiten möglich. Es ist aber darauf zu achten, daß der Spannungszustand dort konstant ist. Andernfalls werden nur Mittelwerte von dem Aufnehmer ermittelt.

Vor Meßbeginn ist die Reproduzierbarkeit der ganzen Einrichtung zu prüfen, insbesondere, ob der Nullpunkt unverändert ist. Dazu wird man mehrmals die Meßstelle vor der Belastung ausmessen. Bei mechanischen Verfahren, wo es auch auf die Handhabung der Geräte ankommt, wird man gar das Messen einüben und z.B. bis zu zehnmal die Strecken ausmessen lassen. Während der Messung sind alle äußeren Veränderungen zu berücksichtigen, wie z.B. Verlagerung der Anlage, Erschütterungen und Temperaturänderungen, insbesondere aber Sonneneinstrahlung.

Nach der Messung und Entlastung oder bei Messungen im Freien nach jeder Laständerung sollte unbedingt an allen Meßstellen der Nullpunkt erneut sehr genau festgelegt werden. Dadurch erhält man Hinweise auf überelastische Verformungen unter Last. Sollten diese gar erwartet werden, so wird man in Stufen be- und entlasten und jeweils alle Meßstellen beim Entlasten ausmessen. Die Entlastung aus überelastischer Beanspruchung erfolgt in großen Bereichen linear mit der Lastrücknahme.

Nach dem Messen müssen zumeist recht umfangreiche mathematische Umrechnungen durchgeführt werden. So sind z.B. Hauptspannungen und ihre Richtung zu bestimmen, oder Vergleichsspannungen um mehraxiale Spannungszustände mit einaxialen zu vergleichen.

Dazu gibt es heute schon programmierbare Kleinrechner, welche die recht mühevolle Arbeit abnehmen.

Tafel 6.1: Einsatzmöglichkeiten einiger Dehnungsmeßverfahren

Einsatz- möglichkeit	Dehnungsmeßverfahren				
	mech. Verf.	DMS-Verf.	Dehnlin.-Verf.	Röntgen-Verf.	Spannungsoptik
Probengröße	$\sim$ cm	$\sim$ mm	$\sim$ cm	$\sim$ mm	zumeist Modell
Meßstrecke	$\geq$ 10 mm	$\geq$ 1 mm	$\sim$ mm	$\leq$ 1 mm	$\sim$ mm
Meßort	zugängig	beliebig	sichtbar	sichtbar	sichtbar
Unebenheiten	ohne Einfluß	abschleifen	ohne Einfluß	ohne Einfluß	unmöglich
Spannungsfeld	nein	nein	ja	nein	ja
Vielstellen- meßtechnik	nein	ja	--	nein	--
dynamische Beanspruchung	nein	ja	möglich	nein	möglich
hohe Tempera- turen	200° C	Sonder-DMS	nein	begrenzt	nein
tiefe Tempera- turen	ja	ja	ja	ja	ja
Feuchtigkeit	ohne Einfluß	schädlich	schädlich	ohne Einfluß	teilw.schädl.
agressive Medien	möglich	Sonder-DMS	unmöglich	möglich	unmöglich
bewegte Teile	unmöglich	ja	ja	nein	möglich
Telemetrie	unmöglich	ja	nein	nein	nein
Fahrbetrieb	unmöglich	ja	ja	nein	nein
Langzeitmessung	ja	unbegrenzt	nein	ja	ja
Registrierung	nein	ja	nein	ja	nein
automatische Auswertung	nein	ja	nein	ja	nein
Vorbereitung/ Meßzeit	kurz/kurz	mittel/kurz	kurz/kurz	mittel/lang	lang/lang
Heterogene Stoffe	keine Phasentrennung			Phasentrennung	
räumliche Analyse	nein	möglich	nein	nein	ja
Folien	nein	nein	nein	ja	ja
Genauigkeit	gut	sehr gut	mäßig	gut	gut
apparative Einrichtung	klein	groß	sehr klein	sehr speziell	sehr speziell
Preis	niedrig	hoch	sehr niedrig	sehr hoch	hoch
Meßungenauig- keit	$\Delta l_{min} \leq 1 \mu m$	$\Delta \varepsilon_{min} \leq 2 \cdot 10^{-6}$	$\Delta \sigma \leq 50$ MPa	$\Delta \sigma \leq 20$ MPa	

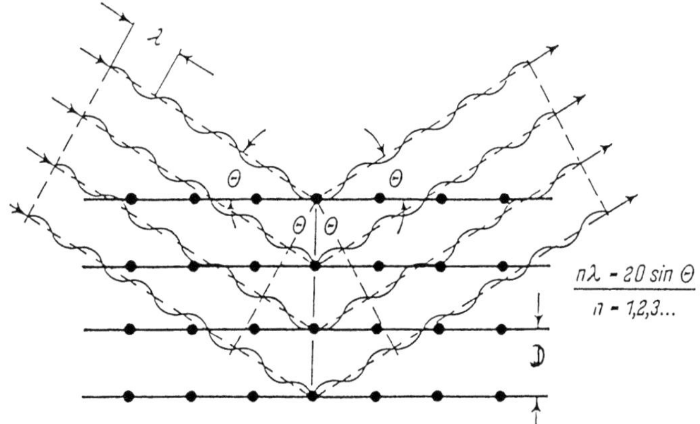

Bild 6.1 Reflexion von Röntgenstrahlen an Netzebenen

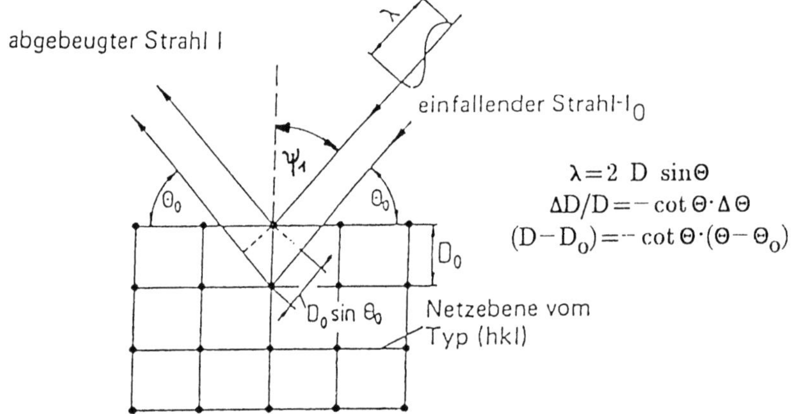

Bild 6.2 Strahlengang bei unverspannter Probe

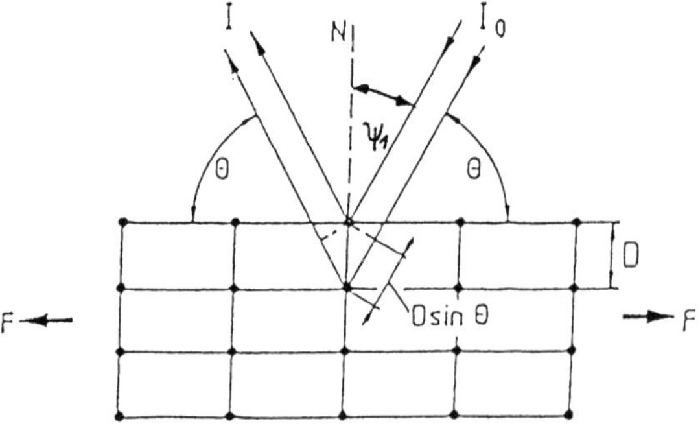

Bild 6.3 Strahlengang bei gedehnter Probe, Winkel $\Theta > \Theta_0$

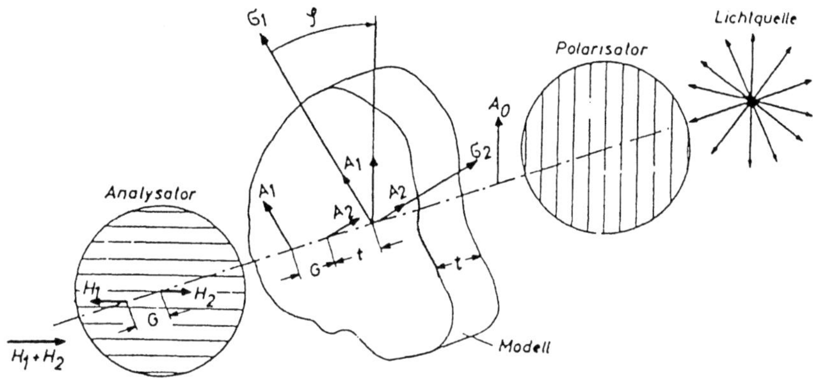

Bild 6.4 Ebene Spannungsoptik, schematischer Darstellung der Vorgänge

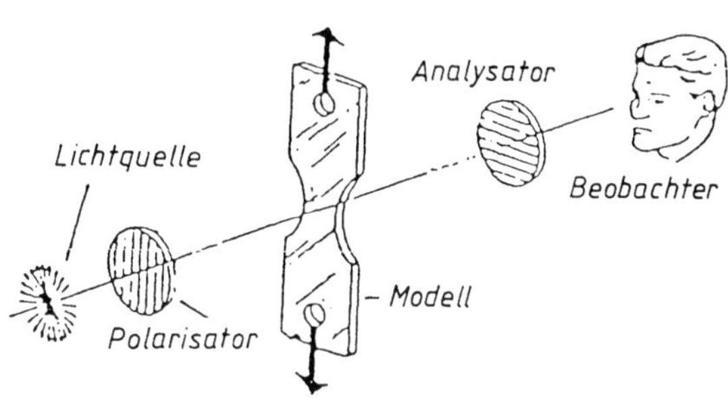

Planpolariskop, Bestimmung der Orte gleicher
Spannungsrichtunge (Isoklinenbestimmung)

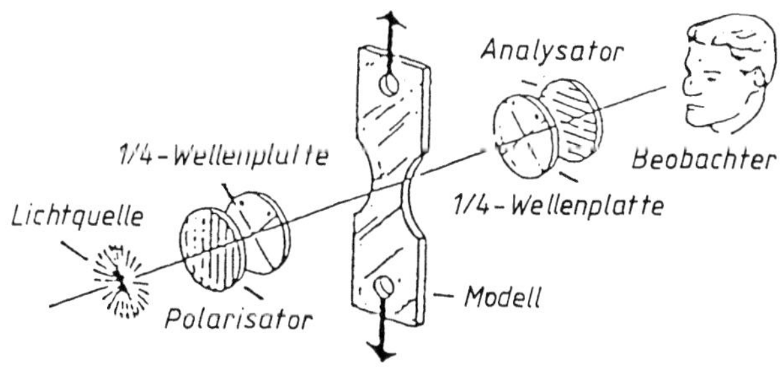

Zirkularpolariskop, Bestimmung der Hauptspannungsdifferenzen (Isochromatenbestimmung)

Bild 6.5 Verfahren der Spannungsoptik

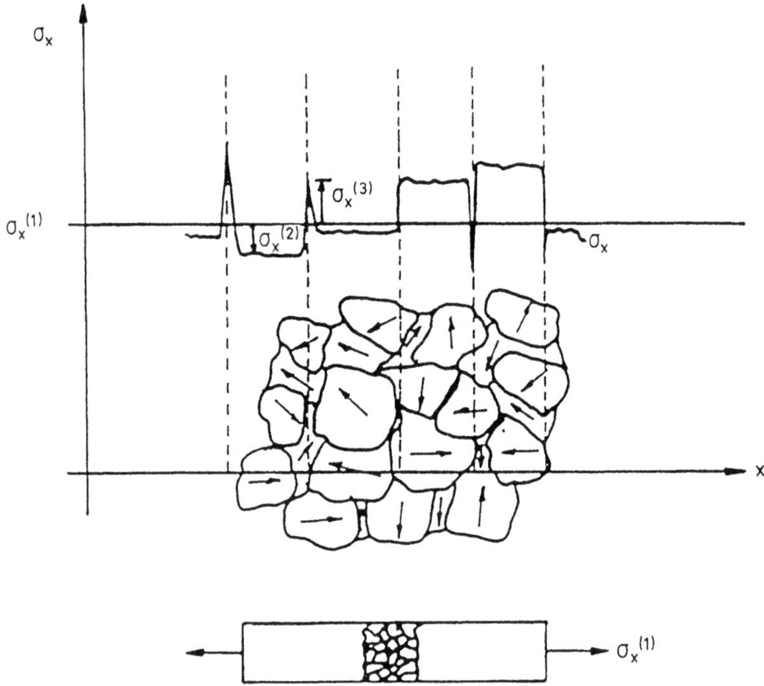

Bild 6.6 Spannungen 1., 2. und 3. Art in metallischem Gefüge

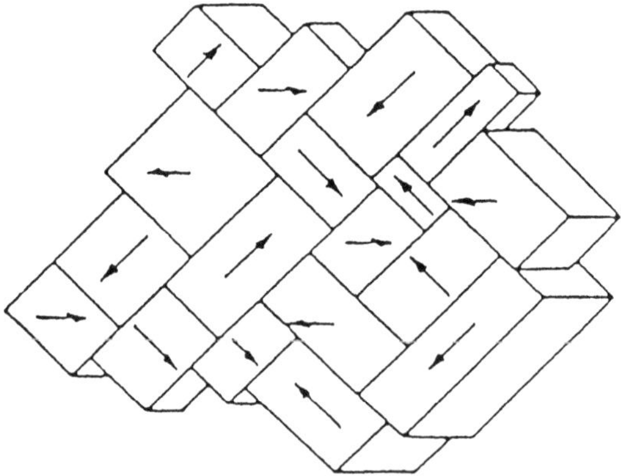

Bild 6.7 WEISS-Bereiche in einer polykristallinen Ferromagnetika

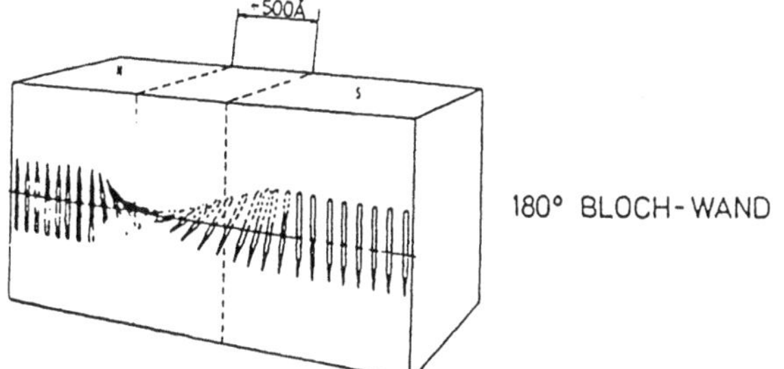

Bild 6.8

Blochwand zwischen zwei
WEISS- Bereichen

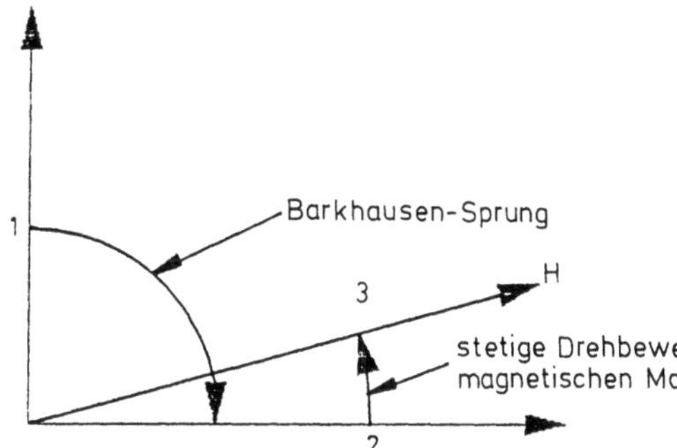

Bild 6.9

Umklappen eines WEISS- Bereiches
in Feldrichtung von H

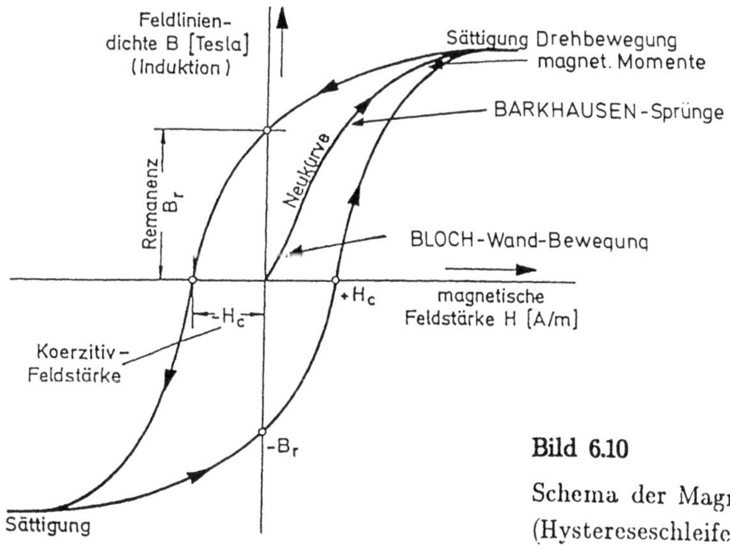

Bild 6.10

Schema der Magnetisierungskurve
(Hystereseschleife)

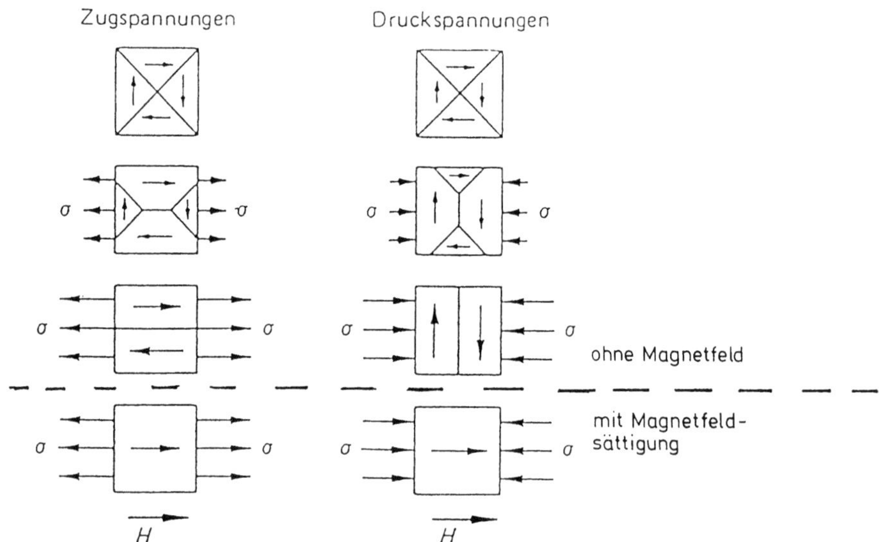

Bild 6.11 Vorzugsrichtung von WEISS-Bereichen

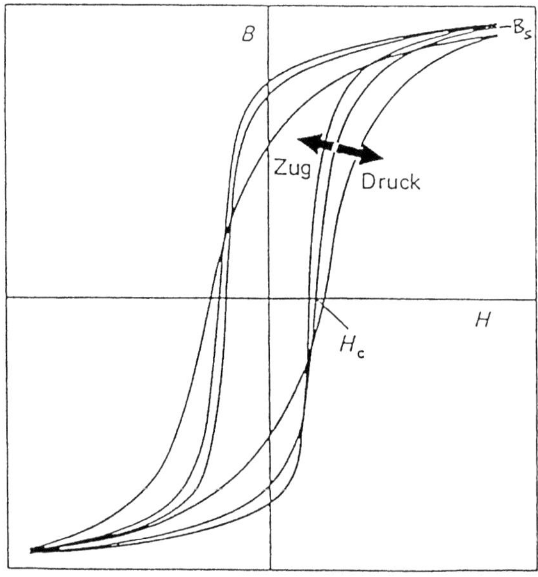

Bild 6.12 Scherung der Hysteresekurve bei Zug und Druck

7 Elastomechanik von Eigenspannungszuständen

7.1 Einführung

Aus der Sicht der Werkstoffkunde unterscheidet man Eigenspannungen I., II. und III. Art [7.1]. Eigenspannungen III. Art entstehen durch Störungen im regelmäßigen Aufbau der Kristallgitter (z. B. durch Versetzungen). Diese Eigenspannungszustände haben nur einen Wirkungsbereich in der Größenordnung der jeweils vorliegenden Gitterkonstanten. Eigenspannungen II. Art werden durch den kornartigen Aufbau metallischer Werkstoffe ermöglicht. Sie entstehen z. B. durch unterschiedliche thermische Ausdehungskoeffizienten in zweiphasigen Legierungen bei Temperaturänderung. Ihr Wirkungsbereich beschränkt sich auf die vorliegende Korngröße.

Im vorliegenden Beitrag werden nur die Eigenspannungen I. Art behandelt. Ihr Wirkungsbereich erstreckt sich, wie der Wirkungsbereich der Lastspannungen, über das gesamte Bauteil. Daher kann man zur Beschreibung und Behandlung der Eigenspannungen I. Art die Grundlagen der Mechanik deformierbarer Körper (Elastizitätstheorie) anwenden [7.2]. Diese Grundlagen bestehen aus den Gleichungen, die die Statik und die Kinematik des Kontinuums beschreiben. Hinzu kommt das für den Werkstoff gültige Stoffgesetz. Es bildet die auf den Werkstoff bezogene Verbindung zwischen Spannungen (Statik) und Dehnungen (Kinematik). Da die Eigenspannungen I. Art (im folgenden stets als Eigenspannungen oder Eigenspannungszustände bezeichnet) über das gesamte Bauteil einwirken, überlagern sie sich bei auftretenden Betriebslasten elastisch oder elastisch-plastisch mit den Lastspannungen. Demnach können Eigenspannungszustände das mechanische Verhalten des Bauteils beeinflussen. Die Grundlagen der Elastomechanik von Eigenspannungen ermöglichen auch die Beschreibung der Überlagerung von Last- und Eigenspannungszuständen. Daher werden wir im vorliegenden Beitrag auch auf das Überlagerungsproblem eingehen.

7.2 Zur Entstehung von Eigenspannungen

Die Entstehung von Eigenspannungszuständen wird an einem einfachen Beispiel verdeutlicht. Gegeben sei ein Werkstoff mit ausgeprägter Streckgrenze (Fließgrenze) σ_F, Bild 7.1. Die größte mögliche elastische Dehnung, auch Streckgrenzendehnung ε_F genannt, beträgt

$$\varepsilon_F = \frac{\sigma_F}{E}. \tag{7-1}$$

Nach Bild 7.1 führt die Belastung OFG zur Gesamtdehnung ε. Nach elastischer Entlastung ist die plastische (bleibende) Dehnung ε_p eingeprägt. Ein Balken mit dem Reckteckquerschnitt $b \cdot 2\,H$ wird jetzt unter Zugrundelegung des Stoffgesetzes nach Bild 7.1 durch ein Biegemoment M elastisch-plastisch verformt. Dabei bildet sich der in Bild 7.2 dargestellte Lastspannungsverlauf $\sigma(y)$ aus. Bei Plastizierung bis zur Balkenfaser s ist das Biegemoment

$$M = b \int_{-H}^{+H} y \, \sigma(y) \, dy = b \, \sigma_F \left(H^2 - \frac{1}{3} s^2\right) \qquad (\,7\text{-}2\,)$$

erforderlich.

Nach der Kompatibilitätsbedingung (Bernoullihypothese) bleiben die Balkenquerschnitte eben [7.3, 7.4]. Demnach verläuft die durch das Biegemoment M erzeugte Gesamtdehnung ε linear über dem Querschnitt, Bild 7.3 a. In den plastischen Bereichen tritt dabei für alle Balkenfasern die größtmögliche elastische Dehnung $\pm\varepsilon_F$ nach Gl. (7-1) auf, Bild 7.3 a. Man kann demnach den Verlauf der plastisch eingeprägten Dehnungen $\varepsilon_p(y)$ direkt ablesen, Bild 7.3 b.

Im elastischen Bereich ist $\varepsilon_p(y) = 0$. Für die plastischen Bereiche folgt aus der Ähnlichkeit der Dreiecke $\varepsilon_p/(y-s) = \varepsilon_F/s$, Bild 7.3 a. Unter Beachtung von Gl. (1) ergibt sich für den $\varepsilon_p(y)$-Verlauf nach Bild 7.3 b:

$$\left.\begin{array}{ll} \varepsilon_p(y) = 0, & \text{für } -s \le y \le s, \\[2ex] \varepsilon_p(y) = \pm \dfrac{\sigma_F}{E}\left(\dfrac{y}{s} - 1\right),\ \text{für} & \begin{array}{l} s \le y \le H, \\ -H \le y \le -s. \end{array} \end{array}\right\} \qquad (\,7\text{-}3\,)$$

Bei Rücknahme des Biegemomentes M können die einzelnen Balkenfasern nicht vollständig zurückfedern, da sie durch die eingeprägte ungleichmäßige ε_p (y)-Verteilung nach Bild 7.3 b behindert werden. Dadurch bildet sich in dem betrachteten balkenartigen Bauteil ein Eigenspannungszustand aus. Es besteht demnach ein kausaler Zusammenhang zwischen den eingeprägten bleibenden Dehnungen und den entstehenden Eigenspannungen.

Den an unserem Beispiel abgeleiteten Kausalzusammenhang zwischen eingeprägten Deformationen und der Ausbildung von Eigenspannungen kann man verallgemeinern:

Eigenspannungen entstehen durch bleibende und ungleichmäßige Verformungen.

Diese werden im folgenden mit ε_q (eindimensional) oder mit ε_{ij}^q (dreidimensional) bezeichnet. Man nennt die die Eigenspannungen verursachenden ε_{ij}^q-Felder auch eingeprägte Dehnungen [7.2], Eigenspannungsquellen oder Anfangsformänderungen [7.5], Extradehnungen [7.6, 7.7], Restdeformationen [7.8] oder Eigendeformationen [7.9]. Wir bezeichnen im folgenden die die Eigenspannungen hervorrufenden Deformationen als eingeprägte Dehnungen oder als Eigenspannungsquellen.

Wir wiederholen: Eigenspannungen entstehen durch bleibende und ungleichmäßige Verformungen. Der Begriff <u>bleibende</u> Verformungen ist physikalisch eindeutig. Dagegen ist der Begriff ungleichmäßige Verformungen mathematisch zunächst unklar. In der Arbeit [7.2] wird nachgewiesen, daß eingeprägte Dehnungen dann als ungleichmäßig gelten, wenn sie die für das jeweilige Bauteil (Balken, Scheibe, Platte, allgemeines Kontinuum) gültigen Kompatibilitätsbedingungen nicht erfüllen. Damit ist die Bezeichnung „ungleichmäßig" in der hier festgelegten Bedeutung, nämlich im Hinblick auf Eigenspannungsentstehung durch bleibende Verformungen, auch mathematisch eindeutig definiert.

Wie man aus den gegebenen Beanspruchungen die Lastspannungen ermittelt, wird in der Festigkeitslehre bzw. in der Elastizitätstheorie behandelt, siehe z. B. [7.3, 7.4, 7.10 bis 7.13].

Hier besteht jetzt die Frage, wie man aus gegebenen ε_q-Verteilungen bzw. aus gegebenen ε_{ij}^q-Feldern die zugehörigen Eigenspannungen ermittelt. Dieser Aufgabe der Elastomechanik von Eigenspannungszuständen werden wir uns im übernächsten Abschnitt 7.4 zuwenden.

Zuvor soll aber im nächsten Abschnitt kurz auf die wichtigsten physikalischen Ursachen für die Entstehung von Eigenspannungsquellen eingegangen werden.

7.3 Physikalische Ursachen von Eigenspannungsquellen

7.3.1 Lokale plastische Deformation

Bei der Belastung von Bauteilen und Konstruktionen ist das örtliche Erreichen der Fließgrenze infolge von Spannungskonzentrationen unvermeidlich. Zum anderen kann eine gewollte Ausnutzung des Werkstoffes bis zur Fließgrenze in Teilbereichen des Bauteils der Berechnung zugrunde gelegt sein, siehe Bild 7.2.

In beiden Fällen gewährleistet die verformungsbehindernde Wirkung der die plastischen Zonen umschließenden elastischen Werkstoffbereiche die Tragfähigkeit des Bauteils oder der Konstruktion. Fließen tritt dann auf, wenn im einachsigen Spannungszustand die gültige Streckgrenze erreicht wird. Im mehrachsigen Fall muß örtlich das für den vorliegenden Werkstoff geltende Fließkriterium erfüllt sein, siehe z. B. [7.11, 7.14].

Durch das lokale Fließen werden bleibende und ungleichmäßige Dehnungen eingeprägt, Bild 7.3 b. Diese verursachen nach Entlastung einen sogenannten lastinduzierten Eigenspannungszustand.

7.3.2 Temperaturfelder

Bei Einwirken eines von den Ortskoordinaten $x_i = (x_1, x_2, x_3)$ abhängigen Temperaturfeldes $t(x_i)$ auf einen Körper mit thermischer Isotropie ergeben sich für die einzelnen Volumenelemente gestalttreue Form- bzw. Volumenänderungen. Es werden aber keine Gleit- bzw. Scherdeformationen erzeugt: $\varepsilon_{12}^q =$

$\varepsilon_{23}^q = \varepsilon_{13}^q = 0$. Demnach berechnet sich das Feld der eingeprägten Dehnungen wie folgt:

$$\varepsilon_{ij}^q (x_i) = \alpha \{t(x_i) - t_0\} \delta_{ij} = \alpha \, T \, (x_i) \, \delta_{ij}, \qquad (7\text{-}4)$$

mit α als Wärmeausdehungskoeffizient, t_0 als Bezugstemperatur (z. B. Raumtemperatur), T als Temperaturdifferenz und δ_{ij} als Einheitstensor ($\delta_{ij} = 1$ für $i = j$, $\delta_{ij} = 0$ für $i \neq j$).

Die durch die Eigenspannungsquelle nach Gl. (7-4) erzeugten Eigenspannungen heißen auch Wärmespannungen.

7.3.3 Volumendilatationen, insbesondere in der Wärmeeinflußzone von Schweißverbindungen

Treten im Kontinuum chemische Reaktionen oder physikalische Vorgänge auf, die für ein Volumenelement dV den neuen Volumenbedarf dV+$\triangle$ (dV) erzeugen, so wird dadurch die spezifische Volumenänderung

$$e_q = \triangle \, (dV)/dV \qquad (7\text{-}5)$$

eingeprägt. e_q heißt auch Volumendehnung oder Volumendilatation. Durch bleibende und ungleichmäßig verteilte Volumendilatationen entstehen Eigenspannungen. Im Rahmen der linearen Elastizitätstheorie hängt die Volumendilatation mit den drei eingeprägten Normaldehnungen wie folgt zusammen:

$$e_q = \varepsilon_{11}^q + \varepsilon_{22}^q + \varepsilon_{33}^q, \qquad (7\text{-}6)$$

man vergleiche [7.10 bis 7.13]. In der Regel laufen die chemischen Reaktionen oder die physikalischen Vorgänge, wie bei Einwirkung eines Temperaturfeldes, als gestalttreue Volumenänderung ab ($\varepsilon_{12}^q = \varepsilon_{23}^q = \varepsilon_{13}^q = 0$), wobei keine Raumrichtung bevorzugt wird. Demnach gilt $\varepsilon_{11}^q = \varepsilon_{22}^q = \varepsilon_{33}^q$, und aus Gl. (7-6) folgt:

$$e_q = 3 \, \varepsilon_{11}^q = \ldots \quad \text{bzw.} \quad \varepsilon_{11}^q = \varepsilon_{22}^q = \varepsilon_{33}^q = \tfrac{1}{3} \, e_q. \qquad (7\text{-}7)$$

Nach Gl. (7-7) berechnet sich die durch Volumendilatation erzeugte Eigenspannungsquelle dann wie folgt.:

$$\varepsilon_{ij}^q (x_i) = \tfrac{1}{3} e_q \, (x_i) \, \delta_{ij}. \qquad (7\text{-}8)$$

Als Beispiel für physikalisch verursachte Volumendilatationen wird auf das Umwandlungsverhalten der Stähle durch Wärmebehandlung und durch Schweißen hingewiesen. Wie in der Arbeit [7.2] näher ausgeführt, ergeben sich dadurch die drei eingeprägten Dehnungen in der Größenordnung von

$$\varepsilon_{11}^q = \varepsilon_{22}^q = \varepsilon_{33}^q \approx 0{,}003. \qquad (7\text{-}9)$$

Zur Beurteilung dieses Wertes schätzen wir die Größe der Streckgrenzendehnung eines unlegierten Baustahles nach Gl. (7-1) mit

$$\varepsilon_F = \frac{\sigma_F}{E} = \frac{210 \ \text{N}/\text{mm}^2}{210\ 000 \ \text{N}/\ \text{mm}^2} = 0,001 \qquad\qquad (\ 7\text{-}10 \ )$$

ab. Der Vergleich der Dehnungswerte aus Gl. (7-9) und Gl. (7-10) zeigt auf, daß die durch Umwandlungsvorgänge eingeprägten Dehnungen ein Vielfaches der größten möglichen elastischen Dehnung ε_F betragen können. Demnach ist zu erwarten, daß sich die Eigenspannungen in der Wärmeeinflußzone von Schweißverbindungen charakteristisch ausbilden.

Diese charakteristische Ausbildung der Eigenspannungen in der Wärmeeinflußzone von Schweißverbindungen kann man nach [7.2] wie folgt beschreiben: Durch den erhöhten Volumenbedarf von Martensit und Zwischenstufengefüge bilden sich in der Wärmeeinflußzone Druckeinsattelungen im Eigenspannungsverlauf aus. Solche Druckeinsattelungen werden in der Arbeit [7.2] im Falle der durch Brennschneiden verursachten Eigenspannungen und im Falle eines durch Unterpulverbandplattieren entstehenden zweiachsigen Eigenspannungszustandes nachgewiesen.

7.4 Berechnung der Eigenspannungen bei gegebener Eigenspannungsquelle

Wir behandeln jetzt die Berechnung der Eigenspannungen bei gegebener Eigenspannungsquelle. Dabei müssen zwei Fälle unterschieden werden. Der erste Fall ist die rein elastische Ausbildung des Eigenspannungszustandes. Dabei werden durch die entstehenden Eigenspannungen keine plastischen Deformationen erzeugt (lineares Problem). Der zweite Fall beschreibt die elastisch-plastische Ausbildung des Eigenspannungszustandes. In diesem Falle führt die Entstehung der Eigenspannungen in einem bestimmten Bereich durch Erreichen der Streckgrenze zu zusätzlichen plastischen Deformationen (nichtlineares Problem).

7.4.1 Elastische Entstehung der Eigenspannungen

Die eingeprägten Dehnungen $\varepsilon_p(y)$ nach Bild 7.3 b führen auf einen eindimensionalen (einachsigen) in Balkenlängsrichtung weisenden Eigenspannungszustand, der nur von der Koordinate y abhängt. Wir bezeichnen eindimensionale und nur von einer Koordinate abhängige Eigenspannungsverteilungen nach [7.2] kurz und eindeutig als 1D-1K-ES-Zustände. Im folgenden behandeln wir einen Balken mit dem Rechteckquerschnitt b · 2 H, man vergleiche Bild 7.2 und 7.3, in dem ein 1D-1K-ES-Zustand herrscht.

Statt der speziellen $\varepsilon_p(y)$-Verteilung nach Bild 7.3 b nehmen wir jetzt eine ganz allgemeine Verteilung der Eigenspannungsquelle an, die wir mit $\varepsilon_q(y)$ bezeichnen. Damit wird ausgedrückt, daß die physikalische Ursache der eingeprägten Dehnungen für die nachfolgenden Berechnungen keine Rolle spielt. Zur Beantwortung der Frage, wie die durch $\varepsilon_q(y)$ erzeugten Eigenspannungen berechnet werden können, formulieren wir zunächst die für das vorliegende 1 D-1 K-ES-Problem geltenden Grundgleichungen der Elastomechanik:

$$\varepsilon = \varepsilon_e + \varepsilon_q, \qquad\qquad (\,7\text{-}11\,)$$

$$\sigma = E\,\varepsilon_e, \qquad\qquad (\,7\text{-}12\,)$$

$$\varepsilon = C_1\,y + C_2, \qquad\qquad (\,7\text{-}13\,)$$

$$b \int_{-H}^{+H} \sigma\,dy = 0, \qquad\qquad (\,7\text{-}14\,)$$

$$b \int_{-H}^{+H} y\,\sigma\,dy = 0. \qquad\qquad (\,7\text{-}15\,)$$

In diesem Gleichungssystem hängen die Größen ε, ε_e, ε_q und σ von der Koordinate y ab, E ist der Elastizitätsmodul, C_1 und C_2 sind noch zu bestimmende Konstante. Die Eigenspannungsquelle $\varepsilon_q\,(y)$ ist vorgegeben.

Gl. (7-11) nennen wir die Dehnungsbeziehung: Die Gesamtdehnung ε einer Balkenfaser setzt sich aus der elastischen Dehnung ε_e und aus der eingeprägten Dehnung ε_q zusammen. Da die Entstehung der Eigenspannungen durch ε_q rein elastisch ablaufen soll, also die Streckgrenze durch die entstehenden Eigenspannungen nicht erreicht wird, tritt in der Dehnungsbeziehung (7-11) kein zusätzlicher plastischer Dehnungsanteil auf.

Gl. (7-12) ist das Stoffgesetz nach HOOKE: Die gesuchten Eigenspannungen σ berechnen sich aus den elastischen Dehnungen ε_e. Die über das Stoffgesetz (7-12) mit den Eigenspannungen σ verknüpften Dehnungen ε_e werden deshalb auch spannungswirksame Dehnungen genannt.

Gl. (7-13) ist die Kompatibilitäts- bzw. Verträglichkeitsbedingung des Balkens, auch Bernoullihypothese genannt [7.3, 7.4]. Danach sind die Gesamtdehnungen ε linear über dem Querschnitt verteilt. Es ist einleuchtend, daß die Gesamtdehnungen stets die Verträglichkeitsbedingungen des vorliegenden Bauteils erfüllen müssen, man vergleiche dazu die Arbeit [7.2].

Die Gln. (7-14) und (7-15) sind die Kräfte- und Momentengleichgewichtsbedingungen des Balkens. Wie aus den Gln. (7-14) und (7-15) ersichtlich, müssen die aus dem gesuchten Eigenspannungsverlauf $\sigma(y)$ gebildeten resultierenden Kräfte und Momente verschwinden. Demnach treten keine äußeren Beanspruchungen auf, und die aus dem Gleichungssystem (7-11) bis (7-15) ermittelten Spannungen $\sigma\,(y)$ sind reine Eigenspannungen ohne Lastspannungsanteil.

Zur Berechnung der fünf Unbekannten ε, ε_e, σ, C_1 und C_2 stehen die fünf Gleichungen der Elastomechanik (7-11) bis (7-15) zur Verfügung. Zur Auflösung nach den gesuchten Eigenspannungen $\sigma(y)$ setzen wir die Gln. (7-11) und (7-13) in Gl. (7-12) ein. Man erhält:

$$\sigma = E \ (C_1 \ y + C_2 - \varepsilon_q). \qquad (7\text{-}16)$$

Mit Gl. (7-16) sind die gesuchten Eigenspannungen bis auf die Konstanten C_1 und C_2 bekannt. Diese Konstanten müssen so bestimmt werden, daß die Eigenspannungen nach Gl. (7-16) die Gleichgewichtsbedingungen (7-14) und (7-15) erfüllen. Einsetzen von Gl. (7-16) in die Gln. (7-14) und (7-15) liefert:

$$b \int_{-H}^{+H} E \ (C_1 \ y + C_2 - \varepsilon_q) \ dy = 0, \qquad (7\text{-}17)$$

$$b \int_{-H}^{+H} E \ (C_1 \ y + C_2 - \varepsilon_q) \ y dy = 0. \qquad (7\text{-}18)$$

Dies sind die beiden Gleichungen zur Bestimmung von C_1 und C_2. Die einfache Integration der Gln. (7-17) und (7-18) und die anschließende Auflösung nach C_1 und C_2 ergibt:

$$C_1 = \frac{3}{2H^3} \int_{-H}^{+H} y \ \varepsilon_q \ dy \quad \text{und} \quad C_2 = \frac{1}{2H} \int_{-H}^{+H} \varepsilon_q \ dy. \qquad (7\text{-}19)$$

Einsetzen in Gl. (7-16) liefert:

$$\sigma \ (y) = E \ \left\{ \frac{1}{2H} \int_{-H}^{+H} \varepsilon_q(y) \ dy + \frac{3y}{2H^3} \int_{-H}^{+H} y \ \varepsilon_q(y) \ dy - \varepsilon_q(y) \right\}. \qquad (7\text{-}20)$$

Gl. (7-20) ist die Gleichung zur Berechnung des gesuchten $1\,D$-$1\,K$-ES-Zustandes. Wie ersichtlich, sind die Eigenspannungen $\sigma(y)$ eine eindeutige Funktion der Eigenspannungsquelle ε_q (y). Das zugrunde gelegte Gleichungssystem (7-11) bis (7-15) berücksichtigt nur elastische Vorgänge bei der Eigenspannungsentstehung. Aus diesem Grunde müssen die nach Gl. (7-20) berechneten Eigenspannungen σ (y) im Gesamtbereich $-H \leq y \leq H$ unterhalb der Streckgrenze σ_F liegen. Diese Bedingung ist meistens erfüllt, man vergleiche die Arbeit [7.2] und Abschnitt 7.4.1.1.

Wie aus der Ableitung ersichtlich, gilt Gl. (7-20) in der vorliegenden Form nur für Rechteckquerschnitte, also für b = konst. Bei veränderlicher Balkenbreite, z. B. Profile, steht $b = b$ (y) in den Gln. (7-14), (7-15), (7-17) und (7-18) jeweils unter dem Integral. Die Gln. (7-11), (7-12), (7-13) und (7-16) bleiben gültig. Demzufolge ändern sich für $b = b$ (y) nur die aus den Gln. (7-17) und (7-18) zu bestimmenden Konstanten C_1 und C_2.

7.4.1.1 Anwendung auf überelastische Biegung

Wir wenden die allgemeingültige Gl. (7-20) jetzt auf die im Abschnitt 7.2 behandelte überelastische Biegung an. Ein Biegemoment M erzeugt den Lastspannungsverlauf σ (y), siehe Bild 7.2. Dieser prägt über den physikalischen Vorgang der Plastizität die ungleichmäßigen und bleibenden Dehnungen $\varepsilon_p(y)$ nach Bild 7.3 b ein. Diese $\varepsilon_p(y)$-Verteilung ist nach Rücknahme des Biegemomentes M verantwortlich für die im Balken verbleibenden Eigenspannungen. Wir setzen jetzt $\varepsilon_p(y) = \varepsilon_q(y)$ nach Bild 7.3 b bzw. nach Gl. (7-3) in Gl. (7-20) ein und kontrollieren anschließend, ob die ermittelten Eigenspannungen $\sigma(y)$ für jede Balkenfaser y unterhalb der Streckgrenze σ_F liegen.

Um konkrete Eigenspannungswerte zu erhalten, wählen wir s $= \pm H/2$, man vergleiche Bild 7.2 und 7.3. Aus der zweiten Gl. (7-3) folgt damit für den oberen und unteren Balkenbereich:

$$\varepsilon_q (y) = \pm \frac{\sigma_F}{E} (\pm \frac{2y}{H} - 1). \qquad\qquad (7\text{-}21)$$

Nach Gl. (7-21) beträgt die größte auftretende Randdehnung bzw. Randstauchung $\varepsilon_q (\pm H) = \pm \sigma_F/E$. Der durch s $= \pm H/2$ festgelegte $\varepsilon_q (y)$-Verlauf ist in Bild 7.4 a grafisch dargestellt.

Einsetzen von $\varepsilon_q (y)$ nach Bild 7.4 a in Gl. (7-20), also Einsetzen von Gl. (7-21) mit $\varepsilon_q (y) = 0$ für $-H/2 \leq y \leq H/2$ in Gl. (7-20), führt auf den Eigenspannungsverlauf σ (y) nach Bild 7.4 b. Auf die Wiedergabe der Berechnung wird hier verzichtet.

Man kann den in Bild 7.4.b dargestellten Eigenspannungsverlauf σ (y) auch grafisch bestimmen, siehe [7.2]. In der genannten Arbeit wurde außerdem der Vorgang der Be- und Enlastung für einzelne Balkenfasern im Spannungsdehnungsdiagramm (σ-ε-Diagramm) veranschaulicht.

Wir fassen zusammen: Der Eigenspannungszustand nach Bild 7.4 b wurde durch einen Lastspannungszyklus verursacht. Es handelt sich um lastinduzierte Eigenspannungen, wobei durch den Vorgang der Belastung (Biegemoment M, vergleiche Bild 7.2) die plastischen Verformungen nach Bild 7.4 a eingeprägt wurden. Wie aus Bild 7.4.b ersichtlich, liegen alle Eigenspannungswerte σ (y) unterhalb der Streckgrenze σ_F. Die Entstehung der Eigenspannungen erfolgte rein elastisch. Damit ist die Anwendung von Gl. (7-20) gerechtfertigt.

7.4.1.2 Einwirkung eines Temperaturfeldes t (y)

Als zweites Anwendungsbeispiel der Gl. (7-20) betrachten wir den Fall, daß auf den Balken mit dem Rechteckquerschnitt b · 2H, siehe Bild 7.2, ein stationäres Temperaturfeld t (y) einwirkt. Für die einzelnen Balkenfasern ergibt sich damit die Eigenspannungsquelle,

$$\varepsilon_q (y) = \alpha \left\{ t(y) - t_0 \right\} = \alpha\, T (y), \qquad\qquad (7\text{-}22)$$

mit α als Wärmeausdehnungskoeffizient, t_0 als Bezugstemperatur (z. B. Raumtemperatur) und T als Temperaturdifferenz. Einsetzen von Gl. (7-22) in Gl. (7-20) liefert unter der Voraussetzung, daß α nicht von der Koordinate y abhängt:

$$\sigma\,(y) = E\,\alpha\,\left\{\frac{1}{2H}\int_{-H}^{+H} T(y)\,dy + \frac{3y}{2H^3}\int_{-H}^{+H} y\cdot T(y)\,dy - T(y)\right\}. \qquad (7\text{-}23)$$

Gl. (7-23) beschreibt die durch das Temperaturfeld t (y) erzeugten Eigenspannungen. Diese werden mit Rücksicht auf das verursachende Temperaturfeld auch als Wärmespannungen bezeichnet. Bei der Rechnung fällt der konstante Anteil $-\alpha\,t_0$ heraus, siehe Gl. (7-22). Daher kann in Gl. (7-23) statt T (y) auch t (y) eingesetzt werden.

Bei Wärmeeinwirkung hängt die Streckgrenze von der Temperatur ab. Bezeichnet man σ_F (t) als Warmstreckgrenze, so gilt Gl. (7-23) nur für den Fall, daß in keiner Balkenfaser y die Warmstreckgrenze erreicht wird:

$$\sigma_F\left\{t(y)\right\} > \sigma\,(y). \qquad (7\text{-}24)$$

In diesem Falle sind die eingeprägten Dehnungen nach Gl. (7-22) und die daraus resultierenden Wärmespannungen nach Gl. (7-23) nur solange wirksam, wie das Temperaturfeld t (y) einwirkt. Aus diesem Grunde bezeichnet man die durch Temperaturänderung hervorgerufene Eigenspannungsquelle (7-22) auch als quasiplastisch, siehe [7.15].

7.4.1.3 2D-1K-ES-Zustände bei Drehsymmetrie und gegebener $\varepsilon_q(r)$-Eigenspannungsquelle

Wir betrachten jetzt zweidimensionale bzw. zweiachsige Eigenspannungszustände, die von einer Koordinate abhängen. Solche 2D-1K-ES-Zustände treten z. B. bei drehsymmetrischen Problemen auf. Die zugehörigen Grundgleichungen der Elastizitätstheorie formuliert man zweckmäßig in Polarkoordinaten (r, φ), wobei wegen der Drehsymmetrie keine φ-Abhängigkeit besteht und die Schubeigenspannungen σ verschwinden.
Nach [7.2] lauten die das drehsymmetrische 2D-1K-ES-Problem beschreibenden Grundgleichungen der Elastomechanik:

$$\varepsilon_r = \varepsilon_r^e + \varepsilon_r^q,\; \varepsilon_t = \varepsilon_t^e + \varepsilon_t^q, \qquad (7\text{-}25)$$

$$\varepsilon_r = \frac{du_r}{dr},\; \varepsilon_t = \frac{u_r}{r}, \qquad (7\text{-}26)$$

$$\frac{d\sigma_r}{dr} + \frac{\sigma_r - \sigma_t}{r} = 0, \qquad (7\text{-}27)$$

$$\varepsilon_r^e = \frac{1}{E}\,(\sigma_r - \upsilon\,\sigma_t),\; \varepsilon_t^e = \frac{1}{E}\,(\sigma_t - \upsilon\,\sigma_r). \qquad (7\text{-}28)$$

Die Gln. (7-25) sind die Dehnungsbeziehungen in radialer und tangentialer Richtung, man vergleiche dazu die Dehnungsbeziehung Gl. (7-11). Bei den Gln.

(7-26) handelt es sich um die Gleichungen der Kinematik des ebenen drehsymmetrischen Eigenspannungszustandes, mit u_r als Verschiebung in radialer Richtung. Gl. (7-27) ist die Kräftegleichgewichtsbedingung in radialer Richtung, mit σ_r und σ_t als gesuchte radiale und tangentiale Eigenspannungskomponenten. Die Gln. (7-28) beschreiben das elastische Stoffverhalten, mit ε_r^e und ε_t^e als spannungswirksame Dehnungen in radialer und tangentialer Richtung und υ als Querkontraktionszahl. Man vergleiche die Gln. (7-28) mit dem eindimensionalen Stoffgesetz Gl. (7-12).

In dem Gleichungssystem (7-25) bis (7-28) hängen alle Größen nur vom Radius r ab (Drehsymmetrie!). Für die sieben unbekannten Funktionen ε_r, ε_r^e, ε_t, ε_t^e, u_r, σ_r und σ_t (ε_r^q und ε_t^q sind vorgegeben) stehen sieben Gleichungen zur Verfügung. Demnach ist die eindeutige Auflösung nach den gesuchten Eigenspannungskomponenten σ_r (r) und σ_t(r) möglich.

Wir betrachten hier den in der Regel auftretenden Fall, daß die in radialer und tangentialer Richtung eingeprägten Dehnungen gleich groß sind:

$$\varepsilon_r^q (r) = \varepsilon_t^q (r) = \varepsilon_q (r). \qquad\qquad (7\text{-}29)$$

In Bild 7.5 ist der drehsymmetrische 2 D-1 K-ES-Zustand mit einer diesen Eigenspannungszustand verursachenden Eigenspannungsquelle $\varepsilon_q(r)$ an einer Kreisscheibe mit dem Außenradius b dargestellt.

Die Auflösung des Gleichungssystems (7-25) bis (7-28) wurde in der Arbeit [7.2] in Einzelschritten durchgeführt. Unter Zugrundelegung von Gl. (7-29) erhält man danach die gesuchten Eigenspannungskomponenten σ_r und σ_t als Funktion der Eigenspannungsquelle ε_q (r):

$$\sigma_r(r) = E \left\{ \frac{1}{b^2} \int_o^b r\, \varepsilon_q (r)\, dr - \frac{1}{r^2} \int_o^r r\, \varepsilon_q(r)\, dr \right\}, \qquad (7\text{-}30)$$

$$\sigma_t(r) = E \left\{ \frac{1}{b^2} \int_o^b r\, \varepsilon_q (r)\, dr + \frac{1}{r^2} \int_o^r r\, \varepsilon_q(r)\, dr - \varepsilon_q(r) \right\}. \qquad (7\text{-}31)$$

Aus diesen beiden Gleichungen ergeben sich die Eigenspannungen im Scheibenmittelpunkt r = 0 zu:

$$\sigma_r (0) = \sigma_t (0) = E \left\{ \frac{1}{b^2} \int_o^b r\, \varepsilon_q(r)\, dr - \frac{1}{2}\, \varepsilon_q (0) \right\}, \qquad (7\text{-}32)$$

mit $\varepsilon_q (0)$ als eingeprägte Dehnung im Scheibenmittelpunkt, siehe Bild 7.5.

7.4.1.4 Wärmepunkt t(r)

Bei punktförmiger Erwärmung einer Scheibe bildet sich im stationären Fall ein drehsymmetrisches Temperaturfeld t(r) aus. Dadurch wird entsprechend Gl. (7-29) in radialer und tangentialer Richtung die Eigenspannungsquelle

$$\varepsilon_q (r) = \alpha \left\{ t(r) - t_0 \right\} = \alpha \, T(r) \qquad\qquad (\,7\text{-}33\,)$$

eingeprägt. Einsetzen von Gl. (7-33) in die Gln. (7-30) und (7-31) liefert für die
Wärmespannungen:

$$\sigma_r (r) = \alpha \, E \left\{ \frac{1}{b^2} \int\limits_0^b r \, T(r) \, dr - \frac{1}{r^2} \int\limits_0^r r \, T(r) \, dr \right\}, \qquad\qquad (\,7\text{-}34\,)$$

$$\sigma_t (r) = \alpha \, E \left\{ \frac{1}{b^2} \int\limits_0^b r \, T(r) \, dr + \frac{1}{r^2} \int\limits_0^r r \, T(r) \, dr - T(r) \right\}. \qquad\qquad (\,7\text{-}35\,)$$

Die Wärmespannungen im Scheibenmittelpunkt $r = 0$ betragen nach Gl. (7-32):

$$\sigma_r(0) = \sigma_t (0) = \alpha \, E \left\{ \frac{1}{b^2} \int\limits_0^b r \, T(r) \, dr - \frac{1}{2} \, T(0) \right\}, \qquad\qquad (\,7\text{-}36\,)$$

mit $T(0) = t(0) - t_0$ als Temperaturdifferenz im Scheibenmittelpunkt. In den
Gln. (7-34), (7-35) und (7-36) kann statt $T(r)$ und $T(0)$ auch $t(r)$ und $t(0)$ eingesetzt werden, da die Terme mit der konstanten Bezugstemperatur t_0 heraus-
fallen. Man vergleiche hierzu die Bemerkung zur Gl. (7-23).

Die durch $t(r)$ verursachten Wärmespannungen nach den Gln. (7-34), (7-35) und
(7-36) dürfen an keiner Stelle r zum Fließen führen. Im Falle des vorliegenden
zweidimensionalen Spannungszustandes kann diese Forderung durch ein Fließkriterium nachgeprüft werden. Wir wählen hier das Fließkriterium nach v. Mises, siehe z. B. [7.11, 7.14]. Da im vorliegenden drehsymmetrischen Fall die
Schubeigenspannungen verschwinden, liegt mit $\sigma_r(r)$ und $\sigma_t(r)$ im gesamten
Scheibenbereich ein reiner Hauptspannungszustand vor. Die elastische Lösung
nach den Gln. (7-34), (7-35) und (7-36) ist demnach gültig, wenn für alle r

$$\sigma_F \left\{ t(r) \right\} > \left\{ \sigma_r^2(r) + \sigma_t^2 (r) - \sigma_r(r) \, \sigma_t(r) \right\}^{\frac{1}{2}} \qquad\qquad (\,7\text{-}37\,)$$

gilt. Die Bedingung (7-37) stellt sicher, daß die aus σ_r und σ_t berechnete Vergleichsspannung die Warmstreckgrenze $\sigma_F \{t(r)\}$ nicht erreicht.

7.4.1.5 2D-1K-ES-Zustände in ebenen n-fach geschichteten Werkstoffen

Im Abschnitt 7.4.1.3 und 7.4.1.4 wurden drehsymmetrische 2D-1K-ES-Zustände
behandelt. Der 2D-1K-ES-Fall, also der Typ des zweidimensionalen von einer
Koordinate abhängigen Eigenspannungszustandes, tritt auch in eben geschichteten Werkstoffen auf.

Ebene Schichtwerkstoffe werden in aller Regel großflächig hergestellt, wodurch
die entstehenden Eigenspannungen nicht von den Flächenkoordinaten abhängen. Im allgemeinen Fall treten Normaleigenspannungen und Schubeigenspannungen auf. Die genannten Eigenspannungskomponenten hängen nur von der
Dickenkoordinate ab.

In Bild 7.6, der Arbeit [7.2] entnommen, ist der in ebenen Schichtwerkstoffen herrschende und nur von der Dickenkoordinate x_3 abhängige 2D-1K-ES-Zustand veranschaulicht. $\sigma_1(x_3)$ und $\sigma_2(x_3)$ sind die beiden Komponenten der Normaleigenspannungen, bei $\sigma_6(x_3)$ handelt es sich um die Schubeigenspannungen.

Ebene metallische Schichtwerkstoffe können z. B. durch Warmwalzen, Sprengplattieren oder Auftragsschweißen hergestellt werden. Außerdem wird auf die verschiedenen faserverstärkten Werkstoffe hingewiesen, wobei besonders faserverstärkte Kunststoffe eine Rolle spielen. Die Faserverstärkung führt zu richtungsabhängigen mechanischen und thermischen Werkstoffeigenschaften, also zur Anisotropie.

Um die Faserverstärkung zu berücksichtigen, wurden in der Arbeit [7.2] die möglichen Eigenspannungszustände in einem ebenen n-fach geschichteten Werkstoff bei vollständiger Anisotropie der Einzelschichten für eine gegebene Eigenspannungsquelle berechnet. Aus diesen allgemeinen Gleichungen folgen auch die für isotrope Schichtwerkstoffe gültigen Beziehungen. Außerdem findet man in der Arbeit [7.2] die Behandlung von 2D-1K-ES-Zuständen für die homogene anisotrope und für die homogene isotrope Platte.

7.4.2 Elastisch-plastische Entstehung der Eigenspannungen

Wir betrachten einen Flachstab mit dem Rechteckquerschnitt Dicke 1 · 2 H, Bild 7.7. Eine vorgegebene Eigenspannungsquelle $\varepsilon_q(y)$ erzeugt einen 1D-1K-ES-Zustand. Einsetzen von $\varepsilon_q(y)$ in die für elastische Eigenspannungsentstehung gültige Gl. (7-20) führt auf den gestrichelt gezeichneten Eigenspannungsverlauf a, Bild 7.7. Dieser überschreitet im Bereich $r_o \leq y \leq s_o$ die Streckgrenze σ_F, Bild 7.7. Dies ist nach dem gültigen Stoffgesetz nicht möglich, siehe Bild 7.1.

Schneidet man den Eigenspannungsverlauf a bei σ_F ab, fällt der in Bild 7.7 schraffierte Teil weg. Dadurch werden die Gleichgewichtsbedingungen gestört. Die endgültige Ausbildung der Eigenspannungen erfolgt in diesem Falle durch plastische Verformung. Die Werkstoffbereiche unterhalb von r_o und oberhalb von s_o werden ebenfalls auf Fließniveau σ_F angehoben, Bild 7.7 Dieser Vorgang wird bei Erfüllung der Kräfte- und Momentengleichgewichtsbedingung abgeschlossen. Auf diese Weise ergibt sich der endgültige lokale Fließbereich $r \leq y \leq s$ und der endgültige elastisch-plastisch entstandene Eigenspannungsverlauf b, Bild 7.7.

In Anlehnung an das den rein elastischen Fall beschreibende Gleichungssystem (7-11) bis (7-15) formulieren wir jetzt die Grundgleichungen zur Behandlung der elastisch-plastischen Eigenspannungsentstehung. Dabei werden nach Bild 7.7 die beiden elastischen Bereiche $-H \leq y \leq r$ und $s \leq y \leq H$, der plastische Bereich $r \leq y \leq s$ und der Gesamtbereich $-H \leq y \leq H$ unterschieden:

$$\varepsilon = \varepsilon_e + \varepsilon_q, \qquad\qquad (\,7\text{-}38\,)$$

$$\sigma = E\,\varepsilon_e, \qquad\qquad (\,7\text{-}39\,)$$

$$\text{für } -H \le y \le r \text{ und } s \le y \le H,$$

$$\varepsilon = \frac{\sigma_F}{E} + \varepsilon_q + \varepsilon_p, \qquad\qquad (\,7\text{-}40\,)$$

$$\sigma = \sigma_F = \text{konst.}, \qquad\qquad (\,7\text{-}41\,)$$

$$\text{für } r \le y \le s,$$

$$\varepsilon = C_1\,y + C_2, \qquad\qquad (\,7\text{-}42\,)$$

$$\int_{-H}^{+H} \sigma\,dy = 0, \qquad\qquad (\,7\text{-}43\,)$$

$$\int_{-H}^{+H} y\,\sigma\,dy = 0, \qquad\qquad (\,7\text{-}44\,)$$

$$\text{für } -H \le y \le H.$$

Alle veränderlichen Größen hängen nur von y ab. Die Gln. (7-38) und (7-39) beschreiben die beiden elastischen Bereiche, die Gln. (7-40) und (7-41) den Bereich des örtlichen Fließens, man vergleiche Bild 7.7. In Gl. (7-40) kennzeichnet $\varepsilon_p = \varepsilon_p$ (y) die eingeleiteten plastischen Deformationen, die Größe σ_F/E die Streckgrenzendehnung nach Gl. (7-1). Unabhängig vom elastischen oder plastischen Werkstoffverhalten gelten im Gesamtbereich die Verträglichkeitsbedingung Gl. (7-42) und die beiden Gleichgewichtsbedingungen Gl. (7-43) und Gl. (7-44).

Zunächst werden die Eigenspannungen in den beiden elastischen Bereichen ausgerechnet. Einsetzen von Gl. (7-38) und Gl. (7-42) in Gl. (7-39) liefert:

$$\sigma = E\left\{ C_1\,y + C_2 - \varepsilon_q(y) \right\}. \qquad\qquad (\,7\text{-}45\,)$$

Jetzt werden die beiden Gleichgewichtsbedingungen ausgewertet. Einsetzen von Gl. (7-41) und Gl. (7-45) in die Kräftegleichgewichtsbedingung Gl. (7-43) und in die Momentengleichgewichtsbedingung Gl. (7-44) ergibt:

$$\int_{-H}^{r} E\,(C_1 y + C_2 - \varepsilon_q)\,dy + \int_{r}^{s} \sigma_F\,dy + \int_{s}^{+H} E\,(C_1 y + C_2 - \varepsilon_q)\,dy = 0 \qquad (\,7\text{-}46\,)$$

$$\int_{-H}^{r} y\,E\,(C_1 y + C_2 - \varepsilon_q)\,dy + \int_{r}^{s} y\,\sigma_F\,dy + \int_{s}^{+H} y\,E\,(C_1 y + C_2 - \varepsilon_q)\,dy = 0. \qquad (\,7\text{-}47\,)$$

In diesen beiden Gleichungen treten vier Unbekannte auf. Es handelt sich um die Konstanten C_1 und C_2 aus der Kompatibilitätsbedingung Gl. (7-42) und um die Bereichsgrenzen r und s des örtlichen Fließens. Die beiden noch fehlenden Gleichungen ergeben sich aus Gl. (7-45) wie folgt: An den beiden Stellen y = s und y = r muß die Spannungsverteilung in den elastischen Bereichen nach Gl. (7-45) die Fließgrenze σ_F erreichen, siehe Bild 7.7. Damit stehen zwei zusätzliche Bedingungen zur Verfügung, die den Spannungsübergang vom elastischen zum plastischen Bereich regeln.

Ausrechnen der Integrale in den Gln. (7-46) und (7-47) und zweimaliges Ausschreiben der Gl. (7-45) als elastisch-plastische Übergangsbedingung für die Spannungen liefert:

$$(r^2 - s^2)C_1 + 2(r - s + 2H)C_2 = \frac{2}{E}\left\{\sigma_F(r - s) + E\left[\int_{-H}^{r}\varepsilon_q dy + \int_{s}^{+H}\varepsilon_q dy\right]\right\}, \qquad (7\text{-}48)$$

$$2(r^3 - s^3 + 2H^3)C_1 + 3(r^2 - s^2)C_2 = \frac{6}{E}\left\{\sigma_F\frac{r^2 - s^2}{2} + E\left[\int_{-H}^{r}y\varepsilon_q dy + \int_{s}^{+H}y\varepsilon_q dy\right]\right\} \qquad (7\text{-}49)$$

$$\sigma_F = E\left\{C_1 s + C_2 - \varepsilon_q(s)\right\}, \qquad (7\text{-}50)$$

$$\sigma_F = E\left\{C_1 r + C_2 - \varepsilon_q(r)\right\}. \qquad (7\text{-}51)$$

Das Gleichungssystem (7-48) bis (7-51) beschreibt den nichtlinearen Mechanismus der elastisch-plastischen Eigenspannungsentstehung. Bei vorgegebener Eigenspannungsquelle $\varepsilon_q(y)$ können die vier Größen C_1, C_2, r und s aus den Gln. (7-48) bis (7-51) berechnet werden. Mit C_1 und C_2 ergibt sich aus Gl. (7-42) die Gesamtdehnung ε, die elastische Dehnungsverteilung ε_e berechnet sich aus Gl. (7-38), die Eigenspannungsverteilung σ in den elastischen Bereichen liefert Gl. (7-39). Die durch die Eigenspannungen im Bereich $r \leq y \leq s$ ausgelösten plastischen Deformationen $\varepsilon_p(y)$ lassen sich aus der Gl. (7-40) bestimmen. Damit sind alle Größen bekannt.

Wir kommen zurück auf das die elastisch-plastische Entstehung der Eigenspannungen beschreibende Gleichungssystem (7-48) bis (7-51) . Zur Behandlung dieses Gleichungssystems kann man zunächst die beiden letzten Gln. (7-50) und (7-51) nach C_1 und C_2 auflösen. Man erhält:

$$C_1 = \frac{\varepsilon_q(r) - \varepsilon_q(s)}{r - s}, \qquad (7\text{-}52)$$

$$C_2 = \frac{\sigma_F}{E} + \frac{r\varepsilon_q(s) - s\varepsilon_q(r)}{r - s}. \qquad (7\text{-}53)$$

Einsetzen dieser beiden Gleichungen in die Gln. (7-48) und (7-49) liefert zwei nichtlineare Gleichungen zur Bestimmung der Fließbereichsgrenzen r und s. Damit ist das Gleichungssystem (7-48) bis (7-51) auf zwei nichtlineare Gleichungen reduziert. Diese können z. B. durch Iteration aufgelöst werden, wobei als Schätzung für die benötigten Anfangswerte des Iterationsverfahrens die grafisch oder rechnerisch bestimmten Schnittpunkte r_o und s_o gewählt werden können, man vergleiche dazu Bild 7.7.

7.4.2.1 Spezialisierung für symmetrische Eigenspannungsverteilungen

Für symmetrische Eigenspannungsquellen bzw. für symmetrische Eigenspannungsverteilungen gilt

$$\varepsilon_q(y) = \varepsilon_q(-y) \text{ und } r = -s, \qquad (7\text{-}54)$$

man vergleiche Bild 7.7. Einsetzen dieser Symmetriebedingungen in die Gln. (7-52) und (7-53) liefert

$$C_1 = 0 \text{ und } C_2 = \frac{\sigma_F}{E} + \varepsilon_q(s). \qquad (7\text{-}55)$$

Für symmetrischen Eigenspannungsverlauf ist die Momentengleichgewichtsbedingung Gl. (7-49) identisch erfüllt. Mit den Gln. (7-54) und (7-55) ergibt sich aus der Kräftegleichgewichtsbedingung (7-48)

$$s = \frac{1}{\varepsilon_q(s)} \left\{ H \frac{\sigma_F}{E} + H \, \varepsilon_q(s) - \int_s^{+H} \varepsilon_q(y) \, dy \right\} \qquad (7\text{-}56)$$

als Bestimmungsgleichung für die symmetrische Ausdehnung s der plastischen Zone in Abhängigkeit von σ_F und ε_q (y). Gl. (7-56) ist bereits auf die für Iterationsverfahren günstige Form s = f(s) gebracht. Die Konvergenz ist gewährleistet, siehe [7.16].

7.5 Die Überlagerung von Last- und Eigenspannungen

7.5.1 Der lineare oder elastische Überlagerungsfall

Bei der Belastung eines Bauteils überlagern sich die Lastspannungen aus den Betriebslasten σ_{ij}^1 mit den im Bauteil vorliegenden Eigenspannungen σ_{ij}^2. Der auf das Bauteil einwirkende resultierende Spannungszustand σ_{ij} kann als Addition von Last- und Eigenspannungstensor an jeder Stelle $x_i = (x_1, x_2, x_3)$ berechnet werden:

$$\sigma_{ij}(x_i) = \overset{1}{\sigma}_{ij}(x_i) + \overset{2}{\sigma}_{ij}(x_i). \qquad (7\text{-}57)$$

Die lineare oder elastische Überlagerung nach Gl. (7-57) gilt nur dann, wenn für alle Stellen x_i des Bauteils das Fließen durch den resultierenden Spannungszustand $\sigma_{ij}(x_i)$ ausgeschlossen werden kann. Dies ist mit Hilfe eines für den Werkstoff gültigen Fließkriteriums nachzuprüfen. Ein Fließkriterium für duktile metallische Werkstoffe ist das Kriterium nach v. Mises [7.11, 7.14]. Diesem liegt die sogenannte Gestaltänderungsenergiehypothese zugrunde. Danach wird Fließen ausgeschlossen, wenn im ganzen Bauteil

$$\sigma_F > \left\{ \frac{1}{2} \left[(\sigma_1 - \sigma_2)^2 + (\sigma_2 - \sigma_3)^2 + (\sigma_3 - \sigma_1)^2 \right] \right\}^{\frac{1}{2}} \qquad (7\text{-}58)$$

gilt, mit $\sigma_1(x_i)$, $\sigma_2(x_i)$ und $\sigma_3(x_i)$ als Hauptspannungen des resultierenden Spannungszustandes σ_{ij} im Punkte x_i.

Im linearen Überlagerungsfall kann man demnach nach getrennter Durchführung der Last- und Eigenspannungsanalyse die im Bauteil wirkenden resultierenden Beanspruchungen σ_{ij} nach Gl. (7-57) bestimmen. Es besteht aber auch die Möglichkeit, den elastischen Überlagerungsfall zur Bestimmung der resultierenden Spannungen σ_{ij} als ein geschlossenes Randwertproblem zu formulieren, siehe [7.2].

7.5.2 Der nichtlineare oder elastisch-plastische Überlagerungsfall

In vielen Fällen ist die Anwendung von Gl. (7-57) unzulässig, da bei der Überlagerung von Last- und Eigenspannungen häufig lokale Fließvorgänge eingeleitet werden. Diese kommen dadurch zustande, daß sich die aufgebrachten Lastspannungen mit den größten Eigenspannungswerten vorzeichengleich addieren. Tritt dies auf, entstehen örtlich hohe resultierende Spannungen, die in aller Regel lokales Fließen auslösen.

7.5.2.1 Der nichtlineare elastisch-plastische 1D-1K-Überlagerungsfall

Wir wollen hier den einfachsten möglichen Fall der nichtlinearen Überlagerung von Last- und Eigenspannungen analytisch behandeln. Dieser Fall entsteht, wenn ein langer prismatischer Stab mit einer 1 D - 1 K - ES - Verteilung durch eine gleichmäßig verteilte Lastspannung σ_o beansprucht wird. Um das Knickproblem zu vermeiden, wählen wir als Belastung eine Zugspannung. Diese wird so gewählt, daß durch die Überlagerung mit den vorhandenen Eigenspannungen örtliches Fließen auftritt. Für unsere Betrachtungen legen wir ein elastisch-plastisches Stoffgesetz ohne Verfestigung nach Bild 7.1 mit der Streck- bzw. Fließgrenze σ_F zugrunde.

Wir betrachten einen Flachzugstab mit dem Reckteckquerschnitt Dicke 1 · 2 H, siehe Bild 7.8. Die Eigenspannungsquelle sei mit $\varepsilon_q(y)$ allgemein vorgegeben. Die zugehörige Eigenspannungsverteilung berechnet sich nach Gl. (7-20). Sie ist in Bild 7.8 als Spannungsverlauf a dargestellt. Überlagert man die gleichmäßige Lastspannung σ_o gemäß Gl. (7-57) linear, ergibt sich der in Bild 7.8 gestrichelte Spannungsverlauf b. Dieser stellt sich in Wirklichkeit nicht ein, da die Streckgrenze σ_F nicht überschritten werden kann.

Der durch die konstante Fließspannung σ_F abgeschnittene Spannungsverlauf b genügt, wie aus der schraffierten Fläche in Bild 7.8 ersichtlich, nicht den Gleichgewichtsbedingungen. Infolgedessen hat die in Bild 7.8 zunächst grafisch ermittelte Fließzone $r_o \le y \le s_o$ noch nicht ihre endgültige Ausdehnung erreicht. Die Werkstoffbereiche oberhalb von s_o und unterhalb von r_o werden vielmehr durch die Belastung σ_o soweit auf Fließniveau angehoben, bis die Kräfte- und Momentengleichgewichtsbedingungen erfüllt sind. Damit ist der elastisch-plastische Überlagerungsvorgang abgeschlossen und der endgültige lokale Fließbereich $r \le y \le s$ bestimmt, Bild 7.8. Die aus der elastisch-plastischen Überlagerung hervorgehende resultierende Beanspruchung ist in Bild 7.8 als Spannungsverlauf c dargestellt.

Der beschriebene Mechanismus der Überlagerung von Last- und Eigenspannungen kann exakt durch das Gleichungssystem (7-38) bis (7-44) beschrieben werden. Lediglich die Kräftegleichgewichtsbedingung ist in der Form nach Gl. (7-43) nicht gültig, da durch die äußere Belastung σ_o eine resultierende Schnittkraft 2 H σ_o auftritt, siehe Bild 7.8. Statt der Gl. (7-43) gilt jetzt

$$\int_{-H}^{+H} \sigma \, dy = 2 \, H \, \sigma_o. \qquad (\,7\text{-}59\,)$$

Wir behandeln jetzt das Gleichungssystem (7-38) bis (7-44) mit Gl. (7-59) an Stelle von Gl. (7-43) genauso wie im Abschnitt 7.4.2 vorgeführt. Dann steht auf der rechten Seite von Gl. (7-46) statt Null jetzt 2 H σ_o. Die Momentengleichgewichtsbedingung Gl. (7-47) bleibt gültig. Die Kräftegleichgewichtsbedingung Gl. (7-48) lautet jetzt:

$$(r^2 - s^2)\, C_1 + 2\,(r - s + 2\,H)\, C_2 = \frac{2}{E}\left\{ 2\,H\,\sigma_o + \sigma_F (r - s) + E\left[\int_{-H}^{r} \varepsilon_q\, dy + \int_{s}^{+H} \varepsilon_q\, dy \right] \right\}.$$
$$(\,7\text{-}60\,)$$

Die dazugehörigen Gln. (7-49) bis (7-51) bleiben gültig, ebenso die Gln. (7-52) und (7-53).

Bei ansteigender Lastspannung σ_o wird der vollplastische Zustand bei $r = -H$ und $s = +H$ erreicht, siehe Bild 7.8. Einsetzen dieser Werte in die hier gültige Momentengleichgewichtsbedingung Gl. (7-49) zeigt, daß diese identisch erfüllt ist. Aus der hier geltenden Kräftegleichgewichtsbedingung Gl. (7-60) folgt mit $r = -H$ und $s = +H$ die von $\varepsilon_q(y)$ und damit von den Eigenspannungen unabhängige Grenzspannung $\sigma_o = \sigma_F$. Die von dem Stab ertragbare größte Belastung, auch Traglast genannt, ist demnach 2 H σ_F. Dieser Wert, vom vorliegenden Eigenspannungszustand vollständig unabhängig, entspricht der Traglast eines eigenspannungsfreien Stabes.

Spezialisierung für symmetrische Eigenspannungsverteilungen

Es gelten die Gln. (7-54) und (7-55). Damit ergibt sich aus Gl. (7-60):

$$s = \frac{1}{\varepsilon_q(s)}\left\{ H \frac{\sigma_F - \sigma_o}{E} + H\,\varepsilon_q(s) - \int_{s}^{+H} \varepsilon_q(y)\, dy \right\}. \qquad (\,7\text{-}61\,)$$

Diese Gleichung beschreibt den nichtlinearen Überlagerungsmechanismus eines symmetrischen 1D-1K-ES-Zustandes mit einer konstanten Lastspannung σ_o.

Gl. (7-61) ist zugleich die Bestimmungsgleichung für die symmetrische Ausdehnung s des Fließbereiches in der für Iterationsverfahren anwendbaren Form s = f(s). Wie ersichtlich, hängt s von der Eigenspannungsquelle $\varepsilon_q(y)$, von der Streckgrenze σ_F und von der Lastspannung σ_o ab. Für $\sigma_o = 0$ erhält man aus Gl. (7-61) die für nichtlineare Eigenspannungsentstehung gültige Gl. (7-56).

Beispiel:

Als Beispiel behandeln wir die in y-symmetrische Eigenspannungsquelle

$$\varepsilon_q(y) = e\left(\frac{y^2}{H^2} - 1\right), \qquad\qquad (7\text{-}62)$$

mit $e = \sigma_o/E$ als auf die Lastspannung σ_o bezogene Dehnung, man vergleiche hierzu die Arbeit [7.16]. Die zur Eigenspannungsquelle Gl. (7-62) zugehörige Eigenspannungsverteilung, berechnet nach Gl. (7-20), lautet:

$$\sigma(y) = \sigma_o\left(\frac{1}{3} - \frac{y^2}{H^2}\right). \qquad\qquad (7\text{-}63)$$

Die Eigenspannungsverteilung nach Gl. (7-63) ist in Bild 7.9 als Spannungsverlauf a dargestellt. Aus der linearen Überlagerung mit der Lastspannung σ_o = 12/13 · σ_F ergibt sich der Spannungsverlauf b und s_o = H/2, siehe Bild 7.9.

Die iterative Auflösung der Gl. (7-61) wird mit der Schätzung s_o = H/2 begonnen, siehe Bild 7.9. Damit ergibt sich die numerische Iteration:

$$s_o = 0{,}5\ H,$$

$$s_1 = f(s_o) = 0{,}7221\ H, \qquad\qquad s_5 = f(s_4) = 0{,}6736\ H,$$

$$s_2 = f(s_1) = 0{,}6792\ H, \qquad\qquad s_6 = f(s_5) = 0{,}6734\ H,$$

$$s_3 = f(s_2) = 0{,}6745\ H, \qquad\qquad s_7 = f(s_6) = 0{,}6735\ H,$$

$$s_4 = f(s_3) = 0{,}6737\ H, \qquad\qquad s_8 = f(s_7) = 0{,}6734\ H.$$

Mit s_7 = s = 0,6735 H ergibt sich danach die endgültige Ausdehnung der Fließzone und damit der aus Last- und Eigenspannungen resultierende Spannungsverlauf c, siehe Bild 7.9.

Bei Zurücknahme der Lastspannung σ_o werden die einzelnen Fasern des Stabquerschnittes elastisch entlastet, man vergleiche dazu die Entlastung von Punkt G in Bild 7.1. Dies führt nach Entlastung zu dem veränderten Eigenspannungsverlauf d, Bild 7.9. Man spricht in diesem Zusammenhang auch von der Umlagerung der Eigenspannungen.

Vergleicht man die ursprüngliche Eigenspannungsverteilung a mit der durch den einmaligen Belastungsvorgang veränderten bzw. umgelagerten Eigenspannungsverteilung d, erkennt man aus Bild 7.9 den folgenden grundlegenden Sachverhalt: Die Eigenspannungsspitzen werden sowohl im Zug- als auch im Druckbereich abgebaut. Einmalige Be- und Entlastung führt demnach bei Auslösen von örtlichen Fließvorgängen zu einem Abbau der Eigenspannungen.

7.6 Abbau von Eigenspannungen durch Overstressing

Der anhand von Bild 7.9 beschriebene Mechanismus der Eigenspannungsumlagerung wird in der Praxis als Verfahren zum Abbau der Eigenspannungen eingesetzt. Dabei versucht man, durch gezielte einmalige Be- und Entlastung von Bauteilen und Konstruktionen den vorliegenden Eigenspannungszustand zu entschärfen. Das Verfahren bezeichnet man als Überbelasten oder als Overstressing. Nach den Erfahrungen, die man an Brücken, Fahrzeugen, Druckbehältern, Dükern und Rohrleitungen gesammelt hat, kann man das Overstressing als Mittel zum Eigenspannungsabbau da empfehlen, wo thermisches Entspannen nicht möglich ist, siehe [7.17, 7.18]. Auf das Verhalten innerer Fehlstellen (Mikrorisse, Kerben) bei Anwendung der Overstressing-Behandlung wird ausführlich in der Arbeit [7.17] eingegangen.

Ein Beispiel aus der Praxis wird in der Arbeit [7.2] behandelt. Danach werden die Eigenspannungen in einer geschweißten Doppelschalenkonstruktion durch Overstressing-Behandlung abgebaut. Aus dem genannten Beispiel kann man außerdem noch folgendes ablesen: Der Mechanismus des Eigenspannungsabbaus durch Overstressing ist besonders wirksam, wenn die Konstruktion fließweich gestaltet wird [7.2].

7.7 Experimentelle Verfahren zur Bestimmung von Eigenspannungen

Sind die Eigenspannungsquellen unbekannt, müssen experimentelle Verfahren zur Bestimmung der Eigenspannungen herangezogen werden. Als sogenannte mechanische Verfahren gelten: Abtrage- oder Zerlegemethoden, Nutverfahren, Ringkernverfahren, Bohrlochmethode und Tandemfreischnittverfahren. Weitere experimentelle Methoden sind: Röntgenografie, Neutronenbeugung, Spannungsoptik und MOIRÉ-Methode Ultraschallverfahren und magnetische Verfahren. Wie aus der Arbeit [7.2] ersichtlich, beruhen besonders die mechanischen Verfahren zur Bestimmung von Eigenspannungen auf der Anwendung der Grundgleichungen der Elastomechanik. Daher werden in der Arbeit [7.2] die Gleichungen zur Anwendung der Abtragemethode für 1D-1K-ES-Verteilungen und für 2D-1K-ES-Zustände in ebenen n-fach geschichteten Werkstoffen bei vollständiger Anisotropie der Einzelschichten abgeleitet. Für den letztgenannten Fall erfolgt wegen der praktischen Bedeutung plattierter Werkstoffe eine Spezialisierung der Gleichungen für Isotropie und einfache Schichtung.

In diesem Handbuch werden die mechanischen Verfahren im Abschnitt 18 behandelt.

7.8 Zusammenfassung

Eigenspannungen entstehen durch bleibende und ungleichmäßige Verformungen. Diese werden auch als eingeprägte Verformungen oder als Eigenspannungsquellen bezeichnet. Führt man die Eigenspannungsquellen in die Grundgleichungen der Mechanik deformierbarer Körper ein, das sind die Gleichungen der Statik, der Kinematik und des Stoffgesetzes, kann man die der Entstehung von Eigenspannungszuständen zugrunde liegende Elastomechanik vollständig beschreiben. Aus diesen Gleichungen lassen sich die gesuchten Eigenspannungsverläufe berechnen. Neben der elastischen Entstehung der Eigenspannungen wird auch die nichtlineare elastisch-plastische Ausbildung von Eigenspannungszuständen untersucht. Außerdem werden die elastische und die elastisch-plastische Überlagerung von Last- und Eigenspannungen behandelt. Aus dem vollständig untersuchten nichtlinearen elastisch-plastischen eindimensionalen Überlagerungsfall folgt der für die Praxis bedeutsame Abbau der Eigenspannungen durch Überbelasten.

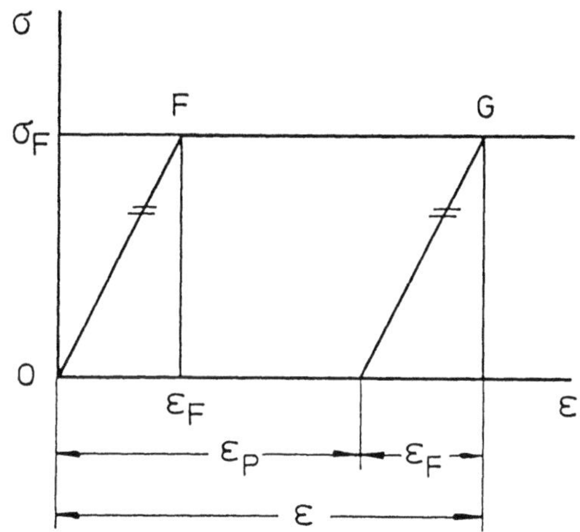

Bild 7.1: Elastisch ideal-plastisches Stoffgesetz

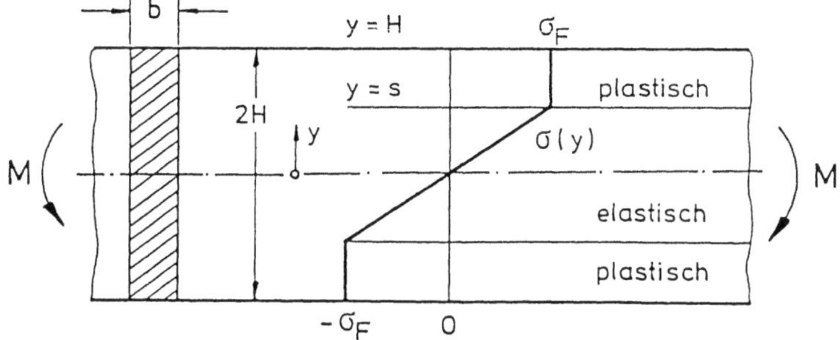

Bild 7.2: Lastspannungsverlauf $\sigma(y)$ durch Biegemoment M bei elastisch ideal-plastischem Werkstoffverhalten nach Bild 7.1

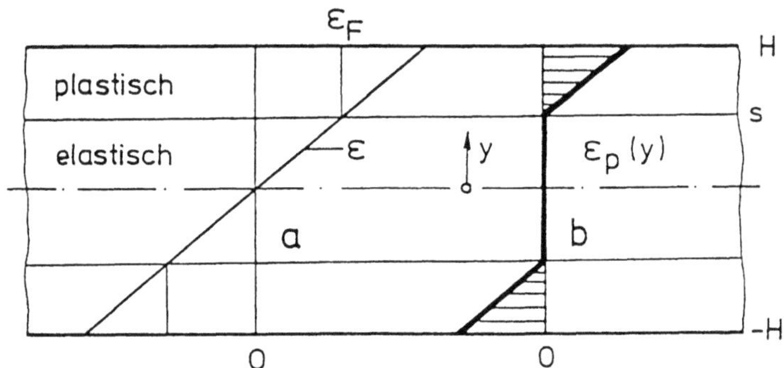

Bild 7.3: Zur Bestimmung des plastischen Dehnungsverlaufs $\varepsilon_p(y)$, nach [7.2]

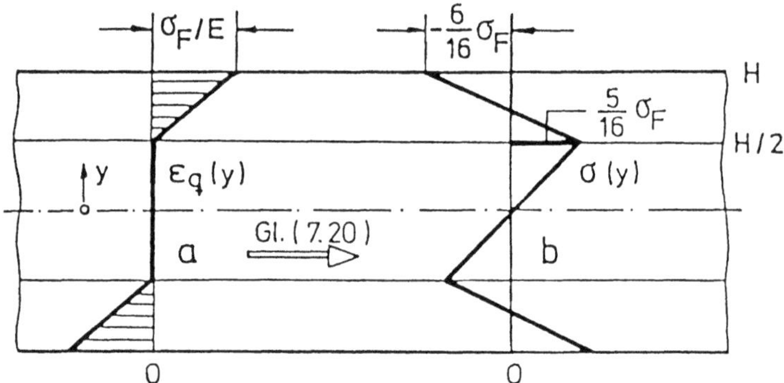

Bild 7.4: Eigenspannungsquelle $\varepsilon_q(y)$ nach plastischer Verformung bis $s = \pm H/2$ und zugehöriger Eigenspannungsverlauf $\sigma(y)$ nach Gl. (7.20), nach [7.2]

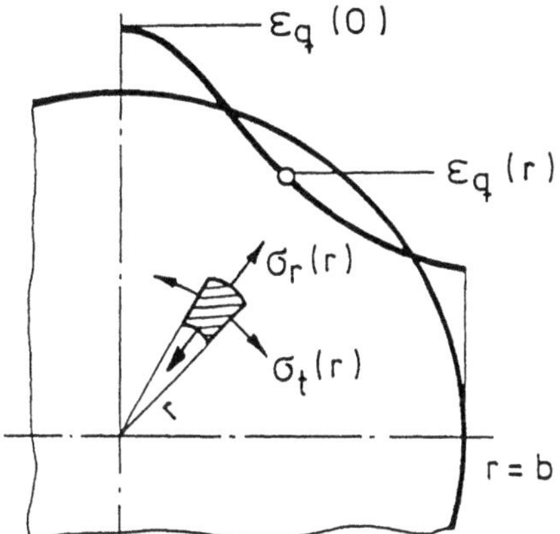

Bild 7.5: Drehsymmetrischer 2D-1K-ES-Zustand $\sigma_r(r)$ und $\sigma_t(r)$ mit Eigenspannungsquelle $\varepsilon_q(r)$, nach [7.2]

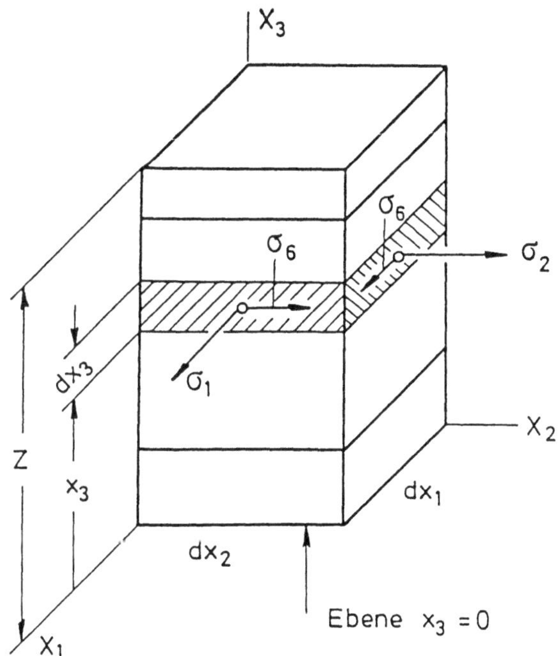

Bild 7.6: 2D-1K-ES-Zustand an einem zweifach geschichteten Plattenelement $dx_1 \cdot dx_2 \cdot Z$, nach [7.2]
x_1, x_2 Flächenkoordinaten, x_3 Dickenkoordinate
$\sigma_1(x_3)$, $\sigma_2(x_3)$ Normaleigenspannungen
$\sigma(x)$ Schubeigenspannungen

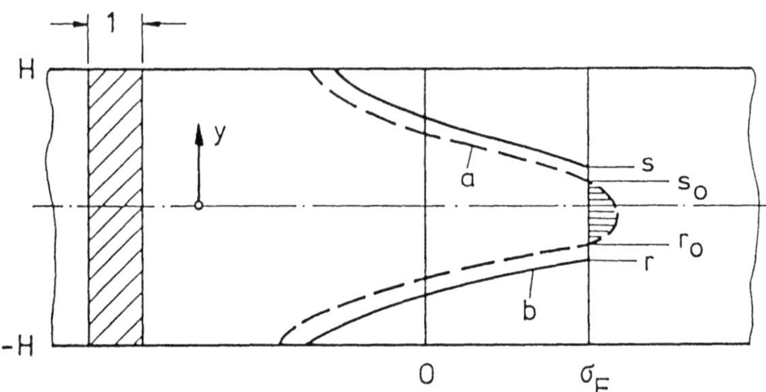

Bild 7.7: Elastisch-plastische Entstehung der Eigenspannungen

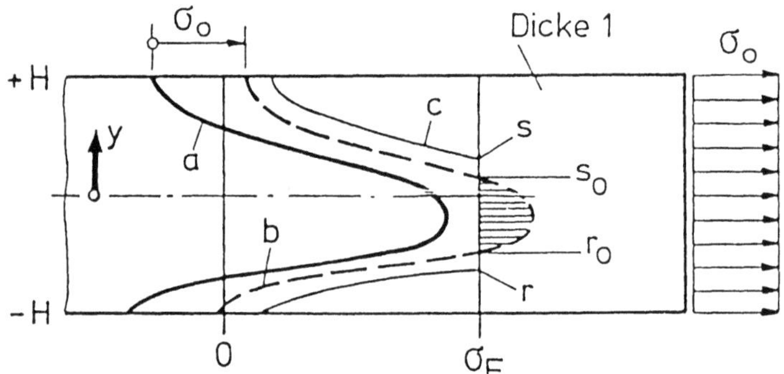

Bild 7.8: Der elastisch-plastische 1D-1K-Überlagerungsfall, nach [7.2]
      a: Eigenspannungsverlauf
      b: Resultierender Spannungsverlauf aus linearer Überlagerung
      c: Resultierender Spannungsverlauf aus nichtlinearer Überlagerung
      r, s: Koordinaten des tatsächlichen Fließbereiches

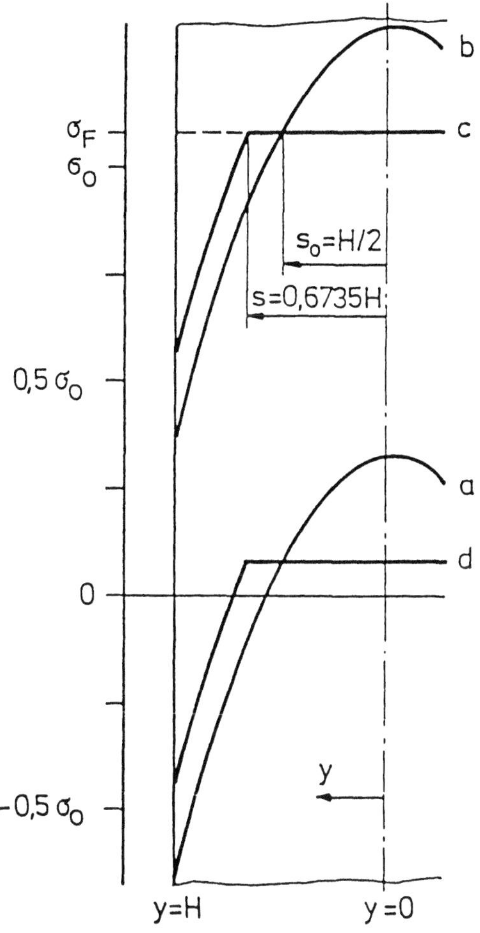

Bild 7.9: Symmetrischer elastisch-plastischer 1D-1K-Überlagerungsfall, nach [7.16]
    a: Ursprünglicher Eigenspannungsverlauf
    b: Resultierende Spannung aus elastischer Überlagerung
    c: Resultierende Spannung aus elastisch-plastischer Überlagerung
    d: Durch örtliches Fließen veränderte (umgelagerte) Eigenspannungen

B Verfahren

8 Mechanische Meßverfahren

8.1 Prinzip

Bis etwa 1940 wurden Verformungsmessungen mit mechanischen oder mechanisch-optischen Geräten ausgeführt. Sie waren an der Meßstelle angeklemmt und ermöglichten wegen ihrer Abmessungen und ihres Gewichtes nur statische Messungen. Ein weiterer Nachteil war, daß für jede Meßstelle ein Gerät zur Verfügung stehen muß. Weil man mit bloßem Auge nur Bruchteile eines Millimeters abschätzen kann, war es notwendig, durch mechanische Hilfsmittel die Ablesegenauigkeit zu steigern. Häufig eingesetzt waren damals der Tensometer von HUGGENBERGER, der durch doppelte Hebelübersetzung 1000 - 2000 - fache Vergrößerung erreichte, sodann der Spiraltensometer von JOHANNSON bei dem verdrillte Metallbänder Vergrößerungen bis zu 5000 - fach ermöglichten. In der Werkstoffprüfung wurden Spiegel- Dehnungs- Meßgeräte zur Aufnahme von Spannungs- Dehnungs- Kurven verwendet. Am bekanntesten war das MARTENS- Spiegelgerät mit Vergrößerungen von etwa 500. Ein Kombinationsgerät der JUNKERS- Motorenwerke erlaubte Vergrößerungen bis etwa 16.000 - fach; es war aber auch daher sehr labil. Schließlich waren auch noch mechanisch pneumatische und elektrische Geräte im Einsatz, sowie Saiten- Dehnungsmesser, bei denen aus der Frequenzänderung einer schwingenden Saite auf die Längenänderung geschlossen wurde.

Nach dem Aufkommen der Dehnungsmeßstreifen und den vielfältigen Last- und Eigenspannungsanalysen wurden diese Geräte nicht mehr hergestellt und auch nicht mehr eingesetzt. Geblieben sind zum Messen großer Strecken von 1000 mm und mehr die 1/100- und 1/1000- mm Meßuhren und Mikrometer und für kleine Strecken bis zu 10 mm der 1961 entwickelte Setzdehnungsmesser nach PFENDER mit dem Überträger nach FEUCHT, frühere Leiter und Mitarbeiter der BUNDES–ANSTALT FÜR MATERIALPRÜFUNG in Berlin.

Beim Einsatz mechanischer Meßgeräte ist zu beachten, daß sie nur die Länge einer Strecke messen, nicht aber ihre Krümmung infolge Verbiegen oder Winkeländerung infolge Verdrehen. Die damit verbundenen Verformungen beschreiben aber erst die an der Meßstelle vorhandene vollständige Beanspruchung. So lassen sich z.B. geringe Biege- und Torsionsbeanspruchungen durch Ausmessen einer einzigen Strecke mit mechanischen Aufnehmern nicht gesichert nachweisen. Es kommt dabei fast nur zu Ausbiegungen und Verdrehungen nicht aber zu Längenänderungen. Will man eine vollständige Spannungsanalyse durchführen, so sind demnach an einer Meßstelle in drei Richtungen jeweils drei Längenänderungen bzw. Verformungen zu messen. Wird nur eine Meßstelle ausgemessen, so sind Längen-, Krümmungs- und Winkeländerungen zu ermitteln. Absolutgenauigkeit der Angaben wird dabei weniger gefordert als eine gute Reproduzierbarkeit. Zur Spannungsberechnung müssen nämlich, aus den Meßwerten Differenzen und Relativwerte gebildet werden, so daß sich Fehler eliminieren, aber auch addieren können.

8.2 Der Setzdehnungsmesser zum Messen von Längenänderungen

Das in der BUNDESANSTALT FÜR MATERIALPRÜFUNG, Berlin (BAM) von M. PFENDER entwickelte Gerät ist aus den Bildern 8.1 und 8.2 zuersehen. Es wurde entwickelt, um ein schnelles, unbeschwertes Ausmessen beliebig vieler Meßstellen mit einer Hand ausführen zu können. Das Gewicht beträgt 460 g. Zum Erreichen einer hohen Meßgenauigkeit werden verschiedene Griffarten des Bügels vorgeschlagen (siehe Bild 8.3) und auch verschiedene Aufsetzpunkte der Finger, um ein Verdrehen des Gerätes um die vertikale Achse zu vermeiden.

Das Markieren der Meßstrecken geschieht mit gehärteten Stahlkugeln, die einen Durchmesser von 1/16 Zoll = 1,59 mm haben. Diese können einmal in die Oberfläche geschlagen (Bild 8.5) oder aber auch als mechanische Dehnungsstreifen (Bild 8.4) auf die Oberfläche geklebt werden. Zum Einschlagen der Kugeln wurden Spezialkörner entwickelt (Bild 8.5), die linear, quadratische, dreieckige und sechseckige Kugelanordnungen mit unterschiedlichen Abständen ermöglichen. Damit wird die zweiaxiale Spannungsanalyse wesentlich verbessert. Das Körnerloch wird mit einer Punze nachgeformt oder, wenn hohe Bruchfestigkeit dies nicht erlaubt, mit einem Bohrer aufgebohrt. Dies wird man auch bei spröden Werkstoffen durchführen, die andernfalls aufreißen könnten. Bei dem Einschlagen der Kugeln ist mit großer Sorgfalt zu arbeiten. Sie dürfen z.B. kein Grat bilden, der ein exaktes Aufsetzen der Meßgefüge behindern würde.

Daneben besteht auch die Möglichkeit, durch Aufkleben von Kugelmeßmarken bestimmte Meßstrecken auf der Oberfläche zu markieren. Dieses Verfahren ist besonders zum ermitteln von Eigenspannungen geeignet, denn auf diese Weise wird jeder Eingriff auf ihre Verteilung ausgeschaltet. Die mechanischen Dehnungsmeßstreifen sind in verschiedener Ausführung zu erhalten (Bild 8.4): als Metallplättchen, in die Kugeln eingeschlagen sind, oder als Papier- und Kunststoffstreifen, die bis zu fünf direkt aneinander anschließende Meßstrecken (sechs Halbkugeln) haben. Außerdem können auch Rosetten mit zwei oder drei Meßstrecken verwendet werden. Zum Aufkleben dient der Setzdehnungsmesser, dessen beweglicher Fuß so eingestellt wird, daß die zu erwartende Längenänderung in den Meßbereich der Uhr fällt. Als Kleber können Zweikomponentenkleber verwendet werden, wie sie von der Industrie für elektrische Dehnungsmeßstreifen entwickelt worden sind.

Der Meßvorgang läuft wie folgt ab:
Das Gerät wird bei angezogenem Abzughebel (siehe Bild 8.3, unten) mit dem beweglichen Meßfuß zuerst auf die anvisierte Meßmarkierung gesetzt. Der Anpreßdruck soll bei horizontalen Messungen etwa dem Eigengewicht entsprechen, wenn die Meßlänge 60 - 100 mm beträgt. Der Winkelhebel ist bei diesem Aufsetzen

frei beweglich und kann sich auf die zu messende Strecke einstellen. Ein sicherer Sitz auf den zuvor eingeschlagenden Stahlkugeln erleichtert das Ansetzen. Beim späteren Freilassen des Abzughebels, was nicht schneller als innerhalb zwei Sekunden geschehen soll, wird der Winkelhebel arretiert. Erst beim weiteren Absinken des Abzugshebels setzt der Meßuhrbolzen auf und mißt mit der Meßuhr die abgegriffene Strecke aus. Eine Dämpfungsbremse sorgt dafür, daß der Wikelhebel auch beim schnelleren Abgreifen und Messen durch den Meßuhrbolzen nicht in seiner fixierten Lage verändert wird. Die einzelnen Phasen der Messung können Bild 8.3 entnommen werden; den Aufbau des Setzdehnungsmessers in schematischer Darstellung zeigt Bild 8.1.

Die übliche Meßlänge des Setzdehnungsmessers ist 100 mm, der Anzeigebereich der Uhr ± 0,5 mm. Die Meßlänge kann durch Zusatzschienen auf 300 mm erweitert, aber auch auf 10 mm verkürzt werden. Bei einer Meßgenauigkeit von weniger als ± 1 µm lassen sich demnach bei einer unteren Meßlänge von 10 mm in Stahl Spannungen von ± 20 MPa nachweisen. Bei einer größeren Meßstrecke werden noch genauere Angaben möglich, denn die absolute Meßgenauigkeit bleibt etwa konstant. Dabei muß jedoch beachtet werden, daß es sich hierbei nur um mittlere Angaben der Spannungen handeln kann. Es ist nämlich oft damit zu rechnen, daß sich die Last- und Eigenspannungen innerhalb großer Meßlängen ändern.

Für manche Meßprobleme ist der Setzdehnungsmesser zu groß und unhandlich. Hierfür wurde daher von W. FEUCHT ein Zusatzgerät entwickelt, das ein Abgreifen der Meßlänge und ein anschließendes Ausmessen im Setzdehnungsmesser erlaubt. Die Meßlängenüberträger für Meßlängen von 10 und 20 mm arbeitet wie der Setzdehnungsmesser, haben aber keine Meßuhr (siehe Bild 8.6 bis 8.9). Ansicht und schematischer Aufbau zeigt Bild 8.9. Das Aufsetzen erfolgt wie bei dem Setzdehnungsmesser. Zum Ausmessen der Strecke wird der Setzdehnungsmesser auf ein Stativ vertikal montiert und der feste Meßfuß auf die Meßlängen von 10 bzw. 20 mm eingestellt. Trotz dieser Übertragungsmessung sind Meßungenauigkeit und -streuung nicht größer als bei direkten Messungen. Die absolute Meßunsicherheit beträgt daher auch hier ± 1 µm. Dies erklärt sich zum Teil dadurch, daß sich der Überträger bei diesen kleinen Strecken besser handhaben läßt als der größere Setzdehnungsmesser.

Der Einsatz der Aufnehmer muß geübt werden. Es empfiehlt sich, zunächst eine Meßstelle mehrmals, bis zu zehnmal, auszumessen. Dabei sind Bruchteile der Skaleneinteilung noch zu schätzen. Es können mit Sicherheit Unterteilungen von ± 0,2 µm erkannt werden. Nach Einüben wird man zur Kontrolle jede Meßstrecke mindestens dreimal ausmessen und dann einen Mittelwert bilden. Auf diese Weise lassen sich Längenänderungen von ± 0,5 µm noch nachweisen. Bei einaxialer Beanspruchung von Stahl entspricht dies für eine Meßstrecke von 10 mm einer Spannung von ± 10 MPa.

Der Nachteil des Setzdehnungsmessers ist das mehrmalige Ausmessen der Meßstrecken vor und bei der Belastung. Müssen zur zweiaxialen Spannungsanalyse drei Richtungen erfaßt werden, sind demnach mindestens neun Einzelmessungen erforderlich. Diese Meßwerte sind zu notieren, sodann sind aus ihrer Differenz die Längenänderungen zu bestimmen und schließlich noch durch dividieren die Formänderungen. Gibt man die Werte in ein programmierten Kleinrechner ein, vereinfacht man die Weiterverarbeitung. Es bleibt aber manueller Einsatz und subjektiv bedingte Abweichungen.

Vorteile der mechanischen Verfahren sind ihre Unempfindlichkeit gegenüber Feuchtigkeit, Korrosion und Oberflächenform. Man kann über Rillen und Bohrungen hinweg messen und die Meßlänge in weiten Grenzen verändern. Letztendlich sind sie preisgünstig und schnell einsatzbereit.

8.3 Krümmungsmessung

Der Setzdehnungsmesser erfaßt nur ebene Verformungen, d.h. Dehnungen / Stauchungen. Mißt man in einer Blechoberfläche, so lassen sich demnach aus Messungen in drei Richtungen zwei Normal- und eine Scherspannung angeben, die über die Blechdicke als konstant angenommen werden müssen. Krümmungen der Meßstrecken aus der Oberfläche heraus, wie sie bei der Biegung auftreten, lassen sich damit fast nicht nachweisen. Zu deren Erfassung muß eine Dreipunktmessung durchgeführt werden. Meßprinzip und Ausführung sind in Bild 8.10 und 8.11 zu ersehen. Danach wird durch den mittleren, beweglichen Meßfuß der Biegepfeil f gemessen und aus der Meßstrecke l zwischen den beiden festen Meßfüßen der Krümmungsradius ϱ bzw. die Krümmung $k = 1/\varrho$ errechnet. Zumeist vernachlässigt man f^2 gegenüber $l^2/4$ und arbeitet mit der angegebenen Näherung. Für ein Stahlblech mit der Dicke $t = 2e$ ergibt sich die örtliche Biegespannung zu:

$$\sigma_b = \pm\, E \cdot e \cdot k \qquad\qquad (8\text{-}1)$$

Mit $2e = 1mm$, $f = \pm 1\ \mu m$, $l = 20$ mm berechnet sich eine Biegespannung in Stahlblech von $\sigma_b = \pm 2$ MPa. Die Nachweisung des Biegepfeiles darf mit $\pm 1\ \mu m$ angenommen werden, so daß dies auch dem absoluten Fehler entspricht

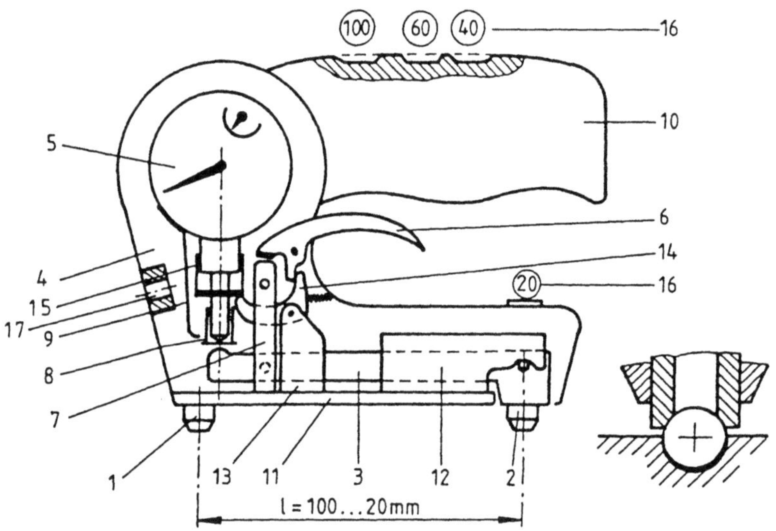

Bild 8.1: Schematische Darstellung des BAM-Setzdehnungsmessers Ausführung 1960 (Bauart M. Pfender)

1. Fester, versetzbarer Meßfuß
2. Beweglicher Meßfuß
3. Winkelhebel 5:1
4. Stahlblechgehäuse
5. Meßuhr mit 0,005 mm-Teilung
6. Abzughebel
7. Zweiteilige Bremsklammer
8. Überdruck-Stoßdämpferzylinder
9. Abstreifer für 8
10. Holzgriff
11. Grundschiene
12. Lagergehäuse für Winkelhebel
13. Lagerbock für Zwischenhebel
14. Zwischenhebel
15. Saugbremszylinder am Meßuhr-
    tastbolzen
16. Griffmarken am Holzgriff und
    am Gehäuse für die verschiedenen
    Meßlängen
17. Gewindebuchse zum Anschrauben
    von Verlängerungen für 200 und
    300 mm Meßlänge

Bild 8.2: BAM-Setzdehnungsmesser

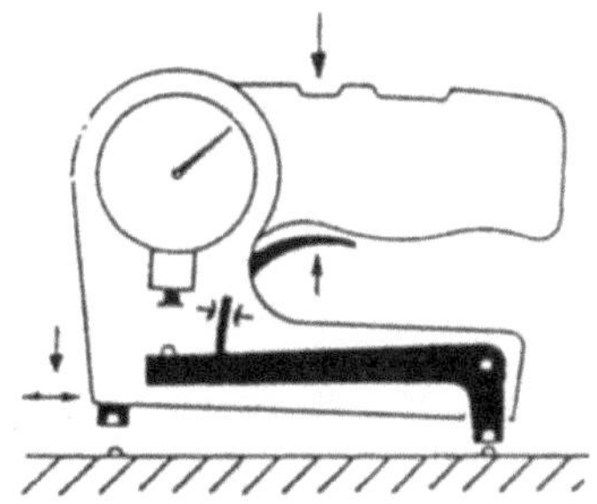

Aufsetzen

beweglichen Fuß zuerst bei ganz
angezogenem Abzugshebel, dadurch Meßuhrtastbolzen abgehoben
und Winkelfrei

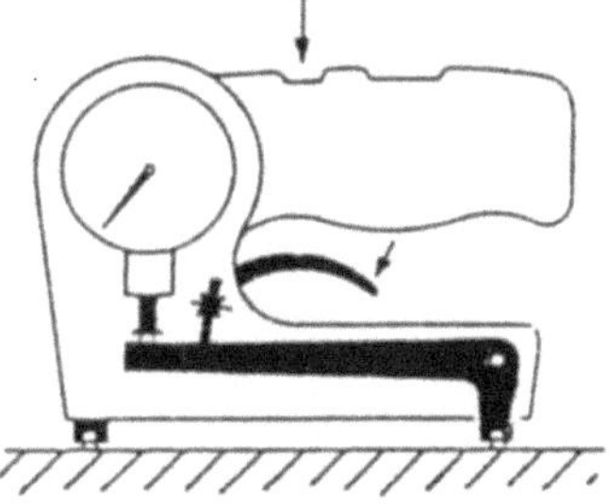

Messen

Abzughebel ablassen dadurch erst
Winkelhebel arretiert, dann setzt
Meßuhrtastbolzen auf

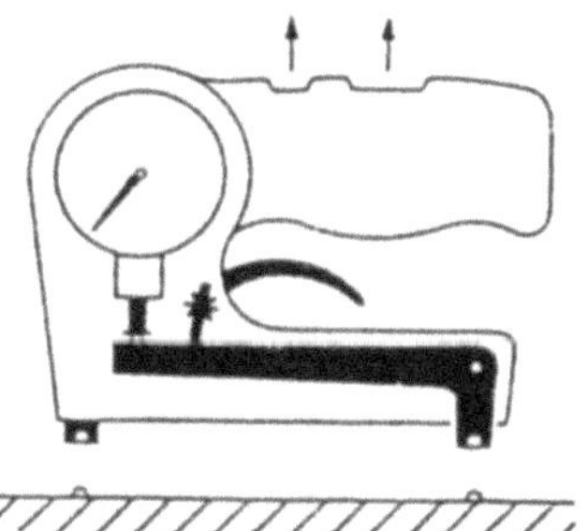

Abheben und Ablesen

bei abgelassenem Abzughebel, dadurch Stehenbleiben der Meßuhr-
anzeige, Ablesen aus günstiger Sicht

Bild 8.3: Messen mit dem BAM-Setzdehnungsmesser

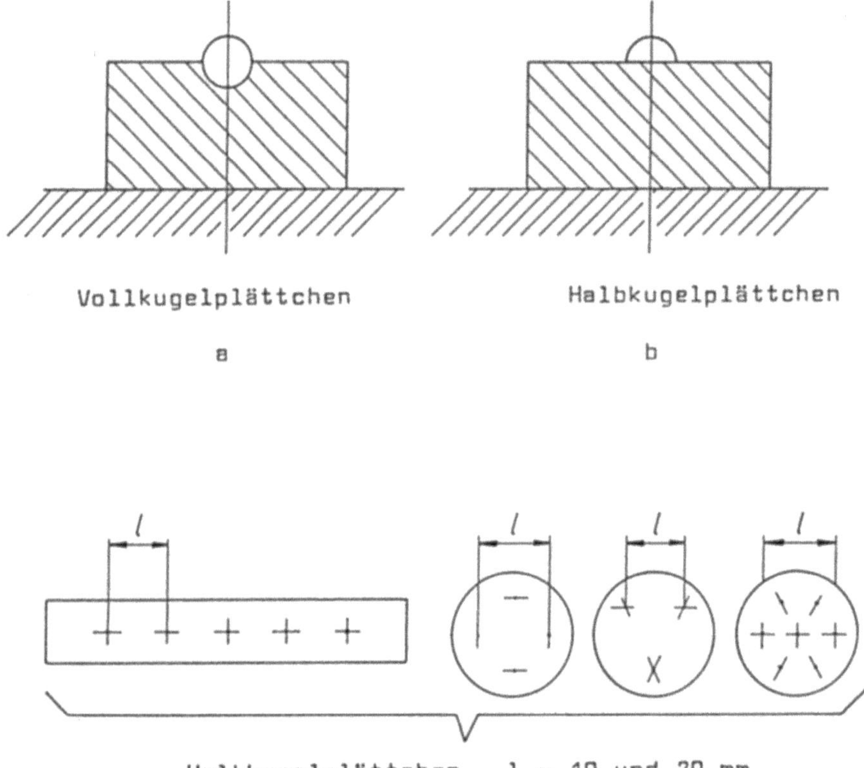

Bild 8.4: Markieren von Meßstrecken durch Aufkleben von Kugelmarken für
den BAM-Setzdehnungsmesser (Bauart M. Pfender)

a) Aufklebbares Vollkugelplättchen aus Metall mit eingeschlagener ganzer
   Kugel 1/14"
b) Aufklebbares Halbkugel-Metallplättchen mit aufgeklebter oder aufgelöteter
   Halbkugel
c) Aufklebbare Halbkugelstreifen aus Papier mit fertig aufgeklebten Halbkugeln
   als fortlaufende Meßstreckenfolge oder als Rosetten mit zwei oder drei
   Meßstrecken von 10 oder 20 mm Länge

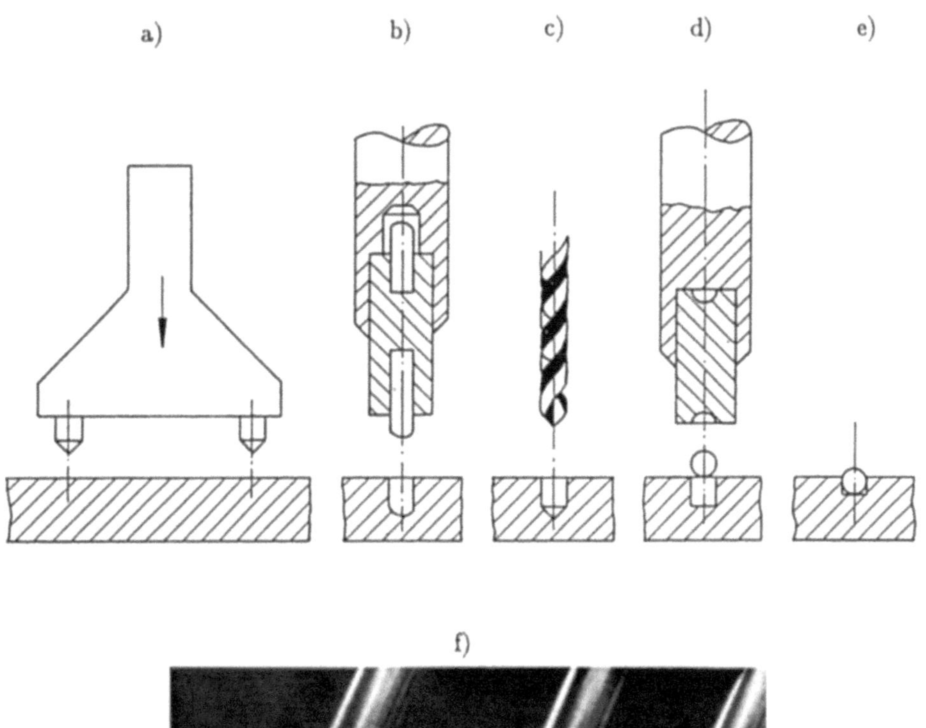

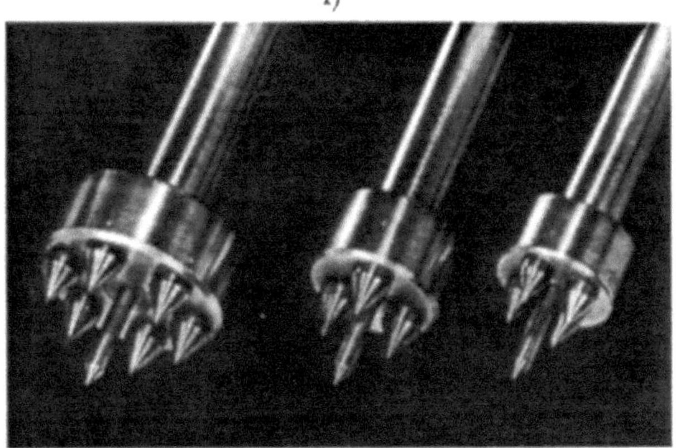

a) Meßstrecke mit Doppelkörnern leicht ankörnen
b) Kugelaufnahme mit Punze nachformen
c) oder auf 1,4 mm Dmr. und 1,1 bis 1,3 mm Tiefe aufbohren, wenn die Bruchfestigkeit des Werkstoffes 700 N/mm^2 übersteigt
d) Kugel einlegen, mit Döpper leicht eintreiben
e) Eingetriebene Kugel liegt dicht im Lochgrund auf
f) Mehrfachkörner

Bild 8.5 Markieren von Meßstrecken durch Einschlagen von Stahlkugeln für den BAM-Setzdehnungsmesser

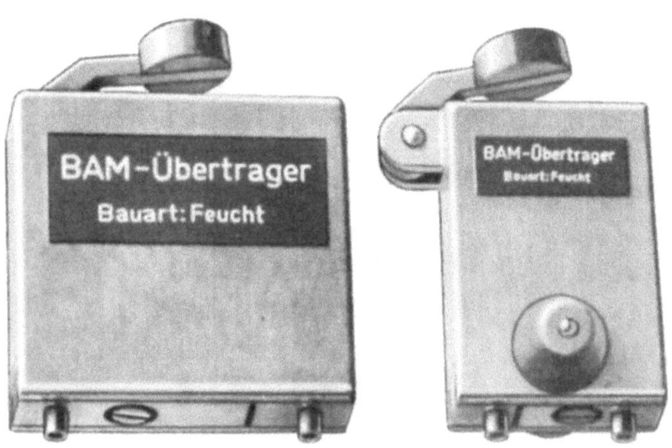

Bild 8.6: BAM-Übertrager für Meßstrecken von 10 und 20 mm

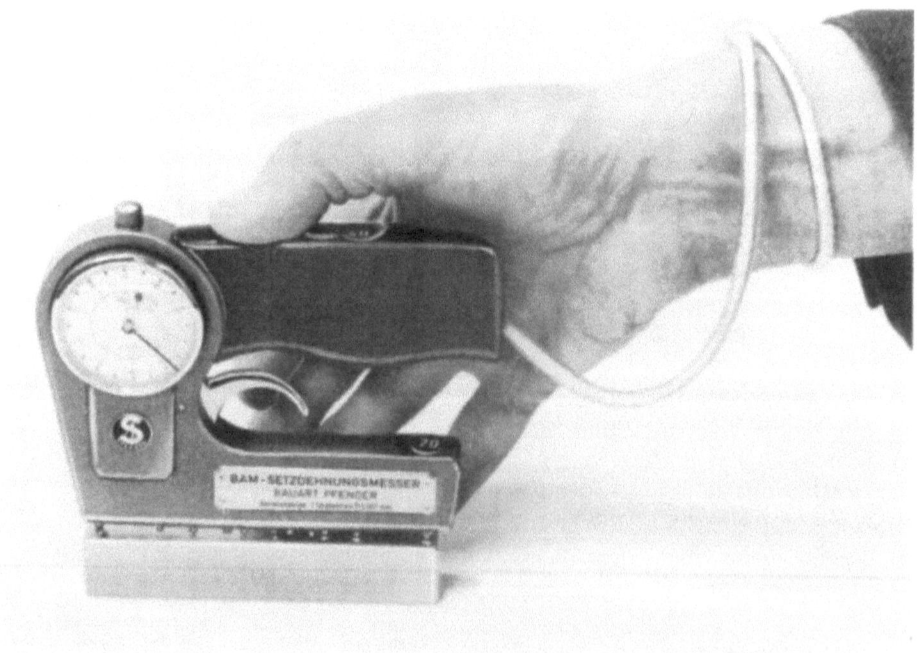

Bild 8.7: Das Arbeiten mit BAM-Übertrager und Setzdehnungsmesser

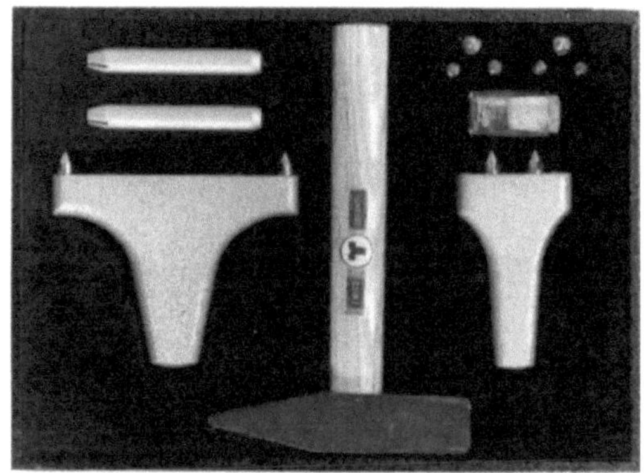

Bild 8.8:   Markierungsmittel für Überträger

Schematische Darstellung eines
BAM-Messlängenübertragers mit
einer Messlänge von 20 mm

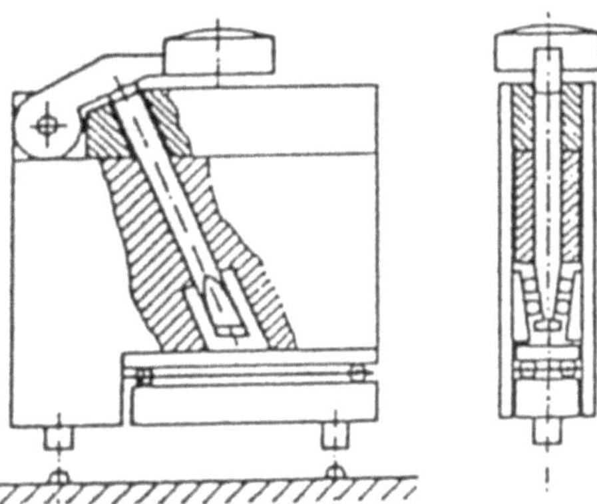

BAM-Messlängenübertrager beim
Abtasten einer Objekt-Mess-
strecke

Aufsetzen	Nach Aufsetzen beider Füße
(beweglichen Fuß zuerst) bei voll niedergedrückter Taste, dadurch beweglicher Fuß frei	Taste loslassen, dadurch beweglicher Fuß arretiert, Gerät zum Abheben bereit

Bild 8.9: Das Arbeiten mit dem BAM-Übertrager

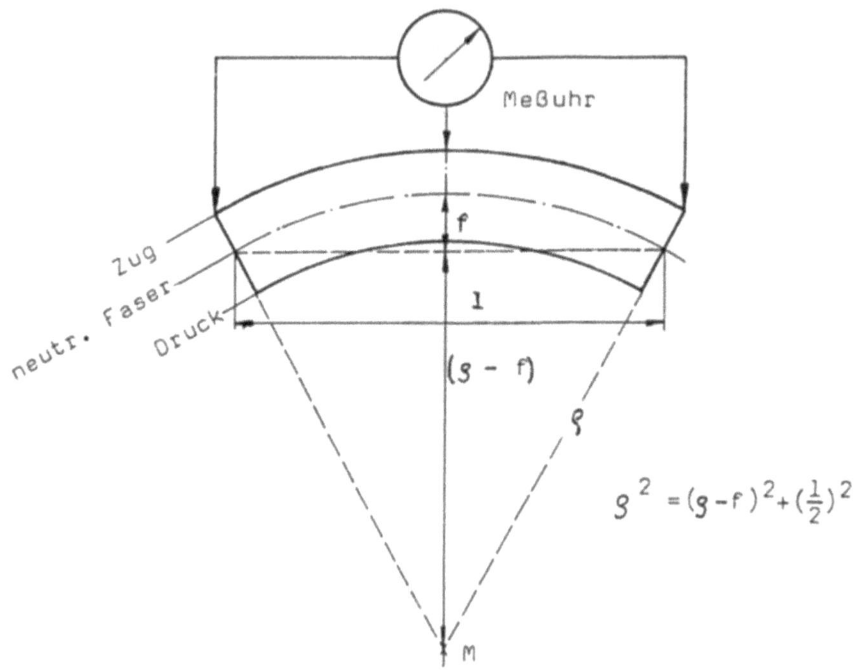

Bild 8.10: Meßprinzip zum Ermitteln von Krümmungen

Bild 8.11: Krümmungsmesser für Meßstrecken von 50, 75 und 100 mm

9 Dehnungsmeßstreifen

9.1 Prinzip

Werden Werkstoffe elastisch gedehnt ($+\varepsilon$) oder gestaucht ($-\varepsilon$), so fällt der elektrische Widerstand R infolge von Gefüge- und Geometrieänderungen. Dieser ε - R - Effekt entdeckte im Jahre 1856 der irisch-schottische Physiker William THOMSON, der spätere Lord KELVIN of LARGS (1824-1907). Er wollte für die englische Marine Meerestiefen mit abgesenkten Membrandruckkörpern ermitteln und dazu die durch steigenden Wasserdruck veränderlichen Membranverformungen mit Dehnungen von Drähten messen, die im Inneren der Körper befestigt waren. Zur technischen Anwendung dieses Vorhabens kam es damals nicht.

Erst im Jahre 1937 griffen die beiden Amerikaner A.C. RUGE und E.E. SIMONS unabhängig von einander die Entdeckung wieder auf, um an Gebäudemodellen die auftretenden Schwingungen und Verformungen zu messen, wenn sie auf Rütteltischen z.B. erdbebenähnlichen Erschütterungen ausgesetzt wurden. Dazu wurden einmal kurze Metalldrähte zwischen Zigarettenpapier geklebt und dann an den Meßstellen appliziert und zum anderen die Drähte frei zwischen Isolierstiften gespannt. Damit war die Idee des aufklebbaren Dehnungsmeßstreifens geboren. Verkürzt nennt man ihn auch Dehnmeßstreifen oder noch kürzer DMS. Im Englischen heißt er "strain gage" und im Französischen "gauge de contraine".

Ab 1940 werden DMS industriell hergestellt, um die örtlichen Verformungen zu messen. Man schätzt, daß 1985 bis zu 100 Millionen gefertigt wurden. Um 1960 begann man das mäanderförmige Drahtgitter mit runden Querschnitt durch photo-chemisch, aus Folie geätzten Meßgitter zu ersetzen. Dadurch wurde es möglich unterschiedliche Formen und Größen herzustellen. Es gibt heute nur noch wenige Draht-DMS (siehe Bild 9.1); die Standardausführung ist der Folien-DMS mit rechteckigem Leiterquerschnitt. Der VDI/VDE Ausschuß "Experimentelle Spannungsanalyse" hat erstmals 1974 die Richtlinie "Dehnungsmeßstreifen mit metallischem Meßgitter, Kenngrößen und Prüfbedingungen" (VDI/VDE 2635) erarbeitet, nach der 21 Kenngrößen von DMS definiert und ermittelt, sowie die Meßergebnisse dargestellt werden sollen. Das Regelwerk wurde inzwischen wieder überarbeitet.

Das Meßprinzip sei für einen runden Leiterquerschnitt erläutert. Für Rechteckquerschnitte gelten analoge Beziehungen.

Wird ein Draht der Länge l, dem Querschnitt $A = \pi \cdot d^2/4$ und dem spezifischen elektrischen Widerstand ρ gedehnt oder gestaucht, so ändert sich sein absoluter Widerstand R. Dieser kann sehr genau mit der WHEATSTONE'schen Brücke gemessen werden. Daraus läßt sich dann auch die örtliche Dehnung oder Stauchung $\pm\varepsilon$ errechnen. Die notwendige Beziehung für einen DMS ergeben sich wie folgt:

Logarithmiert man den Ausdruck für den elektrischen Widerstand

$$R = \rho \cdot l/A = \rho \cdot 4 \cdot l/(\pi \cdot d^2) \qquad\qquad (\ 9\text{-}1\ )$$

und bildet man den Differenzenquotienten, so ergibt sich für kleine, endliche Änderungen:

$$\Delta R/R = \Delta\rho/\rho + \Delta l/l - 2 \cdot \Delta d/d \qquad\qquad (\ 9\text{-}2\ )$$

Beachtet man, daß für die Längs- und Querdehnung gilt:

$$\varepsilon_l = \Delta l/l \quad ; \quad \varepsilon_q = \Delta d/d = -\mu \cdot \varepsilon_l \qquad\qquad (\ 9\text{-}3\ )$$

so erhält man:

$$(\Delta R/R)_{DMS} = \left(1 + 2\mu + \frac{\Delta\rho}{\rho\ \varepsilon_l} \right) \cdot \varepsilon_l = k \cdot \varepsilon_l = \text{Anzeige} \qquad\qquad (\ 9\text{-}4\ )$$

Der Klammerausdruck ist eine Werkstoffkonstante k, die auch als k- Faktor und experimentell bestimmt wird. Weil der DMS nur einmal zu benutzen ist, kann k nur als statistischer Mittelwert angegeben werden. Die heutige Fertigung erlaubt jedoch durch Konstanthalten aller äußeren Einflüße einen extrem kleinen Streubereich von unter ± 1%. Wiederverwendbare DMS, die wie Selbstklebefolien aufgeklebt werden, haben sich nicht bewährt. [9.1]

Gleichung (9-4) besagt, daß der elektrische Widerstand größer wird bei Dehnung ($\varepsilon > 0$) und kleiner bei Stauchungen ($\varepsilon < 0$). Elastische Winkeländerungen d.h. Scherungen oder Verdrehungen haben in erster Näherung keinen Einfluß auf den Widerstand. DMS haben zumeist Meßgitter von 120 bis 600 Ω aus Konstantan (Cu Ni 44 Mn 1 nach DIN 17644, Ausgabe Dez. 1983). Der k- Faktor liegt bei k = 2,0 ± 0,1. Die Länge der üblichen DMS- Meßgitter reicht von 0,3 bis 150 mm; ihre Breite von 3 bis 30 mm. Sie sind den thermischen Änderungen der gebräuchlichsten Werk-, Bau- und Kunststoffen angepaßt. Sie können eingesetzt werden etwa zwischen ± 200° C, für statische und dynamische Beanspruchungen und für Dehnungen / Stauchungen bis ± 5%. Bei Stahl reicht dieser Wert weit in den plastischen Verformungsbereich hinein. Weitere technische Daten, wie z.B. mechanische Hysteresis, Dauerschwingverhalten, kleinste Krümmungsradien sind den Prospekten der Hersteller zu entnehmen. Inzwischen wurden Form, Abmessung, Applizierung und Einsatzbereich der DMS so variiert, daß in fast allen praktisch vorkommenden Fällen exakte Messungen der Verformungen möglich sind. Einher ging die Einrichtung von DMS- Produktionsstätten, die eine gleichbleibende und kontrollierte Fertigung garantieren. Dies ist eine unabdingbare Forderung; denn die meisten DMS- Kennwerte sind erst nach dem Applizieren meßbar. In das Meßsignal können eine Vielzahl von Einflußgrößen eingehen. Sie ergeben sich aus der Meßkette: Werkstück, Kleber, DMS, Leitung, Meßgerät, Anzeige, Auswertung, Rechengenauigkeit. [9.2]

9.2 DMS-Meßtechnik

Um sehr kleine Formänderungen ε bis zur Größenordnung von 10^{-6} zu messen, verwendet man zumeist die von dem englischen Physiker Sir Charles WHEATSTONE (1802-1875) im Jahre 1843 entwickelte Brückenschaltung. In Bild 9.2 ist R_1 der unbekannte, auszumessenden elektrische Widerstand eines DMS. Seine relative Änderung ist der örtlichen Formänderung nach Gleichung 9-4 proportional. R_2 ist ein bekannter Vergleichswiderstand; R_3, R_4 sind durch Abgreifen veränderliche, aber auch bekannte Widerstände. Zum Ermitteln von R_1 und damit der Formänderung ε kann man nach zwei Methoden vorgehen. Nämlich:

Nullmethode
Nach dem Applizieren und Anschließen des DMS (R_1) wird die Brücke durch Verschieben des Läufers zwischen R_3 und R_4 so abgeglichen, daß das Galvanometer im Brückenzweig keine Spannung zwischen den beiden Parallelleitungen anzeigt. Dann wird der DMS belastet. Dadurch ändert sich sein Widerstand um ΔR_1. Die sich einstellende Brückenspannung wird sodann durch Verschieben des Läufers kompensiert, daß sie Null ist. Aus den Änderungen von ΔR_3 und ΔR_4 läßt sich die gesuchte Formänderung wie folgt ermitteln:
In Bild 9.2 wird dargelegt, daß die Brücke im Gleichgewicht ist, wenn die diagonalen Widerstandsprodukte einander gleich sind. Es gilt daher auch:

$$R_1 = R_2 \cdot \frac{R_3}{R_4} \qquad\qquad\qquad (\text{ 9-5 })$$

Durch logarithmisches Differenzieren ergibt sich für endlich kleine Änderungen mit
$$R_2 = \text{konst.,} \quad R_3 + R_4 = R = \text{konst. und } \Delta R_3 = -\,\Delta R_4: \qquad (\text{ 9-6 })$$

$$\Delta R_1/R_1 = k \cdot \varepsilon_1 = \Delta R_3/R_3 - \Delta R_4/R_4 = \Delta R_3 \cdot \frac{R}{R_3 \cdot R_4} \qquad (\text{ 9-7 })$$

Stellt man den Läufer in Bild 9.2 in $R/2$, so gilt $R_3 = R/2 + \Delta R_3$ und $R_4 = R/2 - \Delta R_3$:

$$\Delta R_1/R_1 = k \cdot \varepsilon_1 = \Delta R_3 \cdot \frac{R}{R^2 \quad \Delta R_3^2} \# \Delta R_3 / R \qquad (\text{ 9-8 })$$

Aus der Läuferverschiebung ΔR_3 und dem Gesamtwiderstand R läßt sich somit die gesuchte Formänderung ε_1 angeben, wenn k bekannt ist. Der relative Fehler durch die Näherung ergibt sich zu:

$$F = \frac{k \cdot \varepsilon - k \cdot \varepsilon_{mess}}{k \cdot \varepsilon} = 1 - (\varepsilon_{mess} / \varepsilon) = \pm \Delta R_3 / R \qquad (\text{ 9-9 })$$

Er kann sehr klein gehalten werden und liegt weit unter 1‰. Die Nullmethode ist nur bei statischem Messen anwendbar, denn nur dabei lassen sich die Brückenabgleiche herstellen. Ein Vorteil ist, daß die Brückenspeisespannung nicht in die Auswertung eingeht.

Ausschlagmethode
Hierbei wird nach dem Applizieren des DMS und dem Brückenabgleich belastet
und aus der sich einstellenden Brückenspannung U_G die Formänderung ε_1 ermittelt. In das Ergebnis geht zusätzlich ein, wie aus Bild 9.2 zu ersehen, die Brückenspeisespannung U_{sp} und die Galvanometergenauigkeit. Es wird außerdem mit zwei
Näherungen gearbeitet.
1. Näherung: Nimmt man den Galvanometerwiderstand R_G sehr groß, so folgt:

$$U_G \mp \frac{U_{sp} \cdot k \cdot \varepsilon_1}{2 \cdot (2 + k \cdot \varepsilon_1)} \qquad (\,9\text{-}10\,)$$

2. Näherung: Vernachlässigen von ε im Nenner ergibt:
$$U_G \mp U_{sp} \cdot k \cdot \varepsilon_1 / 4 = U_{G,mess} \qquad (\,9\text{-}11\,)$$
Der relative Fehler ist dann:

$$F = (\,U_G - U_{G,mess}\,) / U_G = - \varepsilon \qquad (\,9\text{-}12\,)$$

Der Fehler ist also so groß, wie der Meßwert selbst. Bei Zug ist er um ε zu groß,
bei Druck um ε zu klein. Mißt man z.B. $\varepsilon = 100 \cdot 10^{-6}$, so ist der Fehler $-10^{-4} = -0{,}1$
d.h. der wahre Wert ist $= 99{,}99 \cdot 10^{-6}$. Dies ist zumeist vernachlässigbar.

Je nachdem, ob der DMS 1 in Bild 9.2 gedehnt oder gestaucht wird, ist der
Galvanometerausschlag positiv (nach rechts) oder negativ (nach links). Dies
läßt sich aus Gleichung zu Bild 9.2 ablesen, aber auch durch Differenzieren der
Galvanometerspannung U_G beweisen.

Legt man den aktiven, messenden DMS 1 in den linken, oberen Brückenzweig
(Bild 9.3, oben) und den konstanten DMS 2 nach rechts, so kehrt sich der Galvanometerausschlag um, d.h. bei Zug geht er nach links und bei Druck nach rechts.
Dies kann man aus der Gleichung in Bild 9.3, oben für den Galvanometerausschlag
sehen. Widerstände sind immer positive Größen. Die Rechengröße R_2 hat gegenüber
R_1 ein negatives Vorzeichen. Dadurch ergibt sich eine Umkehr der Anzeige. Erweitert man diese Erkenntnis auf vier DMS in der Brücke, so ergeben sich die in
Bild 9.2 dargestellten Galvanometerausschläge für Dehnung und Stauchung. Analog
zu diesen Anzeigerichtungen ändert sich auch die relativen Fehler. Sie haben immer
das umgekehrte Vorzeichen der Anzeige.

Verwendet man nur einen aktiven DMS 1, so ist es angebracht, im Nachbarzweig
einen Kompensations- DMS 2 zu applizieren, der nur die Temperaturänderungen
am Meßobjekt mitmacht. Er muß die gleichen thermischen Kennwerte haben wie
der aktive DMS, sodaß er Temperaturformänderungen des aktiven DMS kompensiert (siehe Bild 9.3).

Das unterschiedliche Verhalten der Brückenzweige bei Dehnungen und Stauchungen
wird benutzt, um die Galvanometeranzeige zu vervielfachen. Einzelheiten sind in
Bild 9.4 zu entnehmen. Demnach ist z.B. mit einer Halbbrücke bei Biegung möglich

den Ausschlag zu verdoppeln oder je nach Schaltung, bei schräg gerichteten Kräften, deren Vertikal- oder Horizontalkomponente zu ermitteln. Analoge Beziehungen gelten für Zug- und Torsionsstäbe.

WHEATSTONE- Brücken können mit Gleich- oder Wechselspannung betrieben werden. Dabei wird eine gleichbleibende Konstantspannung verlangt, denn diese geht in das Meßergebnis ein. Bei Änderungen der Leitungen, Kontakte, Übergangs- und Isolierwiderständen ändern sich auch die Anzeigen. Dies ist wohl der größte Nachteil der Schaltung. Die zwei Näherungen zum Ermitteln der Formänderungen machen sich nur bei großen Meßwerten bemerkbar. Sie können numerisch oder auch experimentell durch zusätzliche Leitungen kompensiert werden.

Seit etwa 1975 ist es durch den Einsatz von Mikroprozessoren möglich, Konstantstromquellen mit relativen Abweichungen von $\leq 10^{-7}$ zu bauen. Dadurch werden die Nachteile der WHEATSTONE- Brücke kompensiert. Das Meßprinzip mit seinen mathematischen Beziehungen ist in Bild 9.5 dargestellt für einen Aktiv- und einen Passiv-DMS. Anzeigeungenauigkeiten durch Thermospannungen kann man bei statischen Messungen durch ein zweites Messen nach Umpolen eleminieren oder durch vorheriges Kalibrieren numerisch korrigieren.

Sollen mehrere oder gar viele DMS ausgemessen werden, so ist dies durch manuelle oder gesteuerte Meßstellenumschalter erreichbar. Sie erlauben das Ansteuern von 100 und mehr DMS in einer Sekunde. Koppelt man diese Einheit mit Rechnern, Schreibern, Druckern oder Meßsignalspeicher, so ist eine lückenlose Aufnahme und Auswertung bei statischen, dynamischen und stochastische Beanspruchungen möglich.

9.3 Meßwertkorrekturen

Die Anzeige der Meßgeräte kann durch verschiedene Einflüsse verändert werden, sodaß die wahren, örtlichen Formänderungen erst nach Korrektur zu erhalten sind. Im Einzelnen ergeben sich folgende Zusammenhänge:

k- Faktor
Die örtliche mit DMS zu messende Formänderung ε ergibt sich aus der relativen Widerstandsänderung des DMS und einem Proportionalfaktor k. Er hat je nach Fertigung eine Toleranz in der Größenordnung von $\pm 1\%$ und weniger. Diese geht in alle Messungen mit ein und überlagert sich additiv mit anderen Ungenauigkeiten. zumeist kann man k am Meßgerät einstellen, ($k_{Gerät}$), sodaß die gesuchten ε-Werte als Anzeige ($\varepsilon_{Anz.}$) die wahre Formänderung ermitteln mit:

$$\varepsilon = \varepsilon_{Anz.} \cdot k_{Gerät} / k_{DMS} \qquad\qquad (\ 9\text{-}13 \ )$$

Mechanische Hysteresis (Bild 9.5)
Die Anzeigen bei Be- und Entlastung differieren geringfügig. Die Unterschiede werden durch die gesamte Applikation (DMS, Klebstoff, Klebdicke u.a.) bedingt. Sie

verringern sich schon erheblich bei der 2. und 3. Belastung von z.B. 1‰ auf 0,5‰.

Linearitätsfehler

In Verbindung mit einer mechanischen Hysteresis werden auch zuweilen Abweichungen, in der linearen Meßwertverteilung beobachtet. Sie liegen in einer Größenordnung von $\pm$ 2% für Werte von $\varepsilon > 3000 \cdot 10^{-6}$ und betragen damit absolut etwa $\pm$ 60 $\cdot$ 10^{-6}.

Querempfindlichkeit

DMS reagieren auch auf quer zu ihrer Längsrichtung auftretenden Verformungen. Die Querempfindlichkeit ist zumeist kleiner als $\pm$ 2%. Sie wird durch die verstärkten Umkehrschlaufen der Meßdrähte klein gehalten.

Maximale Formänderung

Die lineare Abhängigkeit zwischen den Formänderungen und relativen Widerstandsänderungen nach Gl. 9-1 gilt nur in einem begrenzten Bereich. Der Grenzwert ist erreicht, wenn die Anzeige um mehr als $\pm$ 5% von der Linearverteilung abweicht. Für übliche DMS liegt dieser Wert bei $\varepsilon = 50.000 \cdot 10^{-6} \cong 5\%$. Spezielle DMS messen Formänderungen linear bis $100.000 \cdot 10^{-6} \cong 10\%$ und mehr. Sie können jedoch nur einmal belastet werden. Durch Kaltverfestigung ändert sich nämlich ihre Anzeigegenauigkeit.

Temperaturgang

Mißt man bei verschiedenen Temperaturen, so werden mechanische Spannungen vorgetäuscht. Um diesen Einfluß zu kompensieren gibt es DMS, welche dem linearen Wärmeausdehnungskoeffizienten α des zu prüfenden Werkstoffes angepaßt sind. Dieser Temperatur- Koffizient α_{DMS} hängt von mehreren mechanischen und elektrischen Größen ab. Es sind DMS für unterschiedliche Stoffe entwickelt worden, wie z.B. ferritischen oder austenitischen Stahl, Aluminium, Titan, Kunststoffe. α_{DMS} reicht von etwa 0 bis $70 \cdot 10^{-6}$ / °K. Die Toleranz des Temperaturganges liegt bei $\pm 1 \cdot 10^{-6}$ / °K und erfaßt einen Bereich von 0 bis 150°C.

Kriechen und Relaxieren

Unter Kriechen versteht man zeitabhängige Verformungen, bei konstanter Last, unter Relaxieren den Abbau von Spannungen bei konstanter Dehnung. Das mit einem Gewicht gestreckte Gummiseil kriecht, verschraubte Maschinenteile relaxieren bei hohen Temperaturen merklich. Das Verformungs- Zeit- Verhalten von DMS, ist aus Bild 9.7 zu ersehen. Würde kein Kriechen vorliegen, ergäbe sich nach der Höchstlast eine Horizontale. Der DMS versucht aber, die eigene Beanspruchung durch Verkürzen abzubauen. Entlastet man ihn nach einiger Zeit, so hat sich der Nullpunkt zu tieferen Werten verschoben. Im Laufe der Tagen strebt er dann wieder dem eingangs gemessenen Nullpunkt zu. Dieses Verhalten ist nur durch den Träger und Kleber bestimmt. Die Meßdrähte selbst kriechen nicht. Bei dynamischer Beanspruchung beobachtet man diesen Effekt nicht, solange die Mittelspannung Null ist. Bild 9.8 bringt ein schematisches Zeit- Temperatur- Kriech-Diagramm. Bei Raumtemperatur beträgt das Kriechen etwa $\Delta\varepsilon$ / ε = 0,05 bis 1%. Es ist bei Langzeitmessungen zu berücksichtigen.

Nullpunktdrift
Arbeitet der DMS im veränderlich feuchten Medium, so können sich durch Quell-
und Schrumpfungsvorgänge auch Abmessungsänderungen des Trägers und des Kle-
bers ergeben. Dies führt zu Widerstandsänderungen und damit zu einem Wandern
des Nullpunktes.

Dauerschwingverhalten
Bei dynamischer Beanspruchung von DMS kann es in Abhängigkeit der Lastwechsel
zu Änderungen des Nullpunktes und der Mitteldehnung kommen. Diese Einflüsse
sind unabhängig von der Frequenz; es wirken sich nur die Zahl der durchlaufenden
Schwingungen aus. Aufgrund dieser Zusammenhänge wurden DMS entwickelt, welche ihren elektrischen Widerstand merklich mit den Lastwechseln ändern und so
eine Abschätzung der dynamischen Beanspruchung ermöglichen.

Isolationswiderstand R_{ISO}
Der DMS ist gegenüber dem Werkstück durch einen Isolationswiderstand getrennt.
Dieser liegt parallel zu R_{DMS} und darf bei Kurzzeitmessungen als konstant ange-
nommen werden. Der relative Meßfehler F ist zumeist $\leq - 10^{-3}\%$ und damit ver-
nachlässigbar. Der Isolationswiderstand kann sich bei Langzeitmessungen um den
Faktor 10 und mehr verändern.

DMS- Erwärmung
Der Meßstrom I erzeugt in DMS- Meßdraht eine Wärme W_1, welche der Meßzeit
t und $I^2 \cdot R_{DMS}$ proportional ist. Im thermischen Gleichgewicht, d.h. nach einigen
Minuten, stellt sich dann eine Temperaturdifferenz ΔT ein, die bedingt ist durch
die Wärmeabgabe W_2 an das Werkstück. Diese ist proportional der DMS- Draht-
oberfläche und der Temperaturdifferenz ΔT. Für $d_{DMS} = 16$ µm ergeben sich
Temperaturänderungen von etwa $\Delta T = 10°$ C bei Meßströmen von 10 bis 14 mA.
Dies ist nicht zu vernachlässigen bei Kunststoffen mit großem Wärmeausdehnungskoeffizient . In diesem Fall muß mit sehr kurzen Meßzeiten gearbeitet werden.

Leitungswiderstand R_L
Die WHEATSTONE'sche Brücke mißt relative Widerständsänderungen und unter-
scheidet nicht zwischen DMS- und Leitungswiderständen (R_{DMS}, R_L). Bei langen
Leitungen gilt daher gemäß Gl. 9-1:

$$k \cdot \varepsilon_{Mess} = \Delta R_{DMS} / (R_{DMS} + R_L) \qquad\qquad (9\text{-}14)$$

Daraus ergibt sich:

$$\varepsilon_{DMS} = \varepsilon_{Mess} \cdot (1 + R_L / R_{DMS}) \qquad\qquad (9\text{-}15)$$

Es wird somit zu wenig gemessen. Der relative Fehler beträgt:

$$F(R_L) = R_L / R_{DMS} \qquad\qquad (9\text{-}16)$$

Um diesen Einfluß zu kompensieren verlegt man den Anschluß des DMS an der WHEATSTONE'schen Brücke zum entfernten DMS. Dazu benötigt man ein dreiadriges Meßkabel. Man spricht daher von einer Dreileiterschaltung. Dies ist nur erforderlich, wenn mit Viertelbrücken gearbeitet wird oder wenn der Temperaturkompensation DMS nicht gleich lange Anschlußleitungen hat wie der aktive DMS (Bild 9.9).

Leiterkapazität C_L
Benutzt man Trägerfrequenzverstärker (Frequenz f) so kann sich die Leiterkapazität C_L auf die DMS- Messung bemerkbar machen. C_L liegt parallel zu R_{DMS}
Daraus folgt:

$$\varepsilon_{DMS} = \varepsilon_{Mess} \cdot \left(1 + (2 \cdot \pi \cdot f \cdot C_L \cdot R_{DMS})^2 \right) \qquad (9\text{-}17)$$

Es wird somit zu wenig gemessen. Der relative Fehler ist:

$$F(C_L) = (\varepsilon_{DMS} - \varepsilon_{Mess}) / \varepsilon_{DMS} = (2 \cdot \pi \cdot f \cdot C_L \cdot R_{DMS})^2 \qquad (9\text{-}18)$$

Randfaserabstand e
DMS messen wegen der Leimschicht und ihrer eigenen Dicke nicht in der Oberfläche des Werkstückes sondern oberhalb von ihr und zwar nach Bild 9.10 um:

$$\Delta t = t_{Leim} + t_{DMS} / 2 \qquad (9\text{-}19)$$

Bei reiner Biegung ergeben sich daher größere Meßwerte als der Randfaser e = d/2 entspricht. Der relative Fehler F(e) beträgt:

$$F(e) = \Delta \varepsilon / \varepsilon_e = \Delta t / 2 = 2 \cdot \Delta t / d \qquad (9\text{-}20)$$

Mit t_{DMS} = 0,12 bis 0,16mm, t_{Leim} = 0,05mm und e = 5mm, liegt der Fehler zwischen F(e) = 3,4 und 4,2%. Bei 1mm dicken Blechen steigt er um den Faktor 10 an.

Schief plazierter DMS
Ist ein DMS in einem zweiaxialen Verformungsfeld mit ε_x und ε_y plaziert und mißt er unter einem Winkel α zur x- Achse, so sind die Meßwerte ε_α durch beide Verformungen beeinflußt. Es gilt die Beziehung nach Bild 9.11:

$$\varepsilon_\alpha = \varepsilon_x \cdot \cos^2\alpha + \varepsilon_y \cdot \sin^2\alpha \qquad (9\text{-}21)$$

ε_x und ε_y lassen sich nur mit einem zweiten DMS ermitteln. Bei einaxialer Beanspruchung wie z.B. im Zugversuch gilt nach dem POISSON'schen Gesetz $\varepsilon_y = \mu \cdot \varepsilon_x$ und damit:

$$\varepsilon_\alpha = \varepsilon_x \cdot \left[1 - (1 + \mu) \cdot \sin^2\alpha \right] \qquad (9\text{-}22)$$

Plaziert man den DMS unter dem Winkel α zur Zugstabachse, so ist der relative Fehler:

$$F = (\epsilon_\alpha - \epsilon_x) / \epsilon_x = - (1 + \mu) \cdot \sin^2\alpha \qquad\qquad (9\text{-}23)$$

Es wird daher zu wenig gemessen. Bei $\alpha = 5°$ wird ein Fehler von etwa $- 1\%$ erreicht.

Es sei noch darauf hinwiesen , daß es verformunsfreie Richtungen gibt. Mißt man nur mit einem DMS, kann es daher zu irrigen Auswertungen kommen. Bei einaxialer Beanspruchung ergibt sich dies Richtung aus Gl. (9-21) zu:

$$\cot\alpha = \sqrt{\mu} \qquad\qquad (9\text{-}24)$$

Mit $\mu = 0{,}27$ liegt bei $\alpha = 62{,}5°$ zur Stabachse..

Mittragen der DMS
Bei dünnwandigen Bauteilen bedingt die Applikation von DMS eine merkliche Veränderung der Wandstärke. Dies führt zu einer Versteifung des örtlichen Querschnittes, wobei DMS eine äußere Last mittragen. Es werden daher nicht die wahren Verformungen gemessen, sondern die um $\Delta\epsilon$ verminderten. Eine rechnerische Abschätzung ist am einfachsten beim Zugstab.

Temperatureinflüsse
Jede Temperaturveränderung ΔT bewirkt Abmessungs- und Kennwertenänderungen. In einem Bereich von $0°$ bis $100°$ C können sie mit einer linearen Funktion des Ausdehnungsbeiwertes α beschrieben werden. Er ist veränderlich und kann positiv und negativ sein. Es ist ferner zu beachten, daß er auf verschiedene Temperaturen bezogen sein kann. Physikalische Angaben beziehen sich zumeist auf $0°$ C, technische auf $+ 20°$ C bzw. auf $T°$ C. Unterscheidet man solche verschiedene, lineare Beiwerte mit dem Index "0" und "T" so gilt die Umrechnung:

$$\alpha_T = \frac{\alpha_0}{1 + \alpha_0 \cdot \Delta T_{0T}} \# \alpha_0 \cdot (1 + \alpha_0 \cdot \Delta T_{0T}) \qquad\qquad (9\text{-}25)$$

Abmessungsänderungen
Fast alle Stoffe dehnen sich bei Temperaturerhöhung aus und es gilt in erster Näherung für eine Länge L:

$$L_T = L_{20} \cdot \left[1 + \alpha_{20} \cdot \Delta T + \beta_{20} \cdot (\Delta T)^2 \right] \qquad\qquad (9\text{-}26)$$

Lineare Temperaturbeiwerte wichtiger Werkstoffe sind in nachstehender Tabelle
zusammengestellt

Stoff	Guß- eisen	Bau- stahl	Cu- Leg.	Al- Leg.	Mg- Leg.	Kunst- stoffe
α_{20} | $10^{-6}/°C$ |	9 - 10	11 - 13	16 - 17	23 - 24	26 - 27	150

Bei Metalle kann zumeist auf eine Umrechnung nach GL. (9-21) verzichtet werden,
denn die Korrektur liegt unter 1%; bei Kunststoffen ist sie wesentlich größer. Bei
$\Delta T = 200°$ C und mehr müssen auch die quadratischen Beiwerte beachtet werden.
Am vorteilhaftesten ist aber die linearisierte Form des Temperaturbeiwertes. Es
gilt $\alpha_T = \delta \cdot T^{1/3}$ mit der Konstanten δ zwischen 0,44 und 4,20 $\cdot$ 10^{-6} für
die üblichen Metalle. Bei Stahl ist $\delta = 1,75 \cdot 10^{-6}$ zwischen 200 und 1185° C. [9.3]
Beachtet oder kompensiert man die Temperaturänderungen nicht, so werden
Spannungen vorgetäuscht, die sich mit dem einaxialen HOOKE-Gesetz abschätzen
lassen zu:

$$\Delta \sigma = E \cdot \Delta \varepsilon = E \cdot \varepsilon \cdot \Delta T \qquad\qquad (9\text{-}27)$$

9.4   Aufnehmer und Meßgeräte

Die DMS- Technik eröffnet durch das genaue Messen kleiner Verformungen auch
die experimentelle Ermittlung von Kräften, Momenten, Drücken, Verschiebungen,
Verdrehungen, Geschwindigkeiten und Beschleunigungen. Das DMS- Applizieren
zeigt Bild 9.11.

Die Ermittlung der an einer Konstruktion angreifenden Kräfte und Momente
basiert auf den Beziehungen der Festigkeitslehre. Bei elementarer Belastung gilt
für:

$$\text{Zug / Druck} \qquad \sigma = E \cdot \varepsilon = F/A \qquad \longrightarrow \qquad F = E \cdot A \cdot \varepsilon \qquad (9\text{-}28)$$

$$\text{Biegung} \qquad \sigma_b = E \cdot \varepsilon = M_b/Wb \qquad \longrightarrow \qquad M_b = E \cdot W_b \cdot \varepsilon$$

$$\text{Torsion} \qquad \tau = G \cdot \gamma = M_t/W_t \qquad \longrightarrow \qquad M_t = G \cdot W_t \cdot \gamma$$

Kennt man die elastischen Konstanten E und G, sowie die Abmessungen, so lassen sich aus den Verformungen die an der Meßstelle wirkenden Kräfte und
Momente ermitteln.

Bild 9.3 zeigt für Viertel- und Halbbrückenschaltung einige Meßbeispiele, insbesondere wie man durch DMS- Schaltungen gewisse Einzelkräfte bei gemischter
Beanspruchung messen kann. Durch Vollbrücken lassen sich diese Angaben noch
erweitern. Dabei werden auch temperaturbedingte Abmessungsänderungen kompen-

siert. Eine Temperaturkompensation wird stets erreicht, wenn zumindest zwei gleiche DMS gleiche Temperaturänderungen erfahren und in der Brücke benachbart geschaltet sind (nicht diagonal gegenüber). Nachbarzweige der Brücke haben bei gleicher Dehnung / Stauchung entgegengesetzte Galvanometeranzeigen $\varepsilon_1 = - \varepsilon_2$ (siehe Bild 9.2). Ihre Überlagerung heben sich daher auf.

Ein Ausführungsbeispiel zur exakten Längskraftmessung mit einem Zugstab zeigt Bild 9.12 . Durch Vollbrückenschaltung und 2 DMS in jedem Zweig wird eine Kompensation erreicht von: Biegung, Torsion und Temperaturänderungen. Außerdem ist die Anzeige durch die längs und quer angeordneten DMS um den Faktor $2 \cdot (1 + \mu) = 2,6$ größer als die wahre Längsdehnung.

Kennwertänderungen
Alle mechanischen und physikalischen Kennwerte ändern sich mit der Temperatur. Bekannt geworden sind Angaben über:

Elastizitätsmodul $\qquad E_T = E_{20} \cdot (1 + \beta_{20} \cdot \Delta T)$ $\qquad$ (9-29)

spez. elekt. Widerstand $\qquad \rho_T = \rho_{20} \cdot (1 + \gamma_{20} \cdot \Delta T)$

β_{20} ist bei Metallen zumeist negativ und in der Größenordnung von $-400 \cdot 10^{-6}/° \text{ K}$. Bei Baustahl ist $\beta = - 270 \cdot 10^{-6}/ ° \text{ K}$ d.h. $\Delta T = + 4° \text{ C}$ bedingt eine Minderung des E- Moduls um rund 1%.

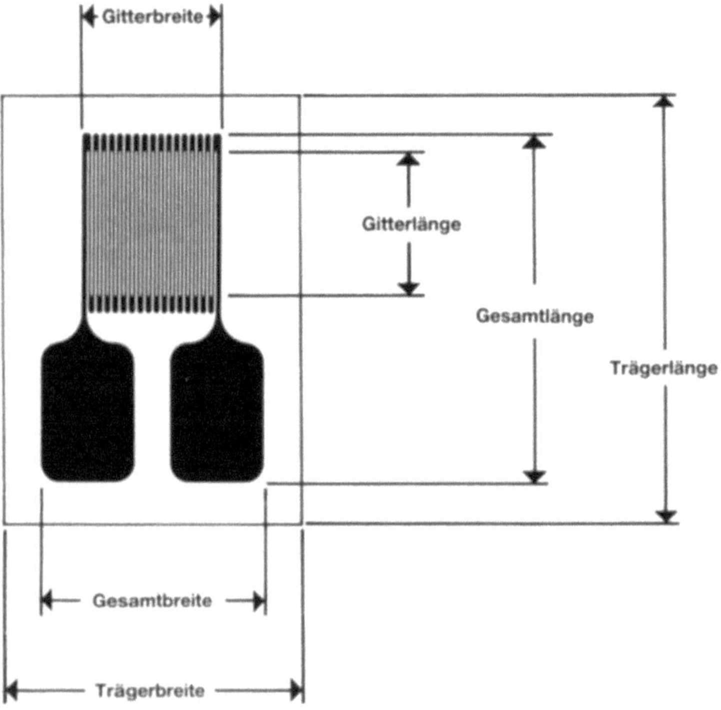

Bild 9.1: DMS-Abmessungen und Formen

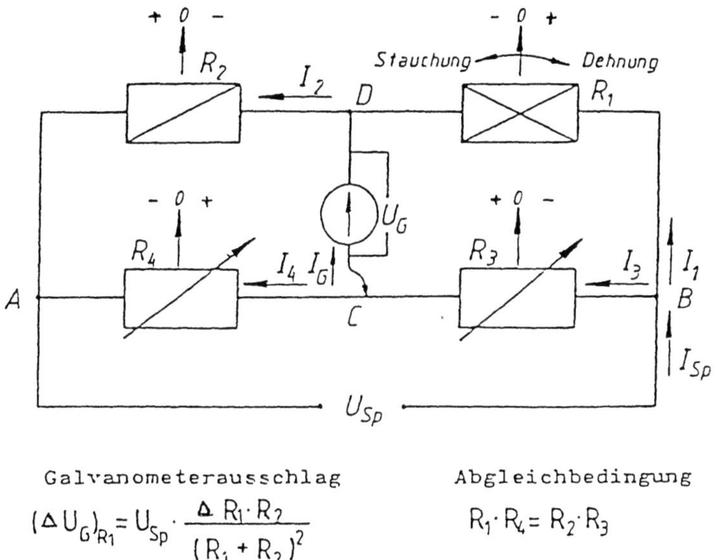

$$(\Delta U_G)_{R_1} = U_{Sp} \cdot \frac{\Delta\, R_1 \cdot R_2}{(R_1 + R_2)^2} \qquad\qquad R_1 \cdot R_4 = R_2 \cdot R_3$$

Bild 9.2: Die WHEATSTONE'sche Meßbrücke. Schaltung und Galvanometer-ausschlag.

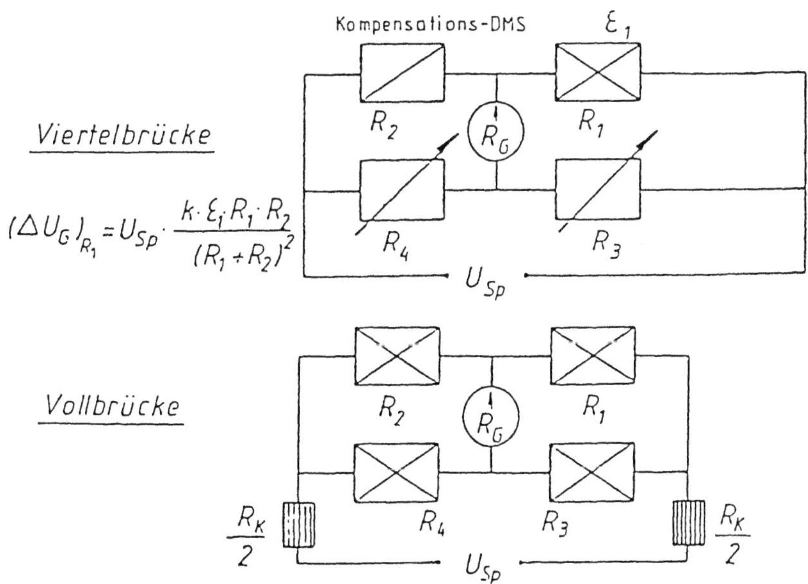

$$(\Delta U_G)_{R_1} = U_{Sp} \cdot \frac{k \cdot \varepsilon_1 R_1 \cdot R_2}{(R_1 + R_2)^2}$$

Bild 9.3: Viertelbrücke und Vollbrücke

Meßausführung

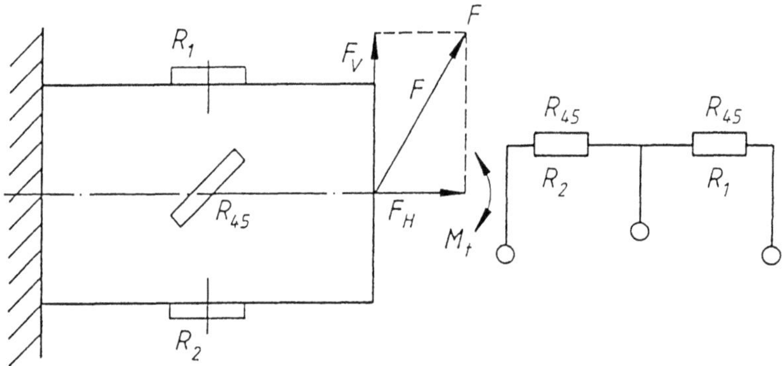

Beanspruchungen	Schaltung	Anzeige
	<u>Viertelbrücke</u>	
F_H	R_1 oder R_2	$\varepsilon_1 = \varepsilon_2$
F_V	R_1 oder R_2	$-\varepsilon_1 = \varepsilon_2$
F	R_1 oder R_2	$\varepsilon_1 \neq \varepsilon_2$
M_t	R_{45}	$\varepsilon_{45} = \dfrac{\hat{\gamma}}{2}$
	<u>Halbbrücke</u>	
F_H	$R_1 + R_2$	0
F_V	$R_1 + R_2$	$-2\,\varepsilon_1$
F	$R_1 + R_2$	nur durch F_V
M_t	$2\,R_{45}$	$2\,\varepsilon_{45} = \hat{\gamma}$
$M_t + F$	$2\,R_{45}$	nur durch Torsion

Bild 9.4: DMS an einer Welle mit unterschiedlicher Beanspruchung

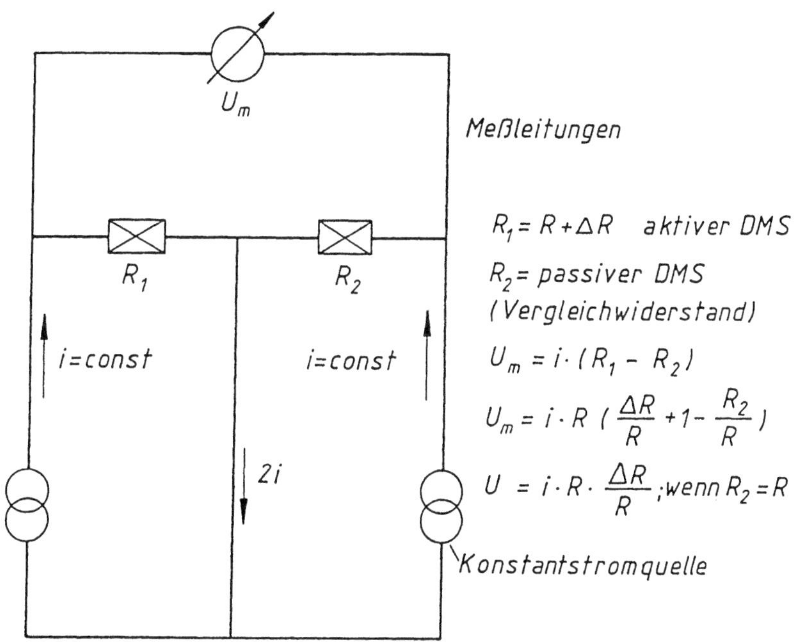

Bild 9.5: Prinzip der Dehnungsmessung mit konst. Strom

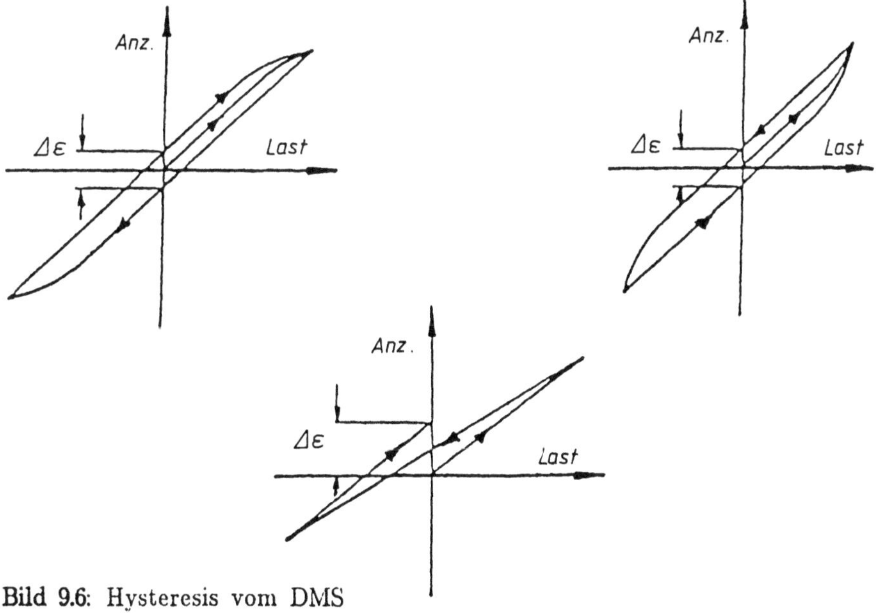

Bild 9.6: Hysteresis vom DMS

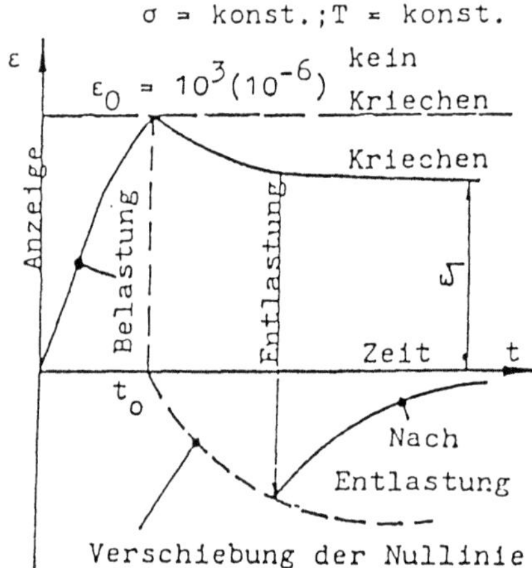

Bild 9.7: Kriechen vom DMS

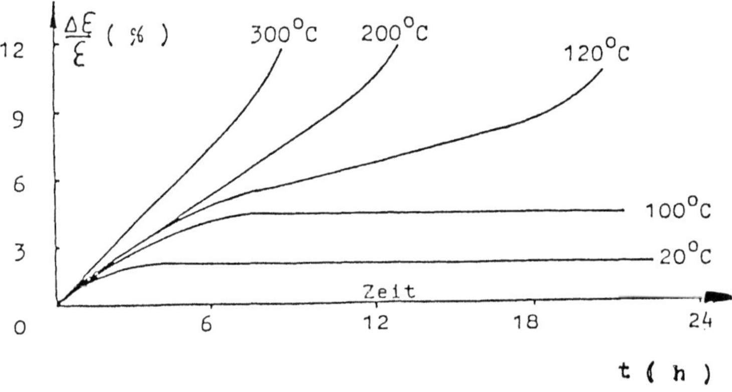

Bild 9.8: ZTK-Diagramm eines DMS

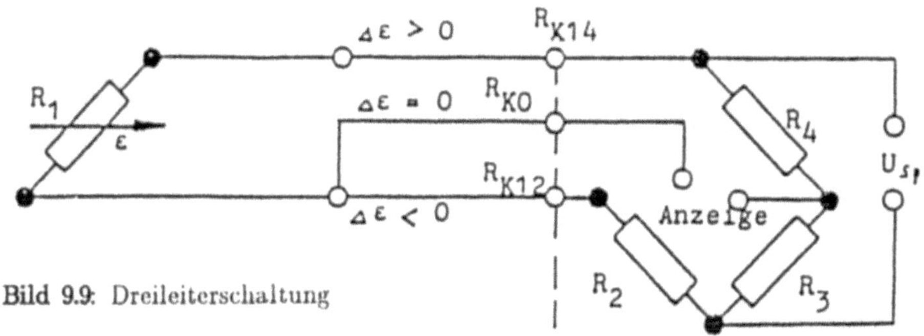

Bild 9.9: Dreileiterschaltung

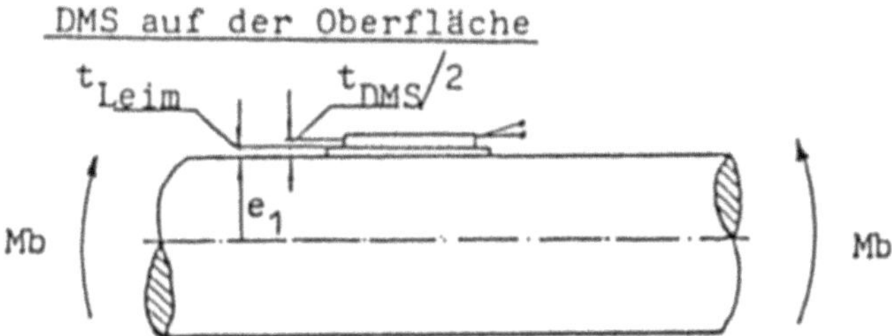

Bild 9.10: DMS auf der Oberfläche

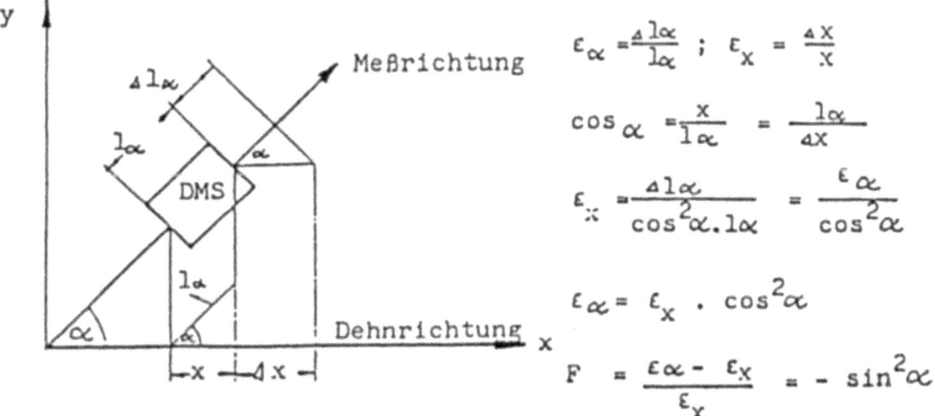

$$\varepsilon_\alpha = \frac{\Delta l_\alpha}{l_\alpha} \quad ; \quad \varepsilon_x = \frac{\Delta X}{X}$$

$$\cos\alpha = \frac{x}{l_\alpha} = \frac{l_\alpha}{\Delta X}$$

$$\varepsilon_x = \frac{\Delta l_\alpha}{\cos^2\alpha \cdot l_\alpha} = \frac{\varepsilon_\alpha}{\cos^2\alpha}$$

$$\varepsilon_\alpha = \varepsilon_x \cdot \cos^2\alpha$$

$$F = \frac{\varepsilon_\alpha - \varepsilon_x}{\varepsilon_x} = -\sin^2\alpha$$

Bild 9.11: Schief applicierter DMS

Bild 9.11a: Applizieren von DMS.

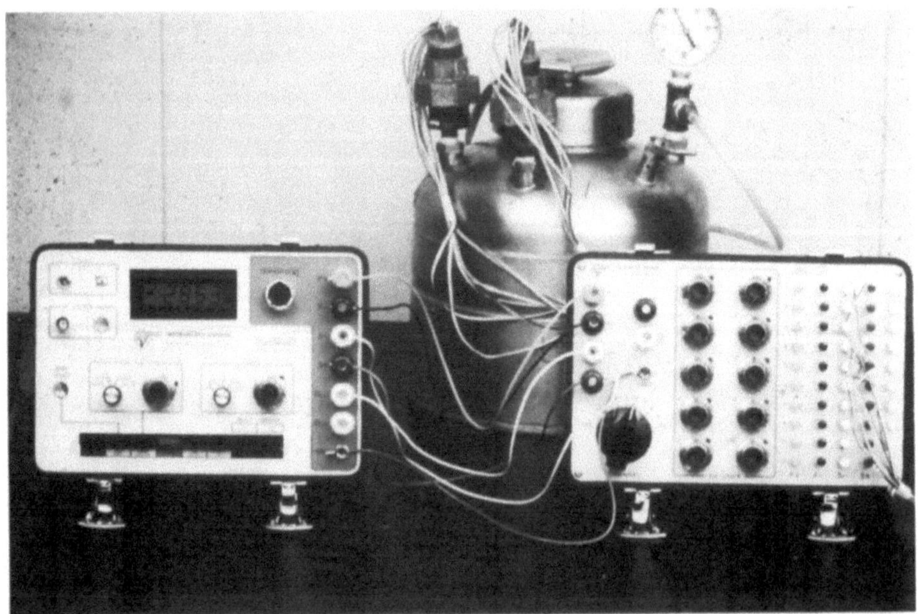

Bild 9.11b: DMS-Messung im Inneren eines Druckbehälters

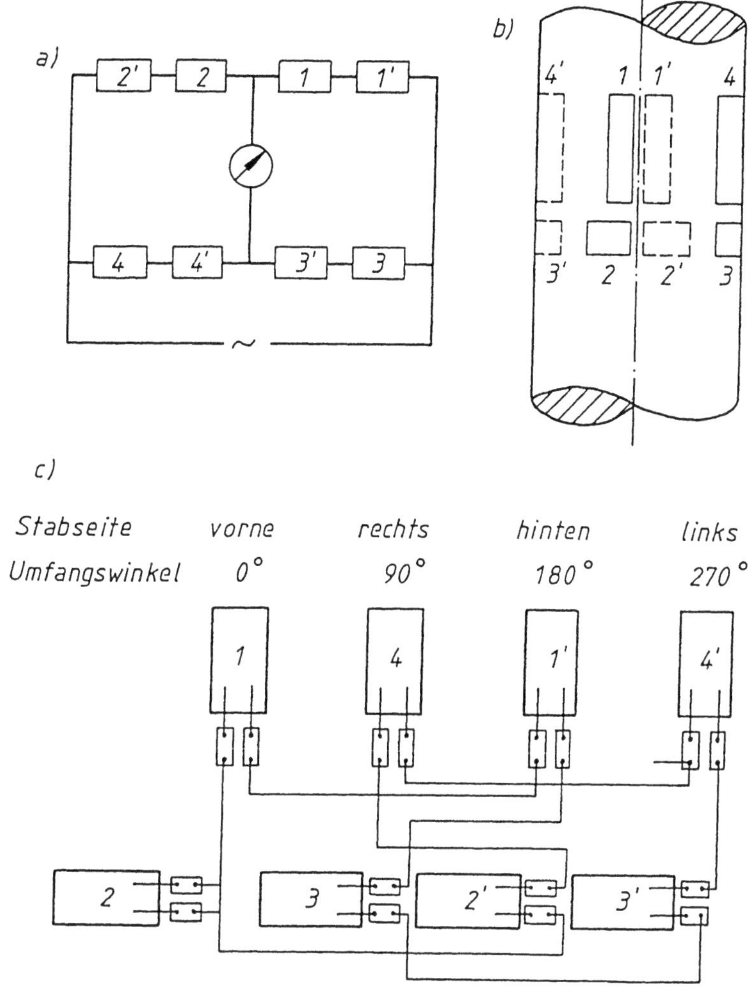

Bild 9.12: Zugkraftmessung mit doppelter WHEATSTONE-Vollbrücke
a) Schaltschema
b) Applizierungsschema
c) Verdrahtungsschema

10 Dehnlinienverfahren

10.1 Meßprinzip

Die meisten Spannungsmeßverfahren ermitteln nur an ausgesuchten Stellen Oberflächenverformungen in ein, zwei oder drei Richtungen und ermöglichen so eine zweiaxiale, örtliche Spannungsanalyse. Gesucht werden in Konstruktionen aber vielfach auch die Stellen der höchsten Beanspruchung. Sind diese nicht rechnerisch oder experimentell erkennbar, müssen Verfahren zur ganzheitlichen Spannungsermittlung eingesetzt werden. Hierzu eignen sich Lacke, die auf das Prüfstück aufgetragen werden und nach ihrem Trocknen so spröde sind, daß sie beim Erreichen einer bekannten Dehnung aufreißen und damit Größe und Richtung der Spannungen anzeigen. Erste Untersuchungen mit diesen Dehnlinien- oder Reißlackverfahren wurden 1925 durchgeführt. Bis heute sind eine Vielzahl von Natur- und Kunstharzen entwickelt worden. Am verbreitetsten sind in Deutschland das von der MAGNAFLUX CORPORATION, USA, entwickelte "STRESSCOAT-" sowie das "MAYBACH- Verfahren" (siehe Bild 10.1).

10.2 MAYBACH-Verfahren

Der Lack wird in einem Tiegel bei 150° C aus sieben Gewichtsteilen Kolophonium und drei Teilen Dammarharz erschmolzen. Es wird wegen der erforderlichen Reinheit empfohlen, die Naturharze in Arzneibuchqualität zu benutzen. Die Rißempfindlichkeit liegt bei 1 bis $2 \cdot 10^{-4}$, so daß im Stahl noch Spannungen von 20 bis 40 MPa nachgewiesen werden können. Durch Ändern der Zusammensetzung läßt sich die Rißempfindlichkeit variieren; dabei ist der Dammarharz der sprödere Anteil. Dies wird vor allem bei warmer, feuchter Witterung notwendig werden. Schon bei Temperaturen von 25° C im Schatten konnten andernfalls nur noch Spannungen von mehr als 100 MPa nachgewiesen werden. Spannungsmessungen sind nur im Temperaturbereich von 0 bis 50° C möglich.

Zum Aufbringen des Lackes wird das gründlich gesäuberte Prüfstück mit einer Lötlampe auf 140° C angewärmt und dann der Lack durch Auftupfen verstrichen. Eine gleichmäßige Schichtdicke wird durch nachträgliches Überstreichen mit der Lötflamme begünstigt. Unmittelbar nach dem Erkalten auf Raumtemperatur erreicht der Lack seine größte Rißempfindlichkeit. Die Be- oder Entlastungsversuche sind daher am besten sofort durchzuführen. An günstigen Stellen oder dort, wo der Lack zu dick aufgetragen wurde, entstehen schon zum Teil beim Erkalten infolge des Schrumpfens vollkommen unorientierte, kleine Risse (Krakelierungen). Sie müssen von dem gerichteten Rißfeld unterschieden werden. Das Aufsuchen der Risse erfolgt am zweckmäßigsten mit einer Handlampe im Abstand von etwa 60 cm. Die Rißränder leuchten dann bei schräger Anstrahlung durch die Reflexion hell auf. Zum Photographieren wird nur ein Teil der Linien, jeweils im Abstand von 10 bis 20 mm, mit weißer Temperafarbe nachgezogen.

Eine exakte numerische Spannungsanalyse ist mit dem Verfahren nur nach Eichung mit definierten, einaxialen Spannungen möglich. Durch das visuelle Erkennen der Risse lassen sich aber Ort, Richtung, Reihenfolge und Mehrachsigkeit der Spannungen angeben, so daß dort in weiteren Prüfungen mit messenden Verfahren die Spannungshöhe bestimmt werden können.

10.3 STRESS-COAT-Verfahren

Der von der MAGNAFLUX CORPORATION entwickelte Spannungsmeßstand umfaßt verschiedene Lacke mit unterschiedlicher Rißempfindlichkeit, eine Spritzanlage, Eichvorrichtung und verschiedene Chemikalien zu Säubern der Oberfläche und Anätzen der Risse im Lack. Eine eingehende Beschreibung des Verfahrens sowie der theoretischen und experimentellen Untersuchungsergebnisse kann den Herstellerangaben entnommen werden (Bild 10.2).

STRESSCOAT ist soweit entwickelt, daß je nach Temperatur, Luftfeuchtigkeit, Zeit und Spannungsempfindlichkeit ein ganz bestimmter Lack vorgeschrieben wird. Nur er gewährleistet dann eine Rißempfindlichkeit von $8 \cdot 10^{-4}$. Der nicht brennbare Lack soll in 10 bis 20 einzelnen Spritzvorgänge in einer Dicke von 0,1 bis 0,15 mm auf die zuvor präparierte Oberfläche aufgespritzt werden. Danach müssen Bauteile und gleichzeitig gespritzter Eichstab 18 bis 24 Stunden bei vollkommen gleichbleibender Witterung trocknen. Dann darf erst be- oder entlastet werden. Die auftretenden Risse können anschließend durch Ätzen gut sichtbar gemacht werden. Die Meßgenauigkeit soll zwischen 5 und 10% liegen. Die Auswertung des Dehnungslinienfeldes ist exakter als beim MAYBACK- Lack, was zurückzuführen ist auf die gleichmäßige aufgebrachte Lackschicht und die beim Aufspritzen entstandenen Luftbläschen, die ein ungeordnetes Aufreißen verhindern. Die Eichstäbe werden gleichzeitig mit dem Prüfstück überzogen und getrocknet . Ihre Angaben sind werkstoffunabhängig, denn sie zeigen nur Verformungen an, die mit den elastischen Kennwerten in Spannungen umgerechnet werden. Hinweise auf Temperatur-, Zeit- und Kriecheinflüsse auf das Erkennen und Markieren der Rißfelder durch optische und ätzende Verfahren, sowie auf Auswertung statischer und dynamischer Beanspruchung sind der Verfahrenbeschreibung zu entnehmen. Hinweise auf Eigenspannungsanalysen in einer Kombination von Bohrloch- und Dehnlinienverfahren vermittelt Bild 10.3 für ein- und zweiaxiale Spannungsverteilungen. [10.3]

10.4 Spannungsfeld-Atlas

Eine Anleitung zum Einsatz von Dehnlinienverfahren und eine Übersicht ihrer vielfältigen Anwendungsmöglichkeiten bringt der ” Atlas der Spannungsfelder in technischen Bauteilen” von Prof. Dr.- Ing. W. KLOTH, Forschungsanstalt für Landwirtschaft Braunschweig aus dem Jahre 1961. An Hand von über 100 Beispielen werden durch Fotos der Dehnlinienfelder und Graphiken der Konstruktionen mit ihren Spannungsverteilungen Hinweise vermittelt, wie in dünnwandigen technischen Bauteilen, die wahre zweiaxiale Beanspruchung gemessen werden kann.

Untersucht wurden einmal Anschlüsse und Krafteinleitungen in Profilstählen und Rohren, versteifte Blechwände, Rohrausschnitte, Niet- und Punktschweißverbindungen , sowie ganze Fahrzeugteile, bei unterschiedlicher Beanspruchung. Durch die Kombination von Dehnlinienfeldern mit zusätzlichen Feindehnungsmessungen bei Meßlängen von 1 und 2 mm, werden flächige und örtliche Spannungsverteilungen mit ihren Gradienten gezeigt.

In Bild 10.4 wird das Dehnlinien- mit dem zugeordneten Spannungsfeld in der Umgebung eines ausgerundeten quadratischen Rohrausschnitts ($50 \cdot 50$ mm^2) wiedergegeben. Das Rundrohr ($125 \cdot 2,5$ mm^2) aus St 37 war im Bild links eingespannt und auf Biegung durch eine Querkraft beansprucht, sodaß das Moment über die Rohrlänge zur Einspannung ansteigt.

Prof. W. KLOTH schreibt dazu u.a. : " Im Zuggebiet neigen die Dehnlinien dazu, senkrecht in den Lochlauf einzumünden: tangentiale Zugspannungen . Im Druckgebiet laufen die Risse durchweg tangential zum Rand: Druckspannungen in derselben Richtung, welche die Biegespannungen überwiegen.

Die Zug / Druck- Spannungsunterschiede sind geringer als bei einem Rundloch. Das liegt daran, daß der grundlinige Randverlauf bei Druck stabiler ist. Die maximalen Spannungen werden dadurch aber nicht geringer. Hat man bei dem Rundloch nur 2 Spannungsspitzen, so sind es hier 4. Dadurch wird die Bruchwahrscheinlichkeit erhöht. Die Spitzen liegen jeweils am Beginn der Ausrundung."

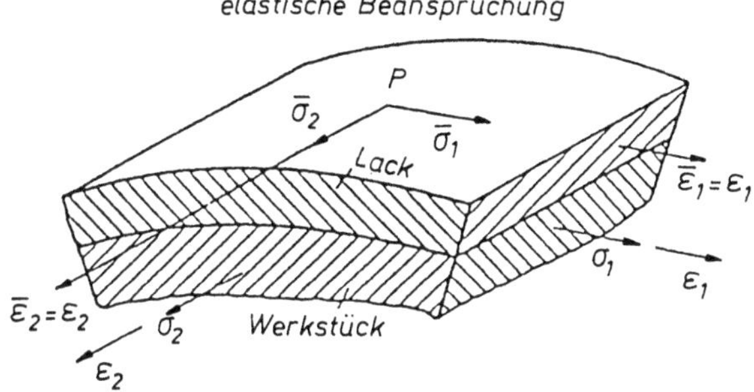

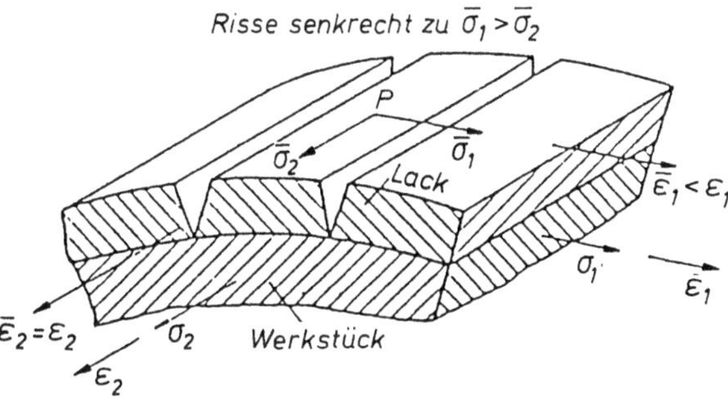

Bild 10.1: Hauptspannungen und ihre Formänderungen im Reißlack und im Prüfstück vor und nach dem Auftreten der ersten Risse.
(Nach A.J. DURELLI und Mitarbeiter)

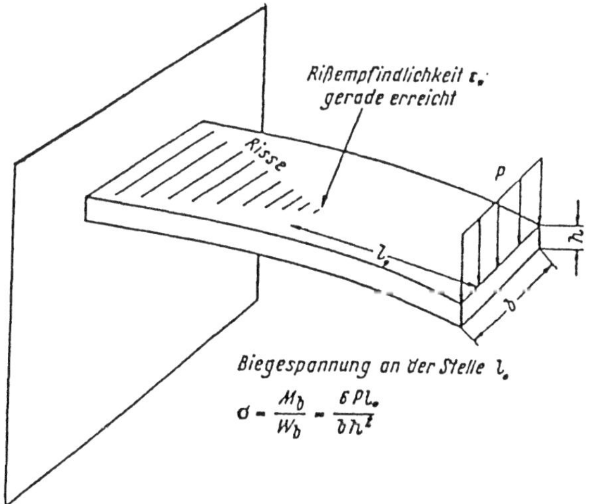

Bild 10.2: Ermittlung der Rißempfindlichkeit eines Rißlacks durch den Biegeversuch an einem eingespannten Balken

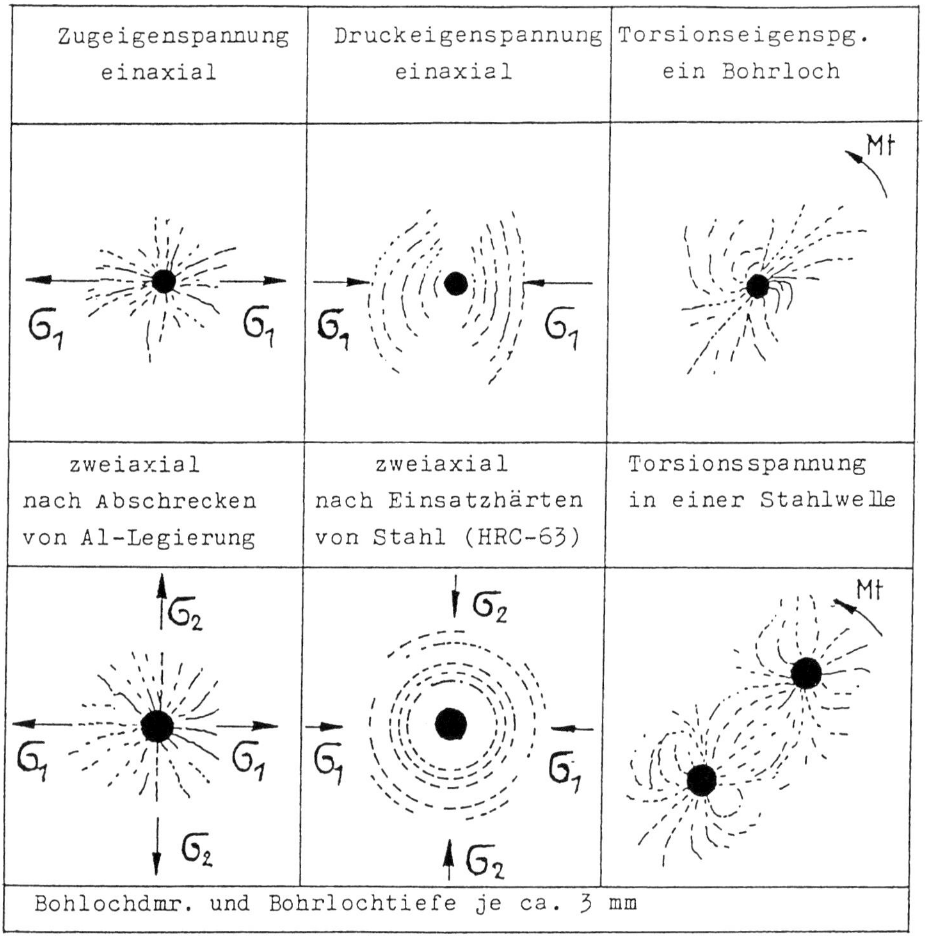
Zugeigenspannung einaxial
Druckeigenspannung einaxial
Torsionseigenspg. ein Bohrloch
Mt
σ1
σ1
σ1
σ1
zweiaxial nach Abschrecken von Al-Legierung
zweiaxial nach Einsatzhärten von Stahl (HRC-63)
Torsionsspannung in einer Stahlwelle
σ2
σ1
σ1
σ2
σ2
σ1
σ1
σ2
Mt
Bohlochdmr. und Bohrlochtiefe je ca. 3 mm

Bild 10.3: Dehnlinienbilder von Reißlack zum Auffinden von Eigenspannungen (Zusammenstellung von Meßergebnissen nach M. HETENYI, A. G. TOKARCIN und M. H. POLZIN)

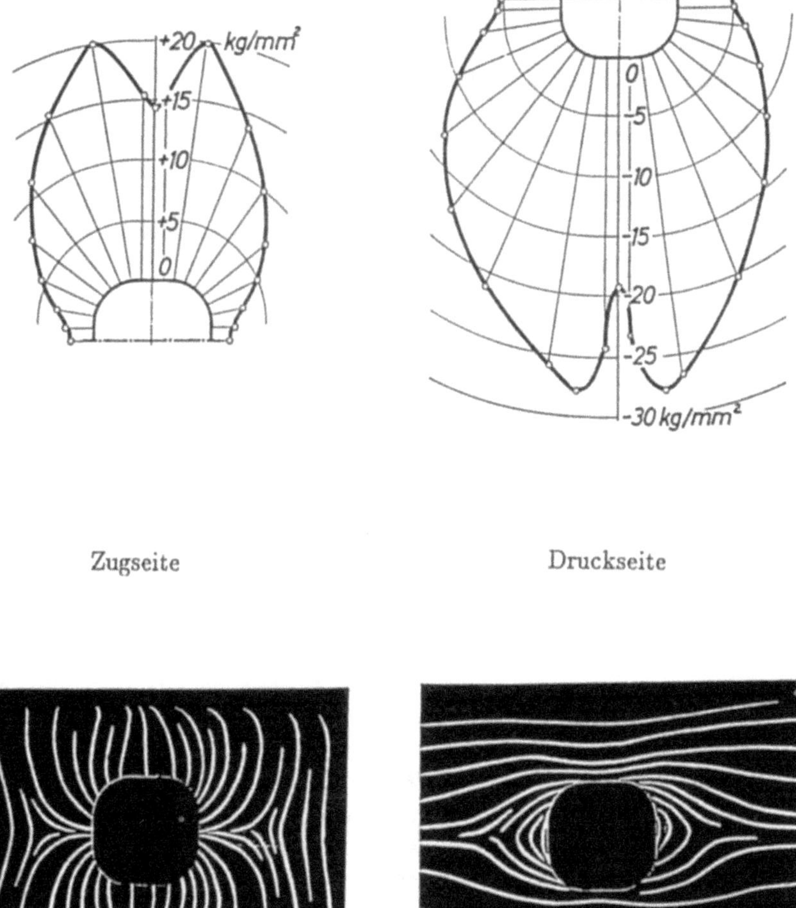

Bild 10.4: Dehnlinien- und Spannungsfeld in der Umgebung eines Rohrausschnittes bei Biegung (nach W. KLOTH)

11 Spannungsoptik

11.1 Polarisiertes Licht – Grundlagen

Lichtstrahlen sind elektromagnetische Schwingungen. Eine weißglühende Lichtquelle sendet Strahlenenergie aus, die sich in alle Richtungen fortpflanzt und ein ganzes "Spektrum" verschiedener Schwingungen unterschiedlicher Frequenzen und Wellenlängen enthält. Ein Teil davon stellt sich als für die menschlichen Sehorgane sichtbares Licht dar: Der Wellenlängenbereich zwischen 400 und 800 nm.

Die Schwingungsebene solcher Strahlen liegt immer senkrecht zur Fortpflanzungsrichtung, wobei eine Lichtquelle ganze Wellenzüge aussendet, die in allen Ebenen schwingen. Wenn ein Polarisationsfilter in den Lichtweg eingeführt wird, läßt dieser Filter nur einen Wellenzug durch, nämlich jenen, dessen Schwingungsebene mit der Polarisationsebene des Filters übereinstimmt. Hinter dem Filter P im Lichtweg spricht man dann von "plan-polarisiertem" Licht, weil nur noch eine Schwingungsebene vorhanden ist. Wird nun ein zweites Polarisationsfilter A in den Lichtweg eingebracht, kann eine totale Lichtauslöschung erzielt werden, wenn die Polarisationsebene oder -achse des Filters A genau senkrecht zu der des Filters P steht (siehe Abb. 11.1).

Licht pflanzt sich im Vakuum oder, praktisch gesehen, auch in Luft mit der Geschwindigkeit $C = 3 \cdot 10^{10}$cm/sec fort. In anderen transparenten Körpern ist diese Geschwindigkeit (V) niedriger, und das Verhältnis C/V wird Brechungsindex genannt. In einem homogen Körper ist der Brechungsindex unabhängig von der Fortpflanzungsrichtung und der Schwingungsebene des Lichts konstant. Kristalle verhalten sich optisch anisotrop, weil der Brechungindex eine Funktion der Stellung des Schwingungsebene eines Lichtstrahls zu der Fortpflanzungsachse ist. [11.1; 11.2; 11.3]

Gewisse Werkstoffe, besonders Kunststoffe, verhalten sich im spannungsfreien Zustand optisch isotrop, werden jedoch unter mechanischer Spannung anisotrop. Diese Anisotropie, also die Änderung des Brechungsindex ist eine Funktion der aufgebrachten Spannung. Zum besseren Verständnis mag hier die Analogie zum spezifischen elektrischen Widerstand und der dehnungsbedingten Widerstandsänderung beim Dehnungsmeßstreifen herangezogen werden.

Wenn ein Strahl polarisierten Lichts a einen transparenten Körper der Dicke t durcheilt, in dem X und Y die Hauptdehnungsrichtungen an einem betrachteten Punkt darstellen, wird sich der Lichtvektor (Amplitudenvektor der Schwingungsebene) in zwei Vektoren (zwei Schwingungsebenen) aufteilen, deren Schwingungsebene mit den Richtungen X und Y übereinstimmen (siehe Abb. 11.2)

Wenn die Dehnungsgrößen in X- und Y-Richtung ε_x und ε_y sind, dann ist die Lichtgeschwindigkeit der beiden in diesen Ebenen schwingenden polarisierten Lichtstrahlen entsprechend ϑ_x und ϑ_y und die Zeit, die die Lichtstrahlen benötigen die Dicke t zu durcheilen ist t/V. Dem entsprechend eilt ein Lichtstrahl dem anderen nach, es ergibt sich ein Gangunterschied der Größe

$$\delta = C \cdot \left(\frac{t}{V_x} - \frac{t}{V_y} \right) = t \cdot (n_x - n_y) \qquad (\,11\text{-}1\,)$$

Das BREWSTER'sche Gesetz besagt, daß ''die relative Änderung des Brechungsindex proportional der Differenz der Hauptdehnungen'' ist. Also gilt:

$$(n_x - n_y) = K \cdot (\varepsilon_x - \varepsilon_y) \qquad (\,11\text{-}2\,)$$

Die Konstante K wird ''dehnungsoptische Konstante'' genannt und ist eine Materialeigenschaft. Die Konstante ist dimensionslos, wird gewöhnlich durch Kalibrierung gewonnen und ist analog dem k-Faktor des Dehnungsmeßstreifens zu sehen. Kombiniert man die obigen Gleichungen, erhält man

$$\delta = t \cdot K \cdot (\varepsilon_x - \varepsilon_y) \qquad (\text{ für den Durchstrahlungsfall }) \qquad (\,11\text{-}3\,)$$

$$\delta = 2 \cdot t \cdot K \cdot (\varepsilon_x - \varepsilon_y) \qquad \text{(für den Reflexionsfall, das Licht}$$

wird an der hinteren Oberfläche des Körpers reflektiert und durcheilt den Körper also zweimal)

Für Dehnungsmessungen mit dem spannungsoptischen Oberflächenschichtverfahren ergibt sich folgende einfache Beziehung:

$$(\varepsilon_x - \varepsilon_y) = \frac{\delta}{2 \cdot t \cdot K} \qquad (\,11\text{-}4\,)$$

Aufgrund des relativen Gangunterschieds ergibt sich für die beiden Wellenzüge beim Austritt aus dem Plastikmaterial eine Phasenverschiebung. Der Polarisationsfilter A (Analysator) wird nur die Komponenten der Wellenzüge durchlassen, die mit seiner Polarisationsebene A übereinstimmen, wie in Abb. 11.2 gezeigt wird. Die beiden Wellenkomponenten werden interferieren, wobei die resultierende Lichtintensität eine Funktion der folgenden Parameter ist:

- des Gangunterschied δ
- des Winkels zwischen der Polarisationsebene A und der Hauptrichtungen ($\alpha - \beta$)

Im Falle eines Planpolariskop kann man die zu beobachtende Lichtintensität also beschreiben mit

$$I = a^2 \cdot \sin^2 2\,(\,\beta - \alpha) \sin^2 \frac{\pi \cdot \delta}{\lambda} \qquad (\,11\text{-}5\,)$$

Führt man nun Viertelwellenplatten in den Lichtweg ein, wird das Planpolariskop in ein Zirkularpolariskop verwandelt, d.h. aus planpolarisiertem wird zirkularpolarisiertes Licht gemacht. Die Lichtintensität nach Durchlaufen aller Filter ist jetzt von den Hauptrichtungen unabhängig (siehe Abb. 11.3):

$$I = a^2 \cdot \sin^2 \frac{\pi \cdot \delta}{\lambda} \qquad (11\text{-}6)$$

Diese Gleichungen geben eine grundsätzliche Beschreibung der Arbeitsweise eines Polariskops.

Mit einem Planpolariskop werden also Richtungen der Hauptspannungen gemessen. Die Lichtintensität wird Null, wenn ($\beta - \alpha$) $= 0$ (siehe Abb. 11.2) oder wenn die Polarisationsachsen von Polarisator und Analysator parallel zu den Hauptspannungen laufen.

Beim Zirkularpolariskop wird die Lichtintensität Null, wenn $\delta = 0$, $\delta = 1 \cdot \lambda$, $\delta = 2 \cdot \lambda$... oder allgemein ausgedrückt

$$\delta = N \cdot \lambda$$
wobei $N = 1, 2, 3$, etc. ist.

Die Zahl N wird "Ordnung" genannt und beschreibt die Größe von δ. Als Wellenlänge wurde ausgewählt $\lambda = 576 \times 10^{-6}$ mm.

Der Gangunterschied δ oder das spannungsoptische Signal wird also einfach mit N beschrieben.

Beispiel: δ(Gangunterschied)$= 2$ Ordnung
        oder $\delta = 2 \cdot \lambda$
        oder $\delta = 2 \times 576 \times 10^{-6}$ mm

Wenn $\delta = N \cdot \lambda$ bekannt ist, errechnet sich die Hauptspannungsdifferenzen zu

$$(\varepsilon_x - \varepsilon_y) = \frac{\delta}{2 \cdot t \cdot K} = N \cdot \frac{\lambda}{2 \cdot t \cdot K} = N \times f \qquad (11\text{-}7)$$

wobei lediglich N gemessen wird und f alle Konstanten wie Wellenlänge, Materialdicke und k-Faktor zusammenfaßt. Auf diese Weise lassen sich Dehnungsdifferenzen messen. Um ihre Einzelkomponenten zu ermitteln bedarf es zusätzlicher Messungen.

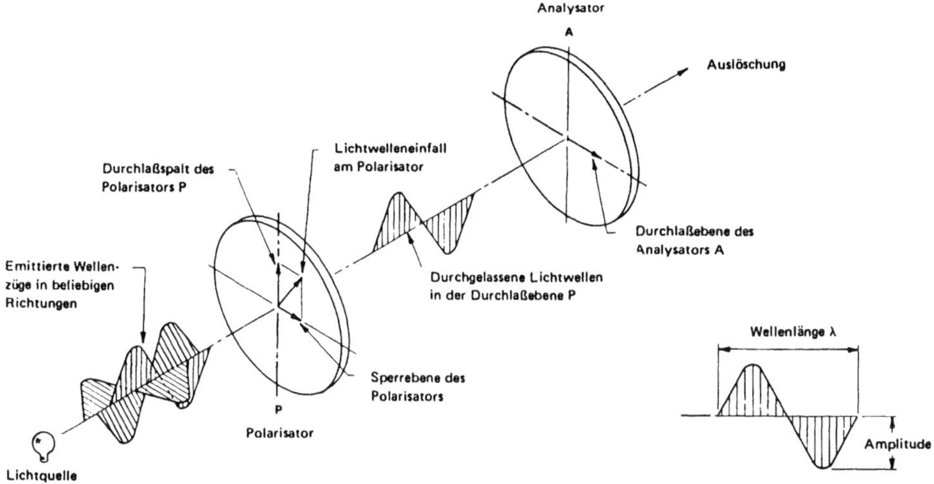

Bild 11.1: Polarisation von Licht

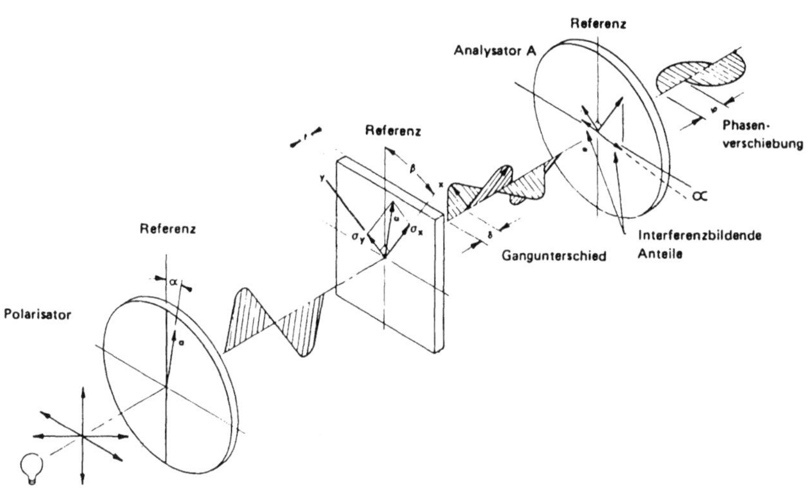

Bild 11.2: Planpolariskop

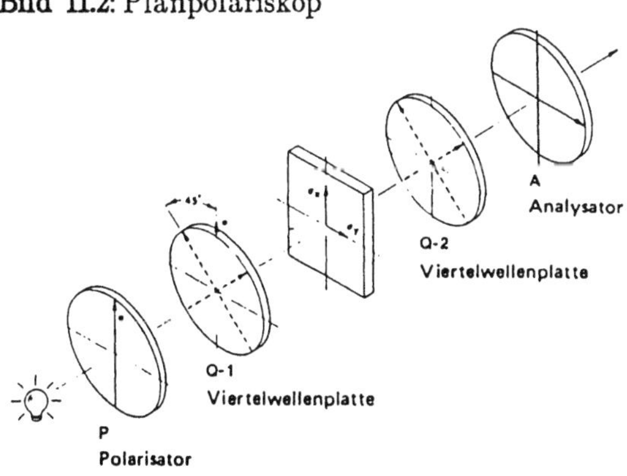

Bild 11.3: Zirkulariskop

12 Röntgentechnik

12.1 Einführung – Grundlagen

Mit Beugungsmethoden lassen sich zerstörungsfrei Spannungen im Bereich der Eindringtiefe der gebeugten Strahlung ermitteln. Die Möglichkeit zur „röntgenographischen Spannungsmessung" (RSM) beruht auf den folgenden drei Gegebenheiten:

a) Die untersuchten metallischen und keramischen Werkstoffe sind aus Kristalliten aufgebaut, die durch Spannungen elastisch verformt werden,

b) die Methoden der Röntgenbeugung liefern Mittelwerte der elastischen Verformung spezieller Kristallkollektive,

c) aus diesen Mittelwerten lassen sich bei Vorliegen wohldefinierter Voraussetzungen die makroskopischen Spannungen im Oberflächenbereich des Werkstoffes nach Größe und Richtung ermitteln und zwar bei mehrphasigen Werkstoffen für jede Komponente.

Als Basis zum Einarbeiten in das Verfahren und zum Studium der Literatur sollen im Folgenden Kenntnisse von der Struktur und dem elastischen Verhalten von Einkristallen vermittelt werden, sowie von den relevanten Eigenschaften, die ein Konglomerat von Einkristallen ausbildet. Es werden einige Grundlagen der Röntgenbeugung angesprochen gefolgt von einer Beschreibung der theoretischen und praktischen Grundlagen der RSM.

12.2 Kristallographische Grundlagen, elastisches Verhalten, Textur

In einem Einkristall sind die Elementarzellen dreidimensional periodisch angeordnet. Eine Einheitszelle wird von den Basisvektoren a_i (i = 1, 2, 3) aufgespannt und der Vektor $r = u_i \cdot a_i = u_1 \cdot a_1 + u_2 \cdot a_2 + u_3 \cdot a_3$ mit ganzzahligen u_i verbindet zwei identische Gitterplätze miteinander. Im mittleren Teil der Gleichung wurde dabei von der vereinfachenden, auch im weiteren verwendeten EINSTEIN'schen Summenkonvention Gebrauch gemacht, über doppelt auftretende Indizes zu summieren.

Richtungen in Kristalliten werden durch die in eckige Klammern gesetzten Komponenten des Richtungsvektors angegeben: $[u_1\ u_2\ u_3]$. Netzebenenscharen werden durch in runde Klammern gesetzte „MILLER'sche Indizes" (h k l) bezeichnet, die hier mit (h_i) abgekürzt werden, und die Richtung sowie Abstand von Netzebenen angeben. Eine solche Ebene schneidet die a_i in den Abständen $|a_i|/h_i$. Zur gleichen Schar gehört die parallel hierzu durch den Ursprung verlaufende Ebene, wodurch der Netzebenenabstand d_{hi} festgelegt ist. Er ergibt sich für kubische Kristalle mit der Gitterkonstanten a zu $d_{hi} = a/(h_1^2 + h_2^2 + h_3^2)^{0,5}$. Es sind diese d-Werte, die röntgenographisch ermittelt werden können und die durch Spannungen verändert werden. Zu einem bestimmten Indextripel (h_i) gehören bei kubischen Kristallen der höchsten Symmetrie soviele gleichwertige Ebenen mit gleichem d, wie es unterscheidbare Permutationsmöglichkeiten, inbegriffen negative h_i gibt. Diese Zahl nennt man Flächenhäufigkeitsfaktor H. So ist H (100) = 6, H (111) = 8 und H (123) = 48. Bei Kristallen mit niedrigeren Symmetrien sind diese Zahlen kleiner.

Im Gültigkeitsbereich des HOOKE'schen Gesetzes führt eine äußere Spannung σ_{kl} zu Dehnungen ε_{ij} nach: $\varepsilon_{ij} = s_{ijkl} \cdot \sigma_{kl}$; i, j, k, l = 1, 2, 3. $\sigma_{kl} \cdot p_l$ ist die k-Komponente des Spannungsvektors auf der zu p mit den Komponenten p_l senkrecht liegenden Fläche. $\sigma_{kl} \cdot p_l \cdot p_k$ ist die entsprechende Normalspannung. Es gilt hierbei die oben vereinbarte Summenkonvention.

Die Umkehrung dieser Gleichung lautet: $\sigma_{kl} = c_{klij}\, \varepsilon_{ij}$. Die elastischen Konstanten der Einkristalle c und die elastischen Moduln s sind Tensoren vierter Stufe, die bei kubischen Kristallen nur drei voneinander unabhängige Komponenten haben. Einem Vorschlag VOIGT's entsprechend werden die Indizes häufig wie folgt zusammengefaßt:

$$\text{ii : i, } 23/32 : 4,\ 13/31 : 5 \text{ und } 12/21 : 6.$$

Polykristalline Werkstoffe sind aus Körnern zusammengesetzt, deren Abmessungen in der Regel mehr als 5 µm betragen. Da die Körner über die Korngrenzen gekoppelt sind, können sie sich bei Aufbringen einer äußeren Last nicht frei verformen und es entsteht, bei elastischer Anisotropie, im Inneren eines Korns ein von dessen Orientierung und Umgebung abhängiger Spannungszustand mit ortsabhängigen Hauptachsenrichtungen und Spannungsbeträgen. Die Abweichung dieser lokalen Spannungen, die auch andere Ursachen haben können, von den über das Korn gemittelten Spannungen nennt man nach MACHERAUCH [12.1] Spannungen dritter Art: σ_{kl}^{III}. σ_{kl}^{II} ist die Differenz zwischen der mittleren Spannung im betrachteten Korn und der über ein größeres Probenvolumen gemittelten Makrospannung σ_{kl}^{I}. Mit $\sigma_{kl}^{II,\alpha}$ wird nach HAUK [12.2] auch die Abweichung der über die Körner der Phase α einer mehrphasigen Probe gemittelten Spannungen von der globalen Makrospannung bezeichnet. Entsprechende Definitionen sind für die Dehnungen gebräuchlich.

Im Rahmen des HOOKE'schen Gesetzes gilt $\varepsilon_{ij}^{I} = S_{jkl} \cdot \sigma_{kl}^{I}$. Die elastischen Moduln hängen von den Einkristallkonstanten sowie von der Orientierungsverteilung der Körner und von Orientierungskorrelationen ab. Letzteres läßt sich anhand von zwei Grenzfällen plausibel machen: Besteht der Vielkristall aus unendlich ausgedehnten elastischen anisotropen Einkristallfasern mit unterschiedlichen kristallographischen Orientierungen, so führt eine Beanspruchung in dieser Vorzugsrichtung zu einer homogenen Verformung aller Körner (VOIGT-Fall) mit entsprechenden unterschiedlichen σ^{II}. Eine aus parallelen Einkristallplatten bestehende Probe führt bei einer Beanspruchung senkrecht zu den Platten zu homogenen Spannungen (REUSS-Fall) mit von der kristallographischen Orientierung abhängenden ε^{II}-Werten. Das Verhalten eines beliebigen Werkstoffs liegt zwischen den von VOIGT und REUSS gesetzten Grenzen und ist modellfrei aus Einkristalldaten nicht zu berechnen. Das Verhalten eines in ein homogenes isotropes Medium eingebetteten Einkristalls wurde von KRÖNER [12.3] berechnet.

Bei einem makroskopisch isotropen und homogenen Werkstoff reduziert sich die
Zahl der unabhängigen elastischen Koeffizienten auf zwei, z. B. den Elastizitätsmodul E und die Querkontraktionszahl ν. Die Hauptdehnungsrichtungen fallen
mit den Hauptspannungsrichtungen zusammen, (siehe Bild 12.1). Es ist
$\varepsilon_1^I = \sigma_1^I/E - (\nu/E) (\sigma_2^I + \sigma_3^I)$. Bei unendlich ausgedehnten Proben verschwinden
wegen der Gleichgewichtsbedingungen die zur Grenzfläche senkrecht stehenden
Spannungen σ_3^I und es wird mit den VOIGT'schen elastischen Koeffizienten
$S_1 = -\nu/E$, $S_2 = 2 (1 + \nu) / E$

$$\varepsilon_\psi^I = 1/2\, S_2 \cdot \sigma_\varphi^I \cdot \sin^2\psi + S_1 \cdot (\sigma_1^I + \sigma_2^I) \text{ mit} \qquad (12\text{-}1)$$

$$\sigma_\varphi^I = \cos^2\varphi \cdot \sigma_1^I + \sin^2\varphi \cdot \sigma_2^I. \qquad (12\text{-}2)$$

Aufgrund ihrer Vorgeschichte sind metallische Werkstoffe in der Regel nicht
isotrop. Eine nicht statistische Verteilung der Kornorientierungen wird Textur
genannt, über die man quantitativ Informationen aus Beugungsexperimenten
erhält. „Ideallagen" bevorzugter Orientierungen, wie sie sich z. B. beim Walzen
annähernd ergeben können, werden durch die MILLER'schen Indizes der zur
Walzebene bevorzugt parallel liegenden Netzebenen bezeichnet, zusammen mit
der Angabe der mit der Walzrichtung zusammenfallenden Kristallrichtung: $(h_1$
$h_2\ h_3$), $[u_1\ u_2\ u_3]$. Eine vollständige quantitative Beschreibung der Textur
stellt die „Orientierungsverteilungsfunktion" (OVF) dar, in der das relative Volumen der Körner aufgetragen wird, deren Kristallkoordinaten die als Parameter gewählten EULER-Winkel mit den Probenkoordinaten bilden.

12.3 Röntgenographische Grundlagen

Aus dem Spektrum der in der RSM eingesetzten Röntgenröhren wird als monochromatische Strahlung in der Regel die $K_{\alpha1}/K_{\alpha2}$ Doppellinie selektiert, der-
en Wellenlänge λ durch das Anodenmaterial gegeben ist. Fünf Beispiele finden
sich in der Tabelle 12.1. Röntgenstrahlen werden von den Atomen kohärent
gestreut. Sind diese in einem Gitter angeordnet, ergeben sich scharfe Interfe-
renzmaxima. Nach BRAGG kann man sich diese Maxima durch „Reflexion"
der Strahlung an Netzebenen zustandekommend denken, derart, daß Einfalls-
winkel = Ausfallswinkel = Θ ist. Allerdings tritt eine solche Reflexion nur unter dem durch die BRAGG'sche Gleichung $\lambda = 2\ d_{hi} \cdot \sin\Theta$ gegebenen Winkel
auf. Es reflektieren auch nicht notwendigerweise alle Netzebenen. Für einato-
mige rz-Strukturen (α - Fe) sind es diejenigen, für die Σh_i geradezahlig ist; bei
entsprechenden fz-Gittern (γ - Fe) müssen die h_i alle geradzahlig oder ungerade sein. Bei einem Kristallpulver führen die Reflexe an den Netzebenen der
einzelnen Kristallite zu Beugungskegeln, (s. Bild 12.2). Ein reflektierter Strahl
RS auf einem Kegelmantel stammt von demjenigen Kornkollektiv, für das die
Normale EN auf der reflektierenden Netzebene in der Ebene aus einfallendem
(PS) und reflektiertem Strahl liegt und den Winkel (180 - 2 Θ) zwischen beiden
halbiert. Es reflektieren demnach gleichzeitig alle Körner, die bezüglich EN um
$0 \leq \beta < 360^0$ gedrehten Orientierungen haben. Ein Pulverdiagramm kann mit

einem Zählrohrgoniometer vermessen werden, in dessen Zentrum die Probe steht und auf dessen Zählrohrkreis sich der Brennfleck der Röntgenröhre und der bewegliche Zählrohrspalt befinden. Beim Hindurchtreten durch einen Abschnitt eines Kegelmantels ergeben sich die in Bild 12. 2 gezeigten Linienprofile, deren Asymmetrie auf die α_1/α_2 Aufspaltung zurückgeht. Mit einem ortsempfindlichen Detektor ist eine simultane Registrierung bei geringstem Zeitaufwand möglich. Eine mit der Orientierung der Probe veränderliche Intensität, gegeben durch die ggf. auf Absorbtionseffekte korrigierte Fläche unter der Linie, ist auf Textur zurückzuführen und wird mit speziellen Texturgoniometern vermessen. Aus dem Linienprofil und auch schon aus ihrer Breite ergeben sich Hinweise auf Spannungen höherer Art (WARREN [12.4]). Bei der sogenannten WARREN-AVERBACH-Analyse muß jedoch darauf geachtet werden, daß diese für Kristallpulver konzipiert ist. Bei kompakten Proben kommt es zusätzlich zum sogenannten ß-Effekt, der darauf beruht, daß die gleichzeitig reflektierenden Körner abhängig von ß durch eine makroskopische Spannung unterschiedlich gedehnt werden können. Die unterschiedlichen ε^{II} (ß) überlagern sich zu einer Linienverbreitung (KRIER u. a. [12.5]). Aus der Linienlage θ kann d_{hi} und daraus a berechnet werden. 0 entspricht dabei dem Schwerpunkt der Linie, deren Profil bei breiten Reflexen bzgl. mehrerer winkelabhängiger Faktoren zu korrigieren ist. Einfach, schneller und i. a. ausreichend sind andere Verfahren der Linienlagebestimmung, z. B. durch einen Parabelfit über eine größere Zahl von Punkten, die in mehr als 80 % der Reflexhöhe gemessen wurden. Wegen der Quantennatur der Röntgenstrahlung kann jeder einzelne Punkt nur mit einer relativen Standardabweichung von $(N)^{-0.5}$ bestimmt werden, wobei N die Zahl der gezählten Quanten ist. Die Ableitung der BRAGG'schen Gleichung liefert $\Delta\theta = tg\,\theta\,\Delta a/a$ und etwa auf σ^I zurückzuführende Δ a sind mit umso höherer Auflösung zu ermitteln, je größer θ ist. 2 θ sollte bei Spannungsmessungen größer als 130° sein.

Ein Röntgenstrahl der Intensität I_0 wird beim Hindurchtreten durch Materie der Dicke z auf $I = I_0\,exp\,(-(\mu/\rho)\,\rho\,z)$ geschwächt. ρ ist die Dichte. (μ/ρ) ist der wellenlängenabhängige Massenschwächungskoeffizient. Mit $z_{\frac{1}{E}} = 1/2\mu$ wird die „Eindringtiefe bei senkrechtem Strahlengang" definiert. Bei senkrechtem Einfall und senkrechter Reflexion kommt 63 % der reflektierten Intensität aus der Oberflächenschicht mit der Dicke $z_{\frac{1}{E}}$, für die Zahlenwerte in Tab. 12.1 aufgeführt sind. Aus einer 2,3 mal dickeren Schicht stammt 90 % der Intensität. Bei schräg verlaufenden Strahlen ist die Tiefe entsprechend geringer.
Ersetzt man ε^I in Gl. 12.1 durch $\Delta a/a_0 = d/d_0 - 1$, worin der Index 0 die dehnungsfreie Probe bezeichnet, so erhält man die Grundgleichung der röntgenographischen Spannungsanalyse ($sin^2\,\psi$- Gesetz):

$$(\Delta a/a_0)_{\varphi\psi} = 1/2 \cdot S_2^{rö} \cdot \sigma_\varphi^I \cdot sin^2\psi + S_1^{rö}(\sigma_1^I + \sigma_2^I) \qquad (\,12\text{-}3\,)$$

Die Steigung der Geraden $\Delta a/a_0(sin^2\,\psi)$ oder einfach $d/d_0\,(sin^2\,\psi)$ liefert σ_φ^I. In Gl. 12-3 wurde berücksichtigt, daß $(\Delta a/a_0)$ nur ein Mittelwert über die entsprechenden Dehnungen ε^{II} des speziellen gerade zur Reflexion günstig stehenden

Kornkollektivs ist und demnach nur im VOIGT-Fall mit ϵ^I übereinstimmt. Um dem Rechnung zu tragen wurden die röntgenographischen elastischen Konstanten (REK) $S_1^{r\ddot{o}}$ und $S_2^{r\ddot{o}}$ eingeführt. Diese hängen bei kubischen Kristalliten von $\Gamma = (h_1^2 h_2^2 + h_1^2 h_3^2 + h_2^2 h_3^2) / (h_1^2 + h_2^2 + h_3^2)^2$ ab und liegen zwischen den nach VOIGT und REUSS berechneten Werten, vgl. Bild 12.3. Bei kubischen Gittern stimmen sie bei $\Gamma = 1/5$ mit den mechanischen Werten überein. Theoretische Untersuchungen von STICKFORTH [12.6] und BURBACH [12.7] zeigen, daß Gl. 12-3 dann, aber auch nur dann, in Strenge gilt, wenn der Werkstoff, der aus mehreren Phasen bestehen kann, makroskopisch (mechanisch) isotrop und homogen ist, wenn die Dehnungen rein elastisch sind und wenn ein Oberflächenanisotropieeffekt vernachlässigt wird. In der Praxis sind diese Forderungen häufig hinreichend gut erfüllt. Das gilt nach Untersuchungen von HAUK u. a. [12.8] insbesondere für den letzteren Effekt. Abweichungen vom normalen $\sin^2\psi$ - Verhalten, über die unten berichtet wird, sind demnach auf ein Verletzen der erstgenannten Voraussetzungen zurückzuführen. Nach BURBACH [12.7] können die REK aus Einkristalldaten und aus dem empirisch zu ermittelnden E-Modul berechnet werden. In der Praxis werden sie jedoch experimentell bestimmt. BEHNKEN und HAUK [12.9] geben ein Verfahren zur Berechnung der REK nicht-kubischer Substanzen an. In mehrphasigen Systemen können die REK bei stark unterschiedlichem elastischen Verhalten der Phasen von denen der reinen Komponenten abweichen (EVENSCHOR und HAUK [12.10]).

12.4 Meßtechnik

Eine Anlage zur RSM besteht aus einem Röntgengenerator mit Röhre und Röhrenhaube, einem Goniometer, einem Zählrohr mit Zählelektronik bzw. einem ortsempfindlichen Detektor mit Vielkanalanalysator sowie schließlich einem Rechner mit Programmen zur weitgehenden Automatisierung des Verfahrens. Es gibt transportable Anlagen mit „mittelpunktfreien" Goniometern, die an zu untersuchenden Bauteilen angebracht werden können. In der Praxis geht es zunächst darum, den zu vermessenden Reflex so zu wählen, daß $2\,\theta > 130^o$ wird. Tabelle 12.1 zeigt, daß es hierfür nicht allzuviele Möglichkeiten gibt, insbesondere wenn man nicht nur die alleräußerste Kornschicht erfassen möchte. Die Probe, die gegebenenfalls ätzpoliert wurde, steht im Zentrum des Goniometers. Die Normale EN auf den in Zählrohrrichtung reflektierenden Netzebenen halbiert gemäß Bild 12.2 immer den Winkel $(180 - 2\,\theta)$ zwischen Primärstrahl PS und dem in Zählrohrrichtung reflektierten Strahl RS. Es gibt zwei Vorgehensweisen, um den Winkel ψ, der zwischen EN und der Probennormalen PN aufgespannt ist, zu variieren: Beim „ω-Verfahren" bleibt PN in der Ebene aus PS und RS. ψ kann etwa von -45° bis 45° variiert werden. Positives ψ bedeutet, daß PN ausgehend von EN in Richtung Röhrenbrennfleck gekippt wird. Im Rahmen des $\sin^2\psi$-Gesetzes führen negative und positive Kippungen natürlich zum gleichen Resultat. Beim heutzutage üblicheren „ψ-Verfahren" wird PN aus der EN-Stellung heraus senkrecht zur Ebene aus PS und RS gekippt, wodurch der ψ-Bereich bis ca. 60° ausgedehnt werden kann und mit einigen Anstrengungen sogar bis fast $90°$ was für die Untersuchung von steilen Spannungsgradienten wichtig ist (RUPPERSBERG u. a. [12.11]). Mit einem automatisierten Diffraktometer kann bei Routinemessungen eine hinreichend große Zahl von $d(\psi)$-Werten in Minutenschnelle ermittelt und ausgewertet werden. Sofern ein lineares Verhalten von $d(\sin^2\psi)$ sichergestellt ist, führt eine lineare Regression sowie bekanntes $S_2^{\ddot{o}}$ und d_0 zu σ_φ^I. Von Zeit zu Zeit sollte mit einer Pulverprobe, für die d unabhängig von ψ ist, die Justierung überprüft werden. Bei nur kleinen Abweichungen können die Meßdaten entsprechend korrigiert werden. Auch muß sichergestellt sein, daß hinreichend viele Körner der Probe erfaßt werden, das kann mit einem Film vor dem Zählrohr kontrolliert werden, der eine gleichmäßig geschwärzte Spur des Kegelmantels zeigen muß. In letzter Zeit werden Diffraktometer eingesetzt, mit denen die Reflexe automatisch für $0 \leq \varphi < 360°$ und im zugänglichen ψ-Bereich abgefahren werden. Es ergeben sich als zweidimensionale Darstellungen sogenannte Polfiguren von d, der Linienbreite und der Textur, die dann besonders interessant sind, wenn Abweichungen vom normalen $\sin^2\psi$-Verhalten auftreten.

Größe und Richtung der Hauptspannungen können aus Gl. 12-2 durch Messung von σ_φ^I für drei Winkel: φ, $\varphi+45°$ und $\varphi+90°$ ermittelt werden. Zur Bestimmung der REK ist eine Vorrichtung zur elastischen Dehnung der Proben (in 1-Richtung) erforderlich. Häufig wird eine Vierpunktbiegung eingesetzt, wobei die Behinderung der Querkontraktion zu $0 < \sigma_2^I < \upsilon \cdot \sigma_1^I$ führt. In der Praxis liegt $m = \sigma_2^I / \sigma_1^I$ bei $0.1 \cdot \upsilon$. Mit diesem Verfahren erhaltene a $(\sin^2\psi, \varepsilon_1^I)$. Kurven sind in Bild 12.4 gezeigt, sie schneiden sich für eigenspannungsfreie Proben bei:

$$\sin^2\psi^* = -(1+m)\, S_1^{r\ddot{o}} / \tfrac{1}{2} S_2^{r\ddot{o}}, \text{ dort ist } a^* = a_0$$

Das mit Dehnungsmeßstreifen ermittelte ε_1^I führt mit den bekannten mechanischen S_1 und S_2 Werten zu σ_1^I (Gl. 12-1), welches in Gl. 12-3 eingesetzt die gesuchten REK liefert. Ein Überprüfung der REK kann anhand einer von BURBACH [12.7] für den isotropen Vielkristall gefundenen Beziehung

$$3\, S_1^{r\ddot{o}} + \tfrac{1}{2} S_2^{r\ddot{o}} = S_{11} + 2\, S_{12} \text{ erfolgen.}$$

Die in der Literatur angegebenen REK streuen mitunter stark. Abweichungen von 10 % für das speziell interessierende $S_2^{r\ddot{o}}$ sind nicht selten und für praktische Anwendungen wird mitunter (z. B. von HAUK [12.8]) empfohlen einfach die mechanischen Werte einzusetzen, insbesondere natürlich dann, wenn Γ dicht bei $\tfrac{1}{5}$ liegt. Eine gute Näherung sind die nach dem KRÖNER'schen Ansatz [12.3] berechneten Werte.

Detailliertere Informationen über die RSM befinden sich in einem HTM-Sonderheft (1976) [12.12] in Aufsätzen von MACHERAUCH (1980) [12.13] sowie in einem englischsprachigen Buch von NOYAN und COHEN [12.14] das insbesondere einen guten Überblick über die theoretischen Grundlagen, über die Bewältigung praktischer Probleme und über die Effekte liefert, die zu nichtlinearen

$\sin^2\psi$-Kurven führen. Zahlreiche praktische Anwendungen werden in einem von MACHERAUCH und HAUK [12.15] herausgegebenen Sammelwerk (1983) beschrieben. Im folgenden soll nur ein besonders illustratives, wenn auch extremes Beispiel einer Anwendung der RSM geschildert werden und zwar die Untersuchung von WELSCH u. a. [12.16] der überlastbedingten Eigenspannungsverteilungen in rißspitzennahen Werkstoffbereichen und deren Einfluß auf die Ausbreitung von Ermüdungsrissen. Da sehr starke Änderungen der lokalen Eigenspannungswerte erwartet wurden, wählten die Autoren extrem kleine Meßflächen von 0,04 mm^2. Um dennoch hinreichend viele Körner zur Reflektion zu bringen wurden die Proben im Zentrum einer kardanischen Aufhängung um kleine Winkel gependelt ohne die Einstellung von φ und ψ im Mittel zu verändern. Die Lage des Röntgenstrahles wurde mit einem speziell entwickelten lichtoptischen System justiert, das eine Positionierung mit einer Genauigkeit von $\pm$0.05 mm zuließ. Es konnte so die Eigenspannungsverteilung auf den Rißflanken und vor den Rißspitzen in unterschiedlichen Stadien des Rißfortschrittes systematisch untersucht werden. Ein Ergebnis für Eigenspannungen σ_y senkrecht zur Rißrichtung in Abhängigkeit des Abstandes vom Kerbgrund zeigt Bild 12.5. Die Spitze des Risses liegt bei ca. 2,8 mm. Auf die Einzelheiten des Experiments und der Deutung kann nicht eingegangen werden. Die Abbildung soll im wesentlichen die Leistungsfähigkeit der RSM belegen, die mit Erfolg auf vielen Gebieten der zerstörungsfreien Werkstoffprüfung eingesetzt wird.

In den letzten Jahren interessiert man sich zunehmend für Fälle, die zu Abweichungen vom $\sin^2\psi$ Gesetz führen. So werden schlangenförmige Kurven beobachtet mit Wellen, deren Amplituden von der aufgebrachten Last abhängen können. Es gibt Aufspaltungen zwischen positiven und negativen ψ-Winkeln. Es wurde eine starke Veränderung der REK bei plastischer Verformung beobachtet und auch Werte, die außerhalb der VOIGT-REUSS'schen Schranken liegen. Das Interesse an diesen Erscheinungen ergibt sich einerseits daraus, daß man auch in diesen Fällen Spannungen ermitteln möchte, andererseits lassen sich aus den Anomalien vertiefte Informationen über den Werkstoffzustand gewinnen. Als Ursache kommen neben systematischen Unebenheiten der Probenoberfläche, Anisotropie und Inhomogenitäten des Werkstoffes infrage. Eine Gruppe von Erscheinungen rührt daher, daß die Tiefe des Oberflächenbereiches, über den d gemittelt wird, von ψ abhängt. Gradienten in d führen deshalb zu nichtlinearen d $(\sin^2\psi)$ Kurven. Solche Gradienten können sich als Folge von Konzentrationsgradienten ergeben, wie sie bei der Oberflächenvergütung entstehen (PRÜMMER [12.17]). Durch spezielle Beanspruchung, z. B. beim Walzen (RUPPERSBERG u. a. [12.11]), können sich Spannungsgradienten wahrscheinlich sogar meßtechnische kaum zu erfassende phasenspezifische σ_{33}^α Felder ausbilden. Eine gerichtete plastische Beanspruchung wie Schleifen oder schräges Kugelstrahlen und auch schon Einschlüsse mit unsymmetrischer Typologie führen zu phasenspezifischen Spannungsfeldern die aufgrund von σ_{13}^α- und σ_{23}^α Komponenten mit der Tiefe zunehmend gekippt sind die oben erwähnten ψ-Aufspaltung hervorrufen (BERVEILLER u. a. [12.18]). Das Volumenmittel über alle Phasen der σ_{i3} Komponenten verschwindet bei makroskopisch homogenen Proben. Systematische theoretische Untersuchungen zur Auswertung der Meßergebnisse in diesen Fällen gibt es von PEITER und LODE [12.19], deren in Kapitel 20 dargestelltes Integralverfahren unter funktioneller Erweiterung des $\sin^2\psi$-Gesetzes in besonders einfacher Weise zu dreiaxialen Spannungsverteilungen führt. Bei Werkstoffen aus elastisch anisotropen Körnern führt eine ausgeprägte Textur zu deutlichen Abweichungen. Von DÖLLE und HAUK [12.20] wurde die Auswirkung im REUSS-Fall für Ideallagen der Textur berechnet. BARRAL u. a. [12.21] sowie BRAKMAN [12.22] schlagen einen Formalismus vor, der den Textureinfluß, basierend auf der REUSS'schen und der VOIGT'schen Annahme, mit Hilfe der OVF generell zu berechnen erlaubt. (hhh) und (hoo) -Reflexe kubischer Strukturen sollten von Textureinflüssen frei sein und dann auch nicht die oben erwähnte ß-bedingte Linienverbreitung zeigen (KRIER u. a. [12.5]). Nach HAUK u. a. [12.16] wird der Textureinfluß bei sich überlappenden Reflexen und bei großen Flächenhäufigkeitsfaktoren gemildert, z. B. für (732) / (651) bei α-Fe (vgl. Tabelle 12.1). Als weitere Ursache für nichtlineare d $(\sin^2\psi)$-Kurven kommen schließlich inhomogene ε^{II}-Verteilungen infrage, die bei plastischen Verformungen entstehen. Einen Hinweis hierauf liefern z. B. entsprechende, von MAURER [12.24], an Wolfram erhaltene Ergebnisse. Es handelt sich hierbei um die bis in die fünfziger Jahre häufiger diskutierten „HEYN-Spannungen" (MASING [12.25], KAPPLER u. REIMER [12.26]).

Tabelle 12.1: Daten für die RSM an α-Fe

Mittelwerte mit Standardabweichungen für $S_2^{rö}/2$ nach HAUK und KOCKELMANN [12.27]

Berechnet: aus Einkristalldaten nach KRÖNER.
Experimentell: ferritisch-perlitische Stähle.

Ebene	Γ	Röhre	λ K_α (Å)	2θ	μ/ρ cm^2/g	$z_E^\perp$ μm	$S_2^{rö}/2$ (10^{-6} mm/N) exp.	ber.
(211)	0.25	Cr	2.291	156.49	115	5.5	5.68 ± 0.08	5.76 ± 0.12
(220)	0.25	Fe	1.937	145.80	72.8	8.7	5.36 ± 0.23	5.76 ± 0.12
(310)	0.09	Co	1.790	161.88	59.5	10.7	7.02 ± 0.12	6.98 ± 0.16
(222)	0.33	Cu	1.542	137.47	324	2.0	–	–
(732) (651)	0.175 0.25	Mo	0.711	155.21	38.3	16.6	5.53 ± 0.39	–

12.5 Geräte zur Röntgenspannungsmessung

Wie eingangs näher ausgeführt beruht die röntgenographische Spannungsmessung
(RSM) auf der genauen Messung verschiedener Gitterkonstanten $d(h_i)$ mit Hilfe
der BRAGG'schen Gleichung. Je genauer man den BRAGG-Winkel Θ mißt, desto
genauer kann man den Mittelwert der elastischen Verformungen im untersuchten
Probenvolumen - das ist jenes oberflächennahe Probenvolumen, in dem die eindringenden Röntgenstrahlen kohärent unter dem BRAGG-Winkel gestreut
werden - bestimmen. Damit Gitterkonstanten mit einer Genauigkeit von
10^{-3} bis 10^{-4} bestimmt werden können, kann man eine entsprechende Genauigkeit auch für die gemessenen elastischen Dehnungen erwarten. Durch vollständiges
Differenzieren der BRAGG-Gleichung sieht man jedoch sofort, daß die erzielbare
Meßgenauigkeit der elastischen Verformung ($\Delta d/d$) nicht nur proportional der
Genauigkeit der BRAGG-Winkelbestimmung, sondern auch umgekehrt proportional
dem Tangens des entsprechenden BRAGG-Winkels ist.

Aus dieser kurzen Beschreibung des Meßprinzipes der RSM ergeben sich 3
prinzipielle Anforderungen an ein gutes, für die RSM geeignetes Röntgendiffraktometer:

1.   Genaue Messung des BRAGG-Winkels
2.   Möglichst hoher Meßwinkelbereich ($2\Theta > 120°$)
3.   Genaue Positionierbarkeit der Probe mit 2 Rotationsmöglich-
     keiten

Zur Durchführung dieser Messungen verwendet man ein Röntgendiffraktometer
(siehe Bild 12.6), wie es von verschiedenen Herstellern in ähnlichen Varianten
angeboten wird. Ein Röntgendiffraktomer besteht im Prinzip aus folgenden
Modulen:

12.6 Röntgenquelle

Meistens wird eine wassergekühlte, geschlossene Röntgenröhre benutzt, die in
Bild 12.7 dargestellt ist. In dieser werden die charakteristischen Röntgenstrahlen
durch Beschuß der Anode (meist Cu, Co oder Cr, für spezielle Anwendungen
auch Fe, Mn oder Mo) mit Elektronen erzeugt. Die von der helix-förmigen
Glühkathode emittierten Elektronen werden mit 40-60 keV beschleunigt und
elektronenoptisch auf die Anode fokussiert, sodaß ein schmaler Linienfocus
entsteht. Dessen Dimensionen liegen typischerweise zwischen 12x2.0 und
12x0.4 mm^2. Da bei den meisten Experimenten ein Abnahmewinkel von $6°$
benutzt wird, wird die effektive Röntgenfokusabmessung in der Abstrahl-
richtung um einen Faktor 10 kleiner ($\sin 6° = 0.1$). Für die RSM benutzt man
meistens die Breitfokus–Röhre, um möglichst hohe Intensitäten bei den
schwach streuenden Reflexen bei hohen 2Θ-Werte zu erzielen. Da die verwendeten
Reflexe - z.B. bei Stahlproben - oft sehr breit sind, spielt die dadurch geringere
Auflösung eine wesentliche Rolle. Für überlappende Reflexe und in Fällen, wo
auch Phasenanalyse notwendig ist, empfiehlt sich die Verwendung einer
"Long Fine Focus-Röhre" zur Erzielung einer höheren Auflösung. Beispiele dafür

sind zahlreiche Anwendungen der technischen Keramik.

Oft ist es sehr vorteilhaft, z.B. wegen eines möglichst großen BRAGG-Winkels oder möglichst geringer Fluoreszenzstrahlung, eine bestimmte Wellenlänge zu wählen. Wählt man die Wellenlänge so, daß für die in der Probe vorkommenden Hauptelemente die verwendete Röntgenstrahlung eine zu geringe Energie hat, um starke Fluoreszenzstrahlung zu erzeugen, erzielt man ein besseres Signal / Rauschverhältnis. Aus diesem Grunde benutzt man z.B. zur Spannungsmessung an Stählen Chromstrahlung, um keine Fe-Fluoreszenzstrahlung zu erzeugen.

Auch kann man durch geeignete Wahl der Wellenlänge die Eindringtiefe variieren. Dies ist besonders bei Proben interessant, die entweder einen starken Spannungsgradienten senkrecht zur Probenoberfläche besitzen oder einen dünnen Film (typischerweise im Mikrometerbereich) aufweisen. Damit kann man tiefenselektive Information gewinnen. Die RSM mittelt somit über verschiedene Eindringtiefen oder man kann das Röntgensignal vom Substrat bei geringerer Eindringtiefe reduzieren und so geringere Störungen von Substratreflexen zu erreichen.

Die Kriterien für die Wahl der optimalen Wellenlänge für die RSM - großer 2Θ-Winkel, wenig Fluoreszenzstrahlung und richtige Eindringtiefe - sind oft gegensätzlich und die richtige Wahl des Kompromisses hängt wesentlich von der Probe und den Untersuchungszielen ab.

Bis zu einen Faktor 5 höhere Intensitäten kann man im Labor mittels rotierender Anode erzielen. Da dieser Intensitätsgewinn jedoch meist zu keiner Verbesserung des Signal-Rauschverhältnisses führt, ist die Verwendung einer rotierenden Anode wegen der wesentlich höheren Anschaffungs- und Unterhaltskosten nur in wenigen Anwendungsfällen gerechtfertigt.

12.7 Goniometer

Das Goniometer hat die Aufgabe, die Probe relativ zum einfallenden Röntgenstrahl möglichst genau zu positionieren und den Einfalls- bzw. Reflexionswinkel durch präzise Rotation der Probe und/oder des Röntgendetektors im Winkelbereich von 0-165° zu variieren. Abhängig von der jeweiligen Anwendung sollte die Winkelgenauigkeit 10^{-3} bis 10^{-5} betragen. Eine besonders hohe Genauigkeit, Winkelreproduzierbarkeit von 0.0001° und Linearität von 0.001° über den gesamten Winkelbereich kann man neuerdings durch Einsatz optischer Encoder, die direkt auf den Goniometerachsen montiert sind, erreichen. Diese hohe Genauigkeit - besonders die bessere Winkelreproduzierbarkeit - liefert genauere Meßresultate, vorallem bei der Untersuchung komplexer Spannungszustände.

Zur exakten Positionierung der Probe werden verschiedene Probenbühnen benutzt. Bild 12.8 zeigt die CAD-Zeichnung einer offenen EULER-Wiege, die sich wegen ihrer Flexibilität für viele Anwendungen besonders vorteilhaft erwiesen hat. Mit ihr lassen sich sowohl Psi-, Omega- und Phi-Rotation ausführen. Diese Probenbewegungen können auch voll motorisiert und vollkommen Software-gesteuert ausgeführt werden, was besonders bei der Messung von Spannungsgradienten mit Hilfe der RÖNTGEN-Integralmethode sehr vorteilhaft ist.

12.8 Detektorsysteme

Die BRAGG-Reflexe in der RSM sind meist sehr breit. Für die meisten Anwendungen ist ein Proportionalzähler die beste Lösung. Für harte Röntgenstrahlung, z.B. Molybdänstrahlung, ist ein Szintillationzähler wegen der höheren Quantenausbeute vorzuziehen. Die genaue Meßposition des Detektors wird durch die vorgeschaltete Blende festgelegt, die aus obigen Gründen oft relativ breit - einige zehntel bis einige mm - gewählt werden kann.

Der Hauptgrund, daß sich bei der RSM trotz der wesentlich höheren Kosten die Verwendung eines ortsempfindlichen Detektors (OED im Englischen: Position Sensitive Detektor PSD) einer gewissen Beliebtheit erfreut, liegt in der wesentlich höheren Meßgeschwindigkeit. Da ein OED - je nach Bauart und verwendetem Goniometerradius - einen Winkelbereich bis zu 15 Graden gleichzeitig messen kann, ist durch die bessere Zahlenstatistik besonders bei schwachen Reflexen - bei hohen BRAGG-Winkeln ist die Röntgenintensität grundsätzlich viel niedriger als bei kleinen Winkeln - auch das Signal-Rauschverhältnis besser.

Für transportable Spannungsmeßgeräten mit sogenannten "mittelpunktsfreien" Goniometern ist die Verwendung eines OED's eine Voraussetzung, da meist leistungsschwächere Röntgenquellen verwendet werden und nur so akzeptable Meßzeiten erreicht werden können.

12.9 Röntgenoptik

In Bild 12.9 ist schematisch der Strahlengang für einen Strichfokus in einem Röntgendiffraktometer mit und ohne Sekundarmonochromator dargestellt. Primärseitig werden aus dem von der Röntgenröhre kommenden Strahlenbündel mittels einer Sollerblende (das sind parallele Lamellen, welche die Divergenz der Strahlen senkrecht zu den Lamellen begrenzen) Strahlen der gewünschten Divergenz parallel zum Strichfocus und mittels Divergenzspalt der gewünschten Divergenz senkrecht dazu selektiert. Die Größe der verwendeten Maske wird so gewählt, daß die vom Röntgenstrahl beleuchtete Probenoberfläche für das entsprechende Experiment optimal wird. Während man für eine möglichst hohe Röntgenintensität eine möglichst große Probenfläche bestrahlen möchte, ist man wegen der großen Defokussierungseffekte (besonders bei Psi-Kippung) oder einer guten Lokalisierung des Meßpunktes an einer bestimmten Probenstelle an kleinen Masken interessiert. Sekundarseitig wird im Abstand des Diffraktometerradius die Detektorblende oder im Falle der Verwendung eines OED's der Detektor selbst positioniert. Ohne OED können weiterhin eine sekundäre Sollerblende, eine Streublende und eventuell zur Eliminierung störender Fluoreszenzstrahlung ein Sekundarmonochromator verwendet werden. Bei der Verwendung eines Punktfokus werden anstelle von primärer Sollerblende, Divergenzblende und Maske ein Diaphragma benutzt. Das ist eine rechteckige Blende, die möglichst nahe bei der Probe angebracht wird.

12.10 Steuer- und Analyse-Software

Die Verwendung moderner Computer ermöglicht weitgehende automatische Steuerung und Datenerfassung für die oben beschriebenen RSM-Geräte. Die Auswerte-Software wird von den kommerziellen Herstellern meist auf gebräuchlichen Betriebssystemen geliefert (MS-DOS,VAX/DEC) und ermöglicht die rasche Berechnung der Spannungszustände. Während sich viele kommerzielle Software-Pakete nur auf die bekannte $\sin^2\psi$-Methode beschränken, ermöglichen neuere Programme bereits die Berechnung 3-dimensionaler Spannungszustände, z.B. mittels der RÖNTGEN-Integralmethode.

12.11 Zusammenfassung

Der heutige Stand der Technik von Röntgendiffraktometern für die RSM ist soweit entwickelt, daß die erzielbaren Genauigkeiten für viele Anwendungen andere hier beschriebene Methoden deutlich übertreffen. Die Verläßlichkeit der erzielten Resultate sowie der zerstörungsfreie Charakter der RSM machen diese Methode besonderst geeignet für industrielle Anwendungen. Überlegungen, ob für die jeweiligen Anwendungen Geräte mit Omega- oder Psi-Kippung, mit oder ohne OED verwendet werden sollen und nach welchen Theorien die Auswertung die besten Resultate liefert, sind von Fall zu Fall zu entscheiden. Die einschlägige Fachliteratur gibt darüber gute Information.

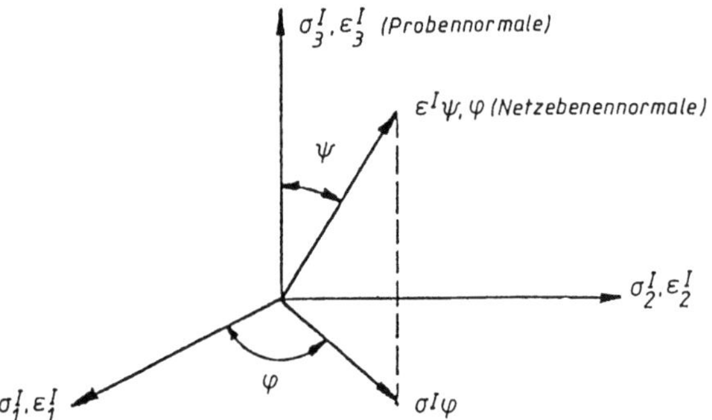

Bild 12.1 Koordinatensystem für Gleichung 12.1 bis 12.3. Indizierung in VOIGT'
scher Schreibweise

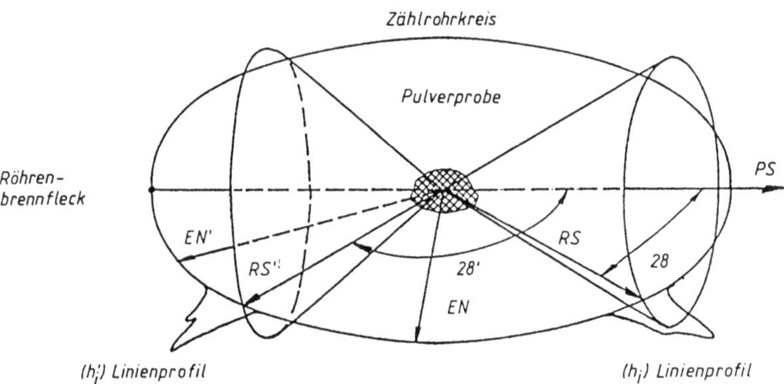

Bild 12.2 Pulverdiffraktometer mit eingezeichneten Beugungskegeln
RS: In Zählrohrrichtung reflektierte Strahlen
EN: Normale auf den nach RS reflektierenden Ebenen
Linienprofil: Beim Durchlaufen des Zählrohrspaltes registrierte
Intensität
PS: Primärstrahl

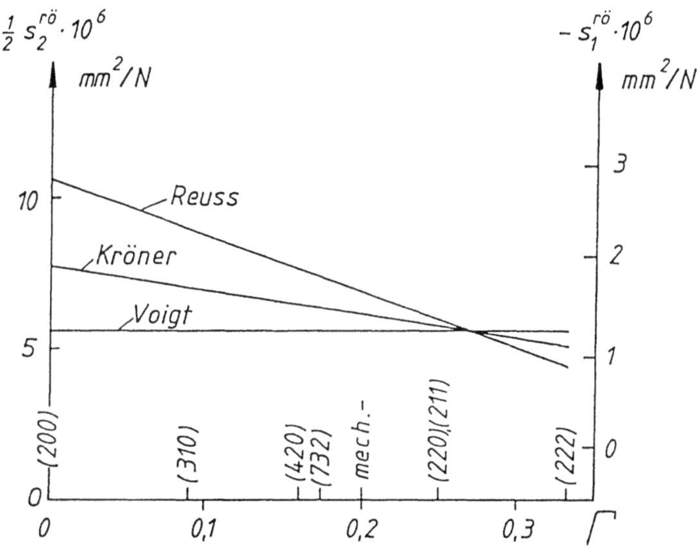

Bild 12.3 REK von α Fe als Funktion des Orientierungsfaktors Γ, berechnet nach VOIGT, KRÖNER und REUSS

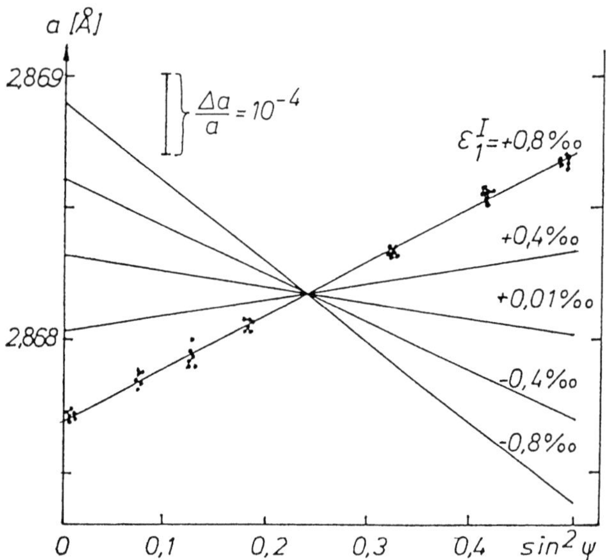

Bild 12.4 a(sin²ψ) Ausgleichsgeraden mit Beispielen individueller Meßpunkte. Werkstoff Ck 45, Cr K$_\alpha$, (211), gedehnt um -0.8 ‰ $\leq \varepsilon \leq +0.8$ ‰ nach RUPPERSBERG und SCHWINN [12.19]

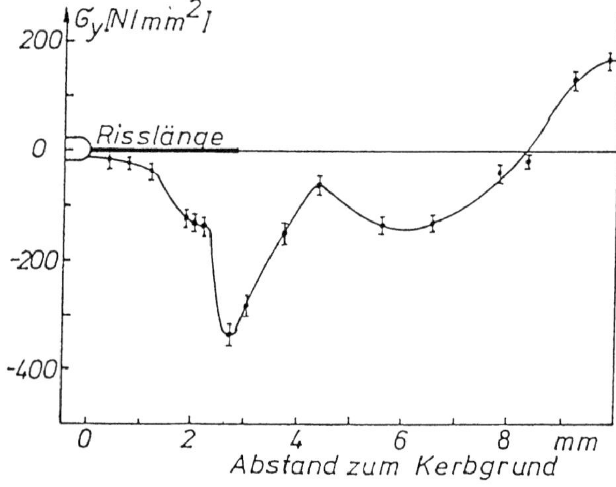

Bild 12.5 Eigenspannungskomponente σ$_y$ senkrecht zu einem Riß und zwar in dessen Flanke und vor seiner Spitze. Nach WELSCH u.a. [12.11]

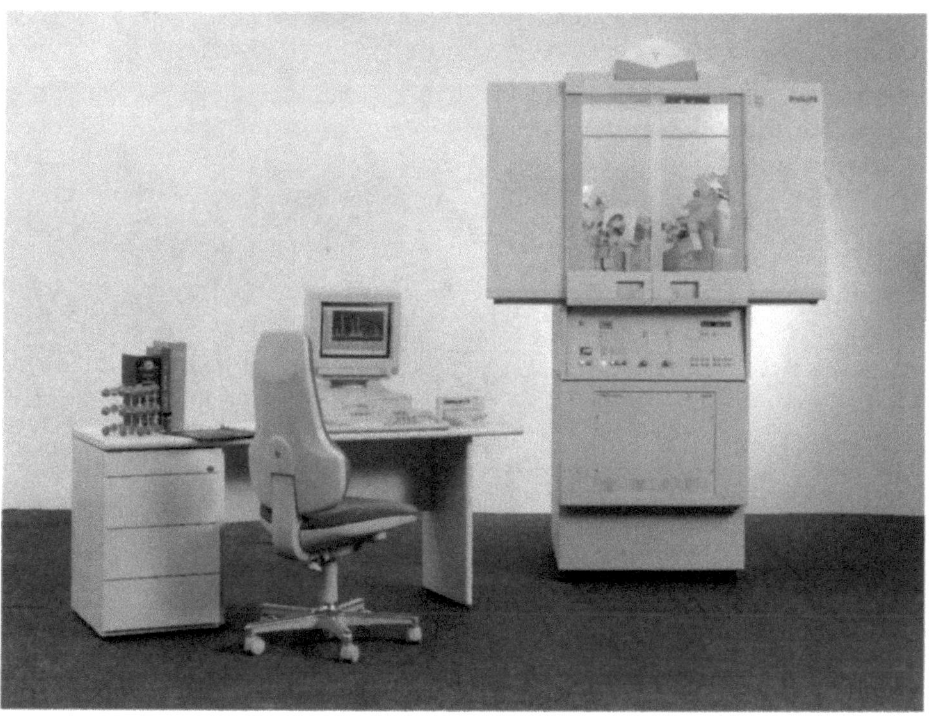

Bild 12.6 Komplettes Diffraktometersystem für die RSM mit Strahlenschutzgehäuse und Computersystem

Bild 12.7 Aufgeschnittene Röntgenröhre mit schematischer Darstellung des Strahlenbündels bei Verwendung der Strich- oder Punktfocuses

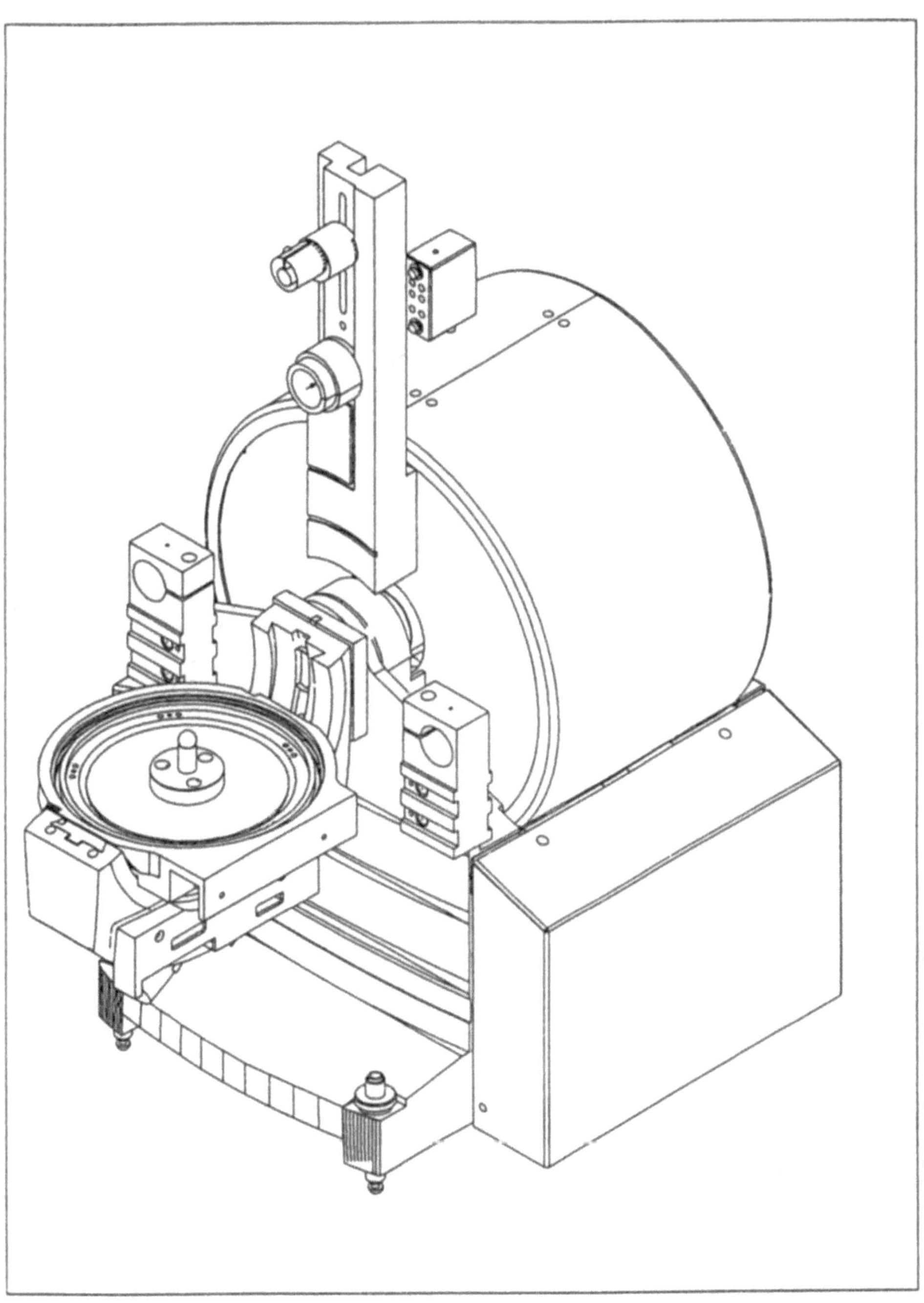

Bild 12.8 CAD-Zeichung einer offenen EULER-Wiege mit 2 Rotationsfreiheits-
graden

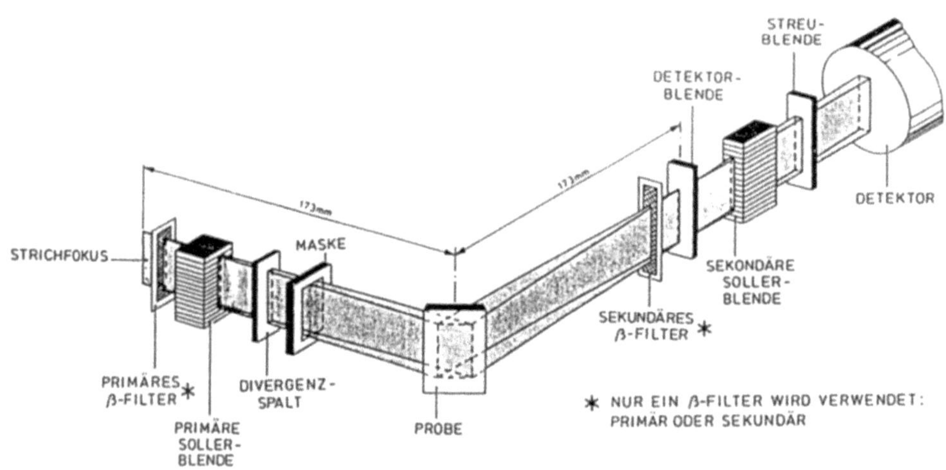

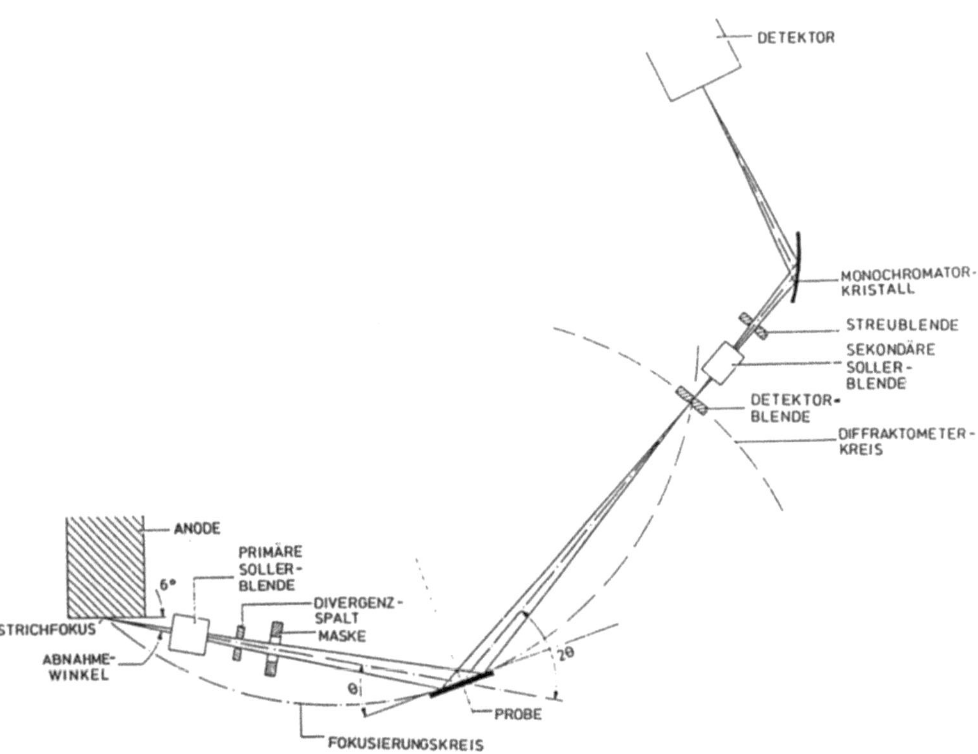

Bild 12.9 Schematische Darstellung des Strahlenganges für einen Strichfocus mit allen optischen Elementen für die RSM

13 Neutronentechnik

13.1 Einleitung

Neutronen sind zu einem sehr wichtigen Hilfsmittel der Materialforschung geworden. Insbesondere die verschiedenen Möglichkeiten ihrer Streuung (elastische kohärente Streuung, inelastische Streuung und Kleinwinkelstreuung) liefern weitreichende Aussagen über Festkörpereigenschaften wie Struktur, dynamisches Verhalten, magnet. Eigenschaften, Form und Größe von Auscheidungen, oder über Dehnungen der Kristallgitter, die hier von besonderem Interesse sind. Es gibt verschiedene Gründe dafür, daß Neutronen besonders gut für derartige Untersuchungen geeignet sind:

1. Als sogenannte "thermische" Neutronen (E=1/40 eV, v=2200 m/s) besitzen sie eine DE BROGLIE-Wellenlänge von der Größenordnung atomarer Abstände im Kristallgitter. Daher kann dieses wie ein räumliches Beugungsgitter wirken, bei dem in Abhängigkeit von der Struktur und den Gitterparametern Neutronen bestimmter Wellenlängen in diskrete Richtungen gestreut werden.

2. Wegen seiner Masse (m_n= 1,675 x 10^{-27} kg) kann das Neutron Impuls und Energie auf Atome im Festkörper übertragen und damit sowohl Phonenspektren anregen als auch Energie und Impuls aus dem Festkörper übernehmen.

3. Das Neutron ist ladungslos und deshalb keiner elektrostatischen Krafteinwirkungen unterworfen. Es tritt mit den Atomkernen in Wechselwirkung. Deshalb haben Neutronen für die meisten Materialien eine hohe Durchdringungsfähigkeit. Anwendungstechnisch bedeutet dies den Vorteil, die Untersuchungen zerstörungsfrei durchführen zu können.

4. Trotz fehlender Ladung besitzt das Neutron ein magnetisches Moment. Es kann daher mit dem magnetischen Moment im Kristall wechselwirken, das sich zusammensetzt aus einem Anteil, der durch die Bewegung der Elektronen um den Atomkern entsteht und einem - meist größeren - Anteil aus der Eigendrehbewegung (Spin) der Elektronen. Neutronen sind daher auch zur Untersuchung magnetischer Festkörpereigenschaften geeignet.

Für die Untersuchung innerer Spannungen in Werkstoffen ist die kohärent-elastische Neutronenbeugung entscheidend, die ähnlich wie im Fall der Röntgenbeugung zu den bekannten BRAGG- oder LAUE-Reflexen führt. Zur Intensität dieser Reflexe liefert in manchen Fällen (z.B. bei Eisen) die magnetische Streuung einen Beitrag.
Der besondere Wert von Neutronen für Spannungsmessungen liegt in ihrem hohen Durchdringungsvermögen. Es liegt um bis zu einem Faktor 1000 über dem von Röntgenstrahlung. Deshalb können Neutronen mit Erfolg zur Bestim-

mung des Tensors dreidimensionaler innerer Spannungsfelder 1. Art wie zur Messung von Spannung 2. und 3. Art in Verbund- und Mehrphasen-Werkstoffen benutzt werden. Sie sind darüber hinaus das geeignete Hilfsmittel zur Bestimmung der orientierungsabhängigen elastischen Konstanten, die zur genaueren Berechnung von Spannungen aus gemessenen Dehnungen benötigt werden.

13.2 Neutronenquellen

Neutronen gehören zu den elementaren Bausteinen der Materie und haben als freie Teilchen nur eine begrenzte Lebensdauer. Zu ihrer Erzeugung stehen zahlreiche unterschiedliche kernphysikalische Prozesse zur Verfügung, von denen allerdings nur die Spaltung, die Spallation und zu einem geringeren Anteil der Kernphotoeffekt in Betracht kommt. (Abbildung 13.1)
Eigenspannungsmessungen mit Neutronen lassen sich nur an intensiven Neutronenquellen durchführen. Unter diesen sind in erster Linie die Forschungsreaktoren zu nennen, bei denen freie Neutronen durch den Prozeß der Spaltung schwerer Urankerne entstehen.
Jede Spaltung setzt zwischen 2 und 3 Neutronen frei, von denen jedoch eins zur Aufrechterhaltung der Kernreaktion benötigt wird. Die thermische Leistung P [MW] eines Reaktors erlaubt eine Abschätzung des zu erwartenden Neutronenflusses Φ

$$\Phi[\text{n/cm}^2\,\text{sec}] = \frac{3.4\cdot 10^6 \cdot \text{P}[\text{MW}]}{\text{Gesamtgewicht des Uran 235 im Reaktor [g]}} \qquad (\,13\text{-}1\,)$$

Im Kern eines Forschungsreaktors mit 5 MW thermischer Leistung und 5 kg U-235 Invertar beträgt der Fluß somit 3.4×10^{13} n/cm^2 sec.
Durch geometrische Verluste bei der Auskopplung der Neutronen aus dem Reaktorkern über die Strahlrohre reduziert sich dieser Wert um mehrere Größenordnungen, jedoch erreicht man durch den Einsatz von nahezu verlustfreien Neutronenleitern Intensitäten von 10^6 bis 10^7 n/cm^2·sec am Probenort.

Der Spallationsprozeß wird ausgelöst durch sehr hoch beschleunigte, geladene Teilchen (z.B. Protonen mit einer kinetischen Energie von 800 MeV), die auf schwere Zielkerne geschossen werden (Blei, Wolfram oder Uran) und dann bis zu 40 Neutronen pro Proton freisetzen. Die Neutronenausbeute pro sec hängt von der Massenzahl A der Zielkerne und der Teilchenenergie E [GeV] ab. Außerdem ist sie der Anzahl der geladenen Teilchen direkt proportional:

$$Y[\text{n/sec}] = a\cdot(A+20)\cdot(E-b)\cdot\frac{I[A]}{1.6\cdot 10^{-19}\text{Cb}} \qquad (\,13\text{-}2\,)$$

mit folgenden Werten

Für Uran:	A	=238	Für Blei:	A =207
	a	=0.16 GeV^{-1}		a =0.10 GeV^{-1}
	b	=0.02 GeV		b =0.12 GeV

I ist der Protonenstrom in [A]

Die Teilchenbeschleuniger liefern einen gepulsten Protonen-Strom, dessen Spitzenwert durch den Einsatz sogenannter Kompressor- oder Speicherringe noch einmal um etwa 2 Größenordnungen gesteigert werden kann, bevor Raumladungseffekte den Spitzenstrom auf etwa 2,5 A begrenzen.

Die mittlere Neutronenintensität am Probenort beträgt etwa 10^6 - 10^7 n/cm^2·sec. Sie besitzt jedoch eine Zeitstruktur (z.B. 20 oder 50 Hz), die sich unmittelbar für die Flugzeit-Diffraktometrie nutzen läßt.

Der Kernphotoeffekt wird durch energiereiche Bremsstrahlung ausgelöst, die ihrerseits durch Elektronenbeschuß schwerer Zielkerne entsteht. Die Elektronen werden durch einen Linearbeschleuniger auf Energien zwischen 50 und 150 MeV gebracht.

Die Ausbeute (in Neutronen pro sec) hängt von der Beschleunigerleistung (in kW) und der Ordnungszahl Z des verwendeten Target-Materials ab:

$$Y[\, n/sec \cdot kW\,] = 9.3 \cdot 10^{10} \cdot Z^{0.73} \qquad\qquad (\text{ 13-3 })$$

(für Uran liegt die Ausbeute jedoch etwa doppelt so hoch).

Die Energie der Elektronen hat dagegen nur geringeren Einfluß auf die Ausbeute, solange sie oberhalb etwa 30 MeV liegt.

Ein 50 kW Beschleuniger mit Uran-Target liefert daher eine mittlere Neutronenzahl von $2 \cdot 10^{14}$ n/sec in den vollen Raumwinkel.

13.3 Innere Spannungen in Werkstoffen

Unter inneren Spannungen versteht man elastisch wirkende Kräfte, die bei Anwesenheit äußerer Belastung zu Abweichungen der atomaren Abstände im Material gegenüber denen im spannungsfreien Zustand führen. Gemittelt über das gesamte Materialvolumen stehen sie miteinander im Gleichgewicht. Sie sind allerdings einer direkten Messung nicht zugänglich, sondern müssen aus den erwähnten Abweichungen der Gitterabständen bzw. den relativen Abweichungen oder Dehnungen errechnet werden. Mit Neutronen können diese Dehnungen zerstörungsfrei im Materialinneren gemessen werden, sodaß Bauteile auch während der Dauer ihres Einsatzes untersucht und anschließend weiter verwendet werden können.

13.4 Grundlagen der Neutronendiffraktometrie

Der Franzose LOUIS DE BROGLIE postulierte in Analogie zum Verhalten von Licht im Photoeffekt, - den man verstehen kann, wenn man dem Photon wie einem Teilchen einen Impuls zuordnet - , daß umgekehrt auch massebehaftete Teilchen Welleneigenschaften haben sollten.

$$p_\gamma = h_\nu/c = h/\lambda \qquad\qquad \text{für Licht} \qquad\qquad (\text{ 13-4 })$$

$$\text{DE BROGLIE-Postulat: } p_n = m_n \cdot v = h/\lambda \qquad \text{für Teilchen} \qquad (\text{ 13-5 })$$

p=Impuls, h=Planck'sches Wirkungsquantum, c=Lichtgeschwindigkeit
m =Masse des Neutrons

Das Neutron hat daher eine Wellenlänge λ, die zu seiner Geschwindigkeit umgekehrt proportional ist:

$$\lambda = h/m_n \cdot v = h/\sqrt{2 \cdot m_n \cdot E} \qquad (13\text{-}6)$$

Nach Einsetzen der entsprechenden Zahlenwerte für das Wirkungsquantum h und die Neutronenmasse m_n erhält man die Faustformel:

$$\lambda[\overset{\circ}{A}] = 0.286/\sqrt{E} \qquad (13\text{-}7)$$

Die Wellenlänge ergibt sich in Angström ($1\overset{\circ}{A} = 10^{-8}$cm), wenn die Neutronenenergie in Elektronenvolt [eV] eingesetzt wird.
Die mathematische Beziehung zwischen der Wellenlänge λ, dem Abstand d der Streuzentren und dem Streuwinkel ϑ fand der Engländer William BRAGG:

$$\lambda = 2 \cdot d \cdot \sin\vartheta \qquad (13\text{-}8)$$

Wegen der DE BROGLIE-Beziehung

$$\lambda = \frac{h}{m_n} \cdot \frac{1}{v} = \frac{h}{m_n \cdot L/t} \qquad (13\text{-}9)$$

kann die BRAGG-Gleichung auch in die Form

$$t = 2 \cdot \frac{m_n}{h} \cdot d \cdot L \cdot \sin\vartheta \qquad (13\text{-}10)$$

$$= 505.59 \cdot d \cdot L \cdot \sin\vartheta$$

gebracht werden, die den Abstand d [$\overset{\circ}{A}$] der Streuzentren mit der Flugzeit t [μsec] der Neutronen verknüpft, die sie zum Zurücklegen einer Flugstrecke L [m] benötigen.
Im kristallinen Material findet die Streuung an den Netzebenen statt, die im Streuvolumen verschiedene, durch die Kristallstruktur vorgegebene Richtungen einnehmen und durch die MILLER'schen Indizes hkl gekennzeichnet werden.
Für die Netzebenabstände d_{hkl} ergeben sich aus der BRAGG-Beziehung die beiden Bestimmungsgleichungen

$$d_{hkl} = \frac{\lambda_0}{2 \cdot \sin\vartheta_{hkl}} \qquad (13\text{-}11)$$

oder

$$d_{hkl} = t_{hkl} \cdot \frac{1.9779 \cdot 10^{-3}}{2 \cdot L \cdot \sin\vartheta_0} \qquad (13\text{-}12)$$

$d[\overset{\circ}{A}]$, $\lambda[\overset{\circ}{A}]$, $t[\mu sec]$, $L[m]$

Aus den Formeln (13-11) und (13-12) ergibt sich unmittelbar, daß die Netzebenenabstände entweder unter Verwendung einer konstanten Wellenlänge λ_0 aus der Messung des Streuwinkels ϑ_{hkl} oder unter Beibehaltung eines konstanten Streuwinkels ϑ_0 aus der Messung der Laufzeit t_{hkl} bestimmt werden können.

Elastische Dehnungen ε der Kristallgitter, definiert als relative Abweichung der Netzebenenabstände vom spannungsfreien Gleichgewichtszustand liegen zwischen 10^{-3} und 10^{-4}. Deshalb sind hohe Anforderungen an das Auflösungsvermögen eines Neutronendiffraktometers zu stellen.

Abbildung 13.2 zeigt (111)-Reflexe des Kupfers, die mit hoher statistischer Genauigkeit und sehr guter apparativer Auflösung am Flugzeitspektrometer NPD (Los Alamos National Laboratory, Lansce) aufgenommen wurden — Die Verschiebung Δd resuliert aus einer Verformung von 1% und verdeutlicht das allgemeine Prinzip der Neutronen-diffraktometrischen Dehnungsmessung.

Die Netzebenenabstände d_0 in Materialbereichen ohne Spannung müssen sehr genau bekannt sein, um systematische Fehler bei der Bestimmung der Dehnungen zu vermeiden. Deshalb müssen diese Referenzwerte mit besonderer Sorgfalt festgelegt werden. Sie müssen in jedem Fall in der gleichen Geometrie und unter den gleichen äußeren Bedingungen am gleichen Spektrometer gemessen werden, wie die spannungsbehaftete Probe; sonst ist die erforderliche Genauigkeit von $\approx 10^{-4}$ nicht zu erreichen.

Man kann zeigen, daß ein systematischer Fehler bei der Bestimmung von d_0 ($\Delta d = \alpha \cdot d_0$) eine Abweichung von der wahren Dehnung $\varepsilon = \pm \alpha$ erzeugt.

Systematische Fehler in d_0 können verschiedene Gründe haben, da die Netzebenenabstände von unterschiedlichen Einflüssen wie Resteigenspannungen, Materialzusammensetzung, Phase, Struktur oder Temperatur der Probe mitbestimmt werden. Systematische Fehler ergeben sich auch, wenn z.B. ein Streuvolumen am Rand einer Probe nur von einem Teil des Neutronenstrahls getroffen wird oder dieser Strahl hinsichtlich der Intensität bzw. Wellenlänge der Neutronen inhomogen ist. Zur d_0-Bestimmung geht man gewöhnlich von einer materialgleichen Probe aus, die spannungsarm geglüht wurde oder man verwendet Grenzwertbedingungen, wie etwa das Verschwinden der Spannungen an freien Oberflächen oder die Gleichgewichtsbedingung zwischen Druck- und Zugspannungen, gemessen über den gesamten Querschnitt einer Probe (Verschwinden des Querschnitts-Integrals). Für ein Spektrometer, das bei fester Wellenlänge arbeitet, setzt sich die apprative Auflösung aus zwei Anteilen zusammen:

$$\left(\frac{\delta d}{d}\right)^2 = (\cot\vartheta\,\,\delta\vartheta)^2 + \left(\frac{\delta\lambda}{\lambda}\right)^2 \qquad (13\text{-}13)$$

d.h. also einem Anteil, der aus der Unsicherheit $\delta\vartheta$ der Bestimmung des Streuwinkels stammt und der Breite $\delta\lambda$ der Verteilung, die ein "monochromatischer" Neutronenstrahl besitzt.

Dieser letzter Anteil wird daher stark durch die Qualität des Monochromators beeinflußt, dessen BRAGG-Winkel Θ_m und Kollimation $\delta\Theta_m$ die Wellenlängenunschärfe bestimmen

$$\left(\frac{\delta\lambda}{\lambda}\right)_s = \cot\Theta_m \cdot \delta\Theta_m \qquad (13\text{-}14)$$

Die Spektrometerauflösung wird damit

$$\left(\frac{\delta d}{d}\right)_s^2 = (\cot\vartheta\cdot\delta\vartheta)_s^2 + (\cot\Theta_m\,\delta\Theta_m)_s^2 \qquad (13\text{-}15)$$

Sie läßt sich dadurch kleinhalten, daß mit BRAGG-Winkeln ϑ bzw. Θ_m gearbeitet wird, die größer als $90°$ sind ("Rückstreugeometrie"), und daß die Winkelunsicherheiten durch gute Kollimation kleingehalten werden. Dies ist allerdings mit Einbußen an Neutronenintensität und daher mit langen Meßzeiten verbunden.

Für ein Flugzeitspektrometer, mit dem sich ein kontinuierliches Wellenlängen- bzw. Geschwindigkeitsspektrum voll nutzen läßt und das mit konstanten Streuwinkeln ϑ arbeitet, ist die apparative Auflösung von den Unsicherheiten in der Bestimmung der Laufzeit δt, des Flugweges δL und von der Winkeldivergenz $\delta\vartheta$ abhängig:

$$(\delta d/d)_S^2 = (\delta t/t)_S^2 + (\cot\vartheta \; \delta\vartheta)_S^2 + (\delta L/L)_S^2 \qquad\qquad (\text{13-16})$$

Der größte Beitrag zur Auflösung ist von der Unsicherheit in der Bestimmung der Laufzeit δt zu erwarten, wohingegen die Winkeldivergenzen durch gute Strahlkollimatoren klein gehalten werden können, so daß ihr Einfluß nur für kleine Streuwinkel $2\cdot\vartheta$ bemerkbar ist. Auch die relative Unsicherheit des Flugweges ist durch die Wahl einer langen Flugstrecke (10 - 15 m) und die Verwendung kleinerer Blenden und Detektoren mit geringer Ausdehnung in Neutronenflugrichtung klein halten. Bei gepulsten Neutronenquellen (vgl. Kap. 13.2) ist die Zeitdifferenz Δt, die zwischen der Erzeugung des Neutrons und dem Erreichen einer Geschwindigkeit v, mit der des Neutron den Moderator verläßt, genauso von der Neutronenwellenlänge abhängig, wie die Flugzeit t des Neutrons vom Moderator bis zum Detektor, so daß der Quotient $\Delta t/t$ unabhängig von der Wellenlänge λ wird

$$(\Delta t/t) = \text{const.} \qquad\qquad \lambda_{\min} \leq \lambda \leq \lambda_{\max} \qquad\qquad (\text{13-17})$$

Diese Tatsache bewirkt, daß die apparative Auflösung der Flugzeitspektrometer über den Wellenlängenbereich von 1-5 Å, der für die Eigenspannungsmessungen wichtig ist, als konstant angesehen werden kann.

Sehr oft ist die Auflösung der verwendeten Spektrometer viel schlechter als die geforderte Genauigkeit, mit der der Schwerpunkt des Reflexionsmaximums bekannt sein muß. Deshalb ist es notwendig, die Gesamtanzahl der Neutronen im Beugungsreflex soweit zu erhöhen, daß die gewünschte statistische Genauigkeit des Fehlers des Mittelwertes $\Delta\bar{x}$ erreicht wird. Er hängt von der Streubreite σ des jeweiligen Reflexes ab.

Die Statistik liefert zur Bestimmung des Stichprobenumfangs für ein Experiment eine Formel, aus der sich die Gesamtneutronenzahl berechnen läßt:

$$n = (Z_{\alpha/2} \cdot \sigma/h)^2 \qquad\qquad (\text{13-18})$$

h ist darin die halbe Breite des Vertrauensbereiches, dessen die Grenzen durch
$\bar{x} \pm h$ gegeben sind. $\qquad\qquad\qquad\qquad\qquad\qquad\qquad\qquad\qquad$ (13-19)
Der Faktor Z   berücksichtigt das Konfidenzniveau.

Beispiel:
Für eine Irrtumswahrscheinlichkeit von 5% (=Signifikanzniveau) ist $\alpha/2 = 2.5\cdot10^{-2}$ und $Z_{\alpha/2} = 1.96$. Der Schwerpunkt des Beugungsmaximums liege bei $\bar{\Theta}_B = 100°$ und die Streuung σ dieser Verteilung betrage $0.3°$. Um die Genauigkeit von $\bar{\Theta}_B$ auf $\pm 10^{-2}°$ angeben zu können (d.h. $h/\bar{\Theta} = 10^{-4}$), müssen $n = (1.96\cdot0.3/10^{-2})^2 \approx 3500$ Neutronen gezählt werden.

Für ein Spektrometer mit dreifach besserer Auflösung ($\sigma = 0.1°$) genügen hingegen

n$\approx$400 Neutronen pro Reflex

Durch Überlegungen zur gewünschten statistischen Genauigkeit der Daten lassen sich vor Beginn der Experimente Abschätzungen über die Meßzeiten gewinnen, die den wesentlichen Kostenfaktor darstellen.

13.5 BRAGG-Streuung von Neutronen in polykristallinem Material

Die Frage, wieviele gestreute Neutronen pro Zeiteinheit durch einen Detektor nachgewiesen werden können, ist von großer praktischer Bedeutung. Durch die Neutronenintensität werden die Meßzeiten und damit letzten Endes auch die Kosten für eine Spannungsmessung bestimmt. Die Theorie der Pulverdiffraktometrie berücksichtigt die verschiedenen Einflußgrößen, durch die die integrale Neutronenintensität I_{hkl} in einem Reflexionsmaximum (hkl) festgelegt wird, in der folgenden Formel:

$$I_{hkl} \sim \Phi_o(d_{hkl}) \cdot F_{hkl}^2 \cdot N \cdot j \cdot d_{hkl}^3 \cdot e^{-2W} \cdot \eta(d_{hkl}) \cdot \Omega_D \cdot T \qquad (13\text{-}20)$$

Die einzelnen Faktoren dieses Ausdruckes haben folgende Bedeutung:

$\Phi_o(d_{hkl})$ ist der auf das Streuvolumen in der Probe gerichtete Neutronenfluß pro Wellenlängeneinheit (Neutronen/cm^2 sec Å). Er ist generell von der Neutronenwellenlänge abhängig und kann daher auch als Funktion des Abstands d_{hkl} der Kristallnetzebenen (hkl) angegeben werden.

F_{hkl} wird als Strukturfaktor bezeichnet, der das Streuvermögen des Materials und die Phasenbeziehungen bei der Streuung beschreibt, durch die für eine bestimmte Kristallstruktur festgelegt ist, welche Reflexe auftreten und welche nicht.

N ist die Dichte der Streuzentren im Streuvolumen. Sie wird aus der Materialdichte ϱ und dem Atomgewicht M berechnet: $N = (6 \cdot 10^{23} \cdot \varrho)/M$.

j bezeichnet die sogenannte Multiplizität eines Reflexes.

e^{-2W} ist ein Faktor, der die thermische Bewegung der Streuzentren berücksichtigt $\eta(d_{hkl})$ ist die Nachweiswahrscheinlichkeit des Neutronendetektors, die mit zunehmender Wellenlänge größer wird.

Ω_D kennzeichnet den Raumwinkel, unter dem das Streuvolumen vom Detektor aus erscheint. Da dieses durch zwei Blenden für den einfallenden und den gestreuten Neutronenstrahl definiert wird, ist der Raumwinkel meist durch die Austrittsblende festgelegt.

$T = e^{-\mu x}$ ist die Transmission, ein Material- und Wellenlängenabhängiger Schwächungsfaktor, der aus dem Absorptionskoeffizienten und dem gesamten Weg der Neutronen in der Streuprobe errechnet wird.

Die nach Formel (13-20) berechnete integrale Intensität gilt für Experimente, bei denen bei konstanter Neutronenwellenlänge der Beugungswinkel gemessen wird, um den Netzebenenabstand zu bestimmen (Θ -scan: Kristallspektrometer mit fest

eingestelltem Monochromator). In Kapitel 13.4 wurde dargelegt, daß die Netz-
ebenenabstände auch durch Variation der Wellenlänge bei fest vorgegebenem
Streuwinkel gemessen werden können (λ -scan: Kristallspektrometer mit variabler
Monochromatoreinstellung und Neutronenflugzeit-Methode). Theoretische Über-
legungen zur Neutronenbeugung zeigen, daß das Reflexionsvermögen eines
BRAGG-Reflexes davon abhängig ist, ob ein Θ -scan oder ein λ -scan gemacht wird:

$$R^{\lambda} = R^{\Theta} \cdot 2 \cdot d \cdot \cos(\Theta) \qquad\qquad (\text{13-21})$$

Die integrale Intensität ist deshalb bei einem Neutronenflugzeit -Experiment
proportional zu d_{hkl}^{4}. Durch diesen Term werden Reflexe mit Netzebenenabständen
um 2 Å in ihrer Intensität gegenüber kleineren Netzebenenabständen ($d \leq 1$ Å)
verstärkt, jedoch bewirkt der starke Abfall des Primärspektrums ($\sim \lambda^{-5}$) oberhalb
von $d \geq 3$ Å wieder eine Abnahme der integralen Intensität. Unter Vernachlässigung
des Temperatureinflusses, der Multiplizität und der Transmission läßt sich die Zahl
der gestreuten Neutronen pro sec in einem Wellenlängenbereich $\Delta\lambda$ um λ
abschätzen:

$$Z \approx \Phi(\lambda) \cdot \Delta\lambda \cdot N \cdot b^{2} \cdot \eta \cdot \Omega_{D} \qquad\qquad (\text{13-22})$$

$\Phi(\lambda)$ ist der Neutronenfluß am Probenort, bezogen auf die Wellenlängeneinheit.
Unter den realistischen Annahmen, daß die Spektrometerauflösung $\Delta\lambda/\lambda = 1\%$, der
Neutronenfluß $\Phi(\lambda) \cdot \lambda \approx 10^{9}$ n/cm$^{2} \cdot$sec, der Detektorraumwinkel $\Omega_{D} \approx 10^{-4}$ und die
Nachweiswahrscheinlichkeit $\eta \approx 0.5$ betragen, ergibt sich für eine Streulänge
$b \approx 4.5 \cdot 10^{-13}$cm die Zählrate zu $Z \approx 10^{-22} \cdot N$. Man benötigt also unter diesen Voraussetzungen rd. 10^{22} Atome (oder etwa 1g Material), um eine mittlere Zähl-
rate von 1 Neutron pro sec zu erhalten. Durch effiziente Detektoren (hohe Nachweiswahrscheinlichkeit, verbesserte Raumwinkelnutzung) läßt sich erreichen, daß
man mit weniger Probenmaterial auskommt, jedoch liegen die erforderlichen
Mengen immer im Bereich einiger Milligramm bis Gramm. Die Abmessungen der
Streuvolumina sind daher für Neutronenmessungen selten kleiner als $2 \cdot 2 \cdot 2$ mm^{3}
zu wählen. Hier unterscheiden sich die Spannungsmessungen mit Neutronen stark
von denen mit Röntgenstrahlung, für die sehr viel kleinere Streuvolumina ausreichen können.

13.5.1 Der Strukturfaktor F_{hkl}

Die durch einen BRAGG-Reflex gestreute Neutronenintensität ist proportional zum
Quadrat des sogenannten Strukturfaktors F_{hkl}. Er ist der FOURIER-Koeffizient
der dreidimensional periodischen Dichteverteilung eines Kristalls:

$$F_{hkl} = \sum_{j} b_{j} \cdot \exp\left\{ 2 \cdot \pi \cdot \left(\frac{hx_{j}}{|\boldsymbol{a}|} + \frac{ky_{j}}{|\boldsymbol{b}|} + \frac{lz_{j}}{|\boldsymbol{c}|} \right) \right\} \qquad\qquad (\text{13-23})$$

(h k l) sind die MILLER'schen Indizes

$\dfrac{x_{j}}{|\boldsymbol{a}|}; \dfrac{y_{j}}{|\boldsymbol{b}|}; \dfrac{z_{j}}{|\boldsymbol{c}|}$ geben die Lage der atomaren Streuzentren im Einheitsgitter $\boldsymbol{a}$ $\boldsymbol{b}$ $\boldsymbol{c}$ an.

(Der Exponentialfaktor nimmt für ganzzahlige Argumente die Werte +1 oder −1 an und kann so für bestimmte h k l in den einzelnen Kristallsystemen die Summe zum Verschwinden bringen. Auf diese Weise entstehen die Auswahlregeln für Reflexe verschiedener Kristallstrukturen). (siehe Abbildung 13.3)
Der Strukturfaktor enthält die Beiträge aller Neutronenteilwellen zur Gesamtstreuung und hängt daher eng mit der nuklearen Streulänge b zusammen, die das Streuvermögen der Kerne beschreibt. Die Streulänge variiert unsystematisch und in weiten Bereichen mit der Massenzahl A der streuenden Kerne, so daß eine Unterscheidung zwischen eng benachbarten Nukliden wie auch von leichten Kernen in Gegenwart schwerer Kerne möglich ist. Hierzu unterscheidet sich die Neutronenstreuung stark von der Röntgenstreuung. Die nuklearen Streulängen können negative Werte annehmen. Falls der Werkstoff Atomkerne mit Streulängen beiderlei Vorzeichen enthält, führt dies zu verminderter Intensität der Streureflexe (z.B. bei Titanwerkstoffen, da die Streulänge des Titans $-3.36 \cdot 10^{-15}$m beträgt). Die Streulänge einer Mischung aus verschiedenen Nukliden N_j, die mit der relativen Häufigkeit p_j im Werkstoff vorhanden sind, ist (Abbildung 13.4):

$$b = \sum_j p_j \cdot b_j \qquad\qquad (\text{ 13-24 })$$

Der nukleare Strukturfaktor hängt -anders als der atomare Strukturfaktor- nicht vom Streuwinkel ab, da der Kern ein punktförmiges Streuzentrum darstellt. Aus Formel (13-23) geht außerdem hervor, daß der Strukturfaktor bei entsprechender Wahl des Arguments im Exponenten vollständig verschwinden kann, so daß Auswahlregeln für die MILLER'schen Indizes hkl wirksam werden. So können etwa im Fall des kubisch-flächenzentrierten Kristallgitters nur Reflexe vorkommen, deren hkl-Werte entweder alle gerade oder alle ungerade sind, während das kubisch-raumzentrierte Gitter nur Reflexe besitzt, für die die Summe h+k+l gerade ist. Ähnliche Auswahlregeln gelten für tetragonale Systeme und die hexagonaldichteste Packung.
Das magnetische Moment des Neutrons tritt in Wechselwirkung mit den im Festkörper vorhandenen magnetischen Feldern. Der resulierende Strukturfaktor ist streuwinkelabhängig, kann aber, wie im Falle des Eisens, einen beachtlichen Beitrag zur Gesamtstreuung leisten. Der Verlauf der Intensitätskurve eines BRAGG-Reflexes ist -falls die Messungen an einem Reaktor gemacht wurden- sehr gut durch eine Gaußkurve reproduziert. Bei gepulsten Neutronenquellen wird diese Form durch den Einfluß der Neutronenmoderationszeit verändert. Es ist jedoch auch hier möglich, die Form der Reflexe durch analytische Funktionen zu approximieren und daraus einen verläßlichen Wert für die Position eines Reflexes im Flugzeitspektrum zu gewinnen. (Abbildung 13.5 und 13.6)

13.5.2 Die Multiplizität j

In einem Pulverdiffraktogramm können die Einzelkristalle zufällig so verteilt sein, daß unterschiedliche Netzebenen die Reflexionsbedingung für die gleiche Neutronenwellenlänge erfüllen.

Für ein kubisches Gitter tragen so z.B. außer den {100}-Ebenen auch die {010} und {001}-Ebenen anders orientierter Kristallite zur Gesamtintensität des Reflexes bei, da die Netzebenen alle den gleichen Gitterabstand besitzen. Für die (111)-Ebenen gibt es sogar vier verschiedene Orientierungen ((111), (11$\bar{1}$), (1$\bar{1}\bar{1}$) und (1$\bar{1}$1)), die alle den gleichen Netzebenenabstand besitzen.

Die Wahrscheinlichkeit, daß {100}-Ebenen die richtige Orientierung besitzen, ist daher nur 3/4 der Wahrscheinlichkeit, daß die {111}-Ebenen so orientiert sind, daß sie die BRAGG-Bedingung erfüllen. Daher beträgt -eine zufällige Verteilung aller Kristallorientierungen vorausgesetzt- die Intensität eines (100)-Reflexes nur 75% der Intensität des (111)-Reflexes, wenn alle anderen intensitätsbeeinflussenden Faktoren gleich sind.

Der Multiplizitätsfaktor ist definiert als Anzahl der verschiedenen Netzebenen mit dem gleichen Gitterabstand. Parallele Ebenen mit unterschiedlichen MILLER'schen Indizes -etwa (100) und ($\bar{1}$00)- werden getrennt gezählt, so daß der Multiplizitätsfaktor für die {100}-Ebenen eines kubischen Kristalls 6 und für die {111}-Ebenen 8 beträgt.

13.5.3 Temperatureinflüsse

Die kohärent-elastische Neutronenstreuung wird durch die thermische Bewegung der atomaren Streuzentren beeinflußt. Mathematisch wird dieser Einfluß durch den DEBYE-WALLER-Faktor e^{-2W} beschrieben. Er wird gewöhnlich in der Form $W = B(T/\Theta_D) \cdot \sin^2 \vartheta / \lambda^2$ angegeben. Er hängt sowohl von der aktuellen Probentemperatur T als auch von der DEBYE-Temperatur Θ_D des Materials ab und variiert mit dem Streuwinkel ϑ und der Neutronenwellenlänge λ.

Der Einfluß des DEBYE-WALLER Faktors auf die BRAGG-Peaks besteht in einer Reduktion der integralen Intensität mit zunehmender Temperatur. Gleichzeitig verschiebt sich die Peaklage aufgrund der thermischen Gitterausdehnung. Die Abbildung 13.7 zeigt den Temperatureinfluß auf den (113)-Reflex der Nickelbasis-Superlegierung WASPALOY. Hier wurde die Neutronendiffraktometrie genutzt, um gleichzeitig zerstörungsfrei Dehnungen und Temperaturen in einer Probe zu messen. Um andererseits Messungen nicht durch thermische Ausdehnung der Probe systematisch zu verfälschen, empfiehlt es sich, die Umgebungstemperatur während eines Experiments konstant zu halten.

13.5.4 Der Schwächungsfaktor T

Das hohe Durchdringungsvermögen der Neutronen beruht auf der Tatsache, daß sie nicht elektrisch geladen sind. Der "Widerstand", der sich den Neutronen auf ihrem Weg durch den Festkörper bietet, stammt von ihrer Wechselwirkung mit den Atomkernen. Das Neutron kann dabei gestreut oder auch absorbiert werden: beide Prozesse entfernen es aus dem direkten Weg zum Detektor und schwächen so die meßbare Intensität. Der Transmissionsfaktor T wird mit Hilfe des "linearen Schwächungskoeffizienten" μ oder der "Halbwertsdicke" $t_{50} = \ln 2/\mu$ und der Gesamtweglänge x des Neutrones im Material (bis zum Streuvolumen und weiter zum Detektor) berechnet:

$$T = e^{-\mu x} = e^{-\left(\frac{0.69\,x}{t_{50}}\right)}$$

(13-25)

Die Abbildung 13.8 zeigt eine Übersicht und jeweils den Zahlenwert der Halbwertsdicke, bei der die austretende Neutronenintensität 50% der einfallenden beträgt
für eine Reihe von wichtigen Materialien in elementarer Form und Dichte.
Der Schwächungsfaktor beeinflußt eine Messung dann gravierend, wenn die untersuchten Materialien Neutronengifte wie Lithium, Bor, Cadmium oder seltene Erden
enthalten. Jedoch hängt seine Höhe immer von der Konzentration des jeweiligen Absorbers im Material ab. Für Material, das aus mehreren Komponenten
besteht, errechnet sich die Gesamthalbwertsdicke t_{50}^{ges} aus:

$$\frac{1}{t_{50}^{ges}} = \sum_i \frac{\alpha_i}{t_{50}^i}$$

(13-26)

wobei α_i der Anteil der Komponente i in Atomprozent [at%] und t_{50}^i die dazugehörige Halbwertsdicke ist. Häufig sind die Materialzusammensetzungen in Ge-
wichtsprozenten [Gew.%] angegeben. Dann muß für jede Komponente aus dem
Gewicht m_i[g] und dem Atomgewicht A, die Molzahl $N_i = m_i/A_i$ berechnet werden.
Das Verhältnis dieser Molzahl zur Summe aller Molzahlen ist die Konzentration
in [at%].

$$\alpha_k[at\%] = \frac{N_k}{\sum\limits_i N_i} \cdot 100$$

(13-27)

13.5.5 Neutronendetektoren

Neutronen werden durch Kernreaktionen nachgewiesen, bei denen energiereiche geladene Teilchen (z.B. Protonen oder α-Teilchen) entstehen. Da die
Reaktionswahrscheinlichkeit mit abnehmender Energie bzw. zunehmender
Wellenlänge der Neutronen zunimmt, ist auch die Nachweisempfindlichkeit der
Detektoren in gleicher Weise wellenlängenabhängig. Zum Neutronennachweis
werden Nuklide eingesetzt, die einen hohen Reaktionswirkungsquerschnitt
haben: die Isotrope 3-Helium, 6-Lithium und 10-Bor zeichnen sich in dieser Hinsicht besonders aus. Die Reaktionsprodukte können dann auf die übliche Weise
durch Ionisation oder Szintillationsanregung nachgewiesen werden. Durch hohe
Konzentration der genannten Isotope kann die Nachweiswahrscheinlichkeit auf
100% gesteigert werden, jedoch ist sie für Proportionalzählrohre mit Helium
oder BF_3-Gasfüllung geringer als für Bor- oder Lithium-geladene Szintillatoren.
Für Flugzeitexperimente müssen Detektoren eingesetzt werden, die neben einer
hohen Ansprechwahrscheinlichkeit eine gute Zeitauflösung besitzen. Hier kommen Helium-gefüllte Proportionalzählrohre und Li-Glasszintillatoren zum
Einsatz. Letztere sind jedoch auch gegenüber hochenergetischer Gammastrahlung empfindlich, die beim Strahlungseinfang der Neutronen entsteht. Neutronendetektoren sind wie andere Kernstrahlungsdetektoren kommerziell erhältlich.

Um die Intensität der gestreuten Neutronen optimal zu nutzen, werden die Detektoren so angeordnet, daß ihre empfindliche Fläche einen möglichst großen Raumwinkel überdeckt. Am Kristallspektrometer werden daher positionsempfindliche Zählrohre und Zählerbänke -wegen ihrer Form auch "Banane" genannt- verwendet. Am Flugzeitspektrometer müssen ausgedehnte Zählerbänke in zeitfokussierender Geometrie aufgebaut werden, um bei guter Intensitätsausnutzung eine gute Zeitauflösung zu gewinnen. Die Form der Detektorbank ist dann durch eine geometrische Bedingung vorgegeben, der die Forderung zugrunde liegt, daß das Produkt aus Streuvektor und Neutronenflugzeit konstant ist.

13.6 Der Einfluß von Korngröße und plastischer Verformung auf die BRAGG-Reflexe

Korngrößen von mehr als 50 µm können Ungenauigkeiten bei der Peaklagebestimmung hervorrufen. Körner in austenitischen Material, speziell in Schweißnähten und in Aluminium-Legierungen, können Abmessungen von 0.05 bis 0.5 mm annehmen. Dann sind möglicherweise nur wenige Körner im Probenvolumen so ausgerichtet, daß die Interferenzbildung erfüllt wird. Die Folge ist eine starke Intensitätsschwankung der Beugungsmaxima, die von der unterschiedlichen Anzahl der Körner abhängt. Man beobachtet dann oft, daß die gemessenen Dehnungen von Ort zu Ort variieren, wobei die Meßwerte reproduzierbar bleiben. Dies kann wie folgt erklärt werden: Die Neutronenbeugung liefert die mittlere Dehnung über alle Körner, die so orientiert sind, daß sie einen Beitrag liefern. Andererseits ist die Dehnung in einem Einzelkorn abhängig vom Einfluß der unmittelbaren Nachbarn. Bei kleiner Korngröße liegen im Probenvolumen Körner in vielen verschiedenen Orientierungen vor, so daß sich ein stabiler Mittelwert ergibt, der nicht mehr von der Richtung abhängt, unter der die Streuung beobachtet wird. Sind die Körner hingegen groß relativ zum Probenvolumen, sind nicht mehr alle Kraftkopplungen repräsentiert und man wählt durch die Messung nur einige wenige aus, die dann entsprechend stark streuen. Die Beugungsmaxima verbreitern sich, sobald das Material über den elastischen Bereich hinaus beansprucht wird. Am Beispiel des (211)-Reflexes in spannungsarm-geglühten Baustahl wird dies deutlich (siehe Abb. 13.9). Im Bereich geringer Spannungen ist die Peakform durch die apparative Auflösung des Spektrometers bestimmt und die Dehnung steigt linear mit der Spannung. Bei etwa 250 MPa bricht dieser lineare Zusammenhang ab und der Peak beginnt, sich mit zunehmender Spannung zu verbreitern. Verschiedene Reflexe verbreitern sich unterschiedlich, weil das bei der plastischen Verformung einsetzende Gleiten von Netzebenen von der Umgebung eines Kornes und dessen Anisotropie abhängt.
Abbildung 13.10 zeigt eine Zeitreihe der Peakbreiten verschiedener Reflexe in Stahl, bei der die äußere Last zunächst gesteigert und nach Erreichen der Plastizitätsgrenze wieder bis auf Null verringert wurde. Die Verbreitung setzt bereits im elastischen Bereich ein -ein Hinweis auf Änderungen in der Mikrospannung- der allerdings nur bei sehr hoher apparativer Auflösung des Neutronenspektrometers

zu erkennen ist. Nach Erreichen der Elastizitätsgrenze bei etwa 300 MPa nimmt die Mikrospannung mit zunehmender äußerer Last wieder ab. Eine Verbreitung der BRAGG-Peaks ist aber auch dann zu erwarten, wenn die Einzel-Körner so fein sind, daß sie nur verhältnismäßig wenige Einheitszellen des Kristallgitters enthalten. Dies geht formal aus der Theorie der Neutronenbeugung hervor, nach der die integrale Neutronen intensität nach der Streuung von der Anzahl N der Einheitszellen im Streuvolumen, dem Wellenzahlvektor ($|\vec{\kappa}|=2\cdot\pi/\lambda$) und den Gitterbasisvektoren $\boldsymbol{\alpha}$, $\boldsymbol{\mu}$, $\boldsymbol{\sigma}$ durch Funktionen der Form

$$\frac{\sin^2(0.5\cdot N\cdot\vec{\kappa}\cdot\boldsymbol{\alpha})}{\sin^2(0.5\cdot\vec{\kappa}\cdot\boldsymbol{\alpha})} \qquad (\,13\text{-}28\,)$$

abhängt.

Abbildung 13.11 zeigt den Verlauf dieser Funktion in der Umgebung von 0 (oder π) für N=10, 20 und 40. Die Linienform wird schlanker und höher, je größer die Zahl der Einheitszellen ist, die zur Streuung beitragen. Die Halbwertsbreite eines Reflexes in rad ergibt sich nach der SCHERRER-Formel zu

$$B(2\Theta)=\frac{0.94\ \lambda}{L\cdot\cos\Theta} \qquad (\,13\text{-}29\,)$$

wobei Θ der BRAGG-Winkel des Reflexes und L die Kantenlänge eines kubischen Kristalls ist. Die Linienverbreiterung durch zu feines Korn kann u.U. Werte annehmen, die dem Einfluß plastischer Verformung vergleichbar sind und die apperative Auflösung eines Spektrometers überschreiten.

13.7 Praxis der Neutronenspektrometrie

Alle Neutronendiffraktometer arbeiten nach einem von zwei Prinzipien: entweder werden die BRAGG-Reflexe (1) bei fest vergebbarer Neutronenwellenlänge als Funktion des Streuwinkels 2ϑ aufgenommen oder (2) man registriert sie bei unveränderter Streugeometrie als Funktion der Wellenlänge λ. Beide Methoden sind sowohl an Reaktoren als auch an gepulsten Neutronenquellen einsetzbar, jedoch haben sich Spektrometer, die mit konstanter Wellenlänge arbeiten, an Reaktoren durchgesetzt, während an gepulsten Quellen naturgemäß die Flugzeit-Spektrometrie bevorzugt wird. Ein typisches Kristallspektrometer ist das Gerät D1A des Institut Laue-Langevin (ILL) in Grenoble, dessen prinzipieller Aufbau der Abbildung 13.12 zu entnehmen ist.

Ein Germanium-Einkristall innerhalb eines Neutronenleiters reflektiert einen monochromatischen Neutronenstrahl auf die Streuprobe. Durch Auswahl unterschiedlicher Reflexe des Monochromators beträgt die Wellenlänge 1.390 Å, 1.514 Å, 1.911 Å (höchste Intensität) oder 2.994 Å. Ein beweglicher Multidetektor gestattet die Aufnahme mehrerer BRAGG-Reflexe der Probe, wobei allerdings die Streuvolumina leicht unterschiedlich sind. Die Auflösung (Halbwertsbreite der BRAGG-Reflexe) ist verhältnismäßig stark vom Streuwinkel abhängig.

Mit Hilfe besonderer Detektoren läßt sich die Meßzeit für eine Spannungsmessung reduzieren, wie dies aus dem in Abb. 13.13 skiziierten Aufbau eines ortsabhängigen Detektors erkennbar ist. Dieser Detektor erlaubt die gleichzeitige Aufnahme des Tiefenprofils der Dehnungen in einer Probe. Durch 90°-Streugeometrie und einen feinen Steg-Kollimator wird eine optimale Festlegung der streuenden Volumenbereiche in der Probe erreicht. Dies setzt voraus, daß die einfallende Wellenlänge im Bereich des untersuchten Reflexes durch den Monochromator kontinuierlich ausgewählt werden kann. Die Ortsauflösung mit einem Kollimator, dessen Stege 0.5 mm Abstand haben, erreicht etwa 1 mm. Ein ortsauflösender Detektor kann auch eingesetzt werden, um Positionen und Breite eines BRAGG-Reflexes aus einem kleinem Streuvolumen gleichzeitig zu bestimmen. Der Aufbau ist in Abb. 13.14 skizziert. Durch seine lineare Ausdehnung überdeckt der Detektor einen Winkelbereich, in den die gesamte reflektierte Intensität gestreut wird. Die Neutronenwellenlänge bleibt in jedem Fall unverändert.

Während Kristallspektrometer sehr kompakt aufgebaut werden können, erfordern Flugzeitspektrometer immer eine große Distanz zwischen der Neutronenquelle und der Streuprobe, damit eine Geschwindigkeitsselektion der Neutronen möglich wird. Die Länge des Flugweges ist daher mitbestimmend für die erreichbare Auflösung eines Spektrometers. (Zusätzlich wird die Auflösung noch durch die Breite des Neutronenpulses und die Winkelgenauigkeit beeinflußt). Durch den Einsatz von Neutronenleitern -meist Ni-58-verspiegelte Gläser, an deren Oberfläche langsame Neutronen fast verlustfrei reflektiert werden- wird erreicht, daß die Neutronenintensität vom Austritt an der Quelle auf die Streuprobe gelangt. Ein typisches Beispiel eines Pulverdiffraktometers, das zunehmend auch für Spannungsmessungen eingesetzt wird, ist das Gerät NPD am Los Alamos Neutron Scattering Center (LANSCE), einer intensiven, gepulsten Spallationsneutronenquelle. Für Spannungsmessungen werden die beiden 90°-Detekor-Bänke benutzt. Damit können die Dehnungen in zwei zueinander senkrechten Richtungen gleichzeitig gemessen werden (siehe Abb. 13.15). Herkömmliche Flugzeit-Diffraktometer an Reaktoren werfen besondere Intensitätsprobleme auf. Hier bieten die sogenannten Korrelationsspektrometer einen Vorteil. Insbesondere sind dies Geräte, die eine FOURIER-Synthese der Diffraktionsspektren ermöglichen. Ein solches, nach dem "reverse-time-of-flight"-Prinzip arbeitendes Spektrometer ist das FOURIER- Spannungs-Spektrometer (FSS) am FRG 1 (GKSS-Forschungszentrum Geesthacht). (Siehe Abb. 13.16). Korrelationsspektrometer "modulieren" die primäre Neutronenintensität gemäß einer pseudo-statistischen bzw. frequenzabhängigen Binärfolge von "offen" und "geschlossen" Zuständen eines Rotor-Verschlusses. Das aus diesen Binärinformationen abgeleitete Phasensignal wird mit der gestreuten Neutronenintensität korreliert und so das Diffraktionsspektrum gebildet. Das Meßprinzip ist die harmonische Analyse oder FOURIER-Synthese des Neutronenspektrums. FOURIER-Spektrometer bestehen aus einem Rotor mit kammartiger Neutronenabsorberstruktur, der sich mit variabler Geschwindigkeit dicht vor einem Stator mit gleicher Struktur dreht, so daß die Intensität des durchtretenden Neutronenstrahls annähernd sinusförmig moduliert wird. Die höchste Modulationsfrequenz ist bestimmend für die apparative Auflösung, die damit -anders als bei der üblichen Flugzeitspektrometrieentkoppelt ist von Intensitätsproblemen.

Spektrometer dieses Typs können auch an kleineren Forschungsreaktoren als leistungsfähige Flugzeitspektrometer zur Spannungsmessung eingesetzt werden.

Dies bietet folgende Vorteile:
- das gesamte thermische Neutronenspektrum wird ausgenutzt;
- der Aufbau von Probe und Detektor braucht nicht verändert zu werden, sodaß eine feststehende Blendenanordnung immer ein bekanntes Streuvolumen definiert;
- es lassen sich gleichzeitig mehrere Reflexe aus dem gleichen Streuvolumen untersuchen, wodurch unmittelbar eine Textur erkennbar ist;
- hohe apparative Auflösung ermöglicht die Untersuchung der Form der Reflexe;
- die Probenpositionierung gestaltet sich einfacher, sodaß schwere Proben und Proben in spezieller Umgebung (hohe äußere Last, Temperatur, Einsatz unter Betriebsbedingungen) untersucht werden können;
- der gesamte DEBYE-SCHERRER Konus kann mit Detektoren belegt und die Meßzeit insbesondere für Spannungstensor-Untersuchungen auf diese Art stark reduziert werden.

Ein Nachteil der FOURIER-Spektrometer liegt darin, daß BRAGG-Reflexe geringer Intensität sich nur unzureichend aus dem normalen Untergrund des Spektrums abheben. Für Spannungsmessungen genügt es aber, nur die stärksten Reflexe zu untersuchen.

13.8 Die Bestimmung des Dehnungs- und Spannungstensors

Die Durchdringungsfähigkeit von Neutronen ist für die meisten Materialien so hoch, daß sich die räumliche Dehnungsverteilung im Inneren einer Probe bestimmen läßt. Dazu wird mit Hilfe externer Blenden für den einfallenden und den gestreuten Neutronenstrahl ein Volumenbereich innerhalb der Probe definiert, um dessen Mittelpunkt die Probe gedreht werden kann (siehe Abb. 13.17) Theoretisch genügen dann sechs voneinander unabhängige Winkeleinstellungen zur Bestimmung des Dehnungstensors. Wegen der unvermeidlichen Meßfehler sind jedoch in der Praxis mehr als sechs Positionen erforderlich. Aus dem überbestimmten System linearer Gleichungen ist der Lösungsvektor mit wesentlich höherer Genauigkeit zu berechnen. Darüber hinaus können dann auch die Meßfehler angegeben werden. Zur Berechnung der Normal- und Scherdehnungen aus den unter verschiedenen Winkeln gemessenen Dehnungen geht man von der allgemeinen Formel für den dreiaxialen elastischen Dehnungszustand in einem Punkt des Probekörpers aus:

$$\varepsilon = l^2 \cdot \varepsilon_{11} + m^2 \cdot \varepsilon_{22} + n^2 \cdot \varepsilon_{33} + 2 \cdot l \cdot m \cdot \varepsilon_{12} + 2 \cdot m \cdot n \cdot \varepsilon_{23} + 2 \cdot n \cdot l \cdot \varepsilon_{31} \qquad (13\text{-}30)$$

Darin bezeichnen die ε_{ii} die Normaldehnungen, die ε_{ij} die Scherdehnungen und l, m und n die jeweiligen Richtungskosinus, deren Definition aus Abb. 13.17 hervorgeht. Die Dehnungen sind in allen Fällen als Mittelwert über das durch die Blenden definierte Probenvolumen zu verstehen.

Die Auswahl der Rictungen Ψ, Φ ist ein Opimierungsproblem, da erreicht werden soll, daß die Fehler der berechneten Dehnungstensor-Komponeten trotz der unvermeidbaren Meßfehler so klein wie möglich bleiben.

Die geometrischen Abmessungen einer Probe lassen möglicherweise die opimale Position nicht zu. Daher ist vor allen Dingen darauf zu achten, daß das Gleichungssystem aus voneinander linear unabhängigen Gleichungen gebildet wird. Man kann z.B. die Richtungen der gemessenen Dehnungen dadurch ändern, daß man die Probe um den einfallenden Neutronenstrahl als Achse dreht. Damit beschreiben die Dehnungsrichtungen einen Konus in der Probe. Damit der Tensor jedoch berechnet werden kann, muß mindestens eine Dehnungsrichtung außerhalb dieses Konus liegen. Sind die Formänderungen ε_{ij} ermittelt, so kann sich die drei Hauptformänderungen (siehe Kapitel 2) mit ihren Richtungen und auch mit dem HOOKE-Gesetz die zugeordneten Koordinaten- und Hauptspannungen (Kapitel 3, 20) berechnen.

13.9 Elastische Anisotropie und Textureinflüsse

Die Neutronendiffraktometrie ist eine mikroskopische Methode der Spannungsmessung; daher müssen bei der Berechnung der Spannungen aus den gemessenen Dehnungen die von der Kristallorientierung abhängigen elastischen Konstanten zugrunde gelegt werden. Der Elastizitätsmodul ist am höchsten in Richtung der dichtesten Packung der Atome im Kristall. Für ein kubisches Gitter ist dies die (111)-Richtung. Sie reagiert auf eine vorgegebene Spannung mit der geringsten Dehnung. Die (100)-Richtung dagegen ist besonders "weich". Für einen Einkristall aus ferritischen Stahl beträgt der Elastizitätsmodul in (111)-Richtung 283 GPa und in (100)-Richtung 131 GPa. Der makroskopische Elastizitätsmodul liegt mit 207 GPa zwischen diesen beiden extremen Werten. Im allgemeinen ergeben sich aus den verschiedenene Reflexen unterschiedliche Werte für die Dehnung. Daraus resultiert eine Unsicherheit in der Bestimmung der realen Spannungen. Der experimentelle Ausweg aus dieser Schwierigkeit besteht in der Bestimmung der Neutronen-elastischen Konstanten (NEK's) durch die Messung der effektiven Wirkung eines bekannten äußeren Spannungszustandes auf die mikroskopischen Dehnungen. Häufig werden auch mehrere Reflexe zur Bestimmung einer mittleren Dehnung herangezogen, auf die dann wieder die makroskopischen Werte für Elastizitätsmodul und Querkontraktionszahl anzuwenden sind. Hier ist die Neutronen-Flugzeitmethode von Vorteil, da sie viele Reflexe aus dem gleichen Probenvolumen gleichzeitig liefert.

13.10 Elastische Anisotropie bei kubischen Systemen

Die makroskopischen Elastizitätseigenschaften des polykristallinen Materials werden durch die elastischen Konstanten des Einkristalls und die Kraftübertragung zwischen den einzelnen Körnern bestimmt. Die Neutronendiffraktometrie ermöglicht die experimentelle Untersuchung der mittleren Dehnung der Kristallite mit definierter Orientierung in einem Polykristall, der einer uniaxialen

Kraftbeanspruchung unterworfen ist. Für kubische Kristallsysteme findet man unter der REUSS'schen Annahme, daß Körner der gleichen Krafteinwirkung ausgesetzt sind, für die Dehnung parallel zur Spannungsrichtung (und damit senkrecht zu den Netzebenen)

$$\varepsilon_{||} = \sigma \cdot (s_{11} - 2 \cdot S \cdot A_{hkl}) \qquad (13\text{-}31)$$

und für die Dehnung senkrecht zur Spannungsrichtung:

$$\varepsilon_{\perp} = \sigma \cdot (s_{12} + S \cdot A_{hkl}) \qquad (13\text{-}32)$$

Die Querkontraktionszahl wird

$$\nu_{hkl} = -\frac{\varepsilon_{\perp}}{\varepsilon_{||}} \qquad (13\text{-}33)$$

In die Formel gehen die sogenannten "Nachgiebigkeiten" des Einkristalls (single-crystal compliance constants) S_{ij} ein.
Ferner ist

$$S = (s_{11} - S_{12} - S_{44}/2) \qquad (13\text{-}34)$$

und der Anisotropiefaktor

$$A_{hkl} = \frac{h^2 \cdot k^2 + k^2 \cdot l^2 + l^2 \cdot h^2}{(h^2 + k^2 + l^2)^2} \qquad (13\text{-}35)$$

A_{hkl} variiert zwischen 0 und 1/3.

Für ferritischen Stahl berechnet man mit:

$S_{11} = 7.632 \cdot 10^{-3} \ GPa^{-1}$
$S_{12} = -2.788 \cdot 10^{-3} \ GPa^{-1}$
und $S_{44} = 8.547 \cdot 10^{-3} \ GPa^{-1}$

für die weiche (100)-Richtung: $E_{100} = 131$ GPa und für die steife (111)-Richtung: $E_{111} = 282$ GPa.
Für E_{110} und E_{211} wird der Wert 219 GPa berechnet, der dem gewöhnliche verwendeten makroskopischen Elastizitätsmodul für Stahl ohne Textur (E = 207 GPa) schon nahe kommt.

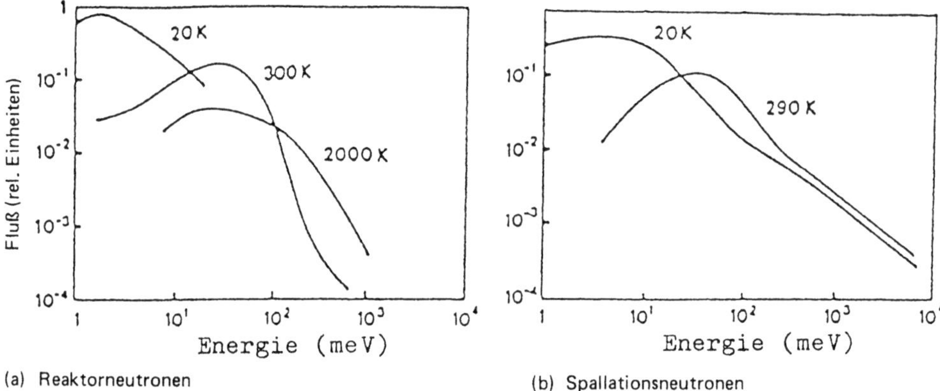

(a) Reaktorneutronen   (b) Spallationsneutronen

Bild 13.1   Energieabhängiger Neutronenfluß eines Reaktors (a) und einer Spallationsneutronenquelle (b) als Funktion der Reaktortemperatur. (Mit "20 K2 ist der Spektrum einer sogenannten "kalten Neutronenquelle" gekennzeichnet, durch die die Intensität bei niedrigen Energien gestopt werden kann. Der für Spannungsmessungen wichtige Bereich liegt zwischen 3 und 80 meV).

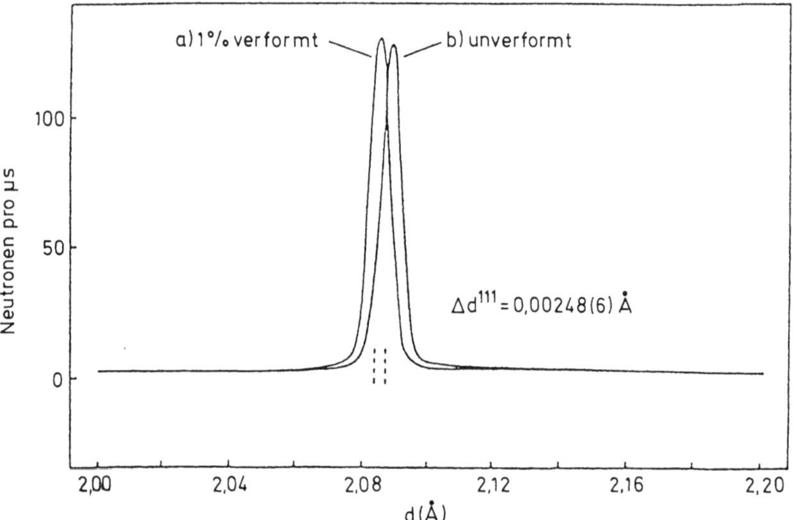

Bild 13.2   Positionsverschiebung (111)-Reflexes von Kupfer im Neutronenflugzeitspektrum nach einer Verformung von 1%, die eine mikroskopische Dehnung von $\varepsilon = 0{,}119$ % hinterläßt.

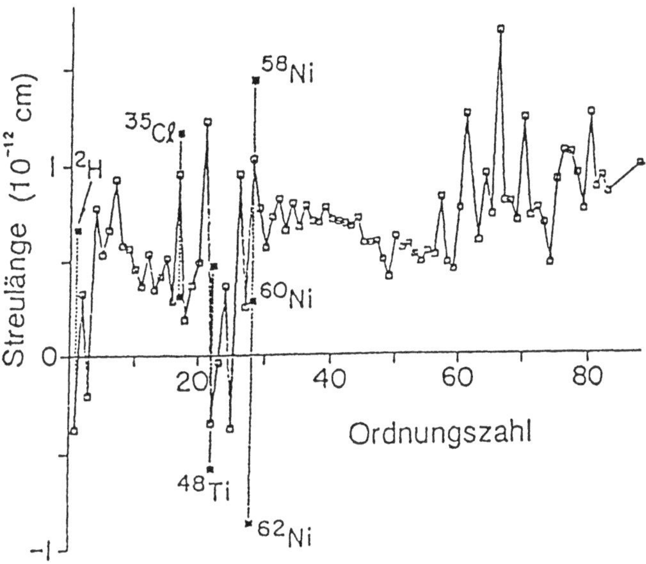

Bild 13.3 Nukleare Streulänge als Funktion der Ordnungszahl.

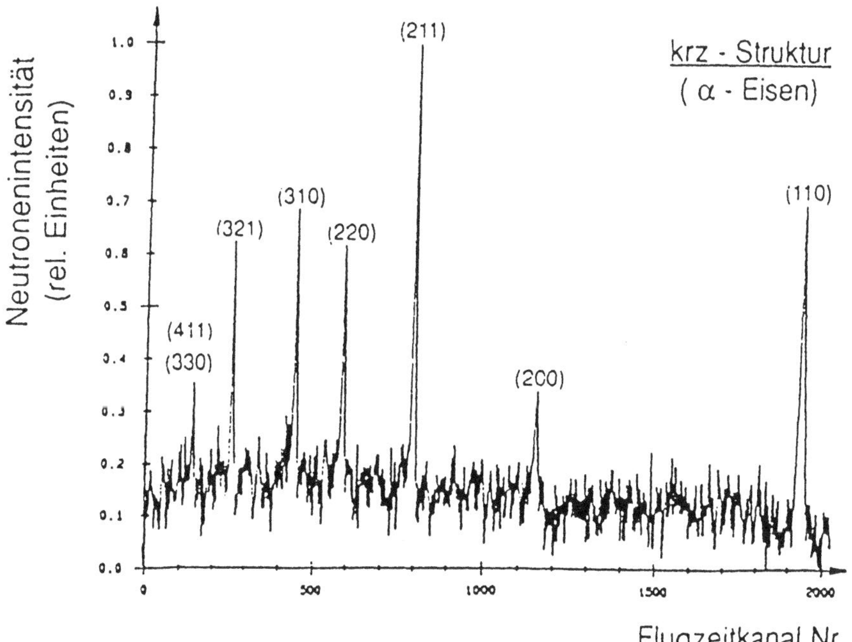

Bild 13.4 Flugzeitspektren eines ferritischen Stahls mit kubisch-raumzentrierter Kristallstruktur.

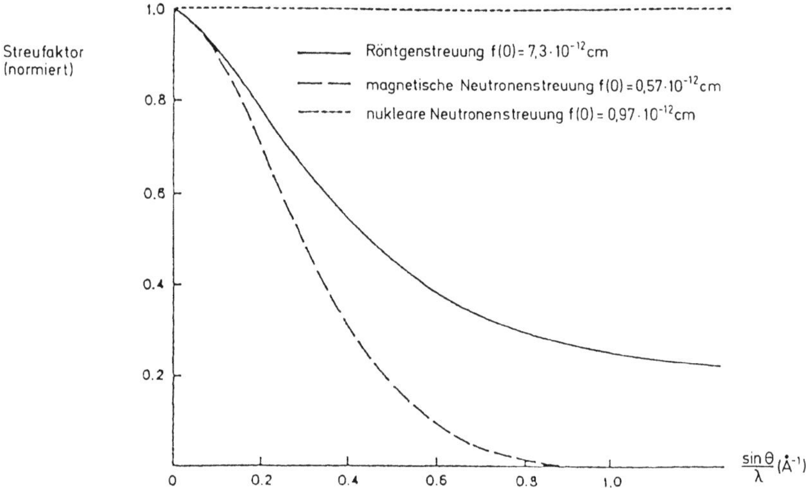

Bild 13.5 Streufaktor des Eisens (nuklear und magnetische Streuung im Vergleich zu Röntgenstreuung).

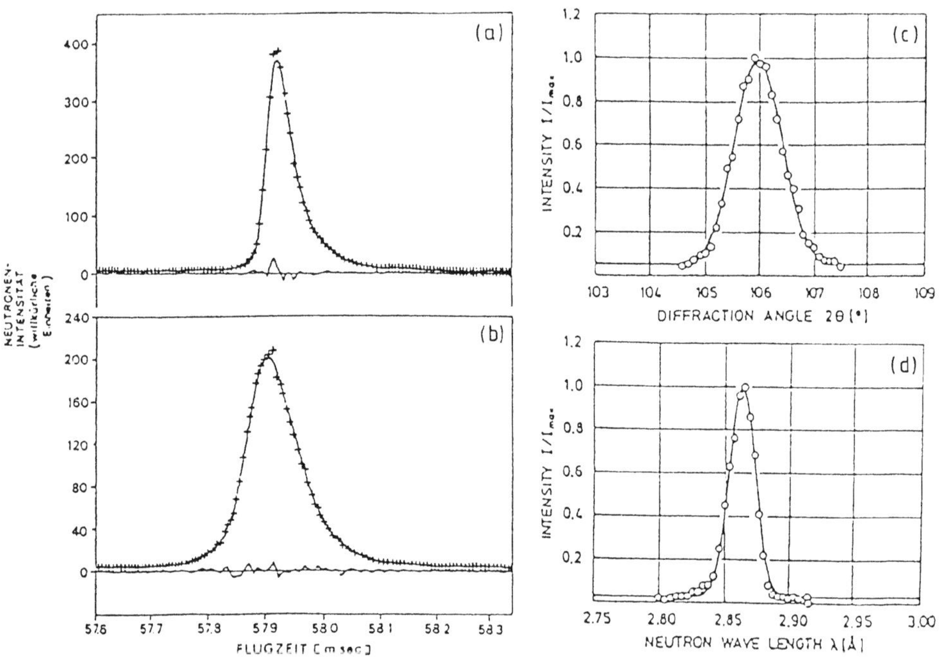

Bild 13.6 Form typischer BRAGG-Reflexe
　　　　a.) Flugzeit-Messung (Spallationsneutronen) im elastischen Bereich
　　　　b.) derselbe Reflex im plastischen Bereich
　　　　c.) Kristalllspektrometer-Messung (Θ-Scan Technik)
　　　　d.) dito (λ-Scan Technik)

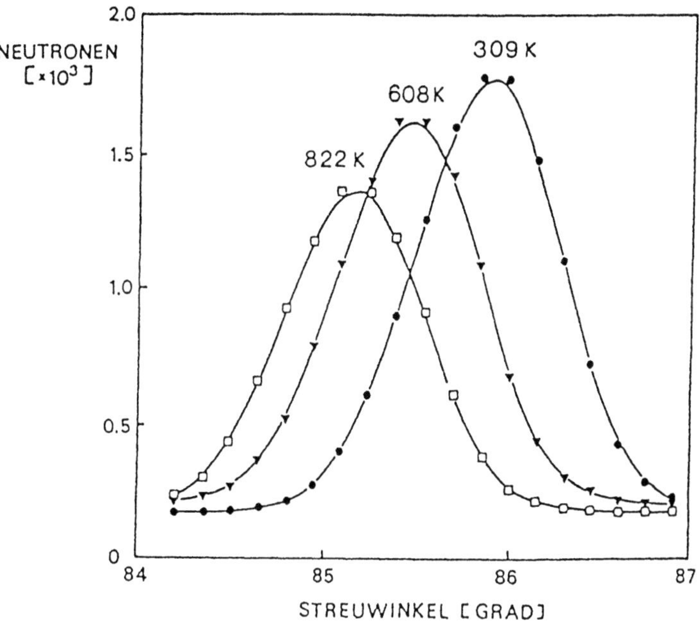

Bild 13.7 (113)-Reflex der Nickelbasis-Superlegierung WASPALOY als Funktion der Temperatur.

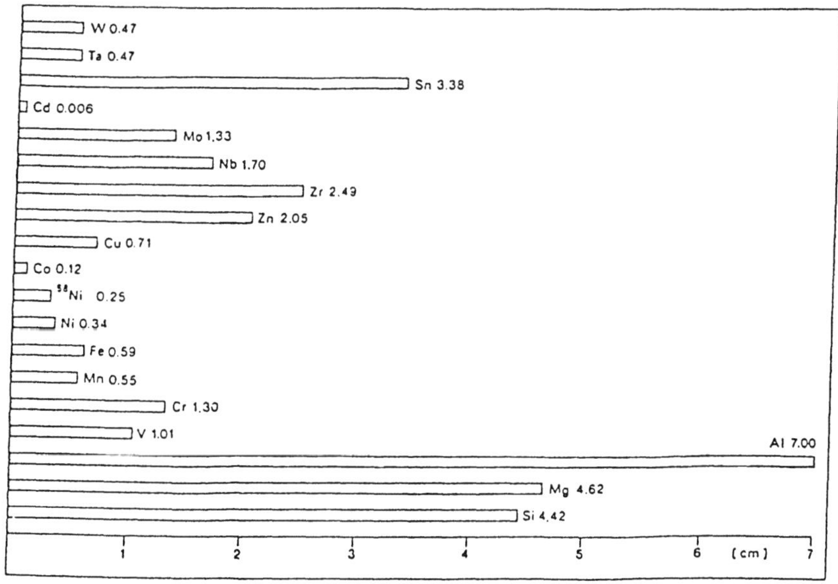

Bild 13.8 Halbwertdicke wichtiger Werkstoffe

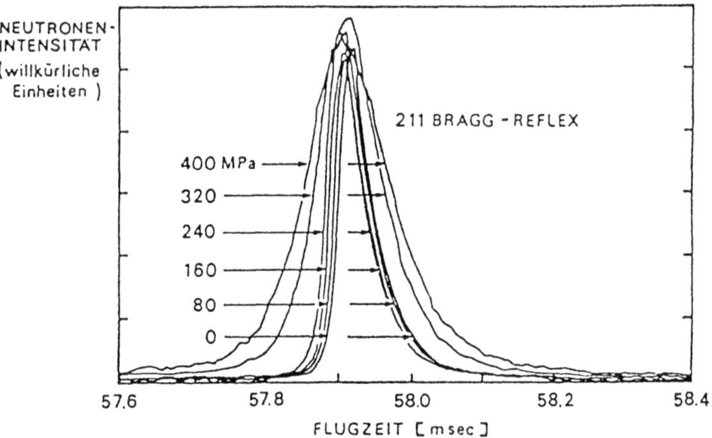

Bild 13.9 Verbreitung des (211)-Reflexes einer spannungsarm-geglühten Stahlprobe beim Übergang vom elastischen zum plastischen Bereich (Parameter ist die einaxiale, externe Belastung)

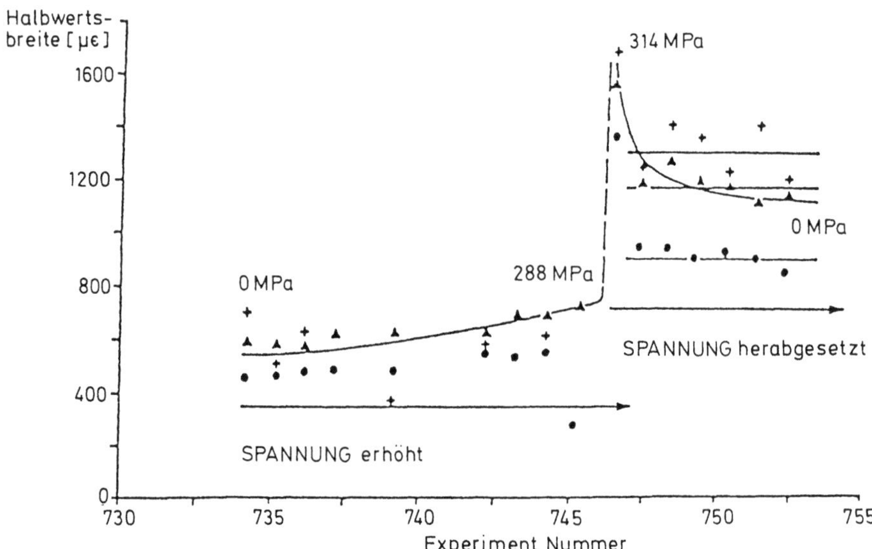

Bild 13.10 Halbwertsbreiten (in $\mu\varepsilon$, $1\ \mu\varepsilon = 10^{-6}$) verschiedener Reflexe in Stahl in Abhängigkeit von der äußeren Last.

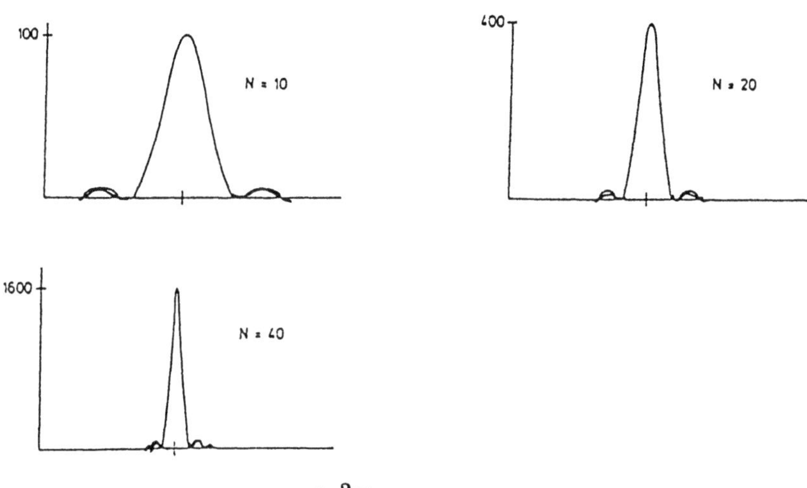

Bild 13.11 Die Funktion $\dfrac{\sin^2 N\cdot x}{\sin^2 x}$ für N=10, 20 und 40.

(Man beachte die unterschiedlichen Ordinalwerte der Maxima)

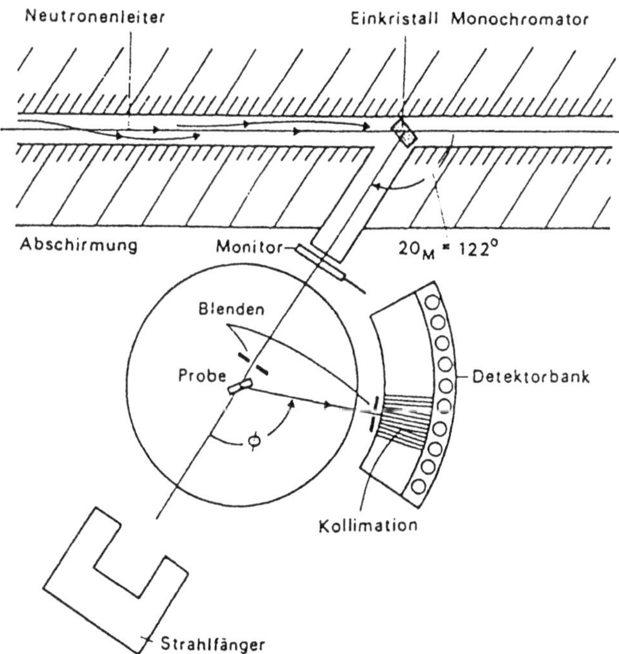

Bild 13.12 Kristallspektrometer D1A des Instituts Laue-Langevin (ILL), Grenoble.

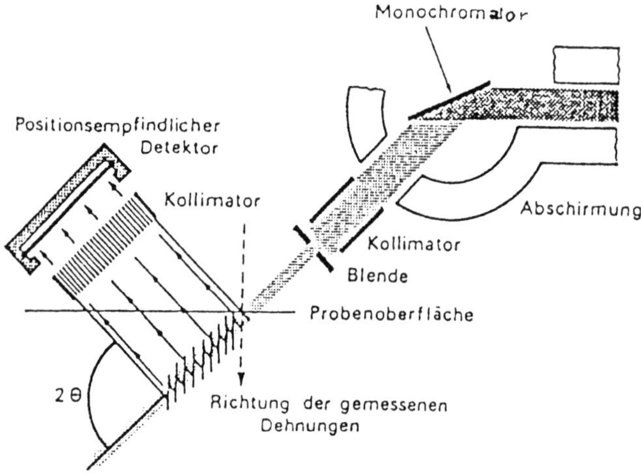

Bild 13.13 Kristallspektrometer mit ortsauflösendem Detektor zur Aufnahme eines Dehnungsprofils (Riso National Laboratory, Dänemark)

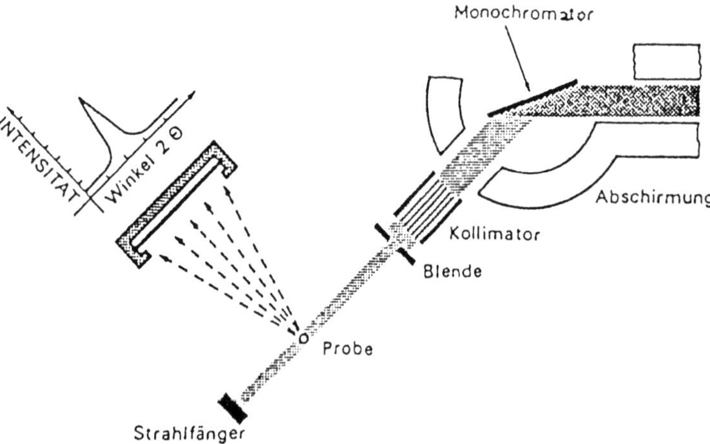

Bild 13.14 Kristallspekrometer mit ortsauflösenden Detektor zur Aufnahme der Intensitätsverteilung der gestreuten Neutronen.
(Riso National Laboratory, Dänemark)

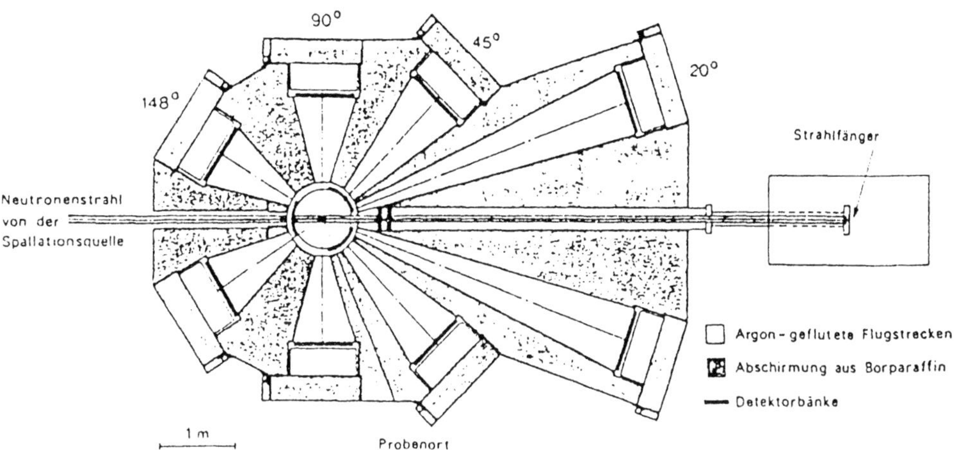

Bild 13.15 Neutronenflugzeit-Spektrometer NPD.(Los Alamos National Laboratory, USA)

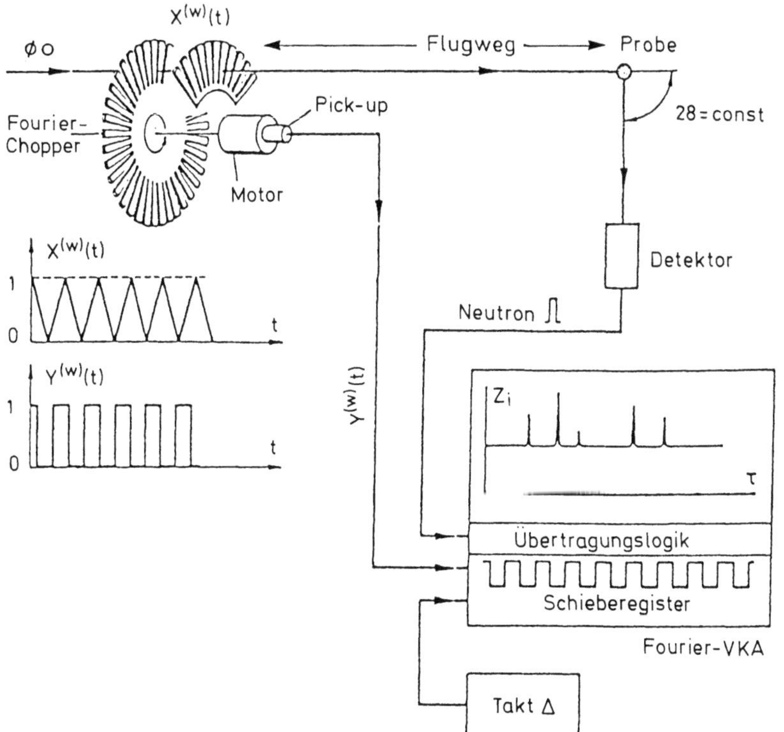

Bild 13.16 Prinzip des Fourier-Spektrometers FSS (GKSS Forschungszentrum Geesthacht)

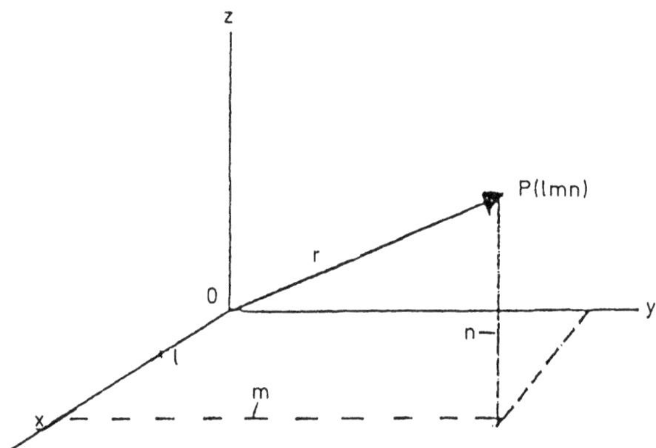

Bild 13.17 Die Definition des Richtungscosinus.

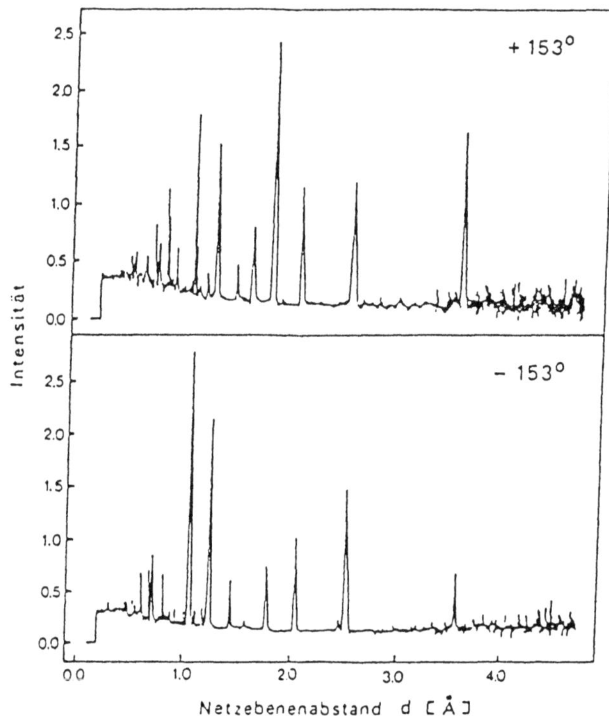

Bild 13.18 Einfluß von Textur auf die Intensität der Reflexe, gemessen im Fuß
einer Turbinenschaufel. Bei Gleichverteilung der Kristallite wären keine
Intensitätsunterschiede der Reflexe zu beobachten.

14 Ultraschall-Spannungsmaßtechnik

14.1 Einleitung

Mit Ausnahme der Neutronentechnik, Kap. 13, sind alle im Rahmen dieser Darstellung bisher behandelten Verfahren zur Dehnungs- und Spannungsmessung auf die Analyse von Oberflächen- bzw. oberflächennahen Zuständen beschränkt.

Nur durch sukzessives Abtragen der Oberflächen können mittels der zerstörenden und zerstörungsfreien Meßverfahren Informationen über den Spannungszustand im Werkstoffinneren gewonnen werden.

Diese wesentliche Beschränkung wird durch Neutronen- und auch durch Ultraschall-Verfahren aufgehoben. Das Neutronen-Verfahren arbeitet analog zur Röntgen-Spannungsmessung, ist jedoch für den praktischen Einsatz (Verfügbarkeit von Neutronenquellen) unhandlich. In der jüngeren Vergangenheit ist daher nach Überwindung einiger grundsätzlicher meßtechnischer Probleme in größerem Umfang Forschung und Entwicklung zur Ultraschall-Spannungsmessung betrieben worden. Der erreichte Stand der Technik zur Ermittlung von Last- und/oder Eigenspannungen wird im folgenden dargestellt.

14.2 Physikalische Grundlagen

Die Wechselwirkungen zwischen sich ausbreitenden Ultraschall-Wellen und der Mikrostruktur eines Werkstoffes sind elastischer und anelastischer Art. Die elastische Wechselwirkung erhält den Charakter der mechanischen Schwingungen und wird durch die Schallgeschwindigkeit v sowie Reflektions-, Beugungs- und Streuphänomene beschrieben. Die anelastische Wechselwirkung beruht auf dem Energieverlust der Wellen in Ausbreitungsrichtung - Schwächungskoeffizient α ,-bedingt sowohl durch Absorption (d.h. Umwandlung der Schwingungsenergie in Wärme) als auch durch Streuung (d.h. Verteilung der Schwingungsenergie auf den gesamten Raumwinkel).

v und α für die verschiedenen Wellenarten (Longitudinal-, Transversal-, Oberflächenwellen) und in ihrer Abhängigkeit von der Frequenz f (i.a. im MHz-Bereich) stellen somit für die Gefüge- und Spannungsmessung wesentliche zerstörungsfrei zugängliche Kenngrößen dar. Dabei ist die Schallgeschwindigkeit direkt mit den Dehnungen (ε) bzw. Spannungen (σ) verknüpft und wird daher allein hierfür genutzt. Physikalisch betrachtet ist die Schallgeschwindigkeit eine Funktion der Dichte und des elastischen Werkstoffverhaltens. Da der Einkristall - das Bauelement des polykristallinen Werkstoffes - elastisch anisotrop ist, d.h. in unterschiedlichen Richtungen auch unterschiedliche elastische Konstanten aufweist, ist die Schallgeschwindigkeit im Einkristall richtungsabhängig. Es können Unterschiede bis zum Faktor 2 etwa auftreten [14.1; 14.2].

Der in der Technik überwiegend eingesetzte Vielkristall ist im idealen Fall quasi-isotrop, da eine statistische Verteilung der Einkristalle makroskopisch betrachtet die Anisotropie "herausmittelt". Dementsprechend besitzt der quasi-isotrope Körper zwei voneinander unabhängige elastische Konstanten, z.B. E- und G-Modul, während jede weitere Konstante hieraus abgeleitet werden kann (z.B. POISSON-Zahl $\nu = E/(2 \cdot G) - 1$. Dies führt unmittelbar zu zwei voneinander unabhängigen Schallgeschwindigkeiten:

$$\text{Longitudinalwelle} \qquad v_L = \left(\frac{E \cdot (1 - \nu)}{\varrho \cdot (1 + \nu) \cdot (1 - 2\,\nu)} \right)^{1/2} \qquad\qquad (\ 14\text{-}1a\ )$$

$$(\ 14\text{-}1b\ )$$

$$\text{Transversalwelle} \qquad v_T = \left(G/\varrho \right)^{1/2}$$

Jede weitere Schallgeschwindigkeit (Oberflächen-, Platten-, Stab-, Rohrwelle) ist eine Kombination aus L- und T-Anteilen, z.B. die Oberflächengeschwindigkeit v_R:

$$v_R = \frac{0{,}87 + 1{,}12 \cdot \nu}{1 + \nu} \cdot v_T \qquad\qquad (\ 14\text{-}1c\ )$$

In Wirklichkeit ist die regellose Einkristallverteilung aber i.a. nicht gegeben, d.h. es stellen sich Vorzugsorientierungen (Textur) von Kristalliten relativ zur makroskopischen Formgebung (z.B. Walz-, Schmiederichtung u.a.) ein. Damit sind dann richtungsabhängige elastische Konstanten und somit auch richtungsabhängige Schallgeschwindigkeiten gegeben. Hier sind Abweichungen von einigen 10 Prozent möglich, typisch sind Werte $\lesssim 10$ %.

Last- und/oder Eigenspannungen verursachen anstelle der (oder additiv zur) Textur eine "Spannungsanisotropie", die wiederum für richtungsabhängige Schallgeschwindigkeiten verantwortlich ist. Nun handelt es sich jedoch nicht mehr um richtungsabhängige elastische Konstanten, sondern um den Einfluß der sogenannten elastischen Konstanten dritter Ordnung, die die Abweichung der Realität vom HOOKE'schen Gesetz beschreiben. Da diese Abweichung im elastischen Beanspruchungsbereich gering ist, handelt es sich auch um eine geringe Änderung der Schallgeschwindigkeit, i.a. $\lesssim 2$‰ als Richtwert. Der quasi-isotrope Polykristall hat drei voneinander unabhängige elastische Konstanten dritter Ordnung ("MURNAGHAN-Konstanten" l, m, n), die die Spannungs- bzw. Dehnungsabhängigkeit von $v_{L,T}$ bestimmen (λ, μ = LAME-Konstanten):

$$\varrho \cdot v_{11}^2 = \lambda + 2 \cdot \mu + (2 \cdot l + \lambda) \cdot \Theta + (4 \cdot m + 4 \cdot \lambda + 10 \cdot \mu) \cdot \varepsilon_1 \qquad\qquad (\ 14\text{-}2a\ )$$

$$\varrho \cdot v_{12}^2 = \mu \qquad + (\lambda + m) \cdot \Theta + 4 \cdot \mu \cdot \varepsilon_1 + 2 \cdot \mu \cdot \varepsilon_2 - 0.5 \cdot n \cdot \varepsilon_3 \qquad\qquad (\ 14\text{-}2b\ )$$

$$\varrho \cdot v_{13}^2 = \mu \qquad + (\lambda + m) \cdot \Theta + 4 \cdot \mu \cdot \varepsilon_1 + 2 \cdot \mu \cdot \varepsilon_3 - 0.5 \cdot n \cdot \varepsilon_2 \qquad\qquad (\ 14\text{-}2c\ )$$

Hierbei beziehen sich die Indizes 1, 2, 3 auf ein rechtwinkliges Koordinatensystem, in dem sich Longitudinal- (v_{11}, v_{22}, v_{33}) und Transversalwellen

(v_{12}, v_{13}, v_{21}, v_{23}, v_{31}, v_{32}) ausbreiten, Bild 14.1. Der erste Index beschreibt jeweils die Ausbreitungsrichtung, der zweite die Schwingungsrichtung der Welle. ε_1, ε_2, ε_3 sind die Dehnungen in Hauptachsenrichtung, $\Theta = \varepsilon_1 + \varepsilon_2 + \varepsilon_3$.

Die Geschwindigkeiten in den übrigen Richtungen ergeben sich aus der Permutation der Indizes in den o.a. drei Gleichungen.

Der erste Summand auf der rechten Seite der Gleichungen (14-2) stellt jeweils die Beziehung zur Schallgeschwindigkeit im spannungs- bzw. dehnungsfreien Fall her. Jedes Ultraschall-Verfahren zur Spannungsmessung muß von den o.a. drei Gleichungen ausgehen und im Zweifelsfall in der Lage sein, den interessierenden, aber geringen Spannungseinfluß vom möglicherweise vorhandenen, aber störenden und evtl. viel stärkeren Textureinfluß zu trennen.

14.3 Meßverfahren

Der direkte Weg zur Spannungs- bzw. Dehnungsmessung über die Bestimmung der Geschwindigkeit v entsprechend den Gleichungen (14-2) ist aus mehreren Gründen nicht gangbar:

- an der Meßstelle muß v für den spannungsfreien Fall bekannt sein - mit hinreichender Genauigkeit. Dem stehen aber lokale gefügebedingte Geschwindigkeitsschwankungen im Promille-Bereich, d.h. in der interessierenden Größenordnung entgegen;

- Die Messung von v erfordert sowohl eine Laufwegmessung (i.a. die Dicke des durchschallten Bauteiles oder der Abstand zwischen Sender- und Empfänger-Prüfkopf) als auch eine Laufzeitmessung - beides mit einer Genauigkeit möglichst um eine Zehnerpotenz besser als der Meßeffekt. Während dies für die Laufzeitmessung heute keine Schwierigkeit darstellt, ist es für die Laufwegmessung an beliebigen Komponenten nicht möglich [14.3].

Die genannten Probleme werden bei der Anwendung von Relativmessungen umgangen, die den Aufwand auf Laufzeitmessungen unterschiedlicher Wellen reduzieren.

14.3.1 Das Doppelbrechungsverfahren

Die Gleichungen (14-2b) und (14-2c) werden voneinander subtrahiert und auf eine der beiden Geschwindigkeiten normiert. D.h. nacheinander breiten sich zwei Transversalwellen entlang des gleichen Weges in 1-Richtung aus, aber mit einer um 90° unterschiedlichen Polarisation (Bild 14.2). Die relative Geschwindigkeitsdifferenz ist gleich der relativen Laufzeitdifferenz und direkt proportional der Dehnungs- bzw. Spannungsdifferenz:

$$\frac{\Delta v}{v} = \frac{v_{12} - v_{13}}{v_{13}} = \frac{\Delta t}{t} = \frac{t_{13} - t_{12}}{t_{12}} = \frac{4 \cdot G + n}{4 \cdot G} \cdot (\varepsilon_2 - \varepsilon_3)$$

$$= \frac{4 \cdot G + n}{8 \cdot G^2} (\sigma_2 - \sigma_3) \tag{14-3}$$

Bei zyklischer Permutation der Indizes ergibt sich jeweils eine entsprechende Gleichung für die Ausbreitungsrichtungen 2 und 3.

Im einaxialen Spannungszustand führt eine Messung mit Ausbreitungsrichtung senkrecht zur Spannungsrichtung unmittelbar zum Spannungswert, im zweiaxialen Fall erlauben zwei Messungen aus zueinander senkrechten Richtungen die Bestimmung der beiden Spannungswerte, während im dreiaxialen Fall die drei Spannungsdifferenzen entsprechend Gleichung (14-3) ermittelt werden. Gleichung (14-3) gilt für den texturfreien Fall. Sofern Textur vorliegt und einen Trennung zwischen Spannungs- und Textureinfluß vorgenommen werden soll, führt die Messung von $\Delta t/t$ bei verschiedenen Frequenzen f zum Ziel (siehe Bild 14.3):

- ohne Textur ist $\Delta t/t$ frequenzunabhängig,
- Textur zeigt sich qualitativ durch ein mit dem Quadrat der Frequenz anwachsendes $\Delta t/t$ an (Parabel-Gesetz),
- quantitativ lassen sich Spannung und Textur aus der Parabelkrümmung (texturtypisch) und aus dem $\Delta t/t$-Wert für $f=0$ (textur- und spannungstypisch) ermitteln (”Doppelbrechungs-Dispersions-Verfahren”). [14.4]

14.3.2 Das SH-Wellen-Verfahren

Ein zweites Meßverfahren, das ebenfalls die Texturproblematik zu lösen vermag, ist in Bild 14.4 skizziert:
mit einer festen Sender-Empfänger-Anordnung werden Transversalwellen-Laufzeiten einmal mit Ausbreitungsrichtung 2 und Schwingungsrichtung 1 sowie umgekehrt gemessen. Auch beim Vorliegen von Textur gilt $v_{12} = v_{21}$ bzw. eine Abweichung davon kann nur spannungsbedingt sein:

$$\frac{\Delta v}{v} = \frac{v_{12} - v_{21}}{v_{12}} = \frac{\Delta t}{t} = \frac{t_{21} - t_{12}}{t_{21}} = \text{const.} \; (\sigma_1 - \sigma_2) \tag{14-4}$$

Dieses sogenannte SH-Wellen-Verfahren (da die Transversalwellen im Gegensatz zu RAYLEIGHWELLEN als ”SHEAR-HORIZONTAL”-Wellen jeweils parallel zur Oberfläche schwingen) hat jedoch den Nachteil, daß die Wellenausbreitung in zwei unterschiedlichen Werkstoffvolumina erfolgt; lokale Textur-, Spannungs- und insbesondere Gefügeschwankungen tragen daher zur Meßunsicherheit bei. [14.5]

14.3.3 Das LT-Verfahren

Beim Vorliegen eines einaxialen Dehnungs-/Spannungszustandes bzw. dort, wo die Spannung in einer Hauptrichtung die beiden anderen möglichen Spannungswerte wesentlich übertrifft - z.B. in Schweiß- und Schraubenverbindungen oder in Schienen ,-hat sich eine Kombination aus Longitudinal- und Transversalwellen als wirkungsvolles Spannungsmeßverfahren erwiesen [14.6]. Eine Umformung der Gln. (14-2a) und (14-2b) führt zu

$$\frac{v_L - v_{Lo}}{v_{Lo}} = \left[2 + \frac{\mu + 2\,m}{\lambda + 2\,\mu} + \frac{\mu\,\lambda}{2 \cdot (\lambda + \mu) \cdot (\lambda + 2\,\mu)} \cdot (1 + \frac{2 \cdot 1}{\lambda}) \right] \cdot \varepsilon = K_L \cdot \varepsilon \qquad (14\text{-}5a)$$

$$\frac{v_T - v_{To}}{v_{To}} = \left[2 + \frac{\lambda \cdot n}{8 \cdot \mu \cdot (\lambda + \mu)} + \frac{m}{2 \cdot (\lambda + \mu)} \right] \cdot \varepsilon = K_T \cdot \varepsilon \qquad (14\text{-}5b)$$

Breiten sich L- und T-Welle entlang des gleichen Weges aus - z.B. durch eine Schraube unter Dehnung/Spannung ,-so lassen sich die Gln (14-5) zur Dehnungsbestimmung miteinander kombinieren:

$$\varepsilon = (t_L - t_T \cdot Q)/(t_T \cdot K_T \cdot Q - t_L \cdot K_L) \qquad (14\text{-}6)$$

Wobei $t_{L/T}$ die entsprechenden Laufzeiten sind und Q sich allein aus der POISSONZAHL ergibt:

$$Q = \left((1 - 2 \cdot \nu)/[\, 2 \cdot (1 - \nu)\,] \right)^{1/2} \qquad (14\text{-}7)$$

Aus der so bestimmten Dehnung errechnet sich mit Hilfe des E-Moduls die Spannung nach der HOOKE'schen Beziehung.

14.3.4 Das LTT-Verfahren

Für den zweiaxialen Spannungszustand, bei dem die Spannung in 1-Richtung geringer ist als in 2- und 3-Richtung - z.B. bei Volumenspannungen in Platten, Dickenrichtung = 1-Richtung - führt die Kombination der Gln. (14-2) zu

$$(v_{11} + v_{12} + v_{13})/\, v_{11} = 1 + \sqrt{\frac{\mu}{\lambda + 2 \cdot \mu}} \cdot \left[\, 2 + \text{const.}\, (\sigma_2 + \sigma_3) \right] \qquad (14\text{-}8)$$

mit einer von den elastischen Konstanten 2. und 3. Ordnung bestimmten Größe const.

Durch Kombination der Gln. (14-3) und (14-8) können σ_2 und σ_3 ermittelt werden. [14.7]

Tabelle 14.1 listet einige typische Werte für elastische Konstanten, insbesondere die MURNAGHAN-Konstanten auf.

Tabelle 14.1: Elastische Konstanten zweiter und dritter Ordnung einiger Werkstoffe

Werkstoff	Elastische Konstanten in $N/mm^2 \times 10^{-3}$				
	E	G	l	m	n
X 6 CrNi 18.11	251	75	-370	-532	-236
22NiMoCr 3.7	275	82	-190	-555	-659
24CrMo 5V	276	82	-440	-600	-670
24NiCrMo V 14.5	270	80	- 90	-439	-546
Al CuMg 5		27			-293
ZrO_2	209	80	-482	-722	-930
$Al_2O_3\,(\varrho = 3.9)$	395	160	- 68	-970	-1300

14.4 Meßtechnik

Die Meßtechnik zur Ultraschall-Spannungsmessung erfordert eine Ultraschall-Sende-Empfangseinheit sowie eine Laufzeitmeßeinrichtung (Bild 14.5). Beim Doppelbrechungsverfahren wird nach der "Impuls-Echo-Überlagerungsmethode" die Laufzeit zwischen zwei Rückwandechos gemessen. Da der Spannungseinfluß auf v die Promillegrenze kaum überschreitet, ist eine empfindliche Phasenvergleichsmessung der überlagerten Signale notwendig - aber auch einfach realisierbar. [14.8]

Die notwendigen Transversalwellenprüfköpfe sind mit Prüfkopf-Durchmessern zwischen 3 und 30 mm kommerziell erhältlich, sie arbeiten im Frequenzbereich 1 bis 15 MHz. Zur Kopplung der Prüfköpfe an die Bauteiloberfläche ist ein zäh-viskoses Koppelmedium notwendig und ebenfalls von den Prüfkopfherstellern zu beziehen. Grundsätzlich verhindert diese Kopplung das mechanische Abscannen von Oberflächen, d.h. jede Prüfposition muß neu "eingerichtet" werden. Bei mechanischen Prüfobjekten und insbesondere beim SH-Wellen-Verfahren geht die Entwicklung zu sogenannten elektromagnetischen Ultraschall-Wandlern ("EMUS"), die einen höheren Grad an Polarisation als die piezoelektrischen Prüfköpfe besitzen und ohne Koppelmittel betrieben werden. Sie ermöglichen daher auch das kontinuierliche Abfahren von Oberflächen und sind grundsätzlich für Anwendungen bei erhöhten Temperaturen geeignet. Während sich die Hauptspannungsrichtungen bei der überwiegenden Zahl von Bauteilen aus der Geometrie ableiten lassen, z.B. bei Schrauben, Schienen, Rohren, Zylindern, Schweißnähten, werden sie - sofern nicht bekannt - mit Hilfe des Doppelbrechungsverfahren leicht erkannt: durch Drehen des

Transversalwellenprüfkopfes um seine Achse ergibt sich für eine bestimmte Position eine besonders deutliche "Schwebung" in der Rückwandechofolge. Unter 45° zur Polarisation des Prüfkopfes liegen dann die beiden Hauptspannungsrichtungen, wobei davon ausgegangen werden kann, daß die Ausbreitung des Ultraschalls auf jeden Fall in einer der drei Hauptspannungsrichtungen erfolgt (siehe Bild 14.6a).

Die Polarisation des Prüfkopfes kann vom Hersteller bestimmt werden, sie läßt sich jedoch auch mit Hilfe eines Keiles und eines zusätzlichen Longitudinalwellenprüfkopfes ermitteln (siehe Bild 14.6b).

Ein wesentlicher Hinweis zur Ultraschall-Meßtechnik betrifft die Auflösung der Messung. Durch die in jedem Falle über eine endliche Meßstrecke erfolgende Laufzeitmessung stellt das Meßergebnis einen Mittelwert über das Volumen bestehend aus Prüfkopfquerschnitt und Schallaufweg dar. Dies muß bei jeder quantitativen Aussage und insbesondere beim Vergleich mit anderen Spannungsmeßverfahren berücksichtigt werden.

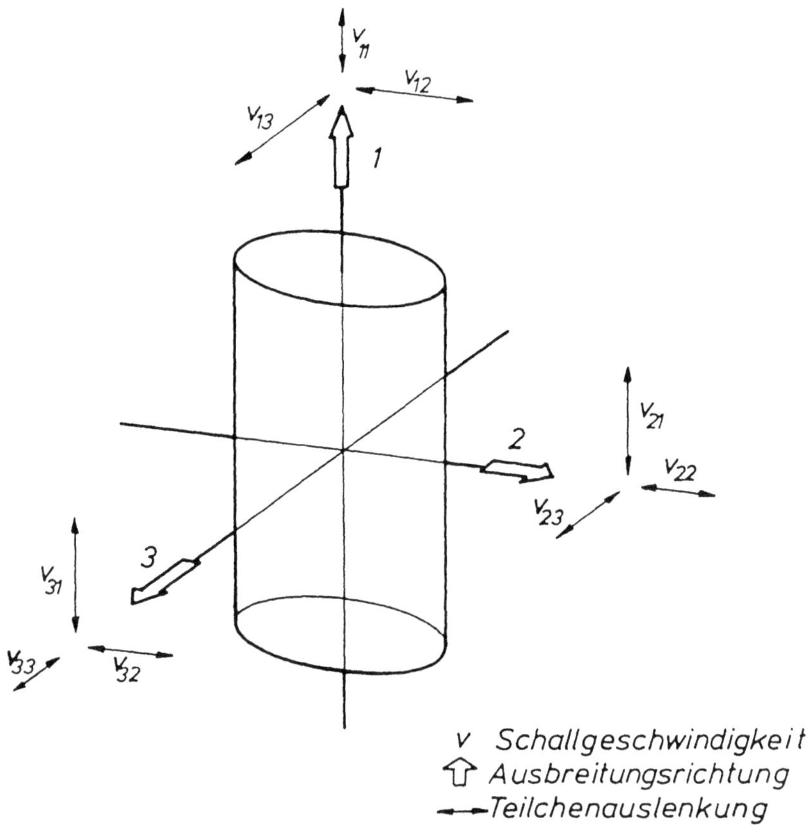

Bild 14.1a Koordinatensystem mit Richtung der Schallausbreitung und Teil-
chenauslenkung

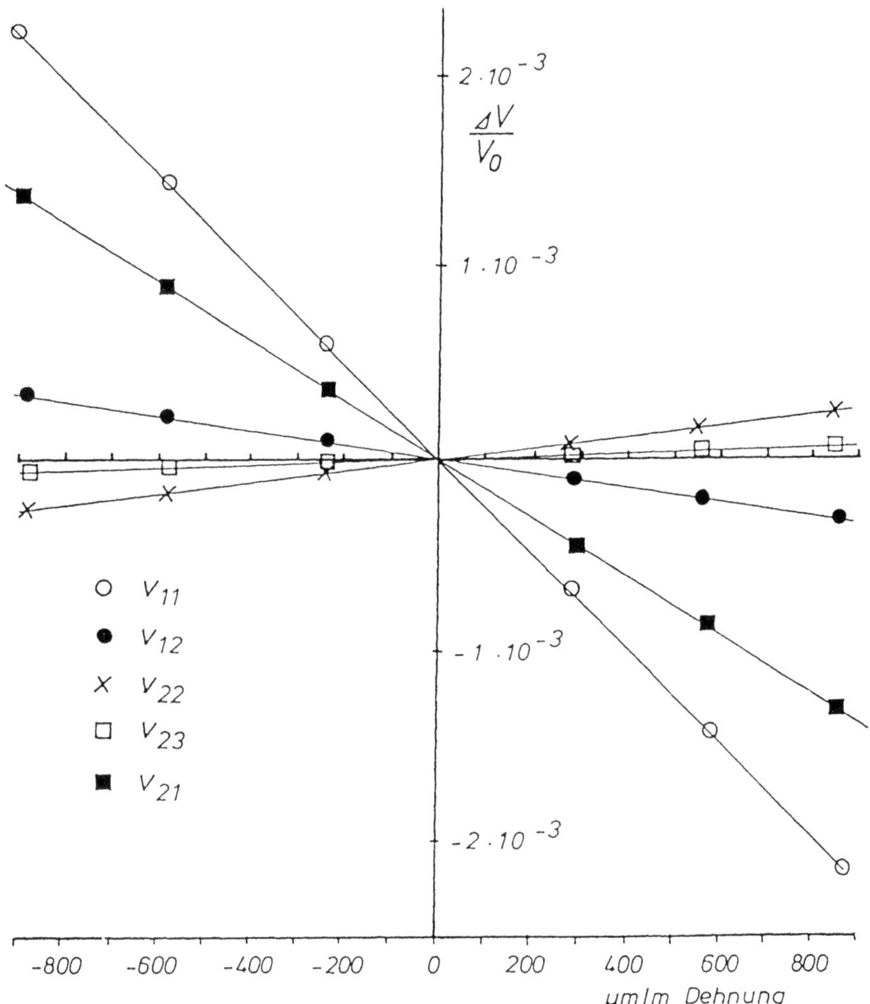

Bild 14.1b Relative Änderung der Schallgeschwindigkeiten in Stahl
(D. M. EGLE UND D. E. BRAY)

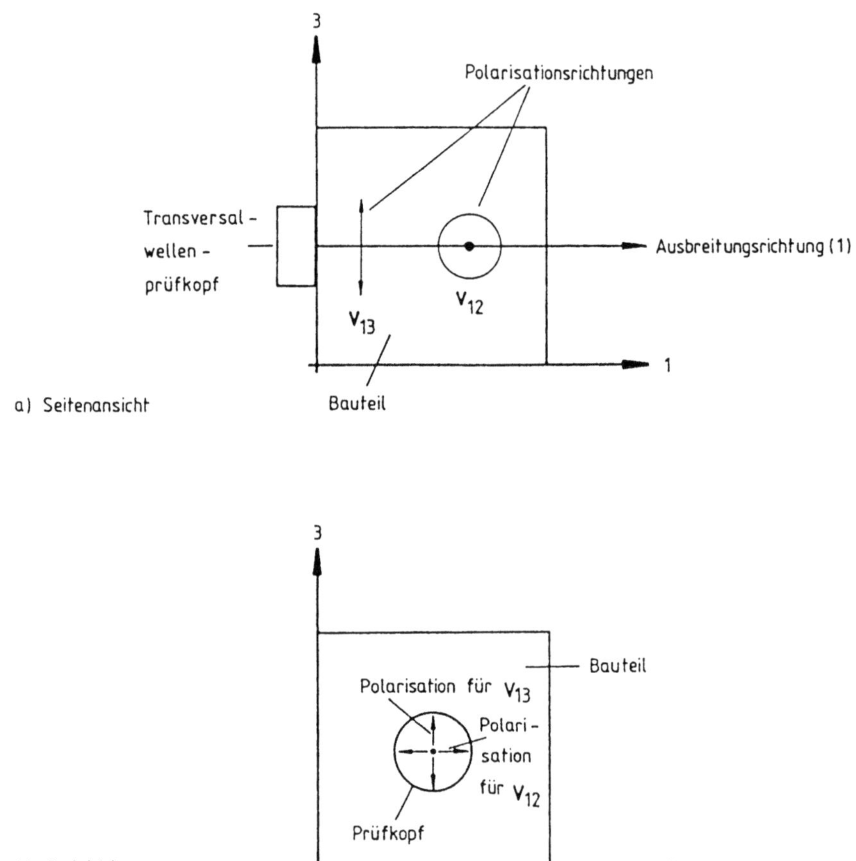

Bild 14.2   Meßanordnung zum Doppelbrechungsverfahren

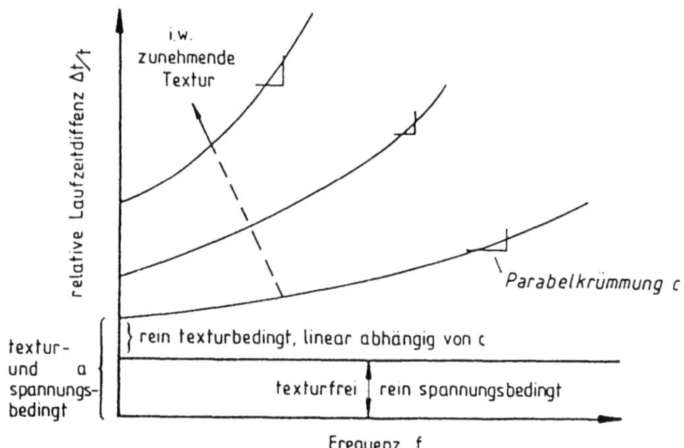

Bild 14.3 Schematische Darstellung des Doppelbrechungs-Dispersionsverfahrens (zwei Meßgrößen $-$a, c $-$; zwei Unbekannte $-$Textur, Spannung$-$)

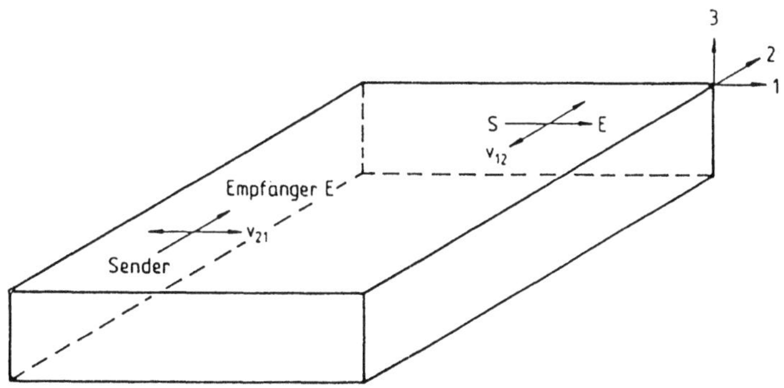

Bild 14.4 Schematische Darstellung des SH-Wellen-Verfahrens

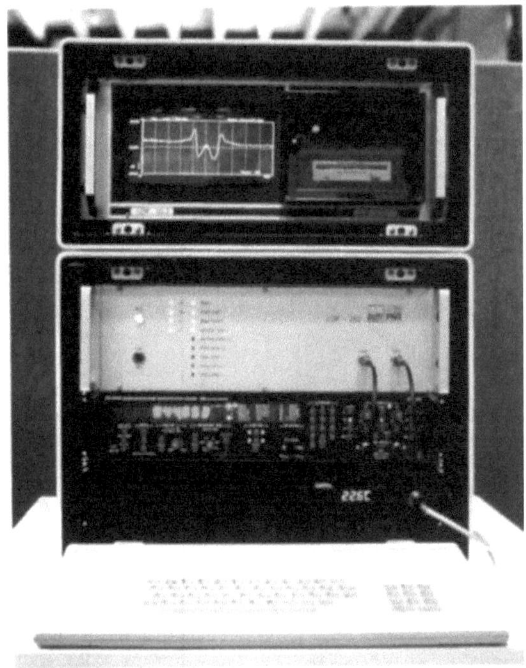

Bild 14.5a   Ultraschall-Laufzeit-Meßgerät US–LZM

Bild 14.5b   US-LZM im praktischen Einsatz

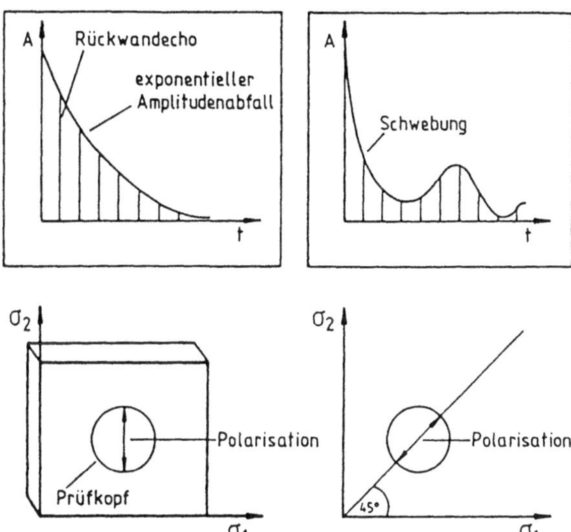

Bild 14.6a Auffinden der Hauptspannungsrichtungen senkrecht zur Schallausbreitung

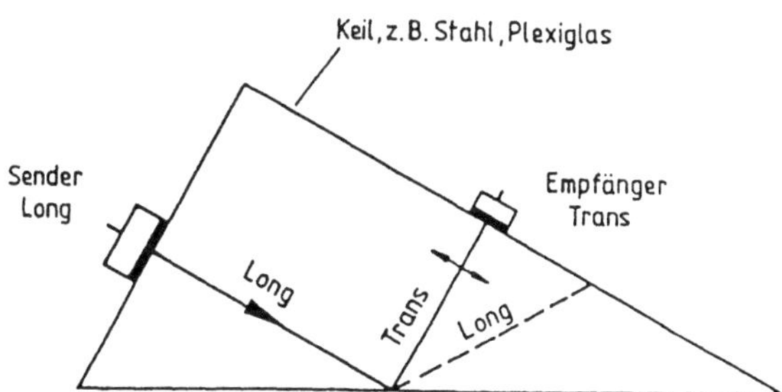

Bild 14.6b Bestimmung der Polarisation eines Transversalwellen-Prüfkopfes (schematisch)

15 Mikromagnetische Spannungsmeßtechnik

15.1 Einleitung

Voraussetzung für eine mikromagnetische Spannungsanalyse ist ein ferromagnetisches Material, das magnetostriktiv aktiv sein muß. Außerdem liegt verfahrensbedingt eine Beschränkung der mikromagnetischen Spannungsmessung auf die Oberfläche und oberflächennahe Bereiche mit Tiefen ≤ 1 mm vor. [15.1]

Damit ist die Methode zwischen die Röntgen- (Eindringtiefe maximal einige zehn Mikrometer) und die Neutronen- sowie die Ultraschall-Spannungsmessung (nicht auf die Oberfläche bzw. auf die Oberflächennähe beschränkt) einzuordnen.

Im Gegensatz zu den zuletzt genannten Verfahren, die auf physikalisch bekannten Zusammenhängen basieren, stellt die mikromagnetische Spannungsmessung eine Vergleichsmessung mit kalibrierten Werkstoffzuständen dar. Ursache hierfür ist eine quantitativ nicht beschreibbare Abhängigkeit magnetischer Meßgrößen sowohl vom Mikrogefügezustand (Versetzungen, Ausscheidungen, Korngröße, Teilordnungsprozesse - Martensit, Zementit -, ferromagnetische zweite Phasen) als auch vom Spannungszustand (Lastspannungen, Eigenspannungen I., II. und III. Art).

Dennoch hat die mikromagnetische Spannungsmessung heute schon in der Praxis eine vergleichbare Verbreitung gefunden - auch in Verbindung mit der mikromagnetischen Gefügecharakterisierung. [15.2]

15.2 Physikalische Grundlagen

Alle ferromagnetischen Werkstoffe besitzen eine Domänenstruktur, d.h. Bereiche unterschiedlicher Magnetisierungsrichtungen, die durch sogenannte Blochwände voneinander getrennt werden. In diesen Blochwänden wird die lokale Magnetisierungsrichtung um $180°$ bzw. $90°$ gedreht. Auf die Erhöhung der elastischen Energiedichte durch Mikro- und Makrospannungen reagiert der ferromagnetische Festkörper durch eine Gestaltsänderung, um die Zunahme der inneren Energiedichte möglichst gering zu halten. Daher sind die ferromagnetischen Meßgrößen mehr oder weniger spannungsabhängig (magneto-elastische Reaktion): betrachtet man die magnetische Induktion $B(H)$ und die Magnetostriktion $E(H)$ als Funktion der Erregerfeldstärke H, dann ergeben sich für die ferromagnetischen Stähle die in Bild 15.1 dargestellten typischen Veränderungen als Funktion aufgeprägter Spannungen.

Diese magneto-elastische Reaktion äußert sich mikroskopisch in magnetostriktiven reversiblen und irreversiblen $90°$-Blochwandbewegungen sowie in Drehprozessen. $180°$-Blochwandsprünge sind nur insofern spannungsempfindlich, als

sie an 90°-Blochwände gekoppelt sind. Es werden daher drei Wechselwirkungs-
bereiche unterschieden:

A) irreversible 180°-Ummagnetisierungen treten gewichtet im Bereich der
stärksten B(H)-Gradienten auf - in der Nähe der Koerzitivfeldstärke H_C ,

B) irreversible 90°-Blochwandbewegungen vor allem im "Kniebereich" der
B (H)-Kurve, während

C) reversible Drehprozesse bei Magnetfeldstärken $H \geq 4 \cdot H_C$ beobachtet werden.

Die in den Bereichen A bis C ablaufenden Ummagnetisierungsvorgänge sind
sowohl Funktionen des Mikro- und Makro-Spannungszustandes als auch des
mikroskopischen und makroskopischen Gefügezustandes. Eine physikalisch
fundierte Beschreibung all dieser Abhängigkeiten existiert nicht, so daß eine
Trennung der spannungs- und gefügebedingten Einflüsse z.Zt. nur auf der
Grundlage einer Kalibrierung an Hand bekannter Werkstoffzustände möglich
ist. Dazu werden folgende Meßgrößen genutzt:

a) Magnetisches BARKHAUSENRAUSCHEN M(H), Bild 15.2a
M(H) ist insbesondere mit den 180°-Blochwandbewegungen verknüpft, die
gewichtet in der Nähe von H_C ablaufen.

b) Akustisches BARKHAUSENRAUSCHEN A(H), Bild 15.2b
A(H) geht in der Nähe von H_C durch ein Minimum, während die magnetostriktiv aktiven 90°-Blochwandbewegungen in den Knie-Bereichen zu
einem Maximum führen, wenn das untersuchte Material durch ein ebenes,
homogenes H-Feld angeströmt wird.

c) Dynamisches Magnetostriktion E(H), Bild 15.2c
Die Kopplung von E(H) an magnetostriktiv aktiv Ummagnetisierungs-
prozesse (90°-Blochwandbewegung und Drehprozesse) führt bei polykristallinen Eisenwerkstoffen zu dem in Bild 15.2c gezeigten Verhalten.

d) Überlagerungspermeabilität μ_Δ(H), Bild 15.2d
μ_Δ(H) zeigt wie M(H) in der Nähe von H_C ein Maximum, ist aber wie
E(H) auch noch in der Nähe der Sättigungsmagnetisierung aktiv, wo A(H)
und M(H) - weil nur von irreversiblen Vorgängen beeinflußt - keine Beiträge mehr liefern.

15.3 Meßverfahren

Alle Meßgrößen werden mit geeigneten Sensoren als Funktion der äußeren
Magnetisierung H aufgenommen. Die Erregerfrequenz f_E, mit der die Hysterese-
Kurve durchfahren wird, liegt im Bereich Hz $\leq f_E \leq$ kHz, typischerweise ist
$f_E \approx 100$ Hz.

Die Sonden für eine oder mehrere der genannten Meßgrößen befinden sich

zusammen mit einem Hall-Element (zur Messung der tangentialen Feldstärke H) zwischen den Schenkeln eines U-förmigen Jochmagneten, siehe Bild 15.3.
Für die Meßgrößen werden folgende Sondentypen genutzt:

a) $M(H)$

Aufnehmer können Wirbelstromspulen mit und ohne Ferritkern sowie Tonbandköpfe sein. Die Frequenzen, die erfaßt und analysiert (f_A) werden, liegen i.a.
zwischen 50 Hz $\leq f_A \leq$ 100 kHz und sind u.a. eine Funktion von f_E. Die Signaldynamik umfaßt ≤ 50 dB, es werden im wesentlichen Signale aus einer
Tiefe ≤ 1 mm erfaßt. Die laterale Auflösung hängt von der Aufnehmerfläche
ab und ist typischerweise $\geq 0{,}1$ mm^2.

b) $A(H)$

Es werden insbesondere resonante piezoelektrische Sonden benutzt, wie sie
auch in der Schallemissionsprüfung eingesetzt werden. Der Frequenzbereich
umfaßt 50 kHz $\leq f_A \leq$ 1 MHz. Die Dynamik der spannungsabhängigen Signale
liegt bei 20 dB; ausgewertet werden Signalintensitäten (Amplitudenquadrat).
Im Falle $A(H)$ tragen Ultraschall-BARKHAUSEN-Signale aus einem
Volumenbereich zum Meßsignal bei, in dem die H-Feldstärke groß genug ist,
um Umorientierungsvorgänge auszulösen (Wechselwirkungstiefe bis zu
einigen Millimetern). Die laterale Auflösung wird durch die Lineardimensionen des Erregersystems bestimmt ($\cong 10$ x 10 mm).

c) $E(H)$

Die dynamische Magnetostriktion wird mit sogenannten EMUS-Wandlern
ausgelöst und detektiert (elektromagnetische Ultraschallwandlung). Als
Empfänger kommen auch die piezoelektrischen Prüfköpfe in Betracht. Der
Frequenzbereich liegt bei 50 kHz $\leq f_A \leq$ 1,5 MHz, während eine Signaldynamik
bei der Spannungsmessung von ≤ 20 dB erreicht wird. Die laterale Auflösung
entspricht der Sendewandlerfläche ($\leq (10\,\text{mm})^2$), die Wechselwirkungstiefe ist
frequenzabhängig und i.a. ≤ 100 µm.

d) $\mu_\Delta(H)$

Für Messungen der Überlagerungspermeabilität kommen Wirbelstrom-Prüfsonden und -Prüfgeräte zum Einsatz. Die Arbeitsfrequenzen liegen bei 50 Hz
$\leq f_A \leq$ 30 MHz. Es können sowohl Luftspulen als auch solche mit Ferritkern
benutzt werden. Die aktive Sensorfläche beträgt i.a. ≥ 1 mm^2, die Eindringtiefe ist wiederum frequenzabhängig ≤ 5 mm. [15.3]

15.4 Meßtechnik

Die Spannungsabhängigkeit der im vorhergehenden Abschnitt behandelten
Meßgrößen $M(H)$, $A(H)$, $E(H)$ und $\mu_\Delta(H)$ bzw. daraus abgeleiteter Variablen ist für
typische Beispiele ferromagnetischer Werkstoffe in den Bildern 15.4a bis 15.4e
dargestellt. [15.5]
Daraus wird sofort einerseits die Gefügeabhängigkeit als auch andererseits die

z.T. vorliegende Mehrdeutigkeit der Meßgrößen offensichtlich (M_{max}, E). Darüberhinaus fällt die z.T. unterschiedliche Empfindlichkeit gegenüber Druck-/ Zugspannungen ins Auge. Diese Schwierigkeiten verdeutlichen die Notwendigkeit, mehrere Meßgrößen einzusetzen und diese auch an bekannten Werkstoffzuständen zu kalibrieren.

Die Elektronik zur Steuerung der Magnetfeldstärke H, zum aktiven Betrieb der Wirbelstromsonden (μ_Δ) und zur Aufnahme, Verstärkung und Auswertung der Sensorsignale für die einzelnen Meßgrößen ist mikroprozessor-gesteuert und kann in einem handlichen Prüfgerät (Bild 15.5) untergebracht werden. Es enthält ebenso den für die Aufnahme der Kalibrierdaten notwendigen Speicher. [15.4]

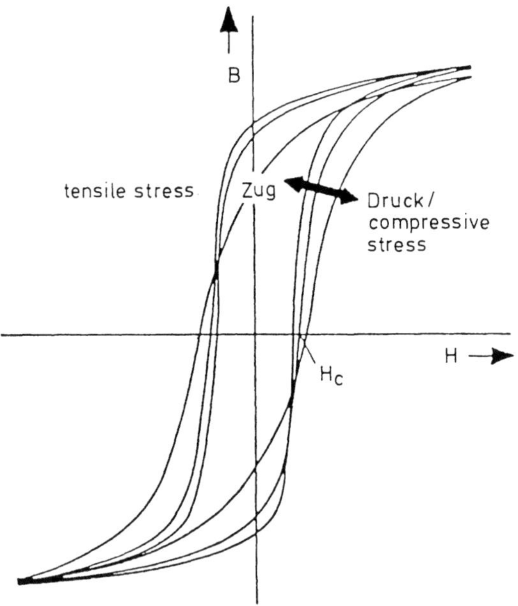

a) Induktion B(H)

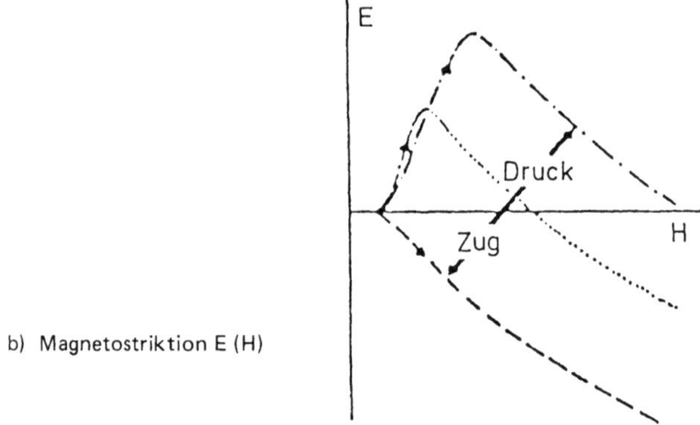

b) Magnetostriktion E (H)

Bild 15.1   Spannungsabhängigkeit ferromagnetischer Meßgrößen (schematisch)

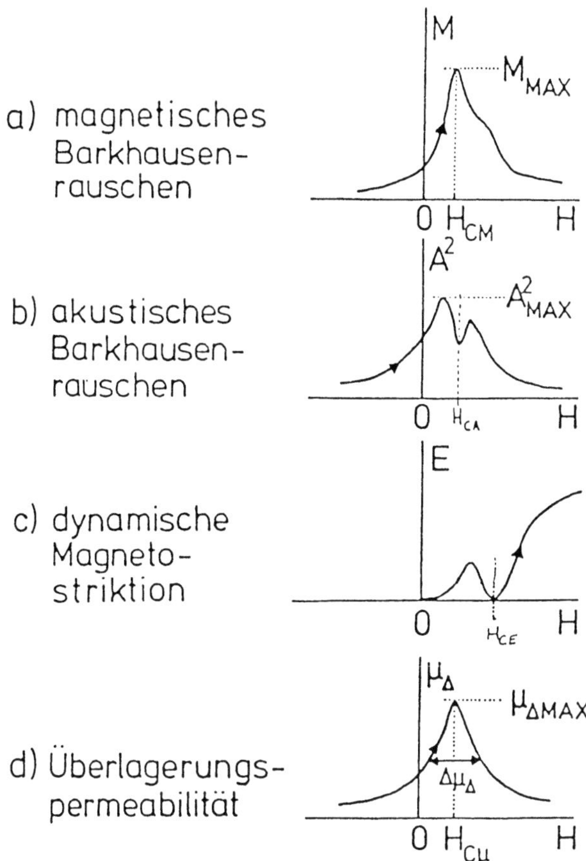

Bild 15.2 Mikromagnetische Meßgrößen (schematisch)

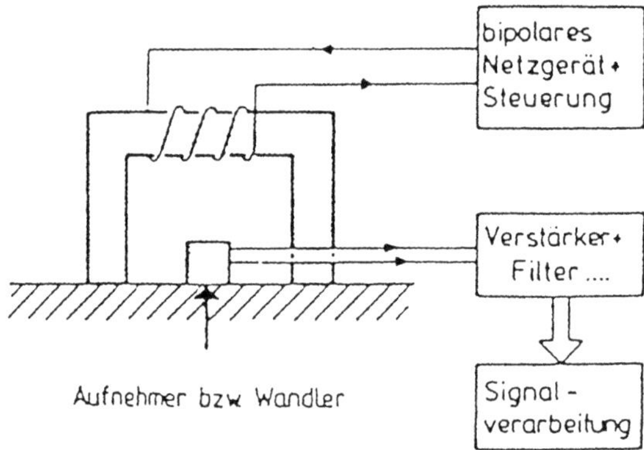

Bild 15.3 Erreger-/Aufnehmersystem (schematisch)

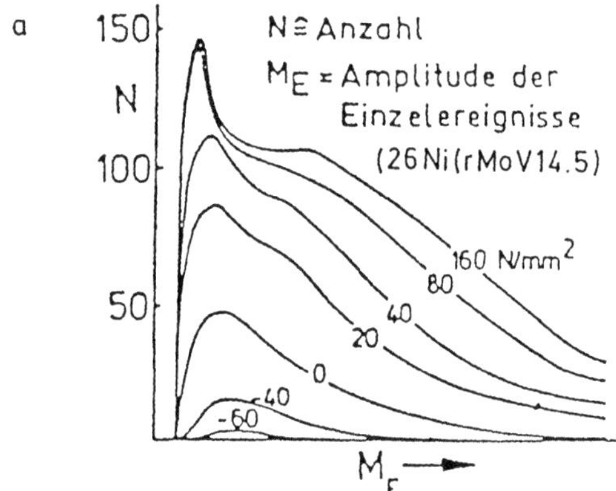

Bild 15.4a Häufigkeit und Amplitude magnetischer BARKHAUSEN-Rausch-Ereignisse

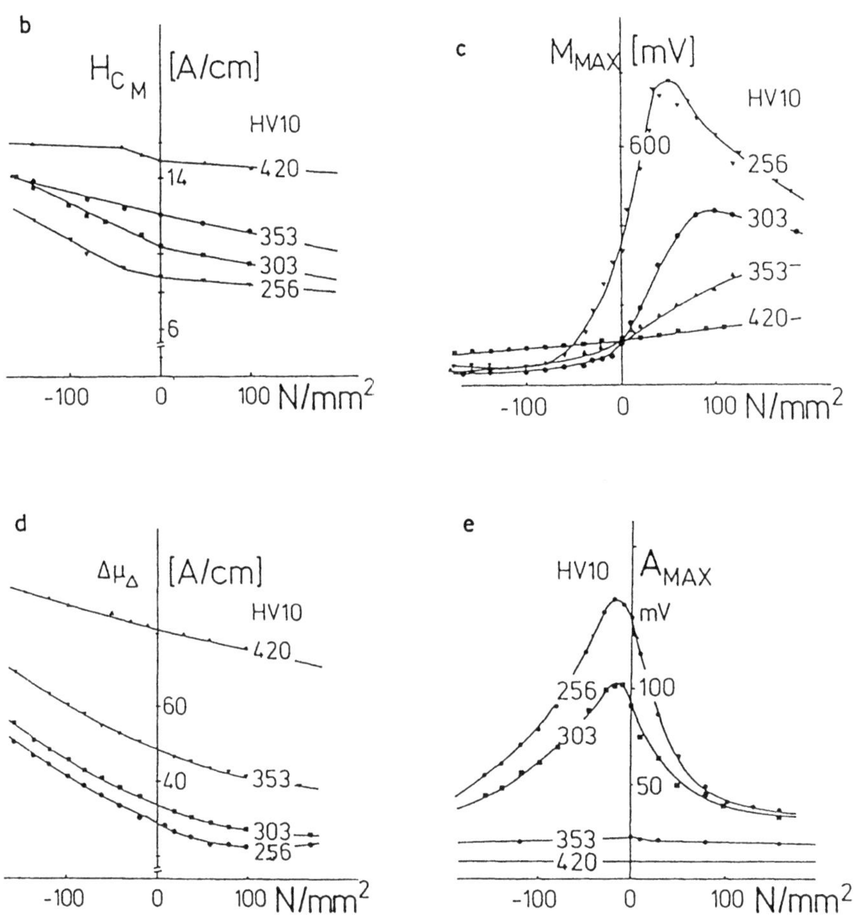

Bild 15.4 b-e

Koerzitivfeldstärke, Maximalamplitude des magnetischen BARKHAUSEN-Rauschens, Aufweitung der Überlagerungspermeabilität und Maximalamplitude des akustischen BARKHAUSEN-Rauschens als Funktion der Makrospannungen

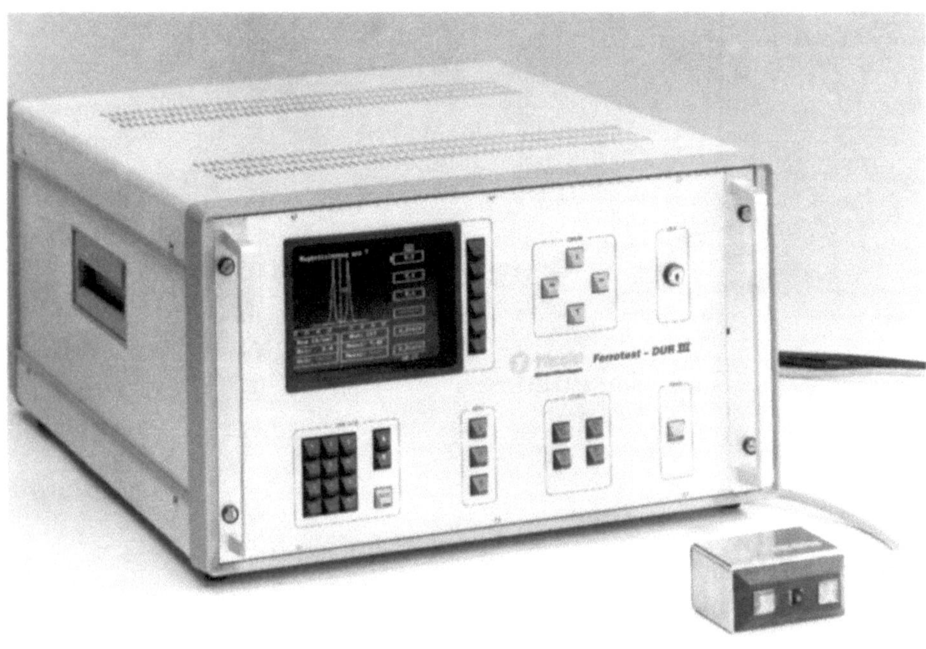

Bild 15.5 Mikromagnetik-Meßgerät Ferrotest-DUR zur Gefüge- und Spannungs-analyse

16 Finite-Elemente-Methode (FEM)

16.1 Vorbemerkung

Die Finite-Elemente-Methode [16.1, 16.2] hat sich dank der rasanten Entwicklung von elektronischen Datenverarbeitungsanlagen zu einem der wichtigsten Näherungsverfahren einer Reihe von Feldproblemen wie der Festigkeitslehre, Strömungslehre, Elektrotechnik usw. entwickelt. Keine andere numerische Methode hat bisher eine vergleichbar breite Anwendung gefunden. In diesem Kapitel wird keine Einführung in die Methode der finiten Elemente gegeben, sondern das Verfahren wird konkret angewendet, um eine experimentelle Spannungsanalyse durch eine numerische Simulation nachzuvollziehen. Sie bezieht sich auf die beiden bekannten mechanischen Ausbohrverfahren zur Eigenspannungsanalyse, das Bohrloch- und Ring-Kern-Verfahren. Beide werden für rechteckige Platten vorgegebener Geometrie mit Hilfe von finiten Elementen modelliert und auf ihre Aussagefähigkeit hin überprüft. Der Autor hat in der Vergangenheit 1988 durch mathematische Lösungen für das Ring-Kern-Verfahren bereits versucht, mit hilfe des Energieerhaltungssatzes und eines geeignet gewählten Modells das Ring-Kern-Verfahren theoretisch zu analysieren. Dieser erste Schritt zeigte zwar bereits in die richtige Richtung [16.3], aber ein Hauptproblem war die Beschreibung des unbekannten Einflußes der räumlichen, dreiaxialen Kerbwirkung, die durch das Ausfräsen einer Nut bzw. durch das Bohrloch verursacht wird. Derzeit sind keine analytischen Lösungen für dieses Problem bekannt. Einen Ausweg aus dieser Sackgasse bieten einzig numerische Methoden und allen voran die FEM.

16.2 Bohrlochverfahren, Lösung nach FEM

Bei der Eigenspannungsermittlung mit dem üblichen Ausbohrversuch wird von der Oberfläche ausgehend ein kreisförmiges Loch herausgebohrt, dessen Durchmesser variabel sein kann. Über eine an der Oberläche applizierte Dehnungsmeßrosette, bestehend aus 3 Dehnungsmeßstreifen (DMS), werden die Dehnungen ε_1 (z), ε_2 (z) und ε_3 (z) ermittelt, wobei z die aktuelle Bohrtiefe bezeichnet. In Abbildung 16.1 ist die typische Anordnung der Dehnungsmeßstreifen für die Bohrlochgeometrie ersichtlich. Es handelt sich dabei um eine Dehnungsmeßrosette vom Typ RY61 der Firma HOTTINGER-BALDWIN-MESSTECHNIK. Bei dieser beträgt der Bohrlochdurchmesser 1,6 mm, die aktive Länge der Dehnungsmeßstreifen beträgt 1,5 mm. Analytische Verfahren zur Berechnung der Spannung aus den gemessenen Dehnungen stehen in der Literatur [16.4] allerdings nur für eine dünne Scheibe mit einem ebenen zweiaxialen Spannungszustand und einer durchgehenden Bohrung zur Verfügung. Dieses Berechnungsverfahren beruht auf den Arbeiten von J. MATHAR aus dem Jahre 1932. Aufgrund der Einschränkung waren mit dem Bohrlochverfahren nur qualitative, vergleichende

Spannungsangaben möglich. Mit Hilfe der Finite-Elemente-Methode ist es nun möglich, die Beschränkung der analytischen Berechnung für einen durchbohrten Zugflachstab aufzuheben und den Einfluß der Proben- und Bohrlochgeometrie auf die Oberflächendehnungen zu berücksichtigen. Damit wird numerisch der Einfluß der räumlichen Kerbwirkung erfaßt. Weiterhin kann an jedem beliebigen Punkt der Probe die Spannung angegeben werden. Damit kann der Spannungsverlauf im Kerbgrund und an all jenen interessanten Punkten verfolgt werden, die durch Dehnungsmeßstreifen nicht zugänglich sind. Insbesondere erlaubt die Angabe der Dehnungsmeßstreifen in der Bohrtiefe z, die Konstruktion einer eindeutigen Abbildungsfunktion. Wendet man sie auf die Oberflächendehnungen an, gestattet sie daher einen quantitativen Rückschluß auf die ursprünglich vorhandenen Eigenspannungen als Funktion der Tiefe z für die verwendete Bohrlochgeometrie. In Anlehnung an eine aktuelle Fragestellung wurde ein Körper mit rechteckigem Querschnitt durch eine über der Höhe konstante Zugspannung beansprucht. Neben der Bohrlochgeometrie, der örtlichen Lage der Dehnungsmeßrosette, gehen noch die Abmessungen des Probekörpers in die Rechnung ein, d. h. es werden keine halbunendlichen oder ähnliche Modelle verwendet. Durch diese individuelle Berechnung soll versucht werden, Artefakte der FEM-Lösung möglichst klein zu halten. Die verwendeten Elemente sind 8-Knoten-Hexaeder. Bei diesem Elementtyp kann das Aufbringen von Lastrandbedingungen sehr leicht realisiert werden. Der Nachteil des nur linearen Verschiebungsansatzes für dieses Element kann durch eine hinreichend engmaschige Diskretisierung kompensiert werden. Die Elementabmessungen sind so gewählt, daß mehrere Knoten in dem Bereich der Meßstrecke zu liegen kommen. In Abbildung 16.2 ist dieser Ausschnitt vergrößert wiedergegeben. Die Lage der Meßstrecken ist durch einen entsprechenden Fettdruck gekennzeichnet. Die Berechnung der FEM-Lösung erfolgt mit einer Eigenentwicklung von Software, deren Richtigkeit durch zahlreiche Gegenrechnungen mit kommerziellen Produkten verifiziert wurde. Damit liegen die Grenzen einer Berechnung was Knoten- und Elementanzahl angeht, nur in der endlichen Kapazität der Festplatte begründet. Im jeweils ersten Berechnungsschritt wurde die einaxiale Zugspannung durch Verteilung der Last auf die betreffenden Randknoten realisiert. Die gegenüberliegendfen Randknoten des Bleches werden fixiert wodurch theoretisch ein experimenteller Kalibrierversuch mit einer konstanten Zugspannung simuliert wird. Als Varianten können zusätzlich mit der Höhe veränderliche Zugspannung simuliert werden bis hin zu zweiaxialen Beanspruchungen. In aufeinanderfolgenden Schritten wird das Ausbohren dadurch nachvollzogen, daß im vorliegenden Fall die jeweils 25 Elemente in der Mitte von Abbildung 16.2 deaktiviert werden, d. h. ihr Beitrag zur Gesamtsteifigkeitsmatrix wird eliminiert. Durch die Deaktivierung der Elemente verringert sich auch die Gesamtzahl der Knotenpunkte. Somit entsteht ein Bohrloch mit einem Durchmesser von 1,6 mm und einer Tiefe von $n \cdot z_{max}/18$ wobei n=0, 1, 2, ... den betreffenden Bohrschritt und z_{max} die Dicke oder Höhe der Probe in mm kennzeichnet. Bild 16.3 zeigt die resultierenden Oberflächenrückfederungen eines Bleches unter Zug. Durch das Aufbringen des konstanten einaxialen Spannungszustandes am vollständigen Werkstück treten an allen Knoten Verschiebungen auf. Diese müssen von den für jeden Ausbohrschritt berechneten Verschiebungen subtrahiert werden, um den Meßvorgang zu simulieren. Andererseits liefern gerade diese Ausgangsverschiebungen ein empfindliches Maß für die Güte der FEM-Lösung, denn an der Oberfläche müssen sich ja gerade die durch den Zugversuch aufgebrachten Dehnungen bzw. Spannungen wiederspiegeln. Weil in der Berechnung stets von einem dreiaxialen Dehnungs-Spannungszustand ausgegangen wird, ergeben sich weitere Kontrollmöglichkeiten. Der einaxiale Spannungszustand muß sich in den dreiaxialen Gleichungen abbilden. Damit können die relativen Verhältnisse der Dehnungen zueinander durch die unabhängige Berechnung der POISSON-Zahl und Vergleich mit der Vorgabe überprüft werden. Mit Hilfe dieser Kontrollmechanismen kann eine optimale FEM-Diskretisierung und damit eine zuverlässige Lösung gefunden werden.

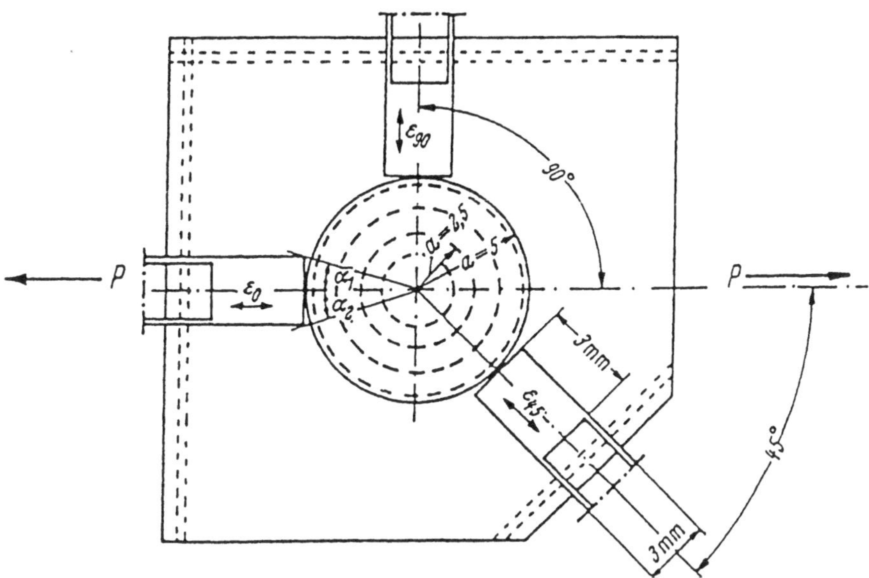

Bild 16.1 DMS-Rosette Typ 3/120 RE 21

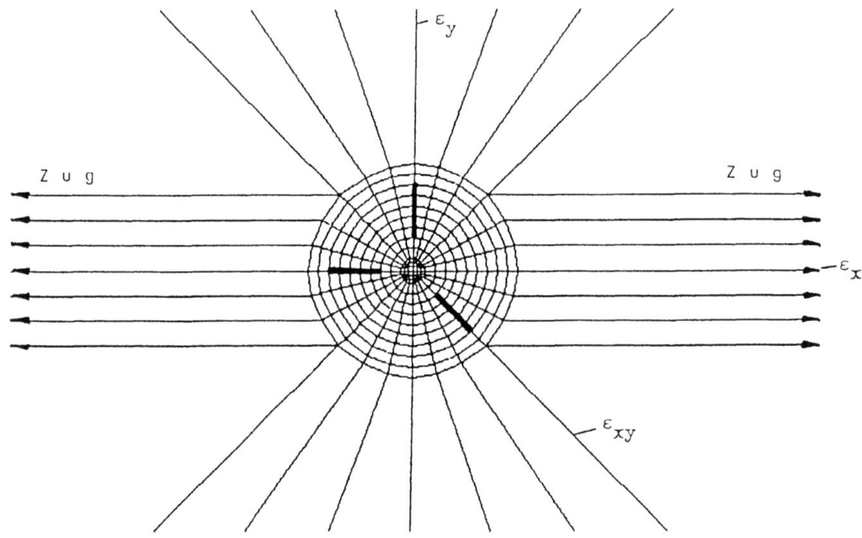

Bild 16.2 Ausschnitt der Finite-Elemente Diskretisierung für das Bohrlochverfahren. Die Lage der Dehnungsmeßstreifen ist verstärkt hervorgehoben.

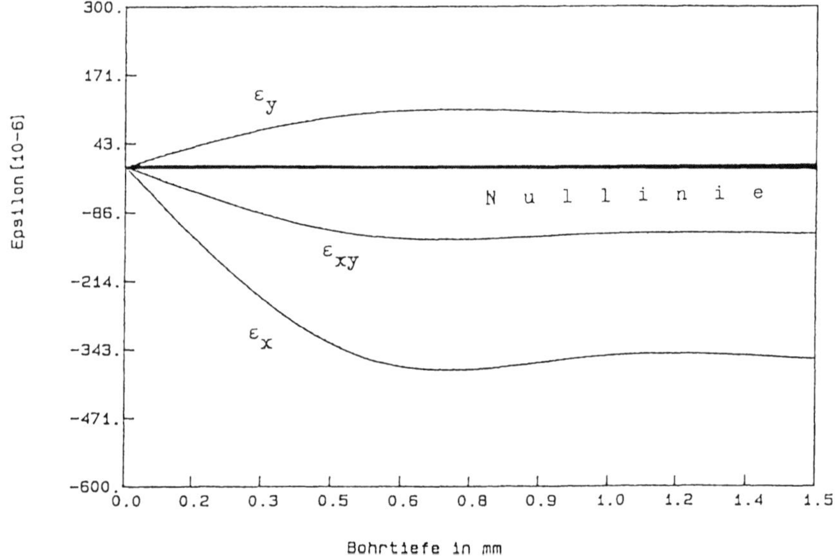

Bild 16.3 Resulierende Oberflächendehnungen eines Bleches unter konstantem Zug in x-Richtung beim Einbohren eines Loches von 1,6 mm Dmr.

C Anwendungen

17 Mechanische Lastspannungsermittlung

17.1 Verfahren

Zur Lastermittlung der Werkstoffbeanspruchung unter äußeren Lasten stehen zumeist mehrere Verfahren zur Verfügung. Man sollte daher in einer Kosten-Nutzen-Analyse zunächst einmal abschätzen, welches am günstigsten ist. Hierbei sind u.a. folgende Kriterien zu beachten:

Wo wird gemessen:	im Labor, im Freien, bei Sonnenschein, in Wasser?
Wie wird gemessen:	statisch, dynamisch, elastisch, plastisch, bis zum Bruch?
Wann wird gemessen:	einmal, mehrmals, kurz- oder langfristig?
Was wird gemessen:	ein- oder mehraxiale Verformungen, Krümmungen, Verdrehungen, Verschiebungen?
Was wird belastet:	Proben, Werkstücke, Konstruktionen, Bauteile?
Wie wird belastet:	schrittweise, zügig, einmalig, wiederholt?
Was wird registriert:	Kräfte, Momente, Zeit, Temperatur?
Wie wird registriert:	manuell, drucken, schreiben, speichern?
Wieviel wird registriert:	ein- oder mehrere Belastungszyklen, in einem Zeitintervall?
Wie wird ausgewertet:	von Hand, Tischrechner, programmierte Rechner?
Was wird ausgewertet:	Koordinaten-, Haupt- und Vergleichsspannungen?
Wie ist die Genauigkeit:	Einzel-, Extrem-, Mittelwerte?
Wie ist die Meßstelle:	eben, gekrümmt, geschützt, großflächig, punktförmig
Wo ist die Meßstelle:	nah, entfernt, immer zugängig?
Wie ist die Beanspruchung:	ein-, zwei-, dreiaxialer Spannungs- oder Verformungszustand?

Aus diesen Fragen und Antworten lassen sich Verfahren einkreisen und vielleicht auch auswählen. Es sind aber auch zeitliche und finanzielle Überlegungen anzustellen, denn nur selten kann man optimale Prüfbedingungen verwirklichen.

Soll ein unbekanntes Spannungsproblem gelöst werden, so wird man zunächst den Konstrukteur, Hersteller und Anwender um Hinweise auf die am größten beanspruchte Stelle ersuchen. Fast immer sind es häufige Versagen, die eine Spannungsermittlung erfordert. Aus Lage und Art der Verformungs- und Bruchstellen erkennt man, ob es ein örtliches, ganzheitliches, systematisches, zufälliges, einmaliges oder mehrmaliges Versagen war. Es ist auch zu klären ob Änderungen der Konstruktion und Fertigung notwendig sind oder gar eine Überwachung von Fertigung und späterem Einsatz.

Der zeitliche Ablauf der Vorbereitungen zu einer Spannungsermittlung läßt sich
wie folgt beschreiben:

- Erkennen des spannungsbedingten Versagens,
- Beurteilung der Versagensstellen,
- Festigkeitsabschätzung des Versagens,
- Auswahl der Spannungsmeßverfahren,
- Festlegen der Meßstellen mit ihren Richtungen,
- Ablauf des Belastungsprogrammes,
- Registrierung,
- Auswertung,
- Vergleich mit Werkstoffkennwerten.

Neben diesen Überlegungen ist auch zu beachten, daß alle Verfahren je nach
Meßstellengröße unterschiedliche Aussagen machen. Will man einen ganzheit-
lichen Überblick haben, wird man Dehnlinienverfahren einsetzen, so z.B. bei
Motor- und Pumpengehäusen. Es lassen sich damit hoch beanspruchte Stellen
mit ihren Hauptspannungsrichtungen erkennen. STRESSCOAT gibt dabei auch
Spannungshöhen an. Soll flächig gemessen werden, eignet sich das spannungs-
optische Oberflächenschichtverfahren. Es gibt in einem begrenzten Gebiet exakte
Spannungshöhen mit ihren Richtungen an. Örtliche Messungen wird man mit
DMS ausführen oder mit mechanischen Verfahren, je nach Meßstellenzahl, Um-
gebung, Genauigkeit, Aufwand, Kurz- oder Langzeitmessungen. Physikalische
Verfahren wird man bei Grundlagenuntersuchungen, Dauer- oder Fertigungsüber-
wachung einsetzen.

In der Spannungsmeßpraxis ist die DMS-Technik am verbreitesten; denn sie
vereinigt eine Vielzahl von Vorteilen. Im folgenden wird daher vorallem das
Arbeiten mit Dehnungsmeßstreifen erörtert.

17.2 Meßstellenauswahl

Wahl und Orientierung der Meßstellen erfordert Umsicht und Erfahrung; denn
jede muß fixiert, präpariert, angeschlossen, kontrolliert, ausgemessen, registriert,
ausgewertet und verglichen werden. Durch Vielstellenmeßgeräte werden zwar
die Tätigkeiten oft automatisch ausgeführt, aber sie müssen zuvor entsprechend
programmiert sein, was oft aufwendig ist. Bei den Meßstellen sind folgende
Gesichtspunkte zu beachten:

Größe
Es ist zu entscheiden, ob man punktuelle oder mittlere Meßwerte erfassen will.
In dem heterogenen Mikrogefüge von Beton (siehe Bild 17.1) variieren die Verformungen örtlich sehr stark. Der Variationskoeffizient (siehe Bild 17.2) kann
20% und mehr erreichen. Es ist daher angebracht mit langen DMS-Meßstrecken
bis zu 150 mm zu arbeiten, um integrale Angaben zu erhalten. Nur diese sind
zur Beurteilung der Belastung aussagekräftig. Die örtlichen Mikrospannungen

vermitteln Hinweise auf Strukturkennwerte. Standard-DMS-Längen sind 6 bis 20 mm. Sie sollen etwa 10-mal größer als die Gefügestruktur an der Meßstelle sein.

Kerben

In der unmittelbaren Nähe von Kerben und Querschnittsübergängen liegen zumeist hohe, oberflächliche Spannungsgradienten vor. Maximum und Verteilung davon sind nur mit dicht nebeneinander liegenden Meßstellen zu erfassen. Dazu eignen sich DMS-Ketten, welche auf einer Länge von 15 bis 50 mm bis zu 10 Meßstellen haben. Die kleinsten DMS-Meßlängen betragen einige 0,1 mm.

Bohrungen

Je nach Hersteller können DMS in Rundungen bis 1 mm geklebt werden. Das Anpressen auf Rundstäben erfolgt am besten mit angepaßten Holz- oder Metallschablonen, das Kleben und fixieren in Bohrungen mit aufblasbaren Gummischläuchen.

Randfaserabstand

DMS mit Kleber haben endliche Dicken, d.h. es wird nicht, wie zumeist vergesehen, in der Randfaser gemessen, sondern etwas oberhalb. Bei dünnen Teilen unter Biegung oder Torsion wird daher zuviel gemessen.

Mittragen

Dünne Teile, wie z.B. Biegefedern, Drähte, Hupenmembranen erfahren durch DMS, Kleber und Verdrahtung eine örtliche Verstärkung. Sie tragen die äußere Beanspruchung mit und mindern so die wahre Beanspruchung.

Dynamische Belastung

Wird eine schwingende oder stoßartige Beanspruchung vermessen, so ist zu beachten, daß der DMS über seine Meßlänge integriert. Um die wahren Verformungen zu erfassen, soll die Meßlänge nur 1/10 der Stoßwellenlänge sein.

Schiefer DMS

Kann der DMS nicht in der gewünschten x-Richtung appliziert werden, z.B. beim Messen an verdrillten Einzeldrähten von Seilen, so kann man unter dem Winkel α gemessenen Wert umrechnen mit der Beziehung:

$$\varepsilon_\alpha = \varepsilon_x \cdot \cos^2\alpha + \varepsilon_y \cdot \sin^2\alpha \qquad (\,17\text{-}1\,)$$

Bei einaxialem Zug oder Druck in x-Richtung folgt mit

$$\varepsilon_y = {}^-\mu \cdot \varepsilon_x$$

$$\varepsilon_x = \varepsilon_\alpha / \left[\, 1 - (\,1+\mu\,) \cdot \sin^2\alpha \,\right] \qquad (\,17\text{-}2\,)$$

Bis $\alpha = 5°$ beträgt für Metalle die Abweichung etwa 1%. Für einaxiale Messungen unter 45° gilt:

$$\varepsilon_x = 2 \cdot \varepsilon_{45} / (1 - \mu) \qquad\qquad (17\text{-}3)$$

d.h. der Korrekturfaktor ist 2,74.

DMS-Meßgitter
Sollen die größten Spannungen und ihre Richtungen bestimmt werden, so sind DMS-Rosetten mit 3 Meßgitter zu applizieren. Kennt man die Hauptspannungsrichtungen, so kann man auf ein Meßgitter verzichten. Man appliziert dann nur zwei senkrecht zueinander stehende DMS in die Hauptrichtungen. Zumeist wird aber auf diese Anordnung verzichtet; denn der 3. DMS ist auch ein Kontroll- und Ersatz-DMS.
Es gibt unterschiedliche Meßgitteranordnungen (siehe Bild 17.3):

$$
\begin{array}{lll}
0 \ / \ 45 \ / \ 90° & - \text{ Rosette :} & \text{STERN } - \text{ Rosette} \\
0 \ / \ 60 \ / \ 120° & - \text{ Rosette :} & \text{DELTA } - \text{ Rosette}
\end{array}
$$

Prinzipielle Unterschiede gibt es nicht. Je nach Abmessung erfassen sie das gleiche Beanspruchungsfeld. Die STERN-Rosette wird am häufigsten benutzt. Ihre Auswertgleichungen (siehe Bild 17.3) sind einfacher als bei der DELTA-Rosette.

Meßwertextrapolationen
Die Oberflächenmeßwerte können nur mit Einschränkung zur Seite hin oder in das Innere extrapoliert werden. Form- und Belastungsabweichungen verändern die Beanspruchung. Gefügeänderungen zum Innern infolge Kaltverfestigung, Auf- und Entkohlen u.a. ändern auch Beanspruchung und Elastizitätskennwerte.

17.3 Meßdurchführung

Ergänzend zu den Ausführungen über "Dehnungsmeßstreifen" in Kapitel 9 ist auf folgendes hinzuweisen:

Nach dem Applizieren der DMS ist von jedem sein Isolationswiderstand und Nullpunkt, die Zugentlastung der Kabel und der Feuchteschutz zu kontrollieren. Kabellänge, -temperatur und -kapazität sind auszumessen, um die Meßwerte zu korrigieren. Beim Messen im Freien sind ausreichende Temperaturkompensations-DMS zu plazieren, sowie die Meßstellen vor Sonnenschein, Wind und Regen zu schützen. Frei stehende Konstruktionen verformen sich witterungsbedingt. Sie werden am besten im thermischen Gleichgewicht, z.B. morgens vor Sonnenaufgang belastet und gemessen. Gleichzeitig muß dafür gesorgt werden, daß sich die Lastangriffspunkte nicht verschieben. Die DMS sollten zunächst ein- oder gar zweimal vorbelastet werden, damit sie sich einspielen, und ihre Hysteresis abbauen. Alle Messungen sollten nach Möglichkeit wiederholt und graphisch

aufgetragen werden. Dadurch lassen sich Nullpunktverschiebungen, Ausreißer und
Linearität erkennen. Bei Langzeitmessungen sind außerdem Kriechen, Relaxieren
und Feuchteänderungen zu beachten. Eine rechnerische und experimentelle
Spannungsanalyse an einem Cu-Rohr unter Biegung und Torsion wird in Bild
17.4 beschrieben.

17.4 Auswertung

Kriterien zur Beanspruchungsbeurteilung sind fast immer Spannungsgrößen mit
ihren Sicherheitsfaktoren gegen Fließen, Brechen, Knicken usw.. Die gemessenen
Verformungen sind daher in Spannungen umzurechnen. Je nach Meßstelle und
äußerer Last sind ein- und zweiaxiale Spannungs- bzw. Verformungszustände zu
unterscheiden (siehe Tafel 4.1 in Kapitel 4). Der unbehinderte, dreiaxiale Zustand, wie er vom allgemeinen HOOKE-Gesetz beschrieben wird, kann nur in
Ausnahmen z.B. mit Röntgen- und Ultraschallverfahren teilweise analysiert
werden. Mißt man an freien Oberflächen, so nimmt man an, daß die orthogonale
Spannung Null ist, und ein zweiaxialer Spannungszustand vorliegt. Im Innern
dickwandiger Teile nimmt oft eine Verformungsbehinderung in einer Achsrich-
tung an und postuliert daher einen ebenen Verformungszustand. Analoge Überlegungen gibt es bei einaxialer Beanspruchung. Der Zugversuch bewirkt z.B. bei
einaxialen Spannungen, dreiaxiale Verformungen: Dehnungen in Längsrichtung
und Kontraktionen in beiden Querrichtungen. Werden diese durch seitliche
Kräfte behindert, liegt ein einaxialer Verformungszustand vor. Die Spannungsberechnungen sind je nach den Spannungs- oder Verformungsannahmen verschieden. So berechnen sich z.B. aus den gemessenen Längsdehnungen im Zugversuch an Metallen mit $\mu = 0{,}3$ bei behinderter Einschnürung eine 35% grös-
sere Zugspannung, als bei freier Verformung.

Für zweiaxiale Beanspruchungen gelten ähnliche Abhängigkeiten. Sie sind in den
Bildern 17.5 und 17.6 dargestellt. Hier wird der Einfluß der POISSON-Zahl μ und
der Proportionalitätsfaktor n untersucht. Dieser gibt das Verhältnis der beiden
Normalspannungen in y- und x-Richtung an. Dadurch stellt sich eine zweipa-
rametrige Abhängigkeit der Spannungsberechnungen ein, wie sie in Bild 17.5
links oben angegeben ist. Setzt man $\mu = 0{,}3$ und variiert den Faktor n, so folgen
im Bereich von n: -10 bis $+10$ hohe, veränderliche Abweichungen in den Spannungsberechnungen je nachdem ob man mit ebenem Spannungs- oder Verformungszustand rechnet. Für $n > 10$, so werden bei ebenem Verformungszustand
etwa 30% und bei $n < -10$ etwa 15% zu geringe Spannungen errechnet. Dazwischen
kommt es zu unterschiedlichen, positiven und negativen Abweichungen. Variiert
man die POISSON-Zahl für ein- und zweiaxialen Zug/Druck (n = 0 und n = 1),
so ist in Bild 17.5 eine weitere Abhängigkeit zu erkennen. Demnach erhöhen sich
rechnerisch die Spannungen bei ebenem Verformungszustand mit wachsenden μ
erheblich gegenüber dem ebenen Spannungszustand. Für Kunststoffe mit $\mu = 0{,}45$
beträgt der relative Zuwachs 25% für n = 0 und etwa 250% bei n = 1. Zur
vollständigen, oberflächlichen Spannungsermittlung muß eine DMS-Rosette

appliziert werden mit 3 DMS. Nur damit lassen sich die dortigen drei Koordinaten- bzw. Hauptspannungen mit ihren Richtungen bestimmen. Verzichtet man, um Kosten zu sparen, auf Rosetten und mißt man nur mit einem einzigen DMS, kann es zu gänzlich falschen Aussagen kommen, wie folgendes Beispiel zeigt: Werden an Stahl in x-, y- und 45° -Richtung nachstehende Werte gemessen: -100, 600, $300 \cdot 10^{-6}$, so folgt daraus in x-Richtung die Spannung $+13{,}7\,\mathrm{MPa}$. Hätte man nur einen einzigen DMS in eine der drei Richtungen geklebt, ergäben sich Spannungen von $-20{,}5$; $61{,}5$ und $123\,\mathrm{MPa}$.

In jeder Spannungsmessung ist eine Fehlerabschätzung erforderlich, so wie sie für Berechnungen und Messungen in Bild 17.4, unten erläutert ist.

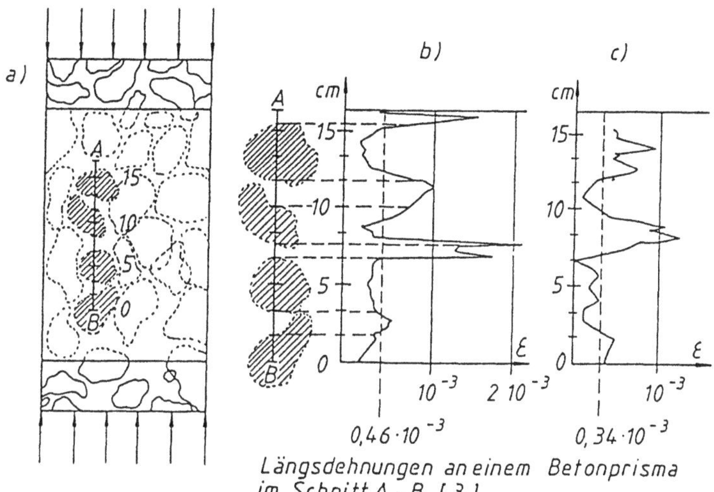

Längsdehnungen an einem Betonprisma
im Schnitt A – B [3]

a) Verteilung der Zuschläge an der Oberfläche des Prismas
b) Dehnungen an einer gesägten Flache unter einer
   Spannung von 170 kp/cm²
c) Dehnungen an einer Schalfläche unter einer
   Spannung von 130 kp/cm²

Bild 17.1 Dehnungen im Mikrogefüge von Beton (nach K.-h. Hehn)

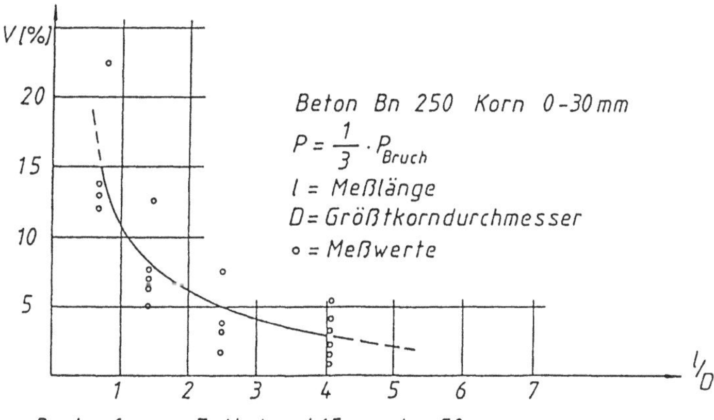

Probenform: Zylinder ⌀ 15 cm , h = 50 cm

Bild 17.2 Variationskoeffizient V in Abhängigkeit vom Verhältnis $^l/_D$

Rosette	$0° / 45° / 90°$	$0° / 60° / 120°$
Form	Stern	Delta
Meßwerte	ε_x ; ε_y ; ε_{45} ;	ε_x ε_{60} ε_{120}
Einzelver-formungen	ε_x : Meßwert ε_y : Meßwert $\gamma_{xy} : 2\varepsilon_{45} - \varepsilon_x - \varepsilon_y$	ε_x : Meßwert $\varepsilon_y = \dfrac{1}{3} \cdot (2\varepsilon_{60} + \varepsilon_{120} - \varepsilon_x)$ $\gamma_{xy} = \dfrac{2}{\sqrt{3}} \cdot (\varepsilon_{60} - \varepsilon_{120})$
Einzel-spannungen	$\sigma_x = \dfrac{E}{1 - \mu^2} \cdot (\varepsilon_x + \mu\,\varepsilon_y)$ $\sigma_y = \dfrac{E}{1 - \mu^2} \cdot (\varepsilon_y + \mu\,\varepsilon_x)$ $\tau_{xy} = G \cdot (2\varepsilon_{45} - \varepsilon_x - \varepsilon_y)$	$\sigma_x = \dfrac{E}{1 - \mu^2} \cdot \dfrac{(3-\mu) \cdot \varepsilon_x + \mu (2\varepsilon_{60} + \varepsilon_{120})}{3}$ $\sigma_y = \dfrac{E}{1 - \mu^2} \cdot \dfrac{2\varepsilon_{60} + \varepsilon_{120} - (1-\mu) \cdot \varepsilon_x}{3}$ $\tau_{xy} = \dfrac{2 \cdot G}{\sqrt{3}} \cdot (\varepsilon_{60} - \varepsilon_{120})$
Hauptform-änderungen und ihre Richtungen	$\varepsilon_{1/2} = \dfrac{\varepsilon_x + \varepsilon_y}{2} \pm \dfrac{1}{\sqrt{2}} \cdot \sqrt{(\varepsilon_x - \varepsilon_{45})^2 \cdot (\varepsilon_y - \varepsilon_{45})^2}$ $\tan 2\alpha_\varepsilon = \dfrac{2 \cdot \varepsilon_{45} - \varepsilon_x - \varepsilon_y}{\varepsilon_x - \varepsilon_y}$	$\varepsilon_{1/2} = \dfrac{\varepsilon_x + \varepsilon_{60} + \varepsilon_{120}}{3} \pm \sqrt{\left(\varepsilon_x - \dfrac{\varepsilon_x + \varepsilon_{60} + \varepsilon_{120}}{3}\right)^2 + \left(\dfrac{\varepsilon_{60} - \varepsilon_{120}}{3}\right)^2}$ $\tan 2\alpha_\varepsilon = \dfrac{1}{\sqrt{3}} \cdot \dfrac{\varepsilon_{120} - \varepsilon_{60}}{\varepsilon_x - \dfrac{\varepsilon_x + \varepsilon_{60} + \varepsilon_{120}}{3}}$
Hauptspannungen und ihre Richtungen	$\sigma_1 = \dfrac{\sigma_x + \sigma_y}{2} + \sqrt{\left(\dfrac{\sigma_x - \sigma_y}{2}\right)^2 + \tau_{xy}^2}$ $\sigma_2 = \dfrac{\sigma_x + \sigma_y}{2} - \sqrt{\left(\dfrac{\sigma_x - \sigma_y}{2}\right)^2 + \tau_{xy}^2}$	$= \dfrac{E}{1 - \mu^2} (\varepsilon_1 + \mu\,\varepsilon_2)$ $\tan 2\alpha_\sigma = \dfrac{2\,\tau_{xy}}{\sigma_x - \sigma_y} = \tan 2\alpha_\varepsilon$

Bild 17.3 Auswertung von Stern- und Delta-Rosetten

Berechnung der Spannungen für F = 4 daN

<u>Rechnerisch</u>

<u>Biegung</u>

$$W_b = \frac{I}{D/2} = \frac{\pi \cdot D^3}{32}(1-\alpha^4)$$

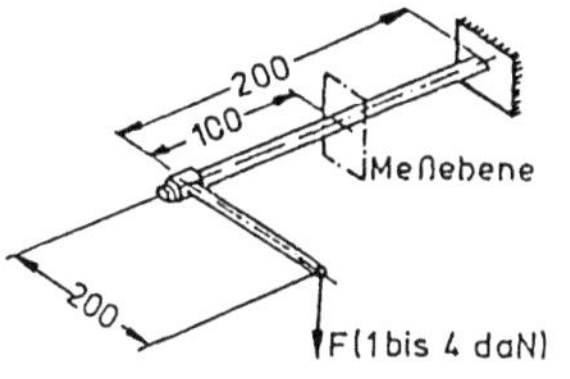

$$W_b = 166,4 \text{ mm}^3 \qquad \alpha = \frac{d}{D} = \frac{14}{16} = 0,875$$

$$M_b = \text{Hebelarm} \times F_b$$

$$M_b = 100 \ F = 400 \text{ daNmm}$$

$$\sigma_l = \pm \frac{M_b}{W_b} = \frac{100 \cdot F_b}{166,4} \left[\frac{\text{mm}}{\text{mm}^3}\right]$$

$$\sigma_l = \pm 0,601 \left[\frac{1}{\text{mm}^2}\right] \cdot F_b = 24,04 \left[\frac{N}{\text{mm}^2}\right]$$

$$\sigma_t = 0$$

$$\sigma_1 = \frac{\sigma_l + \sigma_t}{2} + \sqrt{\left(\frac{\sigma_l + \sigma_t}{2}\right)^2 + \tau_{lt}^2} = 38,8 \left[\frac{N}{\text{mm}^2}\right]$$

$$\sigma_2 = \frac{\sigma_l + \sigma_t}{2} - \sqrt{\left(\frac{\sigma_l + \sigma_t}{2}\right)^2 + \tau_{lt}^2} = -14,8 \left[\frac{N}{\text{mm}^2}\right]$$

$$\tan 2\varphi = \frac{2\,\tau_{lt}}{\sigma_l - \sigma_t} \quad \leadsto \quad \varphi = 31,7^\circ$$

Relative Fehlerabschätzung für σ_l-Rechnung

$$\frac{\Delta \sigma_l}{\sigma_l}[\%] = \frac{\Delta F_b}{F_b} + \frac{\Delta l}{l} + 3 \cdot \frac{\Delta D}{D} + \frac{4\alpha}{1-\alpha^4}\Delta\alpha$$

$$= 0,1\% + 1\% + 1,9\% + 7,6\%$$

$$= \pm 10,6\%$$

Relative Fehlerabschätzung für σ_l-Messung

$$\frac{\Delta \sigma_l}{\sigma_l}[\%] = \frac{\Delta E}{E} + \frac{2\mu \cdot \Delta\mu}{1-\mu^2} + \frac{\Delta\varepsilon_l + \Delta\mu\varepsilon_t + \mu\Delta\varepsilon_t}{\varepsilon_l + \mu\varepsilon_t}$$

$$= 2\% + 2,3\% + 2\%$$

$$= \pm 6,3\%$$

Bild 17.4.1 Biege- und Torsionsspannungen an einem Cu-Rohr
(Außen $\emptyset$ = 16,0 mm; s = 1,0 mm; L = 200 mm)

Torsion

$$W_t = \frac{2 \cdot I}{D/2} = \frac{\pi \cdot D^3}{16}(1-\alpha^4)$$

$$W_t = 332,8 \text{ mm}^3$$

$$M_t = \text{Hebelarm} \times F_t$$

$$M_t = 200 \text{ mm } F_t = 800 \text{ daNmm}$$

$$\tau_{lt} = \pm \frac{M_t}{W_t} = \pm \frac{200 \cdot F_t}{332,8} \left[\frac{\text{mm}}{\text{mm}^3}\right]$$

$$\tau_{lt} = \pm 0,601 \left[\frac{1}{\text{mm}^2}\right] \cdot F_t = 24,04 \left[\frac{N}{\text{mm}^2}\right]$$

Meßtechnisch

ebener Spannungszustand

$$\sigma_l = \frac{E}{1-\mu^2} \cdot (\varepsilon_l + \mu\,\varepsilon_t) = 26,31 \left[\frac{N}{\text{mm}^2}\right]$$

$$\sigma_t = \frac{E}{1-\mu^2}(\varepsilon_t + \mu\,\varepsilon_l) = 2,88 \left[\frac{N}{\text{mm}^2}\right]$$

$$\tau_{lt} = \frac{E}{2(1+\mu)}(2\varepsilon_{45} - \varepsilon_t - \varepsilon_l) = 22,19 \left[\frac{N}{\text{mm}^2}\right]$$

$$\sigma_1 = \frac{E}{2(1-\mu)} \cdot \left[(1+\mu)\cdot(\varepsilon_l+\varepsilon_t) + (1-\mu)\cdot\sqrt{2}\cdot\sqrt{(\varepsilon_l-\varepsilon_{45})^2 + (\varepsilon_{45}-\varepsilon_t)^2}\right] = 33,05\left[\frac{N}{\text{mm}^2}\right]$$

$$\sigma_2 = \frac{E}{2(1-\mu)} \cdot \left[(1+\mu)\cdot(\varepsilon_l+\varepsilon_t) - (1-\mu)\cdot\sqrt{2}\cdot\sqrt{(\varepsilon_l-\varepsilon_{45})^2 + (\varepsilon_{45}-\varepsilon_t)^2}\right] = -14,34\left[\frac{N}{\text{mm}^2}\right]$$

$$\tan 2\varphi = \frac{2\varepsilon_{45} - \varepsilon_l - \varepsilon_t}{\varepsilon_l - \varepsilon_t} \quad\rightsquigarrow\quad \varphi = 31,09°$$

Bild 17.4.2 Rechnerische und meßtechnische Spannungsermittlung an einem Cu-Rohr unter Biegung und Torsion nach Bild 17.4.1

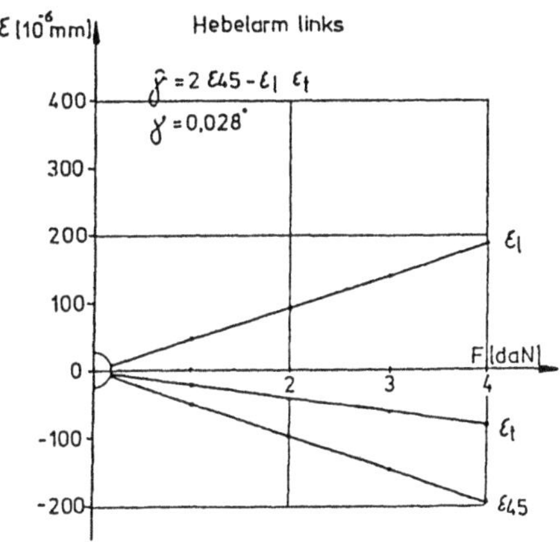

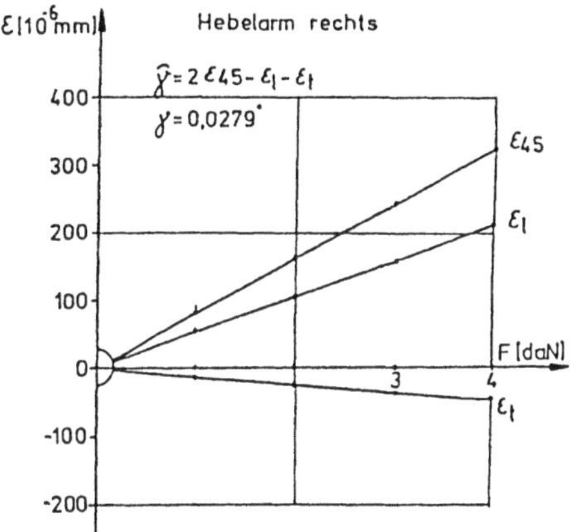

Bild 17.4.3 Meßwertverteilungen an einem Cu-Rohr, belastet nach Bild 17.4.1

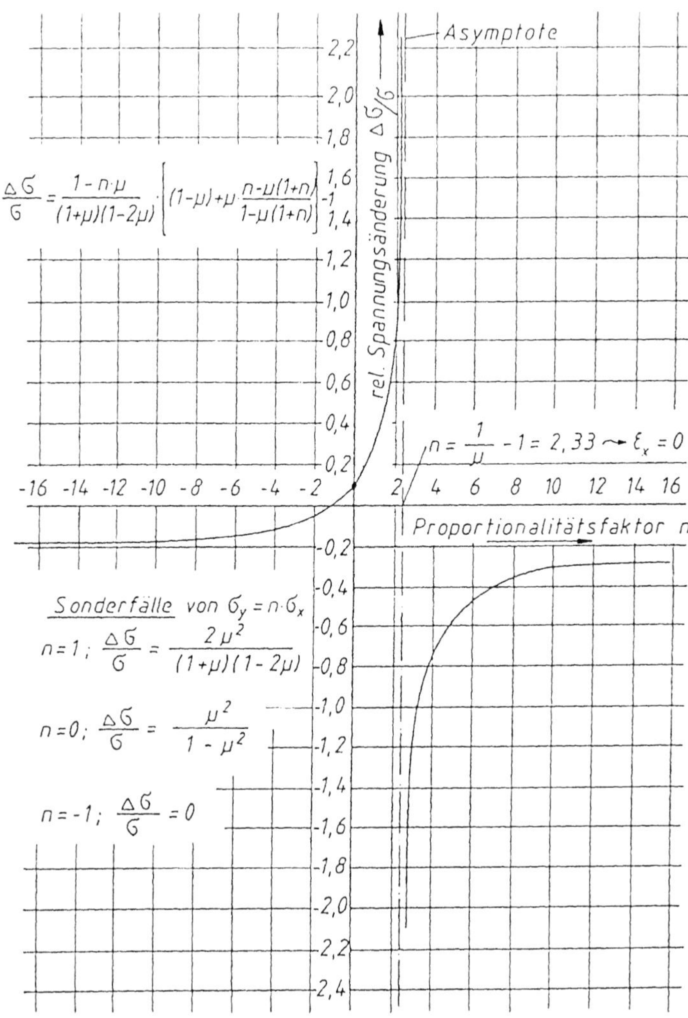

Bild 17.5 Relative Spannungsänderung $\Delta\sigma/\sigma$ bei ebenen Verformungszustand gegenüber dem ebenen Spannungszustand, wenn $\sigma_y = n\cdot\sigma_x$ für $\mu = 0{,}3$

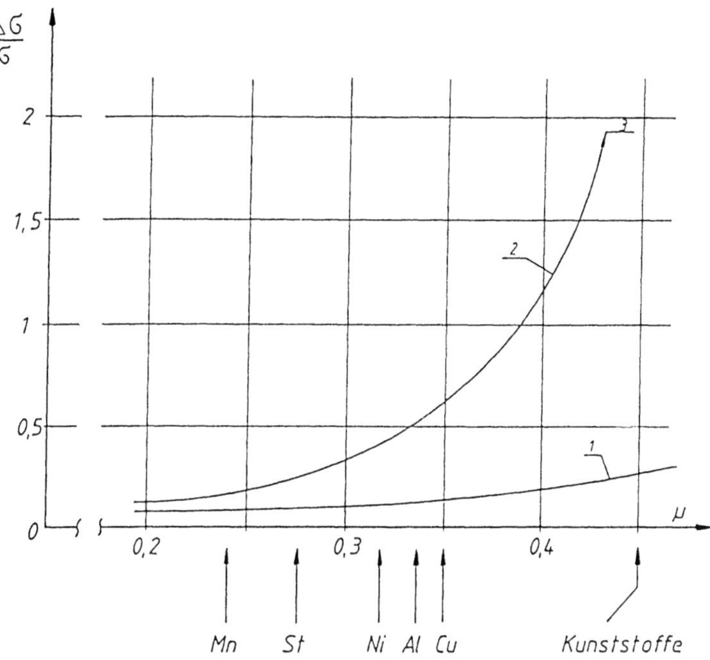

1. einaxiale Spannung $G_x \neq 0 = G_y$; $n = 0$

2. $n = 1$; $G_x = G_y$ zweiaxialer Zug oder Druck

3. ∞ bei $\mu = 0,5$

Bild 17.6 Relative Spannungsänderung $\Delta\sigma/\sigma$ bei ein- und zweiaxialen Verformszustand gegenüber ebenen Spannungszustand in Abhängigkeit der POISSONZAHL μ für ein- und zweiaxialen Spannungszustände

18 Mechanische Eigenspannungsanalyse

18.1 Entstehung und Verteilung von Eigenspannungen

Schon vor 1900 versuchte man Eigenspannungen experimentell zu ermitteln und 50 Jahre später bemühte man sich, ihre Verteilung und Höhe theoretisch vorherzusagen. Unser Wissen über diese eigenen, mechanischen Spannungen ist noch älter. Jeder technisch Interessierte weiß z. B., daß Holz, Mörtel, Beton und andere Baustoffe, durch örtlich unterschiedliche Gefügeänderungen, Wasseraufnahme oder -abgabe reißen können, und daß sich Metalle nach unsymmetrischer Erwärmung sichtbar verformen und dabei Eigenspannungen aufbauen. Die Entstehung von Eigenspannungen folgt immer den gleichen Gesetzmäßigkeiten.

Betrachtet man die Fertigung von Werkstücken, wie Träger, Rohre, Schrauben, Wellen, Behälter u. a., so ist ihre Formgebung nur möglich, durch örtlich oder zeitlich unterschiedliche Verformungen. Sie sind fast immer unverträglich mit denjenigen benachbarter Werkstückteilchen, was zu einer gegenseitigen Formbehinderung und damit zu Eigenspannungen führt. Diese örtlich Inkompatibilität ist die Ursache aller Eigenspannungen. Je nach Größe und Verteilung der räumlichen Eigenspannungsquelle in Makro-, Mikro- und Kristallbereichen spricht man von Eigenspannungen I., II. und III. Art.

Die örtlichen Volumenänderungen werden hervorgerufen durch lokale Temperaturänderungen, durch Ausscheidungen in Kristallen und Gefügeänderungen, durch allotrope Transformationen, sowie durch plastische Verformungen. Ordnet man diese werkstoffkundlichen Begriffe den entsprechenden Fertigungsverfahren zu, so kann man sagen: Eigenspannungen entstehen beim: Anwärmen und Abkühlen, Gießen und Schmelzen, Löten und Schweißen, Flamm- und Formrichten, Aus- und Umwandlungshärten, Form- und Gefügeänderungen und schließlich beim spanlosen und spanabnehmenden Bearbeiten.

Alle Eigenspannungen und -verformungen sind Vektoren, d. h. sie werden durch eine Wirklinie, eine Richtung auf ihr und einen Zahlenwert festgelegt. Last- und Eigenspannungen unterscheidet man durch Indizes aus Klein- und Großbuchstaben. Im Innern eines jeden Werkstückes kann man drei aufeinander senkrecht stehende Raumrichtungen fixieren und damit in einem kleinen Werkstoffteilchen (z. B. einem Würfel in Bild 18.1, unten) auch drei verschiedene Normalspannungen. Die weiteren sechs möglichen Schubspannungen dort sind aus Gleichgewichtsgründen paarweise (gleich Indizes) gleich. Es ergeben sich somit in jedem Werkstoffpunkt sechs mögliche Eigenspannungen. Diese müßten bei einer Spannungsmessung Punkt für Punkt aus den dortigen sechs Verformungen ermittelt werden (siehe Bild 18.1). Das ist aber eine schier unlösbare Aufgabe und auch in der Praxis nur selten gefordert. Für die Probenoberfläche reduzieren sich die Spannungskomponenten, denn dort sind die orthogonalen Komponenten aus Gleichgewichtsgründen Null.

Im Gegensatz zu den Lastenspannungen kann man bei Eigenspannungen schon a priori Angaben über ihre Verteilung machen, ohne daß man sie gemessen hat. In jeder Raumrichtung die man wählt muß Kräfte- und Momentengleichgewicht herrschen; denn Eigenspannungen sind lastunabhängig und nicht durch äußere Einflüsse bedingt. Man darf daher ansetzen:

$$\sum \text{Kraft} = 0 = \sum \text{Eigenspannungen} \times \text{Fläche} = \sum \sigma_{\text{Eigen}} \cdot A = 0$$

Ermittelt man demnach die Eigenspannungen über die ganze Querschnittsfläche A eines Werkstückes so muß das Produnkt aus ($\sigma_{\text{Eigen}} \cdot A$) ober- und unterhalb der Nullinie gleich sein. Mit anderen Worten wählt man die Koordinaten σ_{Eigen} und A (y- und x-Richtung), so müssen die Flächen gleich sein (siehe Bild 18.1, oben). Außerdem kennt man Randbedingungen. An freien Flächen z. B. am Mantel und an den Stirnseiten von Zylindern müssen die dortigen Normalspannungen (σ_R, σ_L) Null sein (siehe Bild 18.1, oben). Über die Höhe der Eigenspannungen kann man sagen, daß sie an keiner Stelle die Bruchfestigkeit bzw. bei mehraxialen Verteilungen deren Vergleichsspannung überschreiten dürfen. Weil sie aus Volumeneffekten entstehen, sind sie immer räumlich verteilt. Einaxiale Verteilungen sind leicht zu bestimmen. Sie sind aber nur eine angenäherte Beschreibung der wahren Beanspruchung.

18.2 Meßprinzip

Eigen- und Lastspannungen werden nach dem gleichen Prinzip ermittelt. Man mißt die ihnen zugeordneten Verformungen und rechnet diese in die Spannungen um. Bei den mechanischen, zerstörenden Verfahren ist das nur möglich, wenn sich Eigenspannungen abbauen (Vorzeichen „minus"). Das heißt, man muß die zu untersuchenden Werkstücke teilweise oder gar stufenweise zerlegen, oder zerspanen. Weil man an den stark verformten Span- oder Schleifschichten nicht mehr elastische Rückfederungen messen kann, muß dies an den verbleibenden Reststücken erfolgen. Somit sind alle mechanische Verfahren zerstörend. Nur Röntgen- und Ultraschallmethoden messen zerstörungsfrei. Der Nachteil mechanischer, zerstörender Methoden wird zum Teil durch eine vollständige Spannungsanalyse über den ganzen Probenquerschnitt kompensiert. Röntgenverfahren messen in Metallen nur bis etwa 30 µm Tiefe. Will man weitere Angaben, so müssen Oberflächenschichten chemisch abgetragen werden. Zur Umrechnung der durch das Zerspanen ausgelösten Abmessungsänderungen (Δl, Δd) in die zugeordneten Verformungen (ε, $\hat{\gamma}$) und zur Errechnung der örtlichen Eigenspannungen müssen die untersuchten Proben oder Werkstücke einfache geometrische Formen haben, wie z. B. Rund- und Rechteckstäbe, Voll- und Hohlzylinder, Bleche und Platten. Außerdem wird oft postuliert, daß die Probe an symmetrischen Stellen die gleiche Eigenspannungen hat. Dreht man demnach eine auftraggeschweißte Welle außen ab und verlängert sie sich dabei, so nimmt man an, daß die Eigenspannungen rotationssymmetrisch verteilt und über die Länge konstant waren. Es werden somit nur mittlere Beanspruchungen gemessen. Diese Modellvorstellung ist für Schweißnähte z. B., mit ihren örtlich stark veränderlichen Verformungen und Spannungen unzureichend. Hier muß deshalb versucht werden, auch örtlich die zugeordneten Rückfederungen zu messen. Das ist einmal mit Dehnungsmeßstreifen (DMS) möglich, aber auch durch mechanisches Ausmessen von Verformungslinien, wie z. B. Biegelinien nach dem Abtragen oder Zerlegen der Probe. Über diese mechanischen und elektrischen Methoden zur Eigenspannungsermittlung und den verschiedenen Bohrlochverfahren wird im folgenden berichtet.

18.3 Einschneideverfahren

In der Praxis will man möglichst schnell, schon mit bloßem Auge erkennen, ob Eigenspannungen vorhanden sind und welche Verteilung sie haben. Dazu eignet sich als erster Schritt am besten das Einschneiden; denn dadurch gibt man der inneren Beanspruchung zum Teil die Möglichkeit, zu entspannen und durch Verbiegen und Verdrehen sichtbar zu werden. Halbiert man z. B. geometrisch einfache Werkstücke durch einen vorsichtigen Sägeschnitt, ohne selbst damit Eigenspannungen zu erzeugen, so kann man deren teilweisen Abbau mit den Beziehungen der Elastizitätstheorie errechnen. Würde ein Rund- oder Rechteckstab mit einer symmetrischen Längs- oder Querschweißnaht rückfedern und dabei gerade bleiben, so ließe sich die einaxiale, über den Querschnitt konstant angenommene Längseigenspannung σ_L, aus dem elementaren HOOKE'schen Gesetz berechnen (siehe Bild 18.2, links):

$$\sigma_L = - E \cdot \varepsilon_g = - E \ (l - l_0) \ / \ l_0 \qquad\qquad (18\text{-}1)$$

Wäre die Ausgangsmeßlänge $l_0 = 200{,}0$ mm und die Rückfederungslänge $l = 199{,}9$ mm, ergäbe sich für Stahl mit $E = 205.000$ MPa eine Längseigenspannung zu:

$$\sigma_L = - 205.000 \cdot \frac{199{,}9 - 200{,}0}{200{,}0} = + 205.000 \cdot \frac{0{,}1}{200} = + 102{,}5 \text{ MPA}$$

Der Stab wird bei einer unsymmetrischen Fertigung oder Schweißnaht nicht gerade bleiben, sondern sich verbiegen. Nimmt man eine lineare Spannungsverteilung über die Wanddicke an (siehe Bild 18.2, Mitte), so läßt sich mit der elementaren Biegelehre aus der Krümmung k bzw. dem Krümmungsradius $\rho = 1/k$ die Längseigenspannung in den Randfasern bestimmen aus den Gleichungen von Bild 18.3. Es folgt damit: [18.2]

$$E \cdot I \cdot y'' = E \cdot I \cdot k = E \cdot I \cdot 1/\rho = \pm M_b = (\sigma_L \cdot I) \ /e \qquad (18\text{-}2)$$

$$\sigma_L = \pm E \cdot e \cdot k = \pm (E \cdot e) \ / \ \rho = \pm E \cdot \varepsilon_b$$

Hierin bedeuten: I $= $ äquatoriales Trägheitsmoment
                   M_b $= $ Biegemoment
                   e $= $ Randfaserabstand

Bei Rechteckstäben entspricht der Randfaserabstand der halben Blechdicke e = t/2. Bei Rohren trifft dies nicht zu; denn dort wird bei radialem Einschneiden ein Kreisringsektor entstehen.

Zur Ermittlung von ρ ist zu entscheiden, ob man eine mittlere Eigenspannung über die ganze Stablänge annimmt oder eine lokale. Der mittlere Krümmungsradius ρ berechnet sich nach Bild 18.3 links, der örtliche nach Bild 18.3, rechts unten. In beiden Fällen nimmt man an, daß sich die Längseigenspannung linear von Blechober- zur Blechunterseite verändert, wie bei einer elastischen Biegung. Biegt sich z. B. ein 4 mm dickes und 200 mm langes Blech in Stabmitte um f = 2,5 mm durch, so berechnen sich die mittleren Eigenspannungen zu:

$$\sigma_L = \pm\, 205.000 \cdot \frac{2 \cdot 8 \cdot 2,5}{200^2} = \pm\, 20,5 \cdot 4 \cdot 2,5 = \pm\, 205 \ \text{MPa}$$

Liegt eine konstante und lineare überlagerte Längseigenspannungsverteilung vor (siehe Bild 18.4, oben), so sind zu ihrer Ermittlung zwei getrennte Messungen notwendig; denn es sind die Gerade- und Biegerückfederungen $(\varepsilon_g,\ \varepsilon_b)$ zu ermitteln. Entsprechend Bild 18.4, oben und unten, gilt dann für DMS, welche Geraden- und Krümmungsänderungen gemeinsam erfassen:

$$\varepsilon_{frei} = \varepsilon_g + \varepsilon_b$$

ε_{frei} stellt sich bei freier Rückfederung der Probe ein, ε_g bei eben gedrückter. Mit den beiden ε_b- und ε_g-Werten lassen sich aus den Gleichungen die Einzelspannungen errechnen. Ihre Überlagerung liefert die wahre, einaxiale Längseigenspannung. Der Stab wird sich nicht nur dehnen/stauchen und verbiegen; er wird sich auch entspannen durch Rückdrehen. Eine unsymmetrische Schweißnaht wird ein inneres Torsionsmoment erzeugen, das sich teilweise abbaut. Die zugeordneten mittleren Torsionseigenspannungen über die Stablänge lassen sich wegen des nicht kreisförmigen Stabquerschnittes nur angenähert bestimmen. Formal gilt:

$$\Delta\tau = \Delta M_t / W_t = \Delta\varphi \cdot G/L \cdot I_D / W_D \tag{18-3}$$

Hierin bedeuten:

M_t	=	Torsionsmoment
G	=	Gleitmodul
L	=	Probenlänge
$\Delta\varphi$	=	Drillwinkel im Bogenmaß
I_D, W_D	=	Drillträgheits- und Drillwiderstandsmoment

Die maximalen Torsionsspannungen liegen in der Mitte der größten Seite des Querschnittes. Nähert man ihn durch ein schmales Rechteck s · b an, mit b >> s so gilt etwa I/W $\#$ s (Blechdicke). Damit folgt aus Gl. 18-4 mit Übergang auf das Gradmaß:

$$\Delta\tau \# G \cdot \Delta\varphi^{\,\circ} \cdot \pi/180 \cdot s/L \tag{18-4}$$

Mit $\Delta\varphi^{\,\circ} = 0{,}1^{\circ}$; $s = 5$ mm; $L = 100$ mm berechnet sich $\Delta\tau \# \pm 7$ MPa.

Das Messen und Auswerten der Rückfederungen kann auf mehrfache Weise erfolgen (siehe Bild 18.5). Beim Einsatz von DMS sind die einzelnen Biege- und Geradeformänderungen nach dem Schema von Bild 18.4 zu ermitteln. Dies wird für die Praxis etwas aufwendig sein. Praktisch bewährt hat sich für Einzelstäbe ein Meßstand wie ihn die Bilder 18.6 und 18.7 zeigen. Montiert man die Probe, wie in Bild 18.6 z. B. ein Rohr, zwischen die beiden Ständer und führt man es unter der 1/100-mm-Meßuhr durch, so kann man für jede Position den Biegepfeil bestimmen. Der linke Einspannkopf ist drehbar, sodaß er auch noch den Drillwinkel bestimmt. Trennt man einen schmalen Streifen anschließend heraus und mißt ihn wieder, so lassen sich durch erneutes Ausmessen die beim Spannungsabbau entstandenen Verdrehungen und Biegelinien messen und mit Gl. 18-2 bis 18-4 in die vorhandenen gemessenen Eigenspannungen umrechnen. Analoge Auswertmethoden ergeben sich beim Radialschlitzen von Ringen. Meßschema und Berechnungsmöglichkeiten bringt Bild 18.5.

Das Einschneideverfahren eignet sich auch zur ein- und zweiaxialen Spannungsermittlung. Will man ihre Verteilungen längs eines Streifens erfassen, so müssen die Biegelinien oder Biegepfeile in Abtänden von einigen Millimetern gemessen werden. Dazu eignen sich am besten induktive Wegmesser mit digitaler Anzeige oder gar das Abspeichern und Darstellen online in Bildschirmrechnern. In Bild 18.8 sind Meßschema und Ausführung eines Meßstandes zu sehen. Bild 18.9 zeigt zwei Biegelinien, die mit einem xy-Schreiber aufgenommen wurden. Mit einer solchen Meß- und Aufnahmetechnik sind Ausreißer nicht zu erwarten. Die abgebauten Biege-Eigenspannungen lassen sich aus den veränderten Formabweichungen bestimmen. Es sind deshalb zwei Messungen erforderlich, eine vor und eine nach dem Sägen. Wird mit einem Meßstand nach Bild 18.8 gearbeitet, in dem Bleche einseitig eingespannt sind, so muß gewährleistet sein, daß immer gleichartig eingespannt und auch immer an derselben Stelle gemessen wird. In Bild 18.10 sind Streifenverformungen vor und nach dem Einsägen räumlich dargestellt. Man erkennt die infolge Eigenspannungsabbau unterschiedlichen Verformungen.

Zum Berechnen der einaxialen Längseigenspannungen σ_L in den freigelegten Streifen wird von der elementaren Biegelehre ausgegangen. Danach wird immer die Angabe der Krümmung k gefordert. Je nach angestrebter Meßgenauigkeit sind drei Fälle nach Bild 18.3 zu unterscheiden.

Sucht man nur die mittlere Streifen-Längseigenspannung und biegt sich der freigelegte Streifen etwa kreisförmig, so reicht eine einzige Messung, um die mittlere Stabkrümmung $\bar{k}$ zu erfassen. Das wird für erste Abschätzungen ausreichen (Bild 18.3, links).

Genauere Angaben erhält man mit einer 3-Punkt-Messung (Bild 18.3, rechts oben), bei der aus drei Biegepfeilen die mittlere, örtliche Krümmung $\bar{k}_2$ für den Punkt P_2 ermittelt wird. Hier kann es aber auch noch zu Streuungen kommen, denn es gehen für Erst- und Zweitmessungen je drei Biegepfeilmessungen und die drei Laufkoordinaten ein.

Genauer sind die Berechnungen, wenn die Biegelinien bei Erst- und Zweitmessung kontinuierlich aufgenommen werden und so die Funktion $y = f(x)$ bestimmt wird (siehe Bild 18.8). Dann läßt sich $\bar{k}_2$ nach Abgreifen der Meßwerte berechnen. Am genauesten sind die Auswertungen, wenn man mit den xy-Meßwerten Ausgleichsparabeln numerisch ermittelt, die 1. und 2. Ableitung bildet und nach der Gleichung in Bild 18.3, unten rechts, örtliche Krümmungen k bestimmt. Dabei ist aber folgendes zu bedenken: k wird aus y' und y" bestimmt und bei $y'^2 < 1$ sogar mit y" genähert. Will man eine längs des Streifens veränderliche Eigenspannung bestimmen, so muß y mindestens eine Parabel 3. Grades sein, denn sonst ist die 2. Ableitung konstant und damit auch die zugeordnete Längseigenspannung (siehe Gleichung 18-5).

$$y = a_0 + a_1 \cdot x + a_2 \cdot x^2 + a_3 \cdot x^3 + a_4 \cdot x^4 + \ldots$$

$$y' = a_1 + 2 \cdot a_2 \cdot x + 3 \cdot a_3 \cdot x^2 + 4 \cdot a_4 \cdot x^3 + \ldots \tag{18-5}$$

$$y'' = 2 \cdot a_2 + 6 \cdot a_3 \cdot x + 12 \cdot a_4 \cdot x^2 + \ldots$$

Ferner ist zu klären, wie sich die Näherung $k \neq y''$ auswirkt, wenn y'^2 vernachlässigt wird.

Daneben muß auf die Randbedingungen hingewiesen werden. An freien unbelasteten Oberflächen sind die dort senkrecht stehenden Eigenspannungen Null, denn die äußersten Schichten werden nur von dem atmosphärischen Druck belastet, dessen Höhe im Vergleich mit dem mechanischen Spannungen vernachlässigbar klein ist. Das bedeutet für die freizulegenden Streifen nach Bild 18.10, daß an ihren Stirnseiten $(x = L)$ und angenähert auch an ihrer Einspannseite $(x = 0)$ die Längseinspannung $\sigma_L = 0$ ist. Hinzu kommt, daß auch für $x = 0$ der Biegepfeil $y = f = 0$ ist. Man muß deshalb diese Randbedingungen in die Ausgleichsfunktion involvieren. Dazu bietet sich folgende Möglichkeit an: Man kann den Biegepfeil y als Ausgleichsparabel mit den Gliedern

$$y = \sum a_n \cdot x^n \text{ mit } n \geq 4 \tag{18-6}$$

entwickeln und die drei Randbedingungen einbringen. Das ergibt dann mit $a_0 = a_2 = 0$ und $a_3 = -2 \cdot a_4 \cdot L$ die Ausgleichsparabel 4. Grades:

$$y = a_1 \cdot x - 2 \cdot a_4 \cdot L \cdot x^3 + a_4 \cdot x^4 \tag{18-7}$$

Es sind also nur drei Koeffizienten numerisch zu ermitteln. Für Ausgleichsparabeln höheren Grades gilt allgemein:

$$y = a_1 \cdot x + a_3 (a_n, L) \cdot x^3 + a_4 \cdot x^4 + a_5 \cdot x^5 + ... \tag{18-8}$$

Das a_3-Glied ist so je nach dem Grade n eine Funktion der Streifenlänge L und den folgenden Gliedern. Für n = 5 gilt zum Beispiel:

$$a_3 = -2 \cdot a_4 \cdot L - \frac{10}{3} \cdot a_5 \cdot L^2 \tag{18-9}$$

Zur allgemeinen Lösung wurden Computerprogramme bis zur Ausgleichsparabeln 8. Grades entwickelt, mit den dazugehörenden Randbedingungen. Dabei zeigt es sich, daß schon Ausgleichsparabeln 4. oder 5. Grades gute Näherungen ergeben.

Bild 18.11 bringt zweiaxiale Auswertungen von einem warmgewalzten Baustahlblech, das mit einer Autogenflamme an 4 Stellen beflammt und sodann eben gedrückt worden war. Dies entspricht dem Spannen von Blechen z. B. von Türen. Man sieht, daß die Auswertung des Verformungsfeldes mit 3-Punktmessungen (Bild 18.11, Mitte) keine klare Abhängigkeit mit den Wärmepunkten ergibt. Erst die Ausgleichsparabeln weisen mit ihren Mulden und Höckern auf die vier spannungsverursachenden Wärmepunkte.

Ist die Oberfläche glatt, wie z. B. bei kaltgewalztem Blankstahl, so ergeben die 3-Punktmessungen sinnvolle Spannungsverteilungen. Ein Vergleich der 3 Ausverteverfahren nach Bild 18.3 liefert die Messung an einem abgekanteten Stahlblech (Bild 18.12). Das Blech (Länge: 760, Breite: 160, Dicke: 1,6 mm) war zu einem ungleichen Winkel (Schenkel: 120 und 40 mm) abgekantet worden. Zum Ermitteln der Längseigenspannungen wurden 2 cm breite und 200 mm lange Streifen mit einer Bandsäge vorsichtig eingeschnitten (Bild 18.12, oben). Aus der Biegung läßt sich schon mit bloßem Auge Größe und Vorzeichen der Spannungen erkennen. Demnach standen an der Biegekante die Streifen 2 und 3 außen unter Zug und innen unter Druck. Die Spannungen waren dort auch am größten. Um möglichst genaue Messungen durchzuführen, wurden Blech und Meßgeräte auf einer ebenen Platte montiert und durch Magnete gehalten. Mit einem kleinen, leichten Meßwagen, der einen induktiven Wegmesser trug, wurden sodann die Streifen in der Mitte abgefahren und dabei Durchbiegung und Weg von einem x-y-Koordinatenschreiber auf einem DIN A3-Blatt nachgezeichnet. (siehe Bild 18.8)

In Bild 18.12, Mitte sind von den Streifen 1 und 2 die Verteilungen des Biegepfeiles f über die Streifenlänge zu sehen und in Bild 18.12, unten die daraus berechneten Spannungen. Man erkennt:

> Die mittlere Streifenkrümmung $\bar{k}$ führt zu den als konstant angenommenen Längseigenspannungen $\bar{\sigma}_L = \pm 19,9$ und $\pm 20,4$ MPa.

> Die Drei-Punkt-Messung ergibt einen unregelmäßigen Spannungsverlauf. Die Randbedingungen werden aber etwa eingehalten.

Die Ausgleichsrechnung liefert in beiden Streifen ein breites, mittiges Maximum von $\pm$ 15,3 und $\pm$ 23,1 MPa, sowie die geforderten Randbedingungen. Zwischen den AGP 4. bis 8. Grades besteht in diesem Falle kein großer Unterschied. Die Eigenspannungen weichen dabei in allen 6 Streifen maximal um 0,3 MPa ab und die jeweilige Standardabweichungen um $0,59 \cdot 10^{-2}$, bei Grenzwerten von 1,52 bis $23,5 \cdot 10^{-2}$.

Abschließend darf man festellen:

Für eine schnelle, abschätzende Eigenspannungsermittlung liefert die mittlere Streifenkrümmung $\bar{k}$, bei gleichmäßig gekrümmten Biegelinien, die richtige Größenordnung der Längseigenspannungen.

Die Drei-Punkt-Messung gibt bei glatter Oberfläche richtige Spannungsverteilungen und Randbedingungen an, bei schwankendem Verlauf infolge von Meßungenauigkeiten.

Ausgleichsparabeln liefern kontinuierliche Verteilungen und erfüllen die Randbedingungen. Sie erfordern allerdings den Einsatz umfangreicher Auswerteprogrammen und Rechnern.

18.4 Ausschneideverfahren

Erweitert man das Einschneide- zum Ausschneideverfahren, indem man Stäbe auf ihre ganze Länge trennt oder indem man aus flächigen Teilen einzelne Kleinproben heraustrennt, so ändert sich je nach geometrischer Form die Berechnung der Krümmung. Einzelheiten sind in Bild 18.5 zu entnehmen.

Trennt man jedoch Rechteck- oder Kreisplättchen heraus und markiert man dort in x-, y- und 45°-Richtung drei Meßstrecken, so ist eine örtliche zweiaxiale Spannungsanalyse möglich. In Erweiterung des HOOKE'schen Gesetzes erhält man für den ebenen, über die Blechdicke konstanter Spannungszustand:

$$\sigma_x = \frac{-E}{1-\mu^2} \cdot (\varepsilon_x + \mu \cdot \varepsilon_y) \qquad (18\text{-}10)$$

$$\sigma_y = \frac{-E}{1-\mu^2} \cdot (\varepsilon_y + \mu \cdot \varepsilon_x)$$

$$\tau_{xy} = -G \cdot (2 \cdot \varepsilon_{45} - \varepsilon_x - \varepsilon_y)$$

Analog wie bei den Stäben ist auch hier eine lineare Spannungsanalyse möglich, sowie eine Überlagerung von konstanter und linearer Verteilung.

18.5 Abtrennverfahren

Wird das Ausschneiden in Schritten durchgeführt, indem man z. B. von einem ebenen, quadratischen Blech (Bild 18.14) rundum schmale Streifen vorsichtig

abtrennt, so lösen die damit verbundenen Kraft- und Momentänderungen in
Blechmitte zweiaxiale Rückfederungen aus, die mit DMS-Rosetten gut zu erfassen sind. Dieses Abtrennverfahren und seine Auswertegleichungen sind in
Bild 18.14 beschrieben. Es wird dabei angenommen, daß in dem Blech konstanter Zug/Druck mit linear verteilten Biegeeigenspannungen überlagert ist. Liegen andere Verteilungen vor, so werden davon nur die angegebenen Komponenten bestimmt.

Durch die Form der Auswertegleichungen als totales Differential werden die
Bedingungen des Kräftegleichgewichtes von selbst erfüllt, denn die Anfangswerte von E_x, E_y, $\hat{\gamma}$ sind Null und auch die Endwerte x, y und 1. Damit wird
es allerdings auch möglich, daß falsche Meßwerte im Rahmen der Auswertege-
nauigkeit zu falschen Spannungsverteilungen führen. - Mißt man nur die drei
Freirückfederungen, so werden auch nur die oberflächlichen, resultierenden Eigenspannungen aus der Gerade- und Biegeverteilung erfaßt.

Zur numerischen Lösung kann man die Differentialgleichungen in Differenzengleichungen überführen oder die Meßwertverteilungen durch Ausgleichsfunktionen nähern.

Für die Versuche sollen die Bleche eben sein. Nach fertigungstechnischen Ein-
griffen wie zum Beispiel Schweißen, Löten, Hämmern, Erwärmen oder Abschrecken wird in Blechmitte eine DMS-Rosette aufgebracht und sodann von
der Probe rundum Streifen vorsichtig abgetrennt. Dabei werden die Freirückfederungen von den DMS angezeigt. Um die Geraderückfederungen zu erfassen,
ist das Blech in einer besonderen Vorrichtung ganzflächig eben zu drücken.
Das muß auch einmal vor dem Abtrennen erfolgen, um die zugeordneten Nullpunkte ausmessen zu können. Bis zu Blechdicken von etwa 5 mm wird dies
mit herkömmlichen Hebelpressen möglich sein.

Wie weit sich die Eigenspannungsfelder nachweisen lassen, ist mit Sicherheit
noch nicht zu sagen. Messungen belegen, daß man in einem Umkreis von etwa
60 mm keine Veränderungen mehr messen kann. Es ist aber zu erwarten, daß
diese Abstände dickenabhängig sind.

Alle Gleichungen gehen, wenn x und y oder 1 Null werden, in die bekannten
Beziehungen des zweiaxialen HOOKE-Gesetz über entsprechend

$$\sigma_x = - E_1 \cdot E_x$$

$$\sigma_y = - E_1 \cdot E_y$$

$$\tau_{xy} = - G \cdot \hat{\gamma}$$

Dies sind auch die Auswertegleichungen, wenn man Werkstücke nach dem
Ausschneideverfahren in kleine Elemente zerteilt.

Bild 18.15 zeigt Meßwert- und Spannungsverteilungen von 2 Stahlblechen die von 700°C senkrecht in Wasser abgeschreckt worden waren.

18.6 Biegeverfahren

<u>Stäbe:</u> Die zuvor dargestellten Auswertemethoden ermittelten mit ihrem algebraischen Gleichungen nur konstant und linear verteilte Eigenspannungen. Das ist oft eine unvollständige Näherung des wahren Sachverhaltes. Man sucht die wirkliche Spannungsverteilung über Länge und Dicke der stabförmigen und flächigen Probe. Die Längsverteilung läßt sich aus den örtlichen Krümmungsmessungen Punkt für Punkt an den zugängigen Mantellinien schrittweise ermitteln. Die Dickenverteilung erfordert jedoch die Lösung einer Differentialgleichung; denn einmal sind unbekannte Funktionen nur damit zu bestimmen, und zum anderen sind die Stellen im Inneren vor dem Zerspanen nicht einer Messung zugängig. Um die Aufgabe zu lösen wird die gerade gehaltene Probe der Dicke t_0 stufenweise, einseitig abgehobelt oder abgeschliffen auf die Dicke t und dann die über die Meßläge sich jeweils neu einstellende Biegelinie gemessen. Daraus läßt sich dann die Krümmung berechnen und schließlich auch die Längseigenspannung an der Stelle t des Stabes durch Lösen der Gleichung:

$$\sigma_L = E/6 \left(t^2 \cdot \frac{dk}{dt} + 4tk - \int_t^{t_0} k \cdot dt \right) \tag{18-11}$$

Diese Gleichung wurde von F. STÄBLEIN 1931 aufgestellt. Mißt man die Krümmung k an einer betrachteten Stabstelle während des schichtweisen Abtragens, so lassen sich daraus dann die dortigen Eigenspannungen berechnen. [9.3; 9.4]

Der Stab wird aber nicht nur zurückfedern durch Biegen, sondern auch durch Dehnen oder Stauchen. Es werden nämlich durch das Zerspanen achsparallel, außermittige Kräfte frei. Mißt man durch Geradespannen des Reststabes diese Geraderückfederungen, so lassen sich daraus ebenfalls die Eigenspannungen berechnen, und es gilt:

$$\sigma_g = - E \cdot \left(t \cdot \frac{d\varepsilon_g}{dt} + \varepsilon_g \right) = - E \cdot \frac{d(\varepsilon_g \cdot t)}{dt} \tag{18-12}$$

Zur vollständigen Eigenspannungsanalyse müssen beide Formeln benutzt werden. Dazu sind die Veränderlichen getrennt als Funktion der Restdicke t zu ermitteln. Hierfür gibt es mehrere Möglichkeiten. Die Krümmung k kann aus Dreipunktmessungen erhalten werden. Arbeitet man mit DMS, so lassen sich beide Meßwerte mit einem Aufnehmer ermitteln. Klebt man sie auf die nicht zerspante Stabseite, so zeigen sie bei freier Rückfederung einmal die resultierende Frei-Formänderung (ε_{frei}) die sich aus Biege-Formänderung (ε_b) und Geraden-Formänderung (ε_g) entsprechend der Beziehung $\varepsilon_{frei} = \varepsilon_b + \varepsilon_g$ zusammensetzen. Beim Geradespannen des Stabes werden nur die Geraden-Formänderungen ε_g gemessen. Es ist jetzt noch die Krümmung k aus ε_b zu berechnen. Dazu kann man die Beziehungen aus Bild 18.3 verwenden. Es gilt:

$$k = 2 \cdot \varepsilon_b / t \tag{18-13}$$

Bei der Substitution dieses Ausdruckes in Gl. 18-1 ist zu beachten, daß auch die Rest-Stabdicke t veränderlich ist. Es gilt daher für das Differential:

$$\frac{dk}{dt} = 2 \cdot \left(\frac{d\varepsilon_b}{t \cdot dt} - \frac{\varepsilon_b}{t^2} \right) \tag{18-14}$$

womit man abschließend die umgeformte Gl. 18-9 erhält als:

$$\sigma_b = \frac{E}{3} \cdot \left(t \cdot \frac{d\varepsilon_b}{dt} + 3 \cdot \varepsilon_b - 2 \cdot \int_t^{t_0} \frac{\varepsilon_b \cdot dt}{t} \right) \tag{18-15}$$

Die Biege-Formänderungen in diesem Ausdruck ergeben sich nach Bild 18.4 aus der Differenz bei freier und gerader Rückfederung. Beide müssen zur korrekten Spannungsermittlung gemessen und bei der Auswertung berücksichtigt werden. Ihre Verteilungen über die Restwanddicke lassen sich generell nicht vorhersagen, wohl aber ihre Randwerte. Bild 18.16 zeigt für eine angenommene Verteilung die Zusammenhänge. Definitionsgemäß sind vor dem einseitigen Zerspanen für t_0 beide Formänderungen null. Während des Zerspanens ändern sie sich. Nähert sich die Restwanddicke t dem Wert null, so werden die noch vorhandenen Biege-Formänderungen immer kleiner; d. h. an Ober- und Unterseite des Stabes nähern sie sich immer mehr den ε_g-Werten und verschwinden mit extrem kleinem t. Das bedeutet aber, daß die beiden Meßkurven (ε_{frei} und ε_g) für t = 0 gleich sind. Damit wird dort $\varepsilon_b = 0$. Die Kurve der Biege-Formänderungen hat somit 2 Nullpunkte. Will man sie in Reihe einwickeln, so muß man ansetzen:

$$\varepsilon_b = \sum a_n \cdot t^n \cdot (t - t_0)^n \tag{18-16}$$

Theoretisch ist damit das einaxiale Problem für isotrope Werkstoffe gelöst. Bei der Meßausführung sei noch darauf hingewiesen, daß der Stab zum Geradespannen nicht durch eine Einzelkraft in Stabmitte belastet werden darf. Dies ist nicht ausreichend, um den früheren Zustand wieder herzustellen. Beim Zerspanen wurde nämlich eine über die ganze Stablänge gleichmäßig verteilte Längskraft entfernt. Diese muß wieder durch äußere Kräfte reproduziert werden. Am einfachsten ist dies bei dünnen, magnetischen Stoffen mit Magnettischspannern möglich, bei dicken mit flächigen Niederhaltern.

<u>Bleche:</u> Bei ebenen Teilen gleichbleibender Dicke liegt kein einaxialer Spannungszustand mehr vor. Man darf vereinfachend annehmen, daß die senkrechte Spannungskomponente über die Dicke klein und vernachlässigbar ist. Für rechtwinklige Koordinaten gilt daher $\sigma_z = \tau_{xz} = \tau_{yz} = 0$. Somit sind noch zu bestimmen σ_x, σ_y, τ_{xy}. Diese drei Eigenspannungsverteilungen erfordern auch drei Meßwertverteilungen. Sie seien bezeichnet mit:

			(18-17)
Frei- Formänd.	Gerade- Formänd.	Biege Formänd.	
$\varepsilon_{frei\,x}$	ε_{gx}	$\varepsilon_{bx} = \varepsilon_{freix} - \varepsilon_{gx}$	
$\varepsilon_{frei\,y}$	ε_{gy}	$\varepsilon_{by} = \varepsilon_{freiy} - \varepsilon_{gy}$	
$\varepsilon_{frei\,45}$	ε_{g45}	$\varepsilon_{b45} = \varepsilon_{frei45} - \varepsilon_{g45}$	

Es werden demnach Messungen in Richtung der zuvor festgelegten x-Achse, y-Achse und der 45^0-Richtung (Winkelhalbierende im 1. Quadranten) in Abhängigkeit der veränderlichen Rest-Wanddicke t ausgeführt. Alle Formänderungen hängen infolge der Querwirkung voneinander ab. Um diesen Einfluß zu berücksichtigen, ermittelt man für beide Meßverfahren mit Hilfe der POISSON-Zahl μ die resultierenden Einzelverformungen:

Biege-Verfahren $\qquad\qquad$ Gerade-Verfahren $\qquad\qquad\qquad\qquad$ (18-18)

$$\triangle_b = \varepsilon_{bx} + \mu\varepsilon_{by}; \qquad \triangle_g = \varepsilon_{gx} + \mu\varepsilon_{gy}$$

$$\theta_b = \varepsilon_{by} + \mu\varepsilon_{bx}; \qquad \theta_g = \varepsilon_{gy} + \mu\varepsilon_{gx}$$

$$\Gamma_b = 2\cdot\varepsilon_{b45} - \varepsilon_{bx} - \varepsilon_{by}; \qquad \Gamma_g = 2\cdot\varepsilon_{g45} - \varepsilon_{gx} - \varepsilon_{gy}$$

Substituiert man diese Ausdrücke in die Gl. 18-12 oder 18-15, so erhält man die gesuchten Eigenspannungskomponenten:

Biege-Verfahren $\qquad\qquad\qquad\qquad\qquad\qquad\qquad\qquad\qquad\qquad\qquad$ (18-19)

$$\sigma_{bx} = \frac{E'}{3} \cdot (t\,\frac{d\triangle_b}{dt} + 3\triangle_b - 2\int_t^{t_0}\frac{\triangle_b}{t}\,dt)$$

$$\sigma_{by} = \frac{E'}{3} \cdot (t\,\frac{d\theta_b}{dt} + 3\cdot\theta_b - 2\int_t^{t_0}\frac{\theta_b}{t}\,dt)$$

$$\tau_{bxy} \# \frac{G}{3} \cdot (t\,\frac{d\Gamma_b}{dt} + 3\cdot\Gamma_b - 2\int_t^{t_0}\frac{\Gamma_b}{t}\,dt)$$

Gerade-Verfahren $\qquad\qquad\qquad\qquad$ Hierin bedeutet:

$$\sigma_{gx} = -E' \cdot (t\,\frac{d\triangle_g}{dt} + \triangle_g)$$

$$\sigma_{gy} = -E' \cdot (t\,\frac{d\theta_g}{dt} + \theta_g)$$

$$\tau_{gxy} = \frac{G}{3} \cdot (t\,\frac{d\Gamma_g}{dt} + 2\Gamma_g)$$

$E' \quad = E/(1 - \mu^2)$

$E \quad\;\; = $ Elastizitätsmodul

$G \quad\;\; = $ Schermodul $\qquad\qquad$ (18-20)

$\mu \quad\;\; = $ POISSON-Zahl

$\mu_{Sthal} = 0{,}27$

Das Biegeverfahren läßt sich auch auf inhomogene, anisotrope Proben erweitern, wie z. B. Plattierungen (Bandstahl/legierter Stahl), Thermobimetalle, Sandwichplatten, Auftragschweißungen (Panzerung von Baustahl). Dabei sind die unterschiedlichen E-Moduln und Dicken zu beachten. Es stellten sich dann unterschiedliche resultierende E-Moduln und Randfaserabstände ein. Untersucht man Thermobimetalle mit den Schichten „1" und „2" (siehe Bilder 18.17-1 und 18.17-2), so ist zu beachten, von welcher Seite die Probe abgetragen wird. Die

Auswertgleichungen müssen außerdem mit $E_2 = t_2 = 0$ in die Form übergehen (Gl. 18-18) wie sie für homogene Proben erstellt worden sind. Bild 18.17-3 bringt die mathematischen Zusammenhänge zur einaxialen Analyse von Biegeeigenspannungen in Thermobimetallen, d. h. ohne Berücksichtigung möglicher Geradenrückfederungen.

In flächigen, dünnwandigen Plattierungen liegen ebene Eigenspannungszustände vor, bei denen man Komponenten über die Blechdicke vernachlässigen darf. Zur zweiaxialen Spannungsanalyse müßten die vorhergehend beschriebenen Verfahren kombiniert werden. Das erfordert einen großen theoretischen und auch experimentellen Aufwand. Es wird einfacher sein, unterschiedlich orientierte Streifen aus solchen Plattierungen herauszuschneiden und zu untersuchen. Dabei müssen aber die Löse-Rückfederungen beachtet werden.

18.7 Ausbohr- und Abdrehverfahren

Eigenspannungsmessungen an Rundproben, wie an Stäben, Rohren, Ringen, Walzen usw. erfolgen formbedingt am besten durch Ausbohren oder Abdrehen. Es lassen sich dabei maximal vier Komponenten mit ihren Verteilungen über den Querschnitt bestimmen (siehe Bild 18.18). Trennt man Proben von längeren Teilen ab, so müssen sie mindestens dreimal so lang wie ihr Durchmesser sein, um den Einfluß der Stirnseiten, wo die Längskomponenten der Spannungen Null ist, auszuschalten. Andernfalls wird durch das Abtrennen ein Teil der Eigenspannungen abgebaut. Bei Hohlzylindern können die DMS außen oder innen appliziert werden. Die Auswertgleichungen für das Abdrehen bei ein- und dreiaxial angenommenen Spannungszustand sind in Bild 18.20 zusammengestellt. Zu ihrer Aufstellung wurde von dem Kräfte- und Momentengleichgewicht ausgegangen und die Spannungen mit dem HOOKE-Gesetz aus den Rückfederungen bestimmt. Für das Ausbohren gelten analoge Abbildungen und Gleichungen. Sie ergeben sich korrekt aus denjenigen von Bild 18.20 wenn man formal den Abdrehquerschnitt A_{Dr} durch den Ausbohrquerschnitt A_{Bo} ersetzt, gemäß:

$$A_{Dr} = A_1 - A_{Bo} \quad \text{Hierbei ist } A_1 \text{ der Probenquerschnitt.}$$

Die Lösung der Differentialgleichungen erfolgen auch hier am besten mit programmierbaren Kleinrechnern, wobei man Ausgleichskurven durch die Meßpunkte legt. Sind dies Ausgleichsfunktionen, so ergeben sich geschlossene Lösungen für die Eigenspannungsverteilungen. Sind es graphische Verteilungen, so überführt man die Differential- in Differenzengleichungen und erhält dadurch Einzelangaben (siehe Bild 18.21). [9.7]

Mehraxiale Verformungen im Inneren von Werkstücken lassen sich mit dem Dehnungsmeßzylinder (DMZ) ermitteln (siehe Bild 18.19). Nach dem Einkleben in Bohrungen oder dem Eingießen mißt der weiche Trägerzylinder die Bohrlochverformungen, der artgleiche, lange DMZ, die dortigen inneren Verformungen ohne die Störung infolge des Bohrloches.

Das Abdrehverfahren läßt sich auch anwenden auf Hohlkugeln, die nach dem Fügen von 2 Halbschalen kugelsymmetrisch, überelastisch beansprucht worden waren; so. z. B. bei Innen- und Außendruck oder Wärmebehandlungen. Man kann dabei so vorgehen, daß die Hohlkugel stufenweise abgedreht wird und im Innern aufgeklebte DMS die tangentialen Rückfederungen ε_τ messen. Die Anschlüsse dazu werden durch kleine Bohrungen nach außen geführt. Für die Tangential- und Radialeigenspannungen ergeben sich dann nachstehende Differentialgleichungen:

$$\sigma_\tau = \frac{-E}{1-\mu} \cdot \left[(V - V_o) \frac{d\varepsilon_\tau}{dV} + \frac{2V + V_o}{3V} \; \varepsilon_\tau \right] \qquad (18\text{-}21)$$

$$\sigma_R = \frac{-E}{1-\mu} \cdot \frac{2(V - V_o)}{3V} \; \varepsilon_\tau$$

Hierin bedeutetn V das Außen- und V_o das Innenvolumen (Bild 18.22, oben). Zur Übersicht sind in Bild 18.22, unten linear angenommen Rückfederungen mit ihren Spannungsverteilungen als Funktion des Kugelvolumens V und des -radius r angegeben. Es lassen sich damit auch die Restspannungen berechnen, wenn man nur bis zum Außenvolumen $\overline{V}_1$ abdreht.

Sind DMS nicht verwendbar, so kann man die relative Volumenänderung v für Eigenspannungsmessungen heranziehen. Es besteht dann die Beziehung:

$$\varepsilon_\tau = \frac{\triangle V}{3 V_o} = v \qquad (18\text{-}22)$$

v läßt sich durch Volum- oder Gewichtsmessungen bestimmen und liegt in der Größenordnung von 1% = 0,01.

18.8 Epsilon-Feldanalyse (EFA)

In der Praxis sucht man heute sehr oft nach einer örtlichen Spannungsanalyse, die mit einfachen Werkzeugen ausgeführt werden kann. Eine nicht patentierte Lösung beider Probleme, nämlich begrenzte Rückfederungsstrecken und einfache Ausführung, bietet die „ε-Feldanalyse". abgekürzt: EFA. Hier werden zwischen zwei in Stufen tiefer gebohrten Rund- oder Langlöchern definierte Strecken entspannt und zur Berechnung der Tiefengradienten die freigesetzte elastische Energie benutzt. Je nach Abmessung von Rund- und Langloch werden unterschiedliche Kerbfaktoren zu berücksichtigen sein. - Eine mehraxiale Spannungsanalyse ist auf verschiedene Weise möglich. Man kann:

die DMS-Rosetten-Meßstelle in Form eines dreiseitigen oder quadratische Prismas rundum frei fräsen, und die Rückfederungen ε_{mess} als Funktion der Bohrtiefe t messen.

Einzel-DMS durch Rund- oder Langlöcher schrittweise entspannen,

Dreiecks-DMS-Anordnungen durch Bohren von Rundlöchern in den drei Ecken schrittweise entspannen.

Die letzte Methode ist für die Praxis in mehrfacher Hinsicht geeignet, denn sie verbindet das stufenweise Bohren von Rundlöchern auf einer relativ kleinen Flächen mit dem Freilegen von drei Meßstrecken durch nur drei Bohrlöcher. Unbekannt ist allerdings der gegenseitige Einfluß von Freilegestrecken untereinander. Man muß davon ausgehen, daß das Freibohren einer Dreiecksseite auch die beiden anderen beeinflußt. Frühere Abschätzungen des Entspannungsfeldes belegten, daß es bis zu 50 mm weit reichen kann.

Ein weiteres Problem ergibt sich aus Form und Abmessung der Bohrlöcher. In ersten Untersuchungen wurden mit Langlöchern gearbeitet. Dabei war deren Länge als 2,3-mal DMS-Breite experimentell so bestimmt worden, daß die gemessene Rückfederungskurve $\varepsilon_{mess} = f\,(t)$ in Abhängigkeit der Bohrtiefe t mit der theoretischen $\varepsilon_{theo} = g\,(t)$ übereinstimmt. Der Kerbfaktor wurde so mit der Lochform und -abmessung kompensiert. Für die Praxis sind Langlöcher weniger geeignet als Rundlöcher. Dazu müssen für die Kerbwirkung aber Ausgleichsfaktoren k experimentell bestimmt werden, um die Meßwerte an die wahren Werte anzupassen. Mit einem Flach-Zug/Bieg-Stab (Bild 18.23) läßt sich für jede vorgesehene Meßanordnung diese Bestimmung ausführen. Dabei ist zu beachten, daß bei Zug die Formänderungen ε über den Querschnitt konstant sind und bei Biegung eine Randformänderung ε_{max} und ihr Gradient $\varepsilon'_b = \dfrac{d\varepsilon}{d}$ zu bestimmen sind.

Zur Vorhersage von Meßkurven ε_{theo} beim Freilegen einer mittleren Strecke 2s durch Einbohren von Löchern bis zur Tiefe t wird die dabei sich abbauende elastische Energie betrachtet. Je nach konstanter oder linearer Verteilung ergeben sich dann unterschiedliche Beziehungen. - Für die linear über die Stabdicke verteilte Biegeformänderung, dem Maximalwert ε_{max} und dem Gradienten ε'_b folgt die Meßkurve aus:

$$\varepsilon_{theo} = f\,(t) = \sqrt{B/A} \qquad \text{mit}$$

$$A = 1 + \left(\frac{s}{t}\right)^2 \cdot \frac{2 - 4\mu}{1 - \mu} \tag{18-23}$$

$$B = 3\varepsilon^2_{max} \cdot 3\,\varepsilon_{max} \cdot \varepsilon'_b \cdot t + \varepsilon'_b \cdot t^2$$

Für Biegung eines Flachstabes von 10 mm Dicke und die Versuchswerte: s = 6,5 mm $\varepsilon_{max} = 400 \cdot 10^{-6}$ und $\varepsilon'_b = 80 \cdot 10^{-6}$ ergibt sich nach Gleichung 18-23 für eine Bohrtiefe t = 4 mm $\varepsilon_{theo} = -\,222.22\;10^{-6}$. (siehe Bild 18.24)

Bei Zug ist die Beanspruchung konstant über den Probenquerschnitt ($\varepsilon'_b = 0$) und damit $\varepsilon_{theo} = -\,345,65 \cdot 10^{-6}$, d. h. sie ist wesentlich größer und anders verteilt als bei der Biegung. In Bild 18.25 werden die theoretischen Rechenwerte ε_{theo} für die Meßwerte ε_{mess} für die 10 und 15 mm dicken Flachstäbe bei gleich großer Zug- und Biegebeanspruchung gegenübergestellt. Es zeigt sich, daß

die theoretischen Vorhersagen immer größer sind als die am Stab gemessenen
Rückfederungen. Das ist bedingt durch die Rundlöcher von 10 mm Durchmesser, die ein Rückfedern gemäß den elementaren Annahmen behindern. Eine
Anpassung ist mit Kerbfunktionen möglich, oder in 1. Näherung durch mittlere
Ausgleichsfaktoren $\bar{k}$. Die k-Werte sind je nach Bohrtiefe und Beanspruchung
verschieden. Bis zu einer Borhtiefe von 6 mm ändern sie sich nur wenig. Man
kann diese Tiefe als Nachweisgrenze für die Verwendung von mittleren k-Wer-
ten betrachten. Weil nicht immer bekannt ist, welche Beanspruchung im
Werkstück vorliegt, wird man mit einem Gesamtmittel bis zur Bohrtiefe von 6
mm rechnen. Es beträgt bei vorliegender Meßanordnung $\bar{k}_{gesamt} = 1{,}29$. Multipliziert man demnach die Meßwerte ε_{mess} mit $\bar{k} = 1{,}29$, so erhält man in 1.
Näherung die Rechenwerte ε_{theo}. Solange keine allgemeine Kerbfunktion für
unterschiedlich dicke Stäbe vorliegt, kann man mit dieser Näherung arbeiten. -
Die Auswertung läßt sich auch auf parabolisch verteilten Beanspruchungen erweitern. Bild 18-26 bringt Vergleiche zwischen angelegten Zug- und Biegespannungen und den experimentell ermitteltem nach EFA.

Dabei ist zu beachten, daß dieser Wert nur bis zur Nachweisgrenze von etwa t
= 6 mm gilt. Die Darstellungen in Bild 18.26 reichen aber daher auch nur bis
zu dieser Frästiefe. Ein Vergleich der angelegten Zug- und Biegebeanspruchun-
gen mit der berechneten, belegt, daß für $\bar{k} = 1{,}29$ die Standardabweichung s jeweils ein Minimum hat, wenn angenommene und ausgeführte Beanspruchung
übereinstimmen. s liegt zwischen 1,0 und $3{,}5 \cdot 10^{-8}$ und ist damit in der gleichen Größenordnung wie bei Spannungsberechnungen mit Einzelfaktoren k. die
Spannungshöhen haben sich etwas verschoben. Bei Zug- (konstante Verteilung)
berechnet sich die Spannung zu $\sigma_z = 78$ und 79 MPa anstelle der angelegten
82 MPa und bei Biegung (lineare Verteilung zu $\sigma_{bmax} = -85$ und -89 MPa
anstelle der ebenfalls angelegten ± 82 MPa. Der Spannungs-Nulldurchgang bei
Biegung wird für beide Stäbe gut wiedergegeben.

18.9 Ring-Kern-Verfahren

Eine Lösung zum Ermitteln örtlicher Eigenspannungen sahen H. WOLF und
W. BÖHM (KWU, Mülheim) dann, mit einem Kronenfräser einem zylindrischen
Stift in Streben tiefer zu fräsen und aus den auf der Stirnseite gemessenen
Rückfederungen auf örtlich in der Tiefe vorhandenen Eigenspannungen zu
schließen. Dazu wurde eine besondere Bohrvorrichtung konstruiert und auch
patentiert, wobei die Meßkabel der speziell entwickelten DMS-Rosette durch
die hohle Bohrwelle zu dem Meßverstärker geführt wurde. Zur Umrechnung der
gemessenen Oberflächenrückfederungen in die zugeordneten Spannungen werden
Kalibrierkurven benutzt, die zuvor im einaxialen Zugversuch bestimmt worden
waren. Einzelheiten der Meß- und Auswerttechnik sind Bild 18.27 zu entnehmen.
−Korrekte mathematische Lösungen sind mit dem Energieerhaltungssatz und mit
Finite-Elemente-Methode möglich (siehe Kap. 16).

18.10 Bohrlochverfahren

Das jüngste der mechanischen Verfahren zur Ermittlung von Eigenspannungen
I. Art wurde im Jahre 1932 von J. MATHAR vorgeschlagen. Er ging dabei von der
Überlegung aus, daß die zerstörenden Verfahren die Prüfstücke so weit zerlegen,
daß sie für eine Weiterverwendung unbrauchbar werden und außerdem oft nur
mittlere Spannungen über die Länge des Prüfstückes, aber keine örtlich veränderlichen, angeben können. Eine Lösung dieser Aufgabe sah J. MATHAR darin,
in dem zu untersuchenden Bauteil oder Bauwerk Löcher zu bohren, die so klein sind,
daß der äußere Eingriff nicht weiter stört und die Tragfähigkeit nicht gemindert
wird. Aus den Lochverformungen soll auf die örtlich abgebauten Eigenspannungen
geschlossen werden. Diese auf den ersten Blick sehr einfach erscheindende Methode,
die auch sehr schnell durchzuführen ist, hat jedoch den Nachteil, daß die
mathematische Auswerung um so umfangreicher ist. Die Störung des inneren
Kräftegleichgewichtes durch das Bohren des Loches ist theoretisch schwierig zu
erfassen. Außerdem treten infolge Kerbwirkung am Bohrungsrand solche Spann-
ungsüberhöhungen auf, daß überelastische Verformungen während des Bohrens
in Betracht zu ziehen sind.
Zum Erfassen der im Bohrlochbereich aufretenden veränderlichem Rückfederungen
(siehe Bild 18.28) werden unterschiedliche elektrische und mechanische Meßanordnungen entwickelt. Durchgesetzt haben sich heute besondere Bohrloch-Rosetten
mit 0/45/90°-Meßgittern, die um einen zentrischen Innen- und Außenkreis
(Radien r_i; r_a) angeordnet sind, mit Meßlängen von wenigen Millimetern (Bild 18.29).
Die mit DMS erfaßten Rückfederungen sind Mittelwerte, die sich theoretisch aus
der Integralion längs der DMS-Meßlänge ergeben. Ausgegangen wird dabei von dem
durchgehenden gelochtem Flachstab unter Zug, dessen wahre Beanspruchung man
mit Hilfe der Elastizitätslehre als geschlossener Andruck angeben kann. Einzelheiten sind in Bild 18.30 zu entnehmen. Demnach hängen die Formänderungen ε nur
von den beiden Konstanten A und B ab, neben den elastischen Konstanten E und μ.
Zumeist wurden heute die DMS der Rosette mit 0,+45 und −45° bezeichnet. Die
Haupteigenspannungen mit ihren Rückfederungen ergeben sich dann aus den
Gleichungen in Bild 18.30, unten. Ausführung und Auswirkung des Bohrlochver-
fahrens sind heute immer noch nicht fixiert und allseitig anerkannt. Das auf den
ersten Blick einfachsten auszuführende Verfahren ist oft noch umstritten, insbesondere wenn mit dem Tieferbohren Spannungsgradienten angeschnitten werden.
Selbst vergleichende Messungen führen nur zu gleichen Ergebnissen, wenn
minuziöse alle Prüfbedingungen eingehalten wurden. Hinweise auf die Vielzahl von
Einflußfaktoren bringt Kapitel 18.11.
Ein Vertrauensbeweis in Messung und Spannungsangabe ist erst dann
erbracht, wenn für eine definierte Beanspruchung, z.B. im Zugversuch,
theoretische Vorhersage und Meßwertverteilung gleich Aussagen machen. Das
ist mit der Modellannahme eines durchgende gelochten Flachstabes nicht
möglich, insbesondere wenn man Sackbohrungen mit ihren Rückfederungen

auswertet. Hierzu müssen die Lochverformungen mit Hilfe der Finite Elemente Methode errechnet werden. Die dazu erforderliche Numerik ist sehr aufwendig, denn sie erfordert neben einem geeigneten Knotenmodell die Lösung tausender Gleichungen.- Dem gegenüber ist die Korrektur durch nicht radial angeordneter DMS-Meßstrecken (siehe Bild 18.31) vernachlässigbar. Es läßt sich nämlich für die Rosette 3/1120 RE 21 (siehe Bild 18.31) rechnerisch nachweisen, daß dadurch die Konstante A um +1,3 % größer anzusetzen ist und B um -1,3 % kleiner.

18.11 Beurteilungskriterien zu unterschiedlich ermittelten Eigenspannungs-Tiefenverteilung

Vorbemerkungen:

Falls klassische Komponenten des Maschinenbaus - hergestellt aus niedriglegierten, duktilen Werkstoffen - ausschließlich mit dem Ziel der Berücksichtigung bei einer durchführenden Lebensdauerabschätzung untersucht werden, dienen die angeführten Kriterien als grundsätzliche Orientierung, weil für diese Aufgabe die betragsmäßige Kenntnis von Eigendehnungsmittelwerten (und nur erst Kenntnis lokaler Werte) weitgehend ausreicht. Diese qualitative Informationen sind zumeist mit deutlich geringeren Anforderungen zu erhalten, als quantitative Zahlenangaben. Bei der Untersuchung: Lebensdauer- und Funktionsbeurteilung von Sichtverbunden hingegen müssen diese Randbedingungen vollständig und verschärf eingehalten werden, da hierfür die betragsmäßige Kenntnis der lokalen Beanspruchung, des Beanspruchungsgradienten und ggf. sogar lokaler Spitzenwerte an den jeweiligen Dehngrenzen zur Rekonstruktion von ausschlaggebender Bedeutung ist.

Kriterien:

-- Welcher Durchmesser wurde gewählt, in welchen Tiefenschritten abgearbeitet und gemessen? Wie groß sind daher die Integrationslängen und -volumina?
- In welchem Verhältnis stehen die Tiefenschritte zum Korndurchmesser?
- Wie wurde die genaue Tiefe bestimmt, wie gut reproduzierbar?
- Bis zu welcher Tiefe, im Verhältnis zum Durchmesser, wurde abgearbeitet?
- Bis zu welchem Verhältnis wurde ausgewertet?
- Wieweit ist die abgearbeitete Oberfläche eben, sowohl beim Röntgen-, als auch beim Ring-Kern-Verfahren? Wie groß ist die Steifigkeit (Relaxationsverhalten) der zu untersuchenen Komponente im Vergleich zu einer „unendlich" steifen Standardprobe?
- Ist der durch das Abarbeiten verursachte Steifigkeitsverlust > 1 bis 2 %
- Wurde die mit zunehmender Tiefe steigende Steifigkeit durch eine Abklingfunktion (Kalibrierfunktion) berücksichtgt
- Wurde diese a) experimentell b) rechnerisch (FEM) oder c) hybrid (experimentell und rechnerisch) ermittelt? Wie gut war die Übereinstimmung ?
- Wird im Zug-ES und Druck-ES Bereich das unterschiedliche Verformungsverhalten der abgearbeiteten Fläche bei gleichem Eigenspannungsbetrag berücksichtgt, sowohl beim Röntgen, als auch beim Ring-Kern-Verfahren

und zunehmender Tiefe?
- An wieviel Proben wurde die Eigenspannungsermittlung vorgenommen?
- Wurde die Abklingfunktion ebenfalls, wie die Eigenspannungen, ausreichend statistisch abgesichert, mit wieviel Messungen?
- Wie und in welcher Relation stehen die ermittelten Eigenspannungswerte zu lokalen Werkstoffkennwerten?
- In welchem Maße müssen bei diesem Vergleich mehraxiale Beanspruchungszustände mit ggf. anderen Kennwerten berücksichtigt werden?
- Können sich im untersuchten Bauteil bereits Relaxationen ereignet und Umlagerungen von Eigenspannungen incl. Gefügeveränderungen stattgefunden haben?
  Bei inhomogener Plastifizierung weisen paarig stehen gebliebene „Spitzen" auf die lokale mehraxiale Dehngrenze hin.
  Inwieweit können auf dieser Basis die ursprünglichen, induzierten Eigenspannungen „rekonstruiert" werden
- Schließlich ist generell zu fragen:
- Wurden die untersuchten Bauteile/Proben überhaupt unter reproduzierbaren Bedingungen kontrolliert hergestellt, bei geringer Fertigmesstreuung?
- Wurden metallographische Schliffe zur Absicherung dieser Aussagen herangezogen?

Zusätzliche Randbedingungen der röntgenographischen Eigenspannungsermittlung

- Welches Ätzmittel wurde verwendet, ist es u. U. elementselektiv und damit oberflächennah eigenspannungsrelaxierend?
- Die Beugungslinien welcher Gitterebenen wurden aufgezeichnet?
- Wie wurde eine Temperaturerhöhung durch die emittierte Röntgenenergie vermieden? Mit welchen Methoden und wie genau konnte eine Temperaturkonstanz nachfolgender Messungen (nach dem Abätzen) eingehalten werden?
- Wie wurde das unterschiedliche Rückstrahlverhalten der tiefen Kalotte und der freien Oberfläche berücksichtigt? Wie erfolgte auf dieser Basis die Intensitätskorrektur der Beugungslinien und die Korrektur der überlagerten Untergrundstrahlung?
- Wurde die Eigendehnung (nur abhängig von der Querkontraktion) oder Eigenspannung (zusätzlich abhängig von einem „gültigen" Elastizitätsmodul) ermittelt? Mit welcher Querkontraktion und welchem Elastizitätsmodul wurden die röntgenographischen Konstanten bestimmt?
- Liegt eine Textur vor oder ist das Material weitgehend isotrop? Wurde ggf. die Orientierungsabhängigkeit in den elastischen Konstanten berücksichtigt, oder nur Literaturwerte ohne Hintergrundinformation verwendet? Die für Stahl häufig verwendeten Werte von $E = 210$ GPA und $v = 0,28$ stellen nur integrale Mittelwerte bei einer statistischen Orientierungsstreuung dar, bei einem Maximum von rd. $E = 300$ und einem Minimum rd. $E = 100$ GPA. Die ermittelten Dehnungskomponenten hingegen beschreiben die relative Änderun-

gen der Abstände von Gitterebenen einer bestimmten Orientierung der Einkristalle in der vom Röntgenstrahl jeweils erfaßten Kristallitgruppe des polykristallinen Werkstoffes.

— Handelt es sich um ein weitgehend homogenes Einstoff- bzw. Einphasen-System (z. B. legierten Stahl), ein eutektisches oder gar stark mehrphasiges System mit Wechselwirkungen in den anzuwendenden elastischen Kenngrößen?

— Welche Röntgenquelle wurde verwendet, und wie groß sind daher die mittleren, elementspezifischen Eindringtiefen, wie gut sind diese Werte statistisch abgesichert, oder wurden sie nur geschätzt?

— Wie groß sind die Differenzen in den einzelnen Eindringtiefen? Wie groß sind daher die Unterschiede in den elementspezifischen Integrationsvolumina

Zusätzliche Randbedingungen der Eigenspannungsermittlung mit Bohrlochverfahren

— Welches Schneidewerkzeug wurde verwendet?
  — Vollbohrer,
  — Hartmetall-Vollfräser,
  — air abrasive jet,
  — sonic-mill.
  — (Diamant-) Bohrkrone.
— Welche Drehzahlen wurden bei welchem Schneidwerkzeugdurchmesser verwendet
  — keine (sonic mill),
  — Standarddrehzahl,
  — high-speed drill,
    -Preßluftturbine (Wo ist der Luftaustritt) oder
    -Elektroantrieb,
  — entsprechend optimaler Schnittgeschwindigkeit (Bohrkrone).
— Wie wurde die Bohrkraft aufgebracht, konstant gehalten und überwacht?
— Wurde darauf geachtet, den Wärmeeintrag zu minimieren? (Insbesondere von Bedeutung bei Materialien mit schlechter Wärmeleitung oder in Beschichtungen, bei denen durch diese Wärme eine lokale, thermische Dehnung eine höhere Zugeigendehnung vortäuscht)
— Wie wurde daher die dennoch eingebrachte Schneid- und Reibenergie (Erwärmung) kompensiert?
— Mit welchen Methoden erfolgte die Wärmeabfuhr? Wie genau konnte Temperaturkonstanz (besser als $0{,}1\,^\circ C$?) zum jeweiligen Meßzeitpunkt und wie genau während der gesamten Messung eingehalten werden?
— Wie erfolgte die Nullpunktbestimmung?
— Wie erfolgte die Vorgabe, Regelung und Ermittlung der Tiefenschritte?
— Wurden diese klein genug gewählt für eine ausreichend hohe Anzahl an Rohdaten?:
  zum Erkennen und zur Quantifizierung von Gradienten,
  zur statistischen Datenmittelung (Beseitigung der Meßwertstreuung) ?
— Welche Maßnahmen der „Rohdatenkonditionierung" (Rohdatenglättung) wur-

den angewandt?:
  - keine, bzw. Glättung nach Augenmaß,
  - Spline (welcher Typ?),
  - gewichtete Mittelwerte,
  - statistische Datenmittelung zur Beseitigung der Meßwertstreuung
    (unter Verzicht auf hohe Auflösung s. o.),
  - lokale Min.-Max. Reduktion über experimentell definierte und statistisch
    abgesicherte Werte meßtechnischer Streuung.
- Welche Maßnahmen der „Konditionierung" der differenzierten Werte wurden
  angewandt?:
  - Mittelwertbildung,
  - Mittelwertbildung über schwingfestigkeitsrelevante Bereiche (Versuchs-
    technisch ermittelt, sind abhängig, von der Korngröße, ca. 3 − 5
    Korndurchmesser),
- Wurde die Kalibrierfunktion für die auszuwertende Schrittweite:
  - durch Interpolation auf kleinere Schrittweiten beschafft,
  - direkt ermittelt oder
  - durch Integration (Mittelwertbildung) auf größere Tiefenschritte umgesetzt?
- Wie erfolgte bei experimenteller, einaxialer Kalibrierung die Lasteneinteilung,
  mit welcher Genauigkeit (lokal), wie wurde Verwindungsfreiheit erreicht?
- Erfolgte ein rechnerischer (FEM) Vergleich? Wie genau stimmten die Integrationsvolumina für den Vergleich überein?

Abschließende Fragestellung:
- Mit welchem resultierenden Gesamtfehler ist aufgrund dieser Analyse zu
  rechnen?
- Welches Verfahren ist für die vorliegende Fragestellung mit welchem Aufwand
  am geeignetsten?, Sind:
    praktisch relevante,
    von den Auswertbedingungen stark abhängig oder sogar
    nur schlicht unsinnige Ergebnisse zu erwarten?

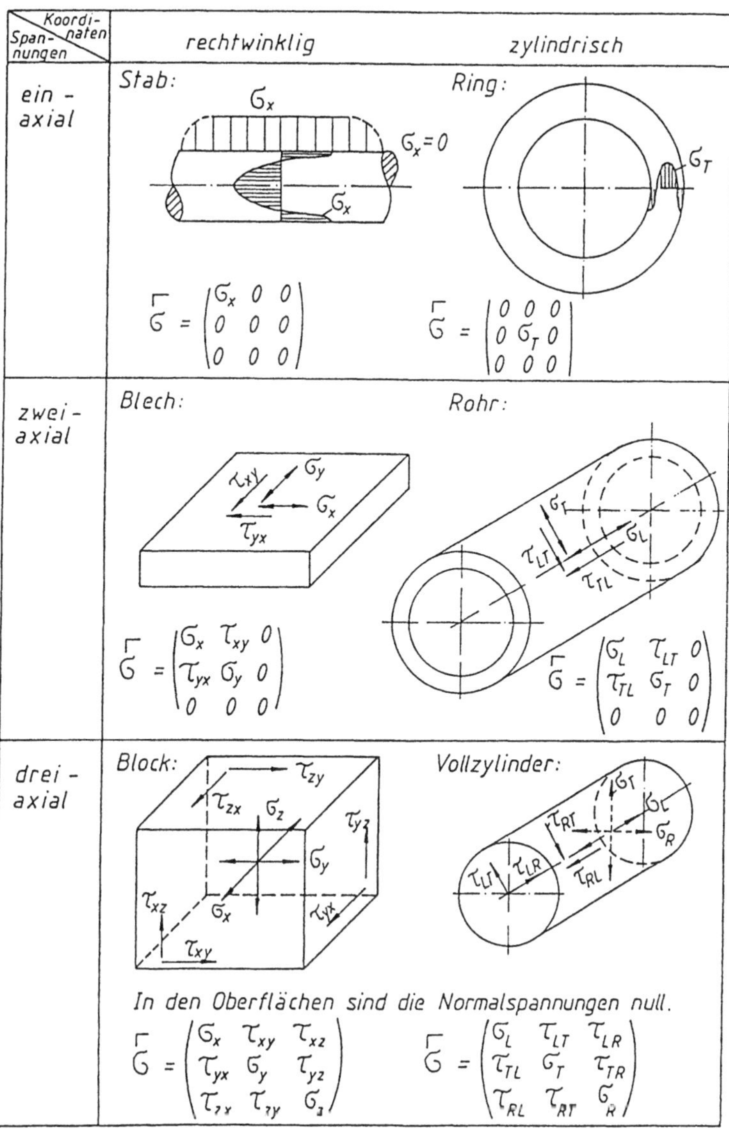

Bild 18.1 Mehraxiale Eigenspannungsverteilung

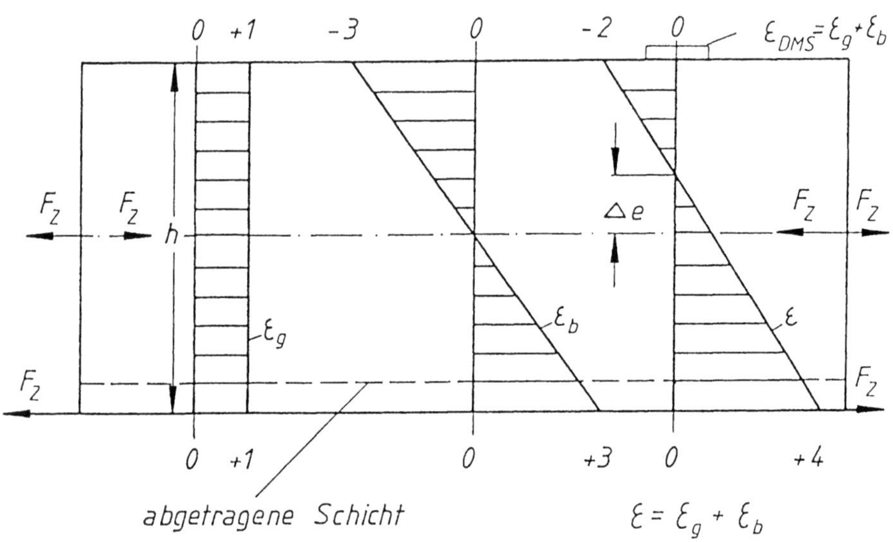

Mittenkraft: F_z Biegemoment: M_b

$$E \cdot \varepsilon_g = \sigma_g = \frac{F_z}{b \cdot h} \qquad\qquad E \cdot \varepsilon_b = \sigma_b = \pm \frac{M_b}{W_b} = \pm \frac{F_z \cdot h/2}{\dfrac{b \cdot h^3}{6}}$$

$$\boxed{\varepsilon = \frac{F}{E \cdot b \cdot h}} \quad k = 0 \qquad\qquad \boxed{\varepsilon_b = 3 \cdot \frac{\pm F_z}{E \cdot b \cdot h} = \pm 3 \cdot \varepsilon_g} \quad k = \frac{2 \cdot \varepsilon_b}{h}$$

Verschiebung der neutralen Faser: Δe

$$\frac{\Delta e}{h/2} = \frac{\varepsilon_n}{\varepsilon_{bmax}} \qquad\qquad \varepsilon_n = \varepsilon_{bmax} \cdot \frac{2\Delta e}{h} = -\varepsilon_g$$

$$3 \cdot \frac{F}{E \cdot b \cdot h} \cdot 2 \frac{\Delta e}{h} = -\frac{F_z}{E \cdot b \cdot h} \qquad\qquad \boxed{\Delta e = -\frac{h}{6}}$$

Bild 18.2 Außermittige, achsparallele Kräfte am Rechteckquerschnitt

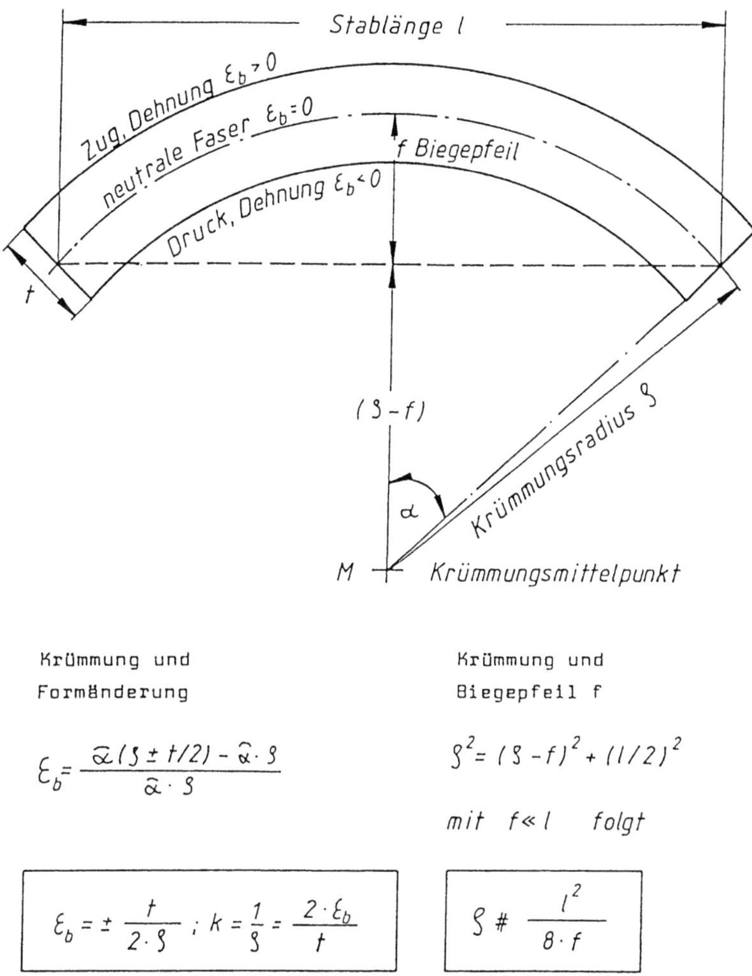

Krümmung und
Formänderung

$$\varepsilon_b = \frac{\widehat{\alpha}\,(\varrho \pm t/2) - \widehat{\alpha}\cdot\varrho}{\widehat{\alpha}\cdot\varrho}$$

Krümmung und
Biegepfeil f

$$\varrho^2 = (\varrho - f)^2 + (l/2)^2$$

mit $f \ll l$ folgt

$$\boxed{\varepsilon_b = \pm\frac{t}{2\cdot\varrho}\;;\;k = \frac{1}{\varrho} = \frac{2\cdot\varepsilon_b}{t}}$$

$$\boxed{\varrho \approx \frac{l^2}{8\cdot f}}$$

Bild 18.3 Bezeichnungen und Beziehungen am kreisförmigen gekrümmten Stab

Biege- und Gerade-Formänderung = Frei-Formänderung

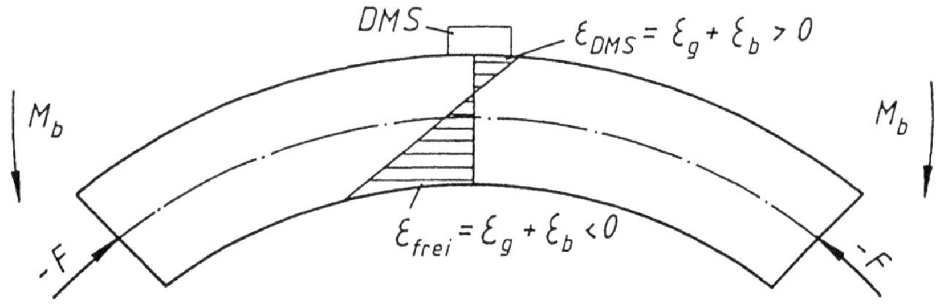

Verformung des geraden Stabes

Gerade-Formänderung ε_g

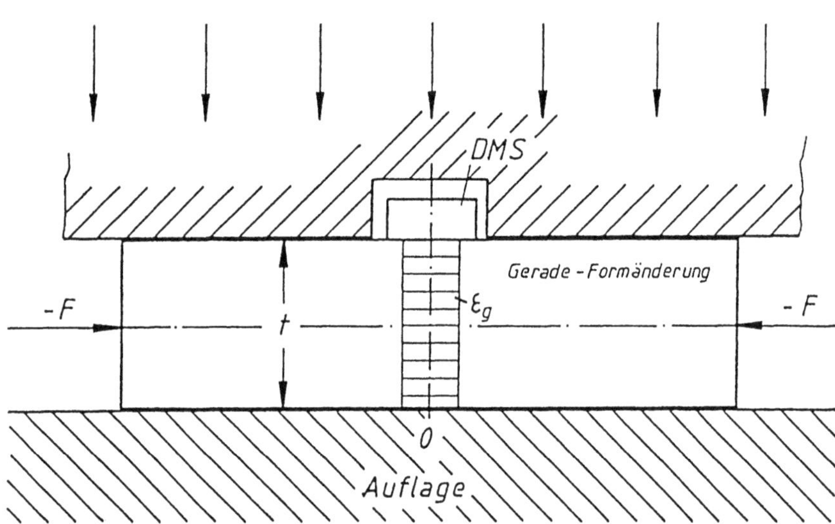

Bild 18.4 Rückfederungen eines Stabes durch Biegen und
Dehnungen/Stauchungen

247

Verfahren	Längsschlitzen eines Rohres	Längsschlitzen eines Ringes	Heraustrennen eines Streifens
Probenform	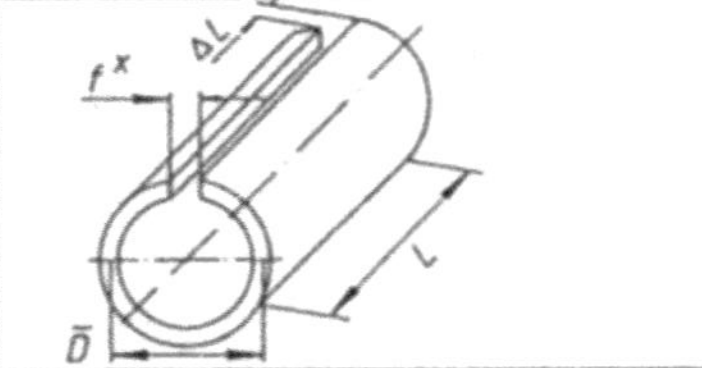	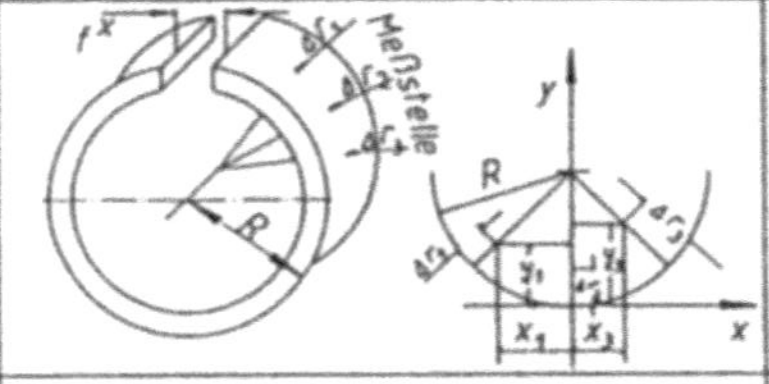	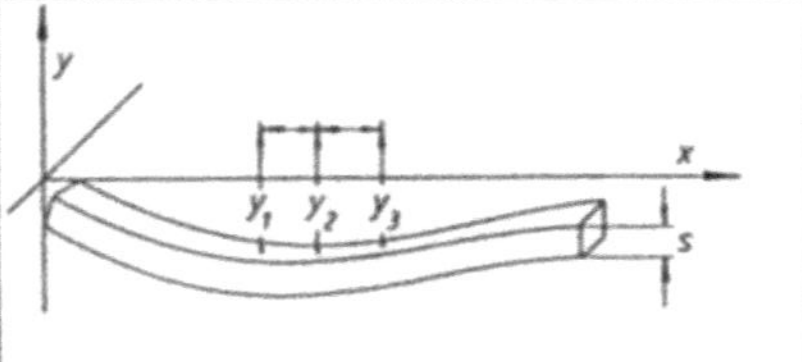
Meßgröße	Wanddicke s mittl. Durchmesser $\bar{D}$ Klaffen/Schließen f^x Längsverschiebung ΔL	Wanddicke $s=2e$ Meßradius R Meßwinkel α Radialversch. $\Delta r_1, \Delta r_2, \Delta r_3$	Streifendicke $s=2e$ Streifenbreite $b \approx s$ Streifenlänge l Biegepfeile y_1, y_2, y_3 Drillwinkel φ
Angenomme. Spannungs- verteilung	Normal-u. Scherspannung: konst. über Rohrumfang und linear über Rohrwand	Normalspannung: veränd. über Rohrumgang u. linear über Rohrwand; Schersp. wie bei Rohr	Normalspannung: veränd. über Streifenlänge u. linear über Streifenbr. Schersp. konst ü. Streifenl
Eigen- spannungen	Normalsp. $\Delta\sigma_T = E \cdot e \cdot \Delta k$ Schersp. $\tau_{LT} = G \cdot \gamma = G \cdot \dfrac{\Delta L}{\bar{D}}$	Normalsp. $\sigma_T = E \cdot e \cdot \Delta k$ Schersp. $\tau_{LT} = G \cdot \gamma = G \cdot \dfrac{\Delta L}{\bar{D}}$	Normalsp. $\Delta\sigma_L = E \cdot e \cdot \Delta k$ Schersp. $\Delta\tau_{LT} = \dfrac{M_t}{W_b} \approx \dfrac{\Delta f \cdot s}{57,3 \cdot l} \cdot G$
Hilfsgrößen	E-Modul E [MPa] Poisson-Zahl μ [-] Schermodul $G = \dfrac{E}{2(1+\mu)}$ [MPa] Krümmungs- änderung $\Delta k = \dfrac{f^x}{\pi \bar{D}^2}$	örtl.Krümmungsänd. vor u. n.d. Schlitzen Krümmung a.d. Meßstelle 2 $k_2 = (y_1 - 2y_2 + y_3) \cdot \Delta x \big/ [(\Delta x)^2 + ((y_3 - x_1)/2)^2]^{3/2}$ mit: $\Delta x = (x_2 + x_3)/2$ $y_1 = \Delta r_1 \cdot \cos\alpha + R - R\cos\alpha$; $x_1 = (R-\Delta r_1)\sin\alpha$ $y_2 = \Delta r_2$; $x_2 = 0$ $y_3 = \Delta r_3 \cdot \cos\alpha + R - R\cos\alpha$; $x_3 = (R-\Delta r_3)\sin\alpha$	örtl. Krümmungsänd. vor u. n.d. Heraustrennen Krümmung a.d. Meßstelle 2 $k = \dfrac{y_1 - 2y_2 + y_3}{(\Delta x)^2}$ mit $y'^2 \lll 1$

Bild 18.5 Ermittlung einaxialer Eigenspannungen in Rohren, Ringen und Streifen

Bild 18.6 Meßstand zum Ermitteln von Biegelinien und Verdrehungen mit eingelegtem Kalibrierstab

Bild 18.7 Ausmessen von Mantellinie eines Rohres zur Eigenspannungsanalyse nach dem Einschneide- und Ausschneideverfahren

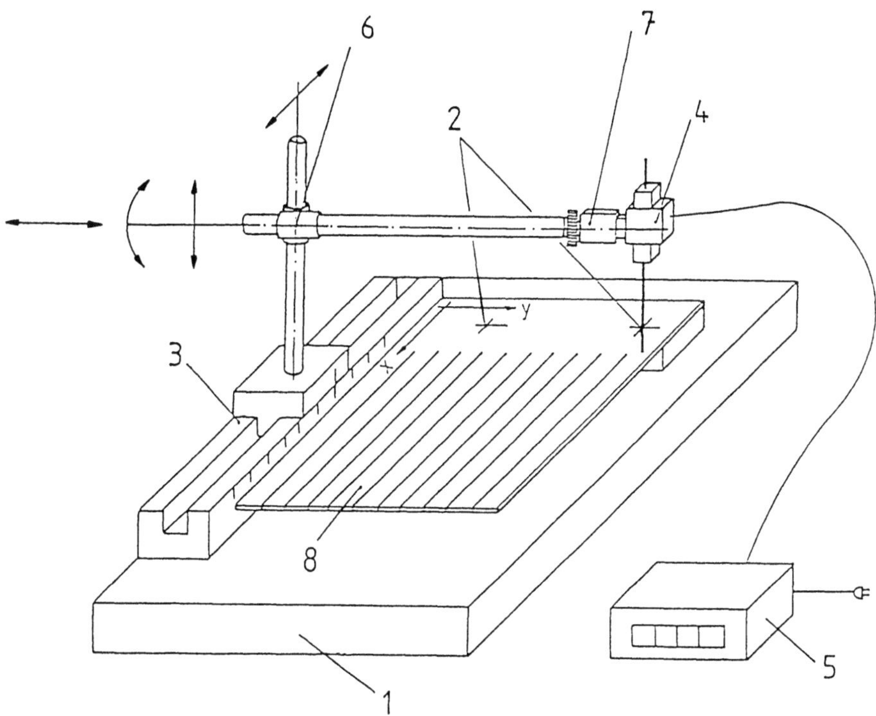

Bild 18.8 Meßstand zum Messen von Ausbiegungen

1. Grundplatte
2. Blecheinspannschrauben
3. Längsführung
4. induktiver Wegmesser
5. Meßgerät
6. Klemmhalterung
7. Feineinstellung
8. geschlitztes Blech

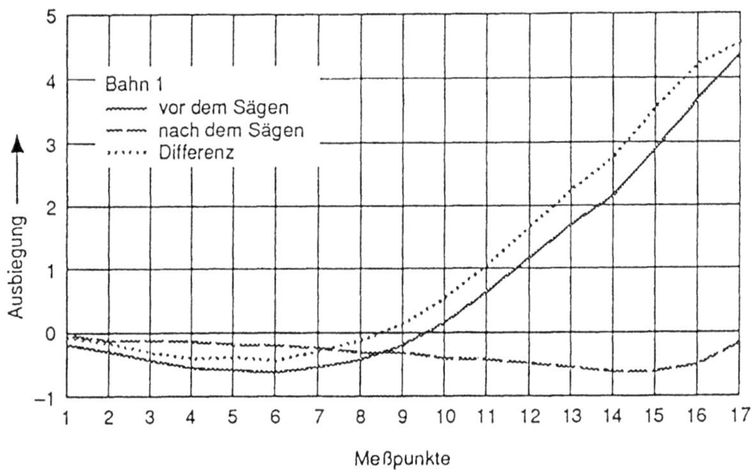

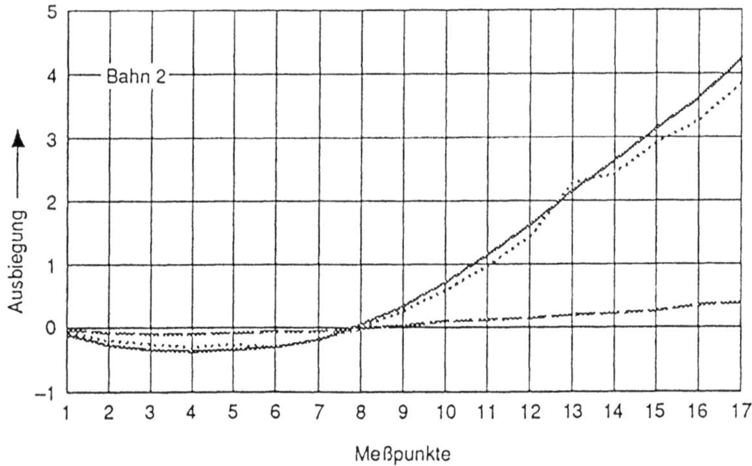

Bild 18.9 Ausbiegung von 2 Zungen in einem beflammten Stahlblech von 2 mm Dicke vor und nach dem Einsägen der 20 mm breiten Zungen

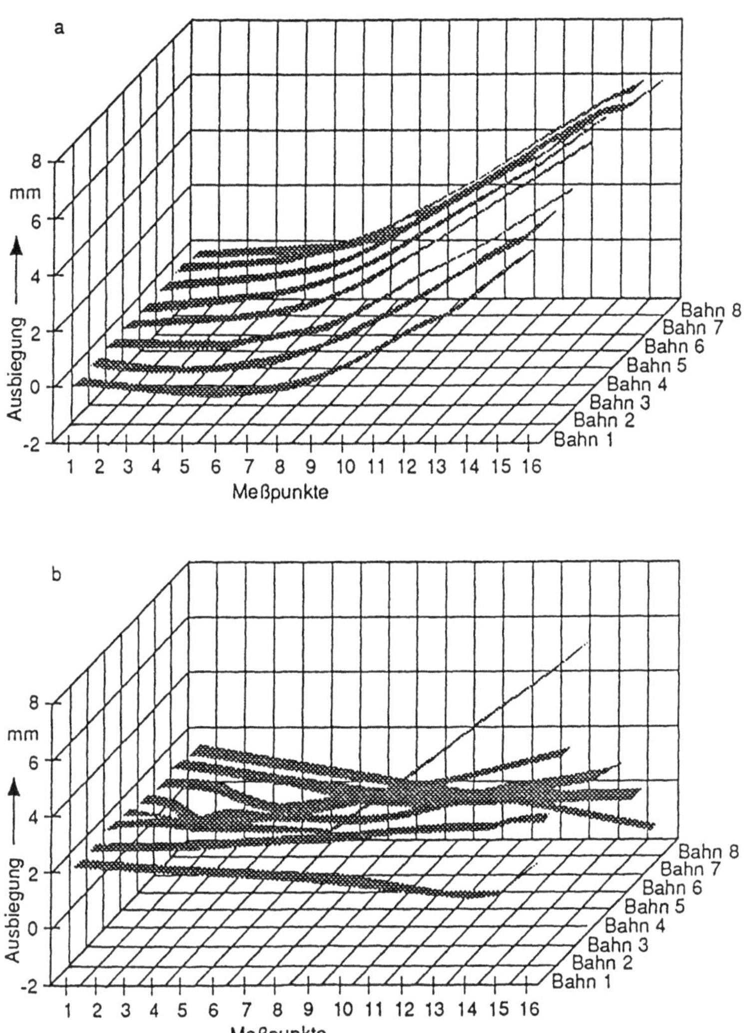

Bild 18.10 Ausbiegung eines beflammten Stahlbleches von 2 mm Dicke vor (oben) und nach (unten) nach dem Einsägen von 20 mm breiten Zungen

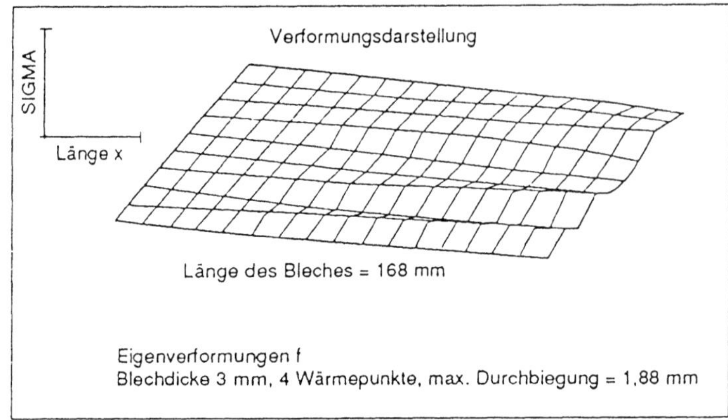

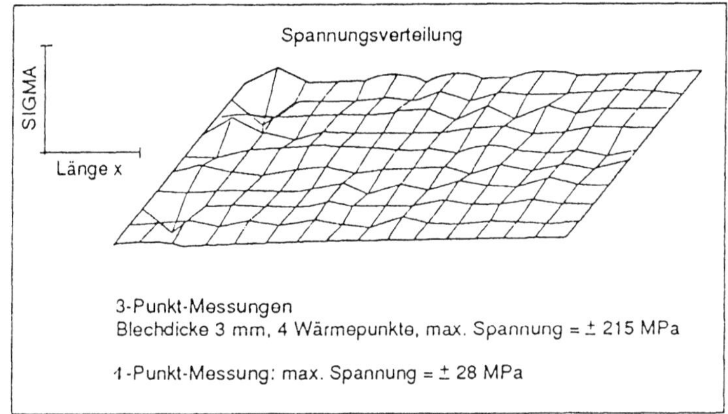

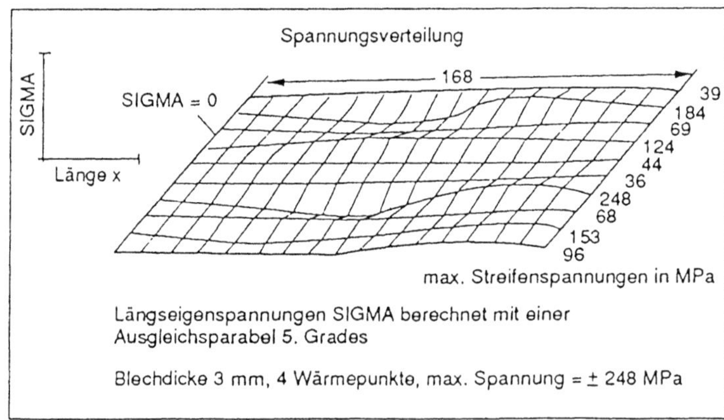

Bild 18.11 Verformungen und Längsbiegespannungen eines mit 4 Wärmepunkten beflammten Stahlbleches

    a. Verformung nach dem Beflammen

    b. Eigenspannungen nach 3-Punkt-Messung

    c. Eigenspannungen mit Ausgleichsparabel 5 Grades

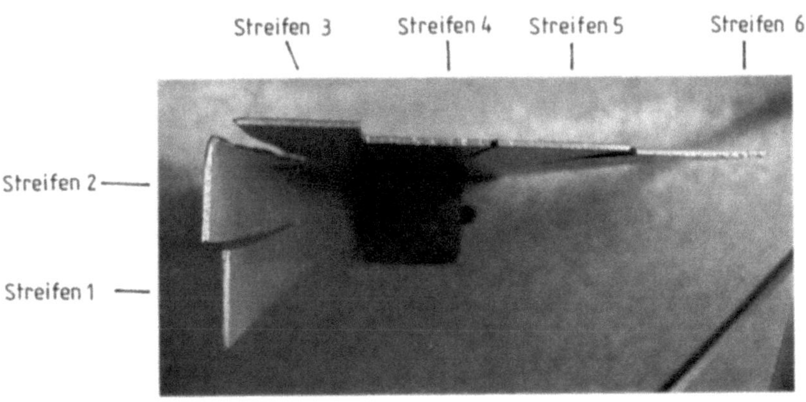

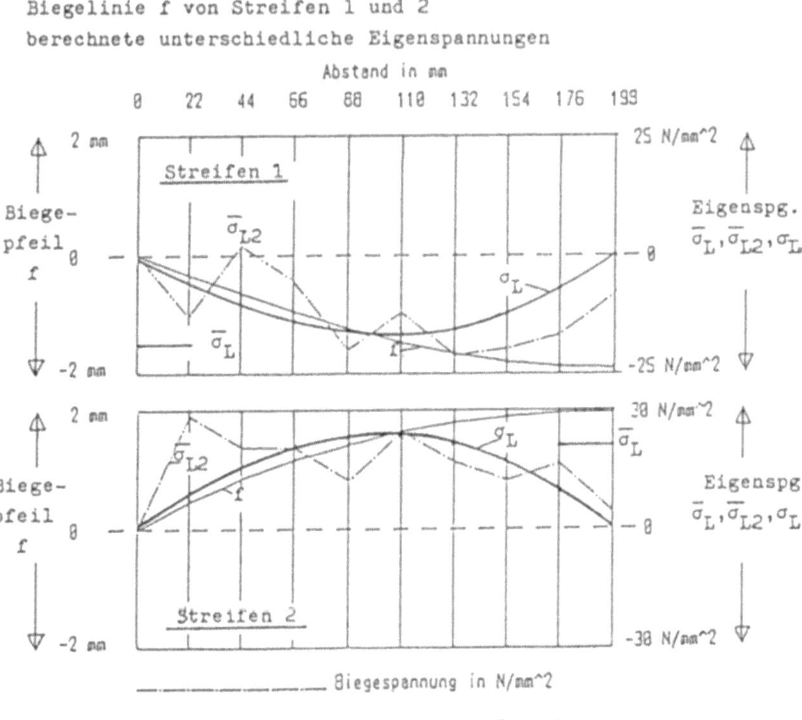

Bild 18.12 Aussicht von abgekantetem und längs geschlitzten Stahlbleches

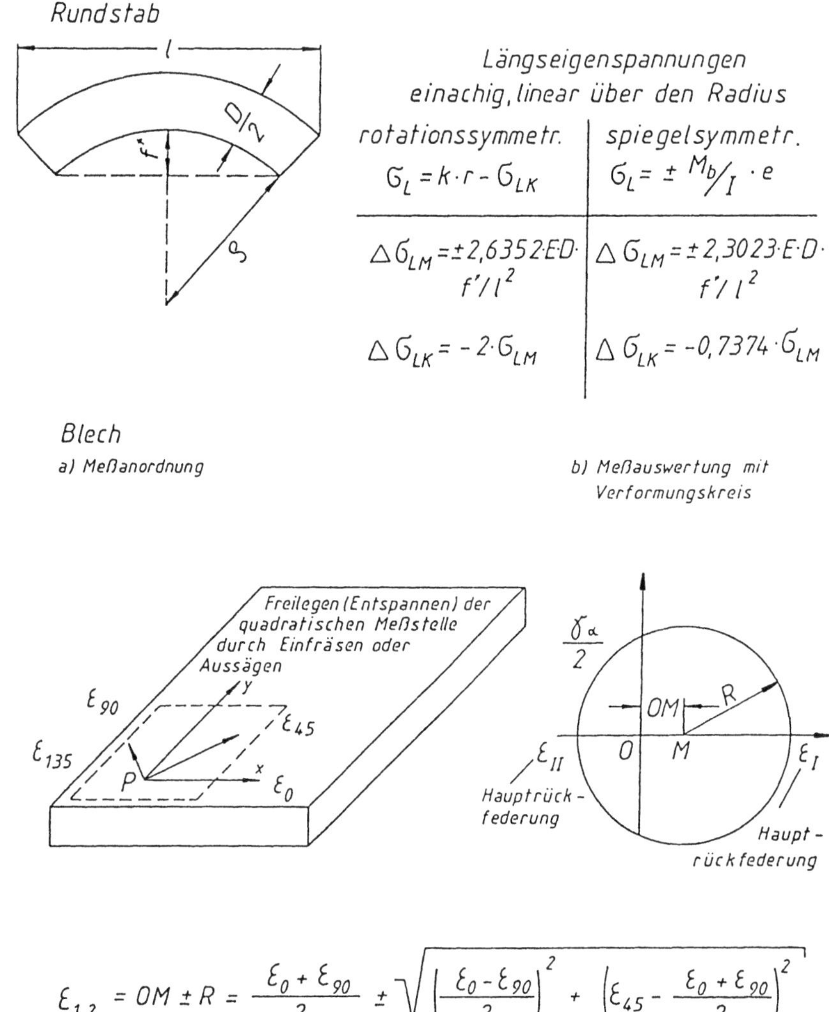

$$\varepsilon_{1,2} = OM \pm R = \frac{\varepsilon_0 + \varepsilon_{90}}{2} \pm \sqrt{\left|\frac{\varepsilon_0 - \varepsilon_{90}}{2}\right|^2 + \left(\varepsilon_{45} - \frac{\varepsilon_0 + \varepsilon_{90}}{2}\right)^2}$$

$$\tan 2\alpha_\varepsilon = \frac{\varepsilon_{45} - \varepsilon_{135}}{\varepsilon_0 - \varepsilon_{90}}$$

Bild 18.13 Ermittlung von Eigenspannungen durch Trennen und Ausschneiden
von Rundstäben und Blechen

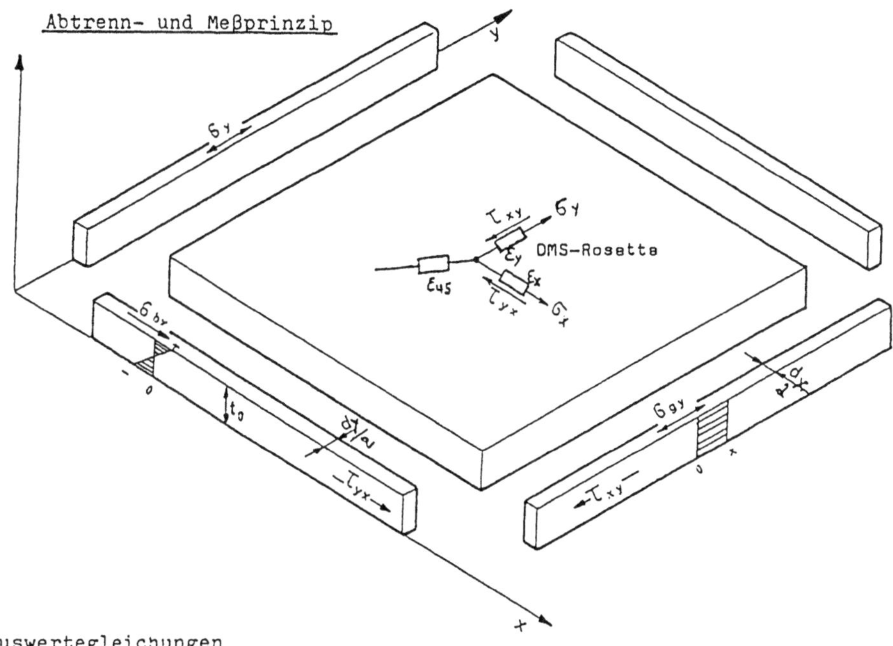

Auswertegleichungen

Werkstoff – kennwerte	Elastizitätsmodul : E , Gleitmodul : $G = \dfrac{E}{2(1 + \mu)}$ Poisson – Zahl : μ , $\qquad E_1 = \dfrac{E}{1 - \mu^2}$
Meßwerte und ihre Kombinationen	ε_x , ε_y , ε_{45} $E_x = \varepsilon_x + \mu\varepsilon_y$, $E_y = \varepsilon_y + \mu\varepsilon_x$, $\hat{\gamma} = 2\varepsilon_{45} - \varepsilon_x - \varepsilon_y$
Koordinaten- eigen- spannungen	$\sigma_x = -E_1 \cdot \left(\dfrac{dE_x}{dy} \cdot y + E_x \right) = -E_1 \dfrac{d(E_x \cdot y)}{dy}$ $\sigma_y = -E_1 \cdot \left(\dfrac{dE_y}{dx} \cdot x + E_y \right) = -E_1 \dfrac{d(E_y \cdot x)}{dx}$ $\tau_{xy} = -G\left(\dfrac{d\hat{\gamma}}{dx} \cdot x + \hat{\gamma} \right) = -G \dfrac{d(\hat{\gamma} \cdot x)}{dx}$
Haupteigenspan- nungen und ihre Richtungen	$\sigma_{I,II} = \dfrac{\sigma_x + \sigma_y}{2} \pm \sqrt{\dfrac{(\sigma_x - \sigma_y)^2}{4} + \tau_{xy}^2}$, $\tan 2\alpha = \dfrac{2\tau_{xy}}{\sigma_x - \sigma_y}$

Bild 18.14 Bestimmung von Gerade- und Biegeeigenspannungen in einem quadratischen Blech mit der Abtrennmethode

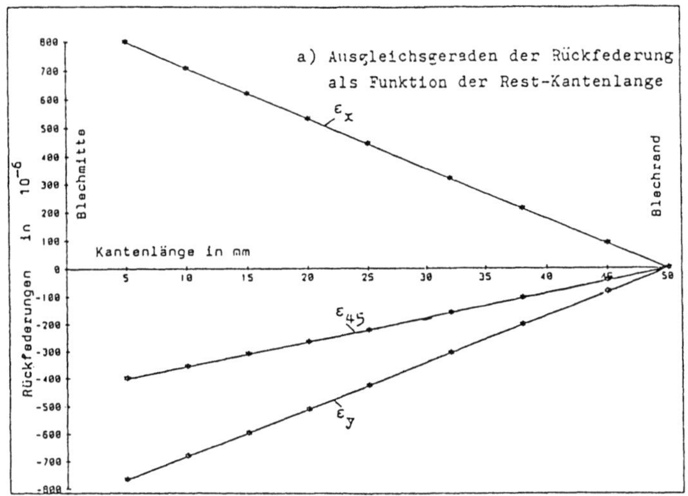

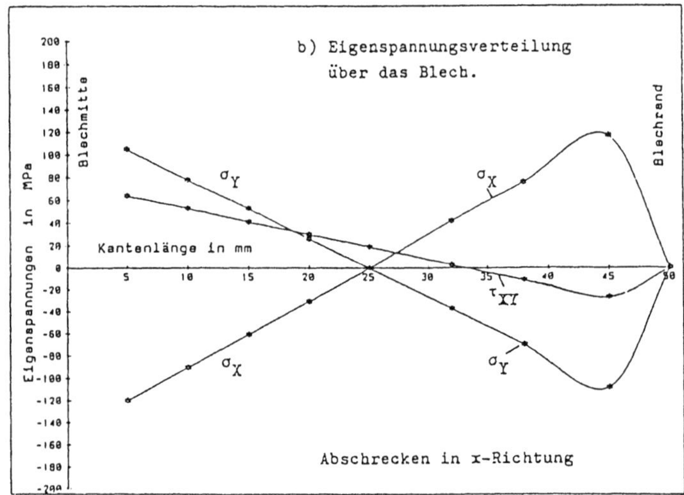

Bild 18.15 Eigenspannungsmessung an quadratischem Stahlblech $(50 \cdot 50 \cdot 0.5 \, \text{mm}^3)$ aus St 37 mit mittigem Wärmepunkt von $700°$ C senkrecht in Wasser

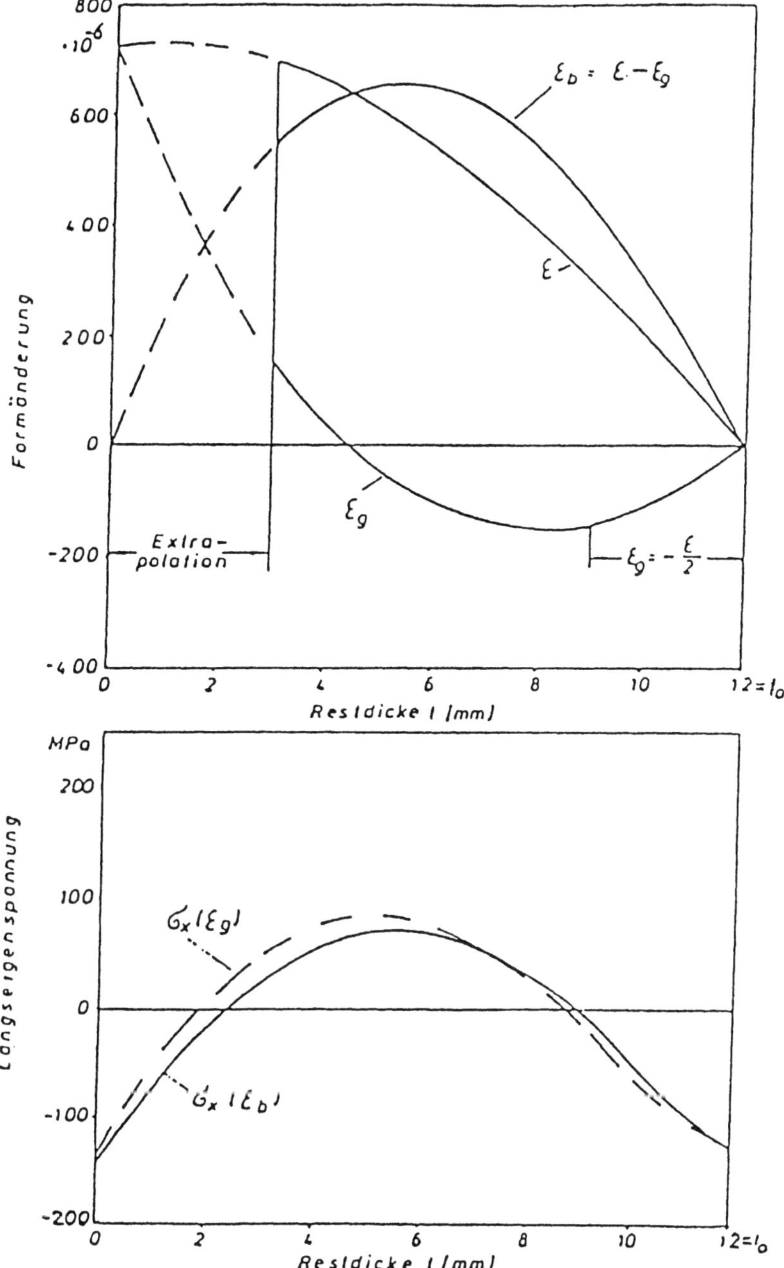

Bild 18.16 Angenommene Formänderungsverteilung beim einseitigen Zerspanen eines Rechteckstabes und daraus berechnete Eigenspannungen

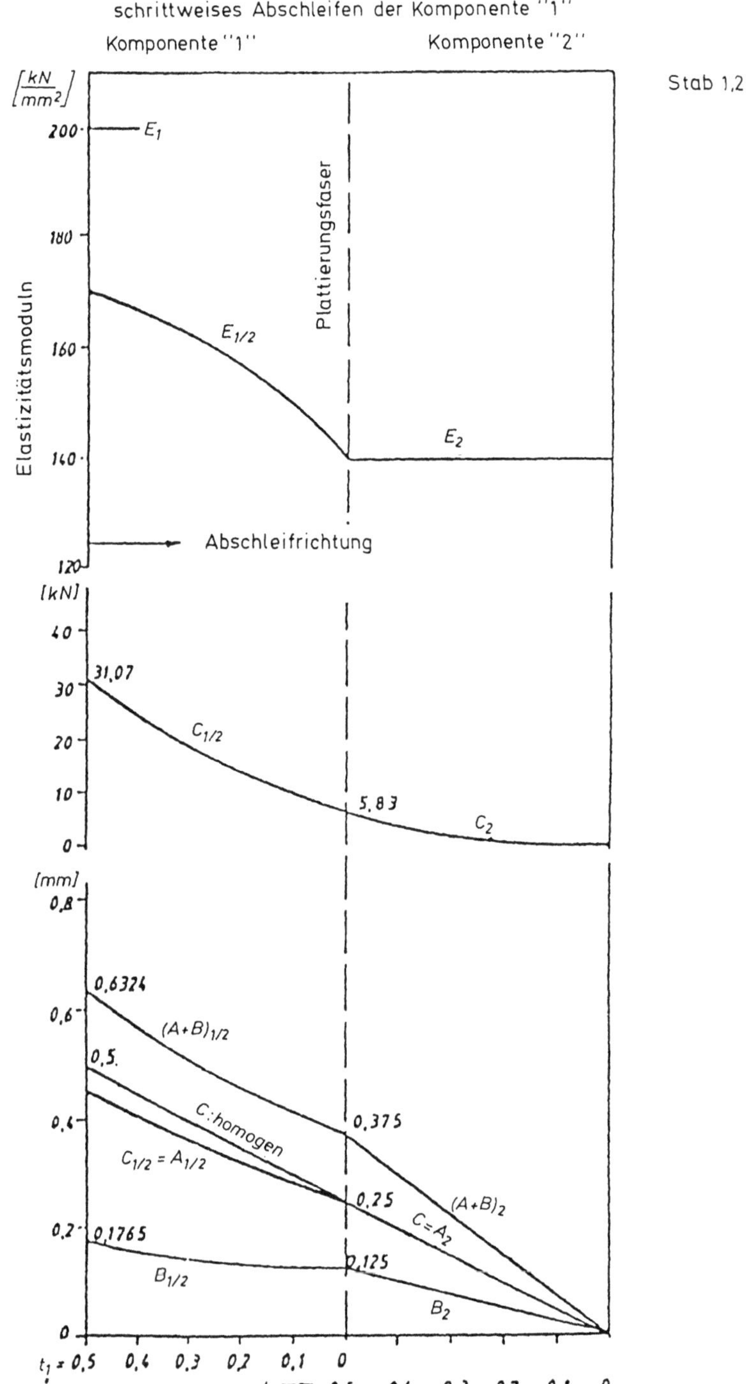

Bild 18.17.1 Ermittlung der Längseigenspannungen in Thermobimetallen

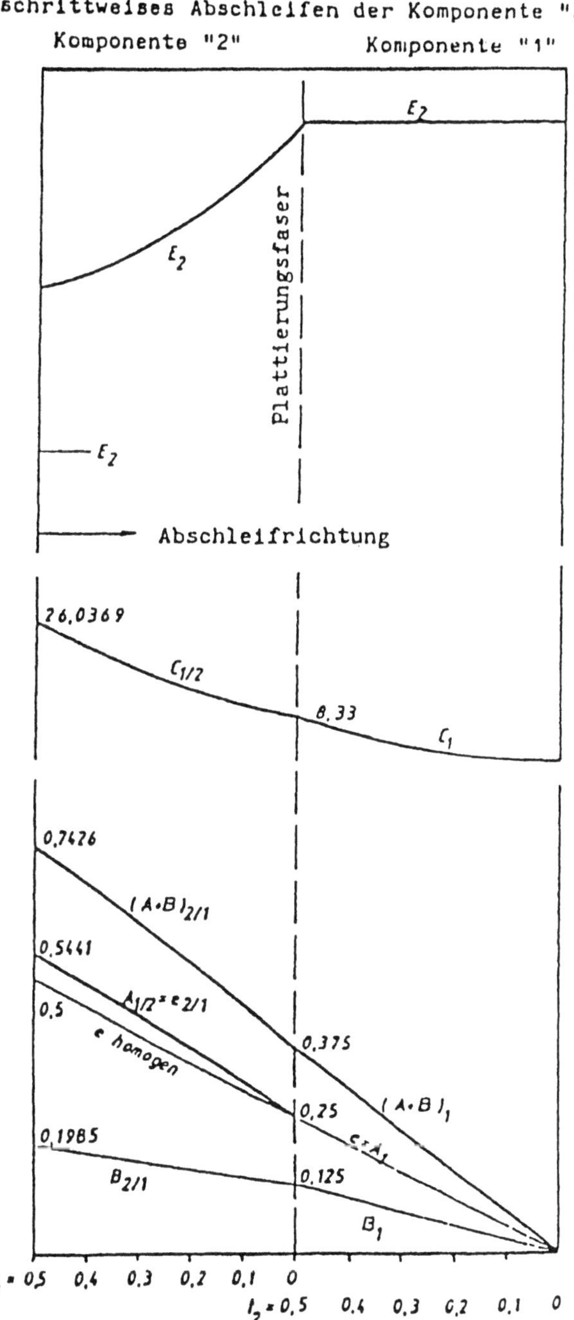

Bild 18.17.2 Ermittlung der Längseigenspannungen in Thermobimetallen

Gleichungen

$$\sigma_1 = E_1 \cdot \int_2^1 (A+B)_{1/2} \cdot dk + C_{1/2} \cdot \frac{dk}{dE}$$

Inhomogener Stab 1/2 $t_2 \leqq t < t_2 + t_1$

$$E_{1/2} = \frac{E_1 \cdot t + E_2 \cdot t_2}{t + t_2} \qquad \left[\frac{KN}{mm}\right]$$

$$A_{1/2} = \frac{E_1 \cdot \frac{t^2}{2} + E_2 \cdot t_2 \cdot (t + t_2/2)}{E_1 \cdot t + E_2 \cdot t_2} \qquad (mm)$$

$$B_{1/2} = \frac{t + t_2}{\frac{(E_1 - E_2) \cdot t_2}{E_1 \cdot t + E_2 \cdot t_2} + 3} \cdot \frac{1}{2} \cdot \left[1 + \frac{E_1 \cdot E_2 \cdot t_2^2}{2(E_1 \cdot t + E_2 t_2)^2}^2 \right] (mm)$$

$$C_{1/2} = \frac{(E_1 t + E_2 t_2) \cdot (+ t_2)^2}{12 \cdot A_{1/2}} \quad (KN)$$

Für den Stab 1/2 ergeben sich die Geometrie=
faktoren durch Tausch der Variablen.

Homogener Reststab 2 $0 \leqq t < t_2$
E= constant ; $E_1 - t_2 = 0$; $A_2 = t/2$
$B_2 = t/4$

$$C_2 = \frac{E_2 \cdot t^2}{6} \quad (KN)$$

Bild 18.17.3 Gleichung der graphischen Darstellung des Elastizitätsmoduls und
Geometriefaktoren zum Ermitteln von Längseigenspannungen in
Thermobimetallen aus 2 Schichten mit je 0,5 mm Dicke

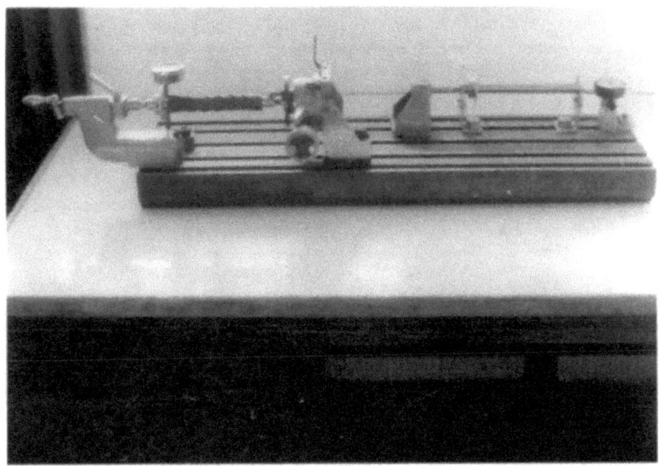

Bild 18.18 Meßstand zum Ermitteln von Längs- und Torsionsspannungen

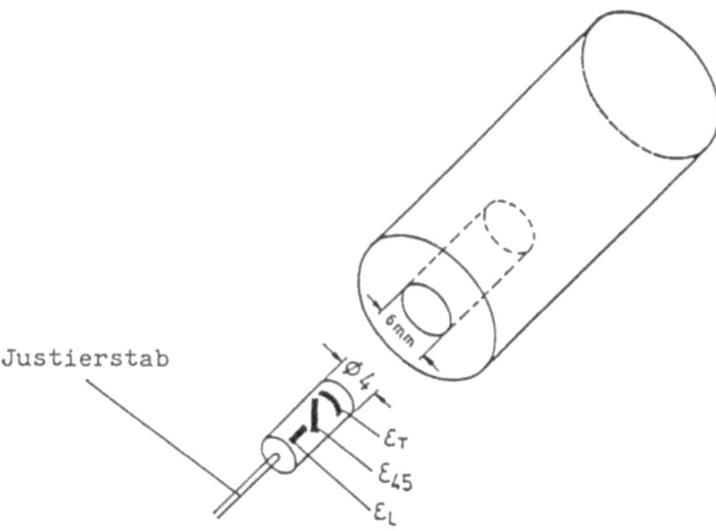

Bild 18.19 Rundstab und Dehnungsmeßzylinder mit Einzel-DMS in 0/45/90°-Anordnung

Eigen-spannung	Längsspannung σ_L	Tangentialspannung σ_T	Radialspannung σ_R	Schubspannung τ_{LT}
einaxiales Modell	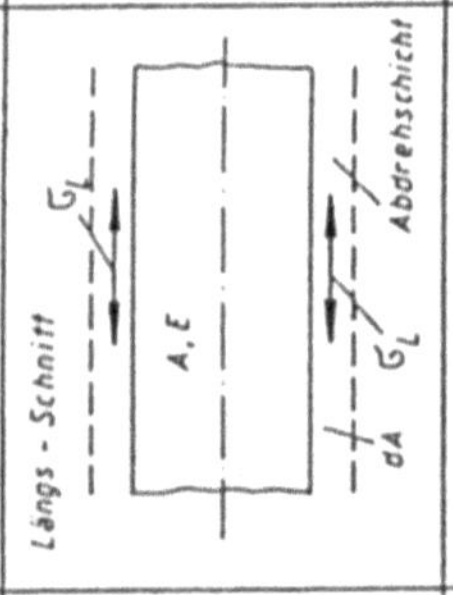 Längs-Schnitt	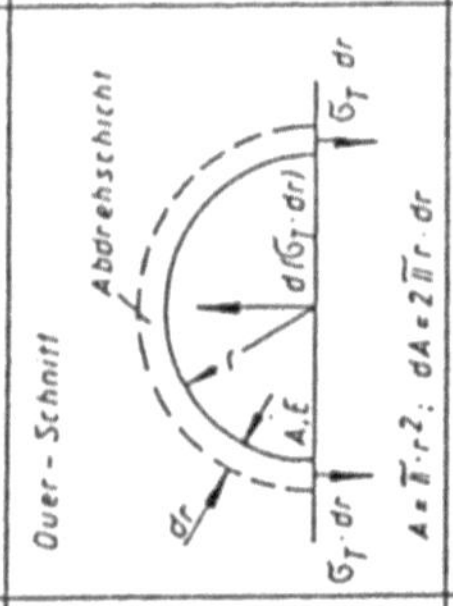 Quer-Schnitt	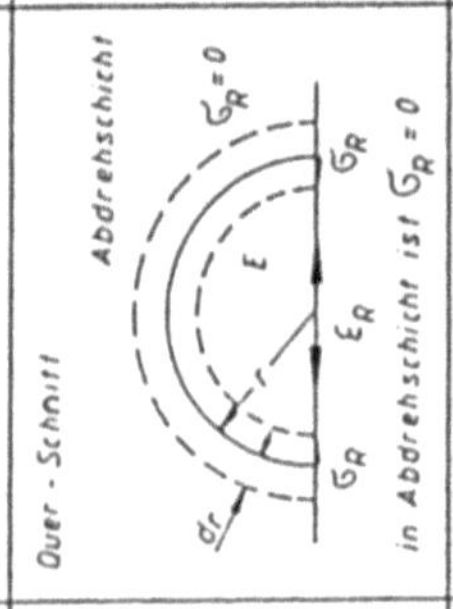 Quer-Schnitt	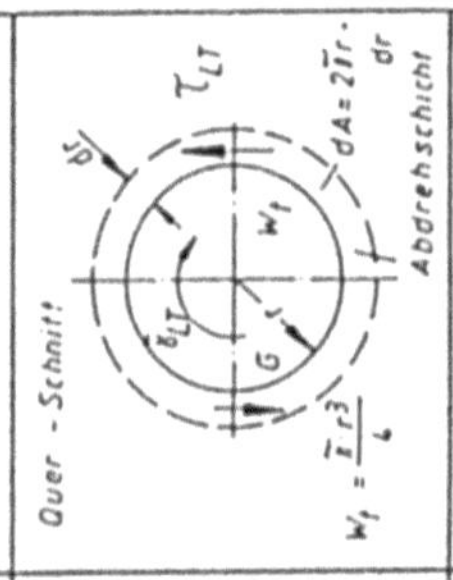 Quer-Schnitt
Gleich-gewichts-be-dingung	$\sum dF_L = 0 = \sigma_L \cdot dA \cdot d(\sigma_L \cdot A)$ mit $\sigma_L = E \cdot \varepsilon_L$ folgt $0 = \sigma_L \cdot dA \cdot d(E \cdot \varepsilon \cdot A)$	$\sum dF_T = 0 = 2\sigma_T \cdot dr \cdot d(\sigma_T \cdot r)$ mit $\sigma_T = E \cdot \varepsilon_T$ folgt	$\sum dF_R = 0 = 2\sigma_R \cdot dr \cdot d(\sigma_R \cdot r)$ mit $d\sigma_R = 0$ und $\sigma_R = E \cdot \varepsilon_T$ folgt $0 = 2\sigma_R \cdot dr \cdot E \cdot \varepsilon_T \cdot dr$	$\sum dM_t = 0 = \tau_{LT} \cdot dA \cdot r \cdot d(\tau_{LT} \cdot W_t)$ mit $\tau_{LT} = G \cdot \gamma_{LT}$ folgt $0 = \tau_{LT} \cdot 2\pi \cdot dr \cdot r^2 \cdot d(G \cdot \tilde{\gamma}_{LT} \cdot \frac{\pi \cdot r^3}{2})$
Diff. gleichung ein-axial	$\sigma_L = -E \cdot (A\frac{d\varepsilon_L}{dA} \cdot \varepsilon_L) = -E\frac{d(A \cdot \varepsilon_L)}{dA}$	$\sigma_T = -\frac{E}{2}(r\frac{d\varepsilon_T}{dr} \cdot \varepsilon_r) = -\frac{Ed(\varepsilon_T \cdot r)}{2dr}$	$\sigma_R = -E \cdot \frac{\varepsilon_T}{2}$	Vollzylinder $\tau_{LT} = -\frac{G}{4}(r \cdot \frac{d\tilde{\gamma}_{LT}}{dr} \cdot 3\tilde{\gamma}_{LT})$
Diff. gleichung drei-axial	Vollzylinder $\sigma_L = -E' \cdot (A\frac{d\Delta}{dA} \cdot \Delta) = -E' \cdot \frac{d(A \cdot \Delta)}{dA}$ Hohlzylinder $\sigma_L = -E' \cdot ((A - A_0)\frac{d\Delta}{dA} \cdot \Delta)$	Vollzylinder $\sigma_T = -\frac{E'}{2} \cdot \frac{d\theta r}{dr} = -E' \cdot (A\frac{d\theta}{dA} \cdot \frac{\theta}{2})$ Hohlzylinder $\sigma_T = -E' \cdot ((A-A_0) \cdot \frac{d\theta}{dA} \cdot \frac{A+A_0}{2A} \cdot \theta)$	Vollzylinder $\sigma_R = -E' \cdot \frac{\theta}{2}$ Hohlzylinder $\sigma_R = -E' \cdot \frac{A-A_0}{2A} \cdot \theta$	Vollzylinder Hohlzylinder R_0 = Bohrungsradius $\tau_{LT} = -G(r \cdot \tilde{\vartheta} \cdot \frac{r^2}{4}(1 - \frac{R_0^4}{r^4}) \cdot \frac{d\theta}{dr})$
Hilfs-größen	A_0 = Bohrungsquerschnitt	$\Delta = \varepsilon_L + \mu \cdot \varepsilon_T$ $\theta = \varepsilon_T + \mu \cdot \varepsilon_L$	$E' = \frac{E}{1-\mu^2}$	$G = \frac{E}{2(1+\mu)}$; $\tilde{\vartheta} = \frac{\tilde{\gamma}_{LT}}{r}$

Bild 18.20 Gleichungen zur Berechnung ein- und dreiaxialer Eigenspannungen aus den Rückfederungen von Rundstäben nach vollständigen Abdrehverfahren

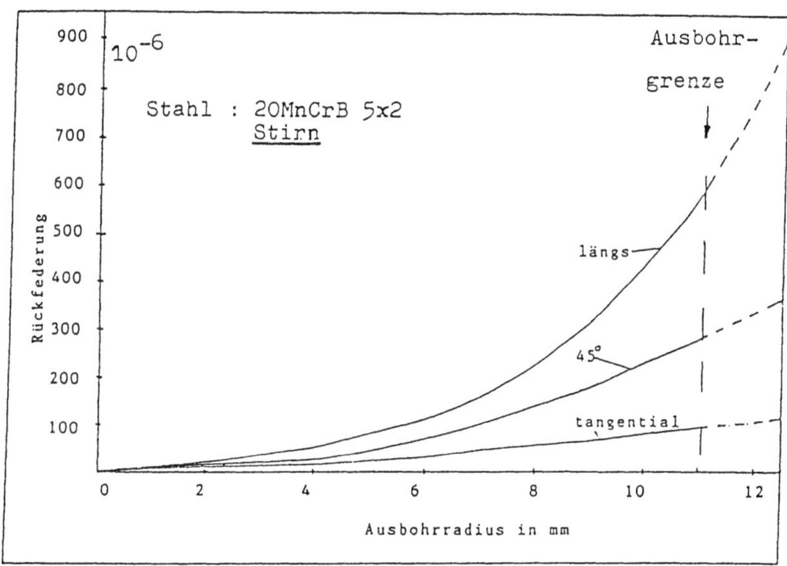

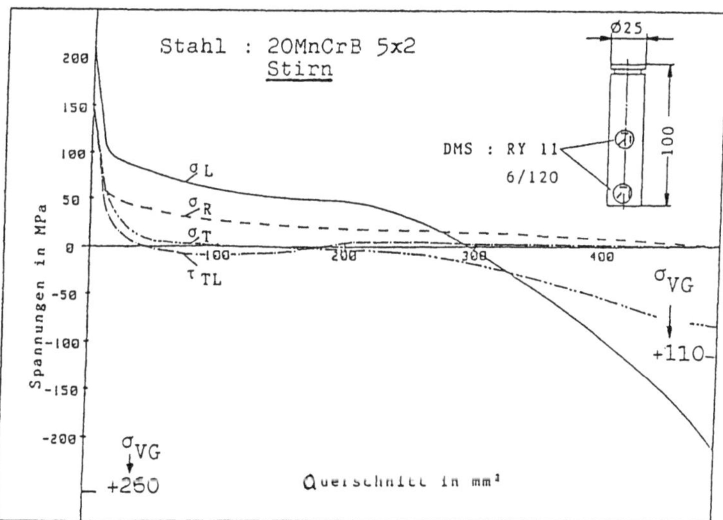

Bild 18.21 Eigenspannungsmessungen in Stirnabschreckproben nach dem Ausbohrverfahren

oben: Meßwerverteilung in Längs-, Tangential- und 45°-Richtung mit
Extrapolation zum Probenrand als Funktion des Ausbohrradius

unten: Normal- und Schubspannungsverteilungen über den Probenquerschnitt mit Angabe der Vergleichsspannung σ_{VG} im Kern und
Mantel

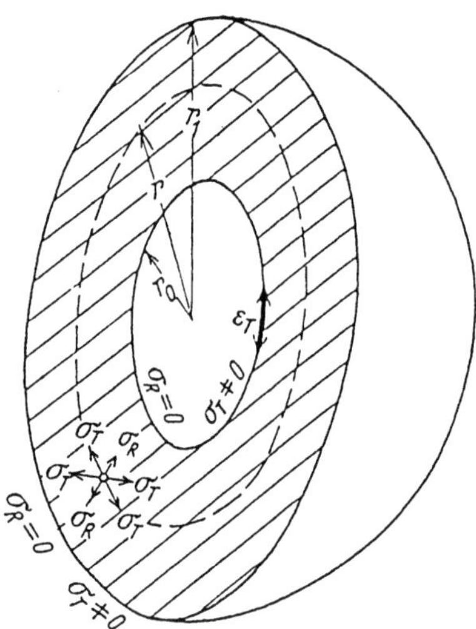

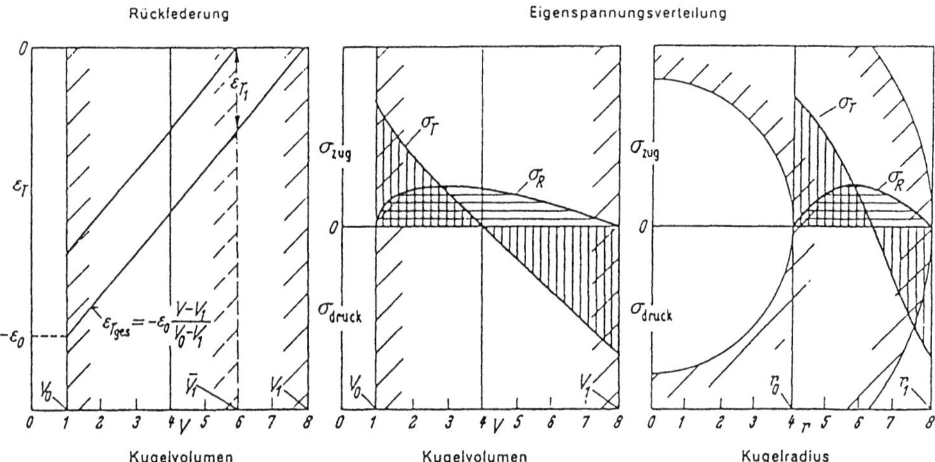

Bild 18.22   Eigenspannungsverteilung in (unten) einer Hohlkugel (oben) bei linear
angenommener Rückfederung der Innenwand

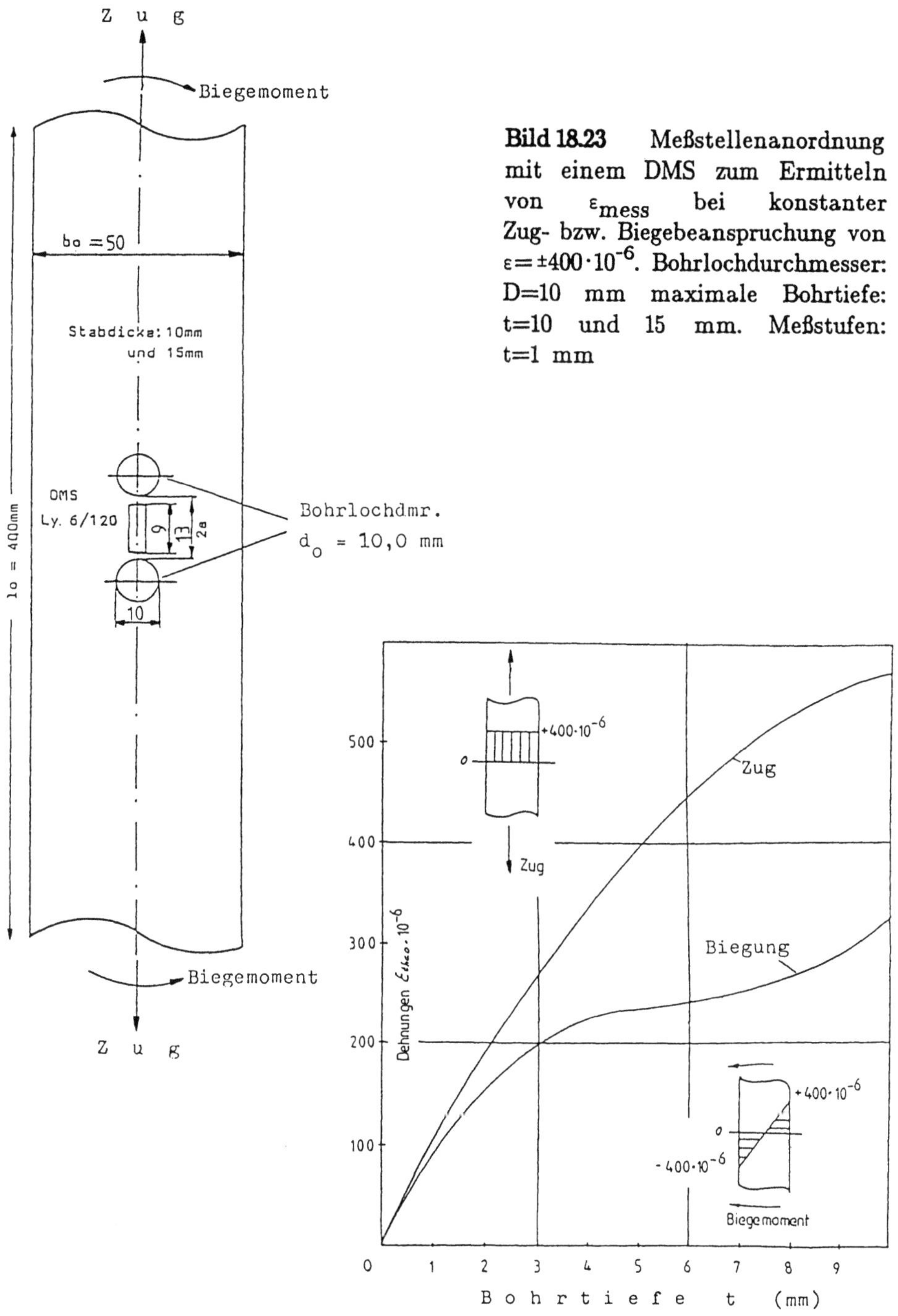

Bild 18.23 Meßstellenanordnung mit einem DMS zum Ermitteln von ε_{mess} bei konstanter Zug- bzw. Biegebeanspruchung von $\varepsilon = \pm 400 \cdot 10^{-6}$. Bohrlochdurchmesser: D=10 mm maximale Bohrtiefe: t=10 und 15 mm. Meßstufen: t=1 mm

Bild 18.24 Theoretisch vorhergesagte Meßverteilung ε_{theo} bei Zug- und Biegebeanspruchung von $\varepsilon_{zug} = +400 \cdot 10^{-6}$ und $\varepsilon_{bieg} = \pm 400 \cdot 10^{-6}$

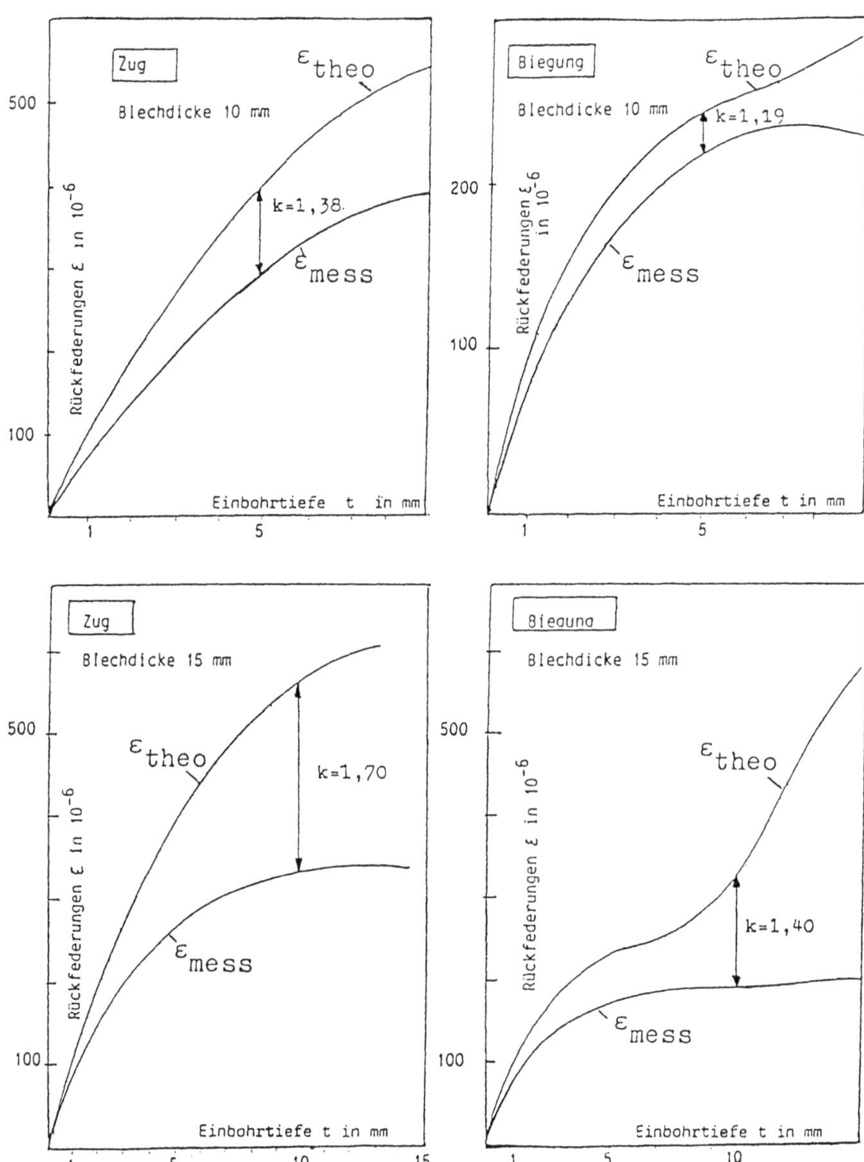

Bild 18.25 Vergleich von Meß- und Rechenwerten (ε_{mess}, ε_{theo}) bei Zug- und Biegebeanspruchung von $\varepsilon_{zug} = +400 \cdot 10^{-6}$ und $\varepsilon_{biege} = \pm 400 \cdot 10^{-6}$ in Flachstäben von 10 und 15 mm Dicke mit Angabe einzelner Ausgleichsfaktoren $k = \varepsilon_{theo} / \varepsilon_{mess}$

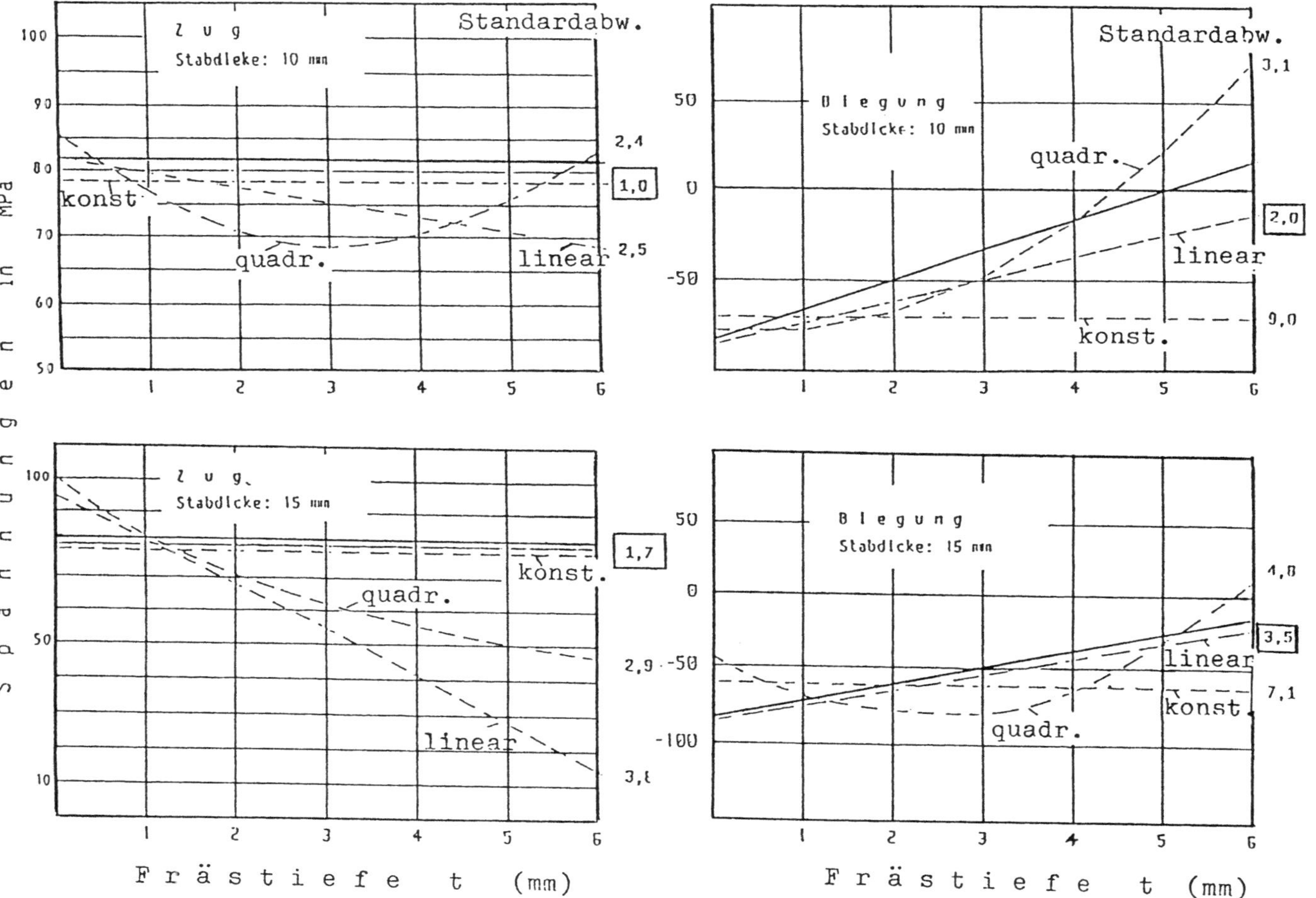

Bild 18.26 Vergleich von angelegten Zug- und Biegespannungen (——) mit den durch Mittelfaktor k=1,29 berechneten Spannungen bei konstanter, linearer und quadratischer Näherung (----). Die Standardabweichung s ist in $\pm 10^{-8}$ angegeben.

a) Meßstelle mit DMS-Rosette auf Kern und Spannungsverteilungen
a) Point of measurement with strain gauge rosette on the core and stress distribution

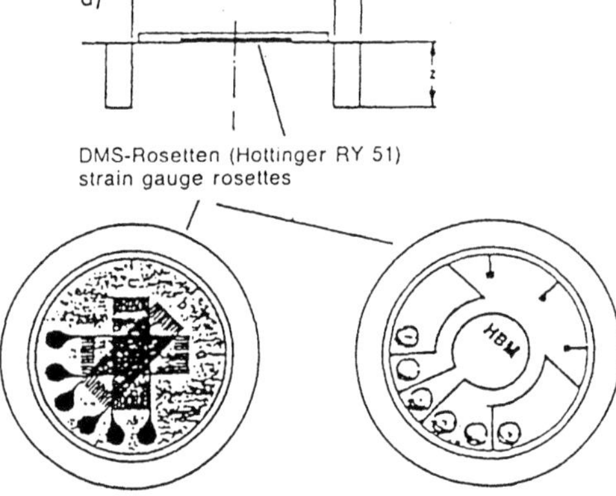

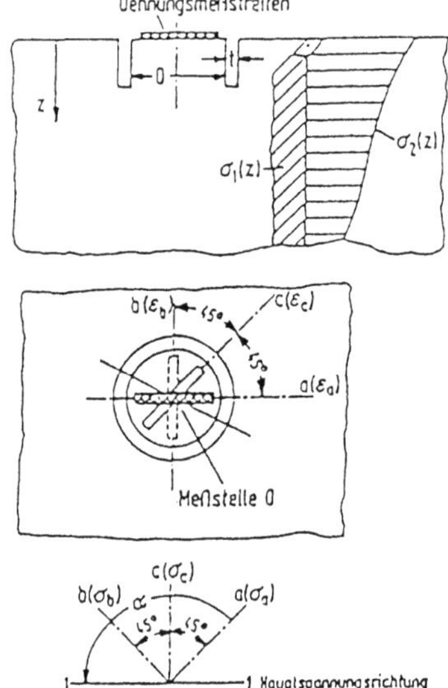

Ring-Kern-Verfahren mit spezieller DMS-Ring-Kern-Rosette zur Eigenspannungsermittlung

Ring-core-method with special strain gauge rosette for measuring residual stresses

b) Theoretischer Ansatz
Theoretical formulation

Spannungs-Tiefenverteilungen sind proportional: E, 1/K und dem Anstieg der Rückfederungen ε_i:

Stress depth distributions are proportional to: E, 1/K and to the slope of the releasing deformation ε_i:

$$\frac{d\varepsilon_i}{dz} = \frac{1}{E} K(z)\sigma_i.$$

Bestimmung der Abklingfunktionen K_1 und K_2 aus dem Zugversuch:

Determination of relaxation functions K_1 and K_2 by the tension test:

$$K_1 = \frac{E}{\sigma_1} \cdot \frac{d\varepsilon_1}{dz}$$

$$K_2 = \frac{E}{\nu\sigma_1} \cdot \frac{d\varepsilon_2}{dz}$$

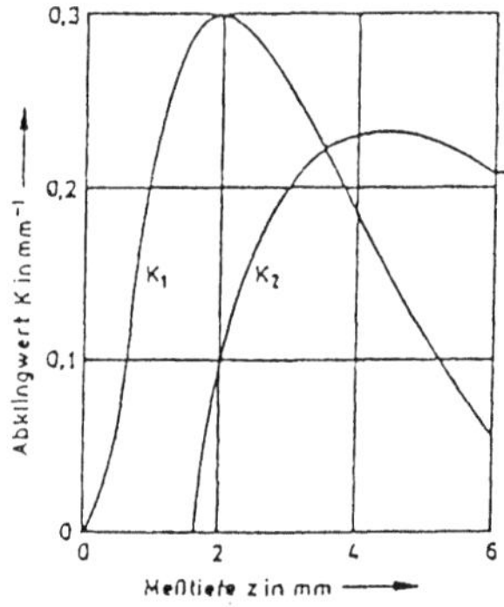

Verlauf der Abklingfunktionen des Ring-Kern-Verfahrens in Abhängigkeit von der Tiefe z der Ringnut

Distribution of relaxation functions of the ring-core-method depending upon the depth z of the ring groove

c) Bestimmungsgleichungen der zweiaxialen Spannungen σ_a, σ_b, σ_c und die Verteilung der Abklingfunktionen K_1 und K_2:

c) Conditional equations of the bi-axial stresses σ_a, σ_b, σ_c and distribution of the relaxation functions K_1 and K_2:

$$\sigma_a = \frac{E}{K_1^2 - \nu^2 K_2^2}\left[K_1\frac{d\varepsilon_a}{dz} + \nu K_2\frac{d\varepsilon_c}{dz}\right], \; \sigma_b = \frac{E}{K_1^2 - \nu^2 K_2^2}\left[K_1\frac{d\varepsilon_b}{dz} + \nu K_2\left(\frac{d\varepsilon_a}{dz} - \frac{d\varepsilon_b}{dz} + \frac{d\varepsilon_c}{dz}\right)\right], \; \sigma_c = \frac{E}{K_1^2 - \nu^2 K_2^2}\left[K_1\frac{d\varepsilon_c}{dz} + \nu K_2\frac{d\varepsilon_a}{dz}\right]$$

Bild 18.27   Ausführung des Ring-Kern-Verfahrens und Auswertung nach der differentiellen KWU-Methode

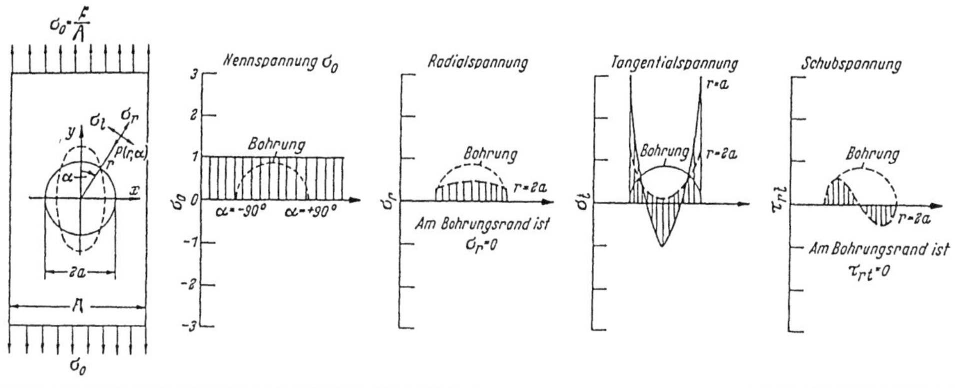

Die Nennspannung berechnet sich mit dem durch die Bohrung verminderten Querschnitt A-A (Bohrung). Bei unendlich breitem Stab ist der Einfluß der Bohrung null.

$$\sigma_r = 0$$

$$\sigma_r = \frac{3\,\sigma_0}{8}\left(1 + \frac{\cos 2\alpha}{4}\right)$$

Spannungen am Bohrungsrand
$(r = a)$

$$\sigma_t = \sigma_0\,(1 - 2\cos 2\alpha) \qquad \tau_{rt} = 0$$

Spannungen im Abstand $r = 2a$

$$\sigma_t = \frac{\sigma_0}{8}\left(5 - \frac{19\cos 2\alpha}{4}\right) \qquad \tau_{rt} = -\frac{21\,\sigma_0}{32}\sin 2\alpha$$

Bild 18.28 Nennspannungen und wahre Spannungen in einem gelochten Zugstab

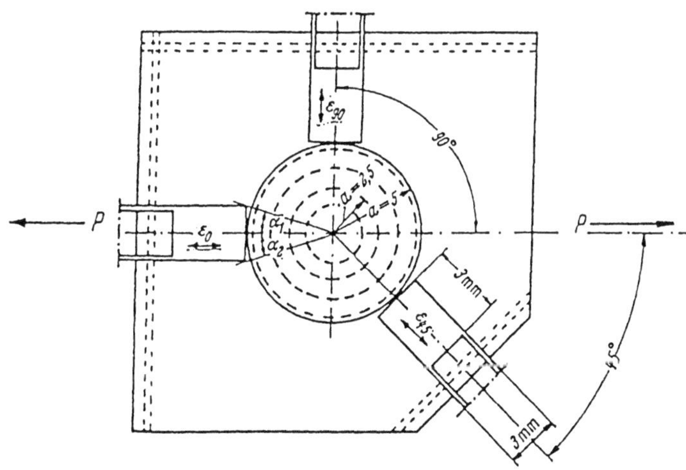

Bild 18.29 Bohrloch-DMS-Rosette Typ 3/120 RE 21

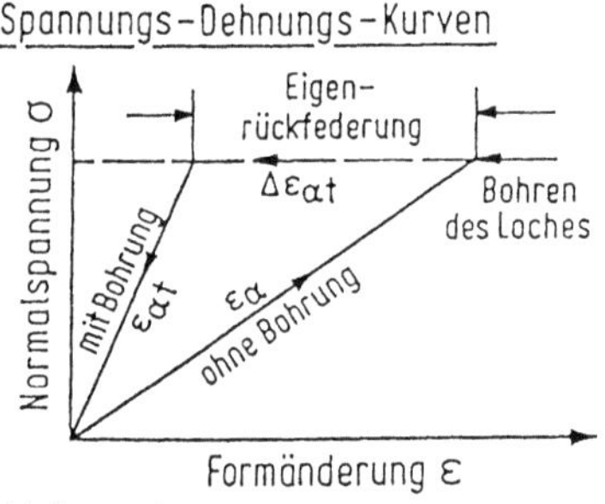

Mathematische Beziehungen

Zwischen den einzelnen Formänderungen gilt:

$$\Delta \varepsilon_{\alpha t} = \varepsilon_{\alpha t} - \varepsilon_\alpha$$

Liegen Eigenspannungen σ_I und σ_{II} vor, so gilt:

$$\Delta \varepsilon_{\alpha a} = A (\sigma_I + \sigma_{II}) + B (\sigma_I - \sigma_{II}) \cdot \cos 2\alpha$$

$\measuredangle\ \alpha$: Meßrichtung gegenüber σ_I

Meßanordnung

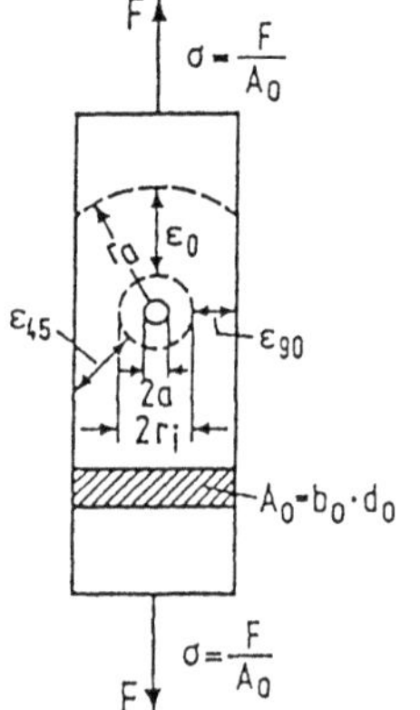

DMS-Rosetten-Kennwerte

Bohrlochrosette*)

Kennwerte	3/120 RE 21	Ry 61
a (mm)	4,5	0,75
r_i (mm)	5,0	1,8
r_a (mm)	8,0	3,3
A (−)	− 0,3240	− 0,0606
B (−)	− 0,4835	− 0,170
$A + B$	− 0,8075	− 0,230
$A - B$	− 0,1595	− 0,109

*) Bauart Hottinger-Baldwin-Meßtechnik

Meß-richtung	Lastformänderung ohne Bohrung	Eigen-rückfederungen	Lastformänderungen mit Bohrung
0	$\varepsilon_0 = \dfrac{\sigma}{E}$	$\Delta \varepsilon_{0a} = \dfrac{\sigma}{E}(A+B)$	$\varepsilon_{0a} = \dfrac{\sigma}{E}(1+A+B)$
45	$\varepsilon_{45} = \dfrac{\sigma}{E} \cdot \dfrac{1-\mu}{2}$	$\Delta \varepsilon_{45a} = \dfrac{\sigma}{E} A$	$\varepsilon_{45a} = \dfrac{\sigma}{E}\left(\dfrac{1-\mu}{2} + A\right)$
90°	$\varepsilon_{90} = -\dfrac{\sigma}{E} \cdot \mu$	$\Delta \varepsilon_{90a} = \dfrac{\sigma}{E}(A-B)$	$\varepsilon_{90a} = \dfrac{\sigma}{E}(-\mu+A-B)$
Konstanten	$A = -\dfrac{a^2}{2} \cdot \dfrac{1+\mu}{r_i r_a}$: $B = \dfrac{2a^2}{r_i r_a}\left[-1 + \dfrac{1+\mu}{4} a^2 \dfrac{r_i^2 + r_i r_a + r_a^2}{r_i^2 r_a^2}\right]$		
Stahl-Kennwerte	Elastizitätsmodul $E = 205$ kN/mm^2	Poisson-Zahl $\mu = 0,28$	

Die Hauptspannungen $\sigma_{I/II}$ ergeben sich aus 3 Rückfederungen: ε_o, ε_{+45}, ε_{-45} zu:

$$\sigma_{I/II} = \frac{E}{4}\left(\frac{\varepsilon_{+45} + \varepsilon_{-45}}{A} \pm \frac{\sqrt{(2 \cdot \varepsilon_o - \varepsilon_{+45} - \varepsilon_{-45})^2 + (\varepsilon_{-45} - \varepsilon_{+45})^2}}{B}\right)$$

und ihr Winkel $\alpha°$ gegenüber der ε_0 zu $\tan 2 \cdot \alpha = \dfrac{\varepsilon_{-45} - \varepsilon_{+45}}{2\,\varepsilon_o - \varepsilon_{+45} - \varepsilon_{-45}}$

Bild 18.30 Anordnung und Auswertung von Bohrlochrosetten an Flachstäben

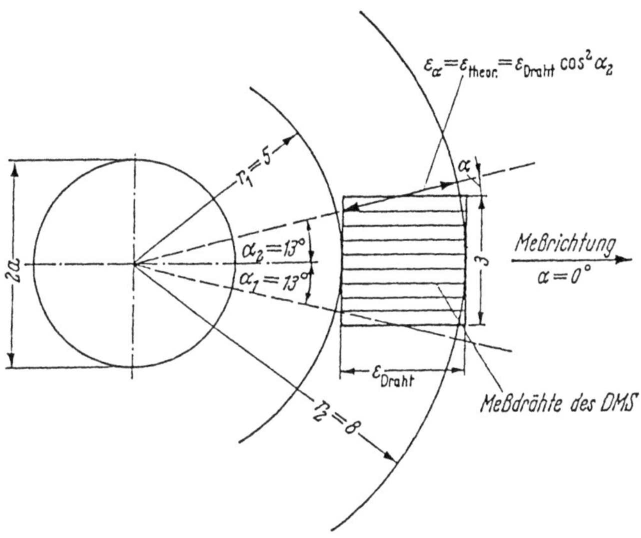

Bild 18.31 Zusammenhang zwischen berechneter und gemessener Formänderung am Bohrloch

19 Reißlack-Messungen

19.1 Verfahren

Die in den Kapiteln 10.2 und 10.3 beschriebenen MAYBACH- und STRESS-COAT-Verfahren werden von den Anwendern als "Reißlack-Verfahren" bezeichnet. Der heiß auf das erwärmte Bauteil aufzubringende MAYBACH-Lack ist für Untersuchungen an Teilen kleiner und mittlerer Größe geeignet. Für großflächige Teile wird STRESS-COAT verwendet. Dieser Lack wird in mehreren Schichten mit der Spritzpistole oder mit der Sprühdose aufgebracht und sollte nach einer Festlegung der Fachgruppe "Reißlack" in der Gemeinschaft Experimentelle Spannungsermittlung (GESA) "Aufsprühlack" genannt werden. Weitere Angaben können den Arbeitsblättern der Fachgruppe entnommen werden.
Reißlacke, MAYBACH- und Aufsprühlack, reißen senkrecht zur größten Hauptspannung. Die Rißlinie ist somit eine Hauptspannungrichtung. Eine quantitative Auswertung des Rißlinienbilder hinsichtlich der Höhe der Bauteilspannungen ist nicht möglich. Aus dem Verlauf der Rißlinien kann auf die Beanspruchungsart und aus ihrer Dichte auf örtliche Beanspruchungsmaxima geschlossen werden. Bei günstiger Beleuchtung können die Risse, ohne Nachziehen mit einem Filzstift, fotographiert werden. Aufbauend auf das Ergebnis der Reißlackuntersuchung werden quantitative Messungen mit anderen Verfahren, z.B. Dehnungsmeßstreifen, durchgeführt.

19.2 Anwendungsbeispiele

Die folgenden Bilder zeigen einige Beispiele von Reißlackuntersuchungen in der Praxis. Die Rißlinienbilder wurden zum Teil direkt bei entsprechender Beleuchtung fotographiert. Bei einigen waren die Risse zunächst mit einem Filzstift nachgezogen worden. Sind die Risse mit dem Auge nicht oder nur kaum sichtbar, so empfiehlt sich ein "Waschen" des mit Reißlack beschichteten und belasteten Bauteiles mit entspanntem Wasser und nachfolgendem Aufstreuen eines geeigneten Pulvers. Wie bei Rißuntersuchungen in der Werkstoffprüfung hält das aus den Rissen des Reißlacks austretende Wasser das Pulver fest und die Risse sind erkennbar.

In den Bildern 19.1 bis 19.5 sind Rißlinienbilder von Untersuchungen mit MAYBACH- Lack dargestellt:

Das Aluminiumrad eines Motorrades mit drei U-förmigen Speichen und montiertem Reifen wurde mit der Aufstandskraft (Wirkungslinien der Kraft in der Fahrzeughochrichtung) belastet. Bei dem im Bild 19.1 gezeigten Ausschnitt liegt eine Speiche senkrecht zur Fahrbahn, also in Kraftrichtung. Durch die über den Reifen wirkende Belastung beult sich das in der unteren Bildmitte zu sehende Felgenhorn auf den Betrachter zu aus. Gleichzeitig tritt Biegung auf, da die Felge rechts und links nach unten gedrückt wird.

Die Bilder 19.2 und 19.3 zeigen die Ergebnisse der Reißlackuntersuchungen an Aluminium- Schmiederädern eines PKW mit montierten Reifen bei verschiedenen Belastungen. Das geschmiedete Aluminiumrad mit sieben Speichen, die auf der Innenseite zur Gewichtserleichterung U-förmig ausgespart sind, und moniertem Reifen wurde bei einer Belastung, wie sie beim Durchfahren einer Rechtskurve auftritt, untersucht. Die im Bild 19.2 festgehaltenen Rißlinien weisen auf einen homogenen Spannungszustand in der Felge hin.

Bei Belastung mit der anteiligen Gewichtskraft des Fahrzeugs entstand das im Bild 19.3 wiedergegebene, interessante Rißmuster auf den Innenflächen der im PKW- Einbau nicht sichtbaren Seite des geschmiedeten Aluminiumrades für besonders breite Reifen. Beim Übergang vom zylindrischen Teil zur Rundung und von der Rundung zur Stirnseite der Felge drehen sich die Rißlinien jeweils um 90°.

Bei den im Bild 19.4 dargestellten Rißlinienbildern der Reißlackuntersuchung an einem geschweißten und verschraubten Bauteil eines geländegängigen Fahrzeuges auf dem Prüfstand unter Belastung auf Verwindung ist deutlich zu erkennen, daß die Risse ungestört (ohne Knick) über die Schweißnaht hinweg verlaufen.

Das Bild 19.5 zeigt die Rißlinien an einem Längsträger mit einem Rohrqueranschluß eines geländegängigen Fahrzeuges, bei dem Zug-, Druck- und Schubspannungen auftreten. Zum Vergleich ist im Bild 19.6 der Verlauf der Dehnlinien, wie sie sich aus einer FEM-Rechnung ergeben, dargestellt. Die den Rißlinien entsprechenden Dehnlinien sind etwas kräftiger nachgezogen. Die Übereinstimmung ist deutlich zu sehen. Ausgehend von der Reißlackuntersuchung wurden am bereits beschriebenen Längsträger mit einem Rohrqueranschluß Dehnungsmeßstreifen angebracht, um die Größe der Beanspruchungen exakt bestimmen zu können (siehe Bild 19.7).

Die folgenden Rißlinienbilder wurden bei Untersuchungen mit "TENS-LAC" fotographiert. TENS-LAC ist ein Aufsprühlack, der in USA hergestellt wurde. Wegen möglicher Belastungen durch das verwendete Lösungsmittel hat der Lieferant die Produktion eingestellt. Bislang ist in Deutschland kein gleichwertiger Ersatz für TENS-LAC bekannt. Um Beispiele für den Aufsprüh-Lack zeigen zu können, sind einige ältere Bilder, die bei Untersuchungen mit TENS-LAC aufgenommen wurden, wiedergegeben:

Das Bild 19.8 zeigt das Rißlinienbild einer Reißlackuntersuchung an einem Kupplungsgehäuse eines Traktors unter einer Belastung wie sie beim Gerätetransport (mit Zugbeanspruchung im oberen Gehäusebereich) und bei Chassis Torsion auftritt. Das Hinterachsgehäuse nach Bild 19.9 war am Flansch fest eingespannt und wurde nach vorne und hinten sowie nach oben und unten belastet.

Der mit Aufsprühlack beschichtete Vorderachsblock eines Traktors wurde entsprechend dem Bremsen mit voller Frontladerschaufel bzw. entsprechend dem Rückwärtsanfahren belastet. Die Rißlinien sind in den Bildern 19.10 und 19.11 dargestellt. Die einzelnen Aufnahmen entstanden aus verschiedenen Richtungen. Je nach Betrachtungsrichtung sind die Rißlinien mehr oder weniger gut zu sehen.

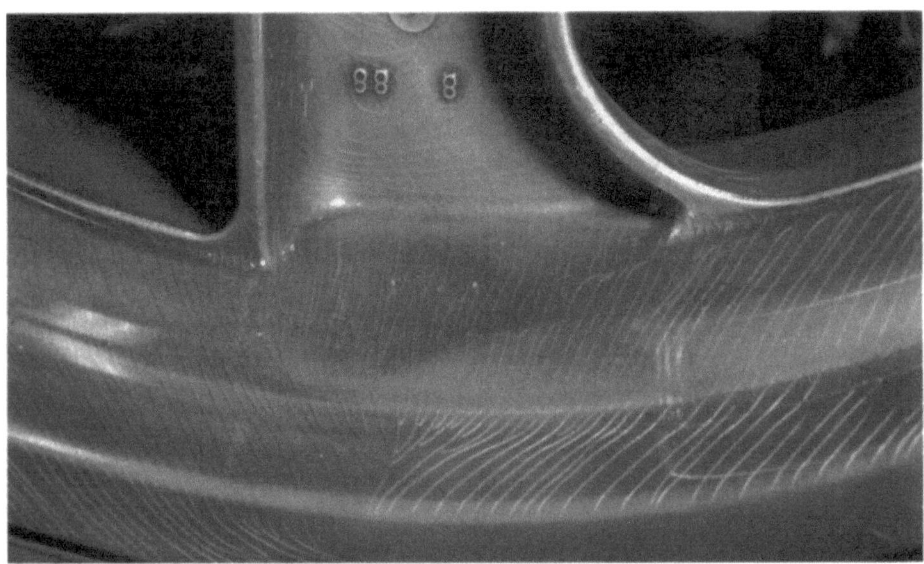

Bild 19.1 Rißlinienbild einer Reißlackuntersuchung an einem Aluminiumrad eines Motorrades

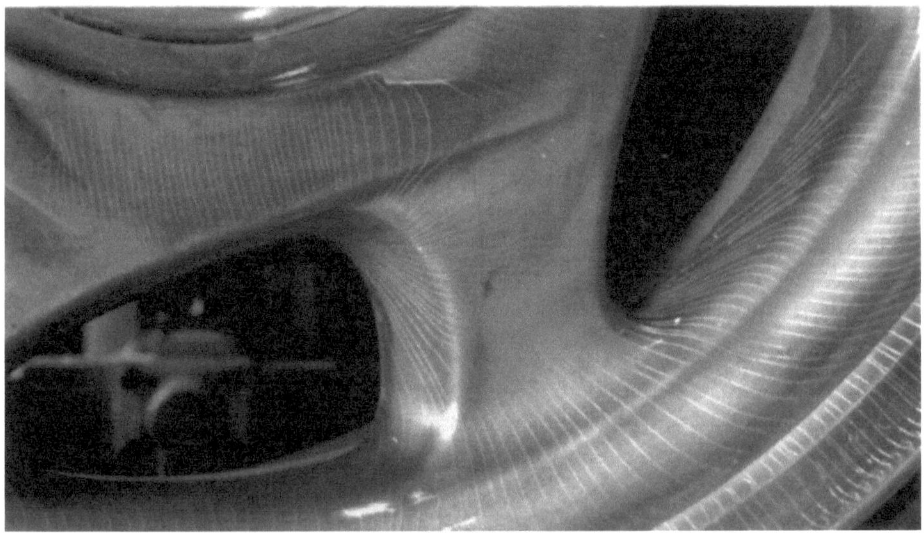

Bild 19.2 Rißlinienbild einer Reißlackuntersuchung an einem Aluminium-Schmiederad eines PKW (Außenseite) beim simulierten Durchfahren einer Rechtskurve

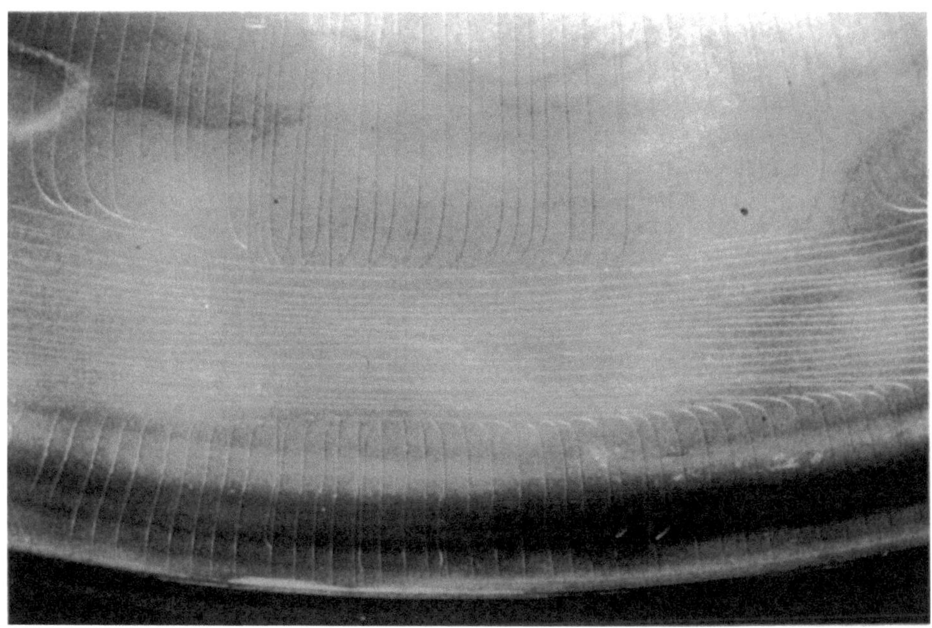

Bild 19.3 Rißlinienbild einer Reißlackuntersuchung am Aluminium-Schmiederad eines PKW (Innenseite) bei Belastung mit dem anteiligen Fahrzeuggewicht

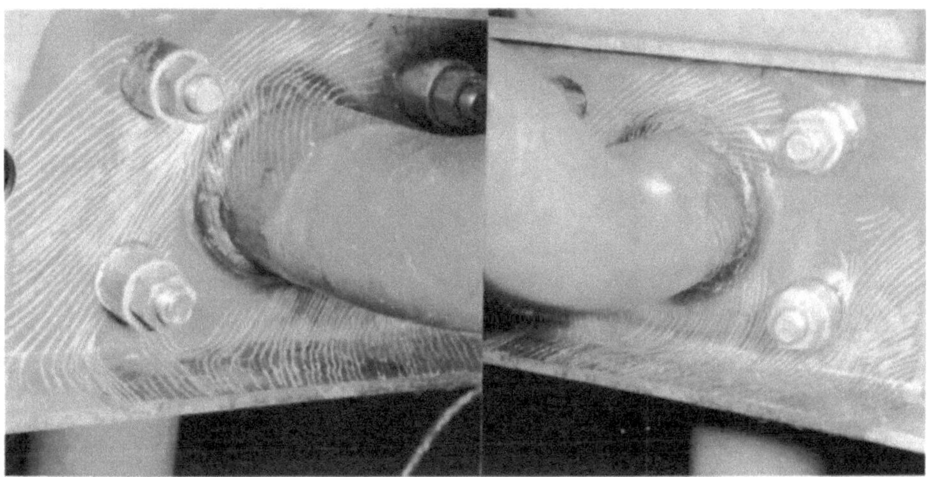

Bild 19.4 Rißlinienbilder der Reißlackuntersuchung an einem Rohrträgeranschluß und einer Verschraubung mit einem Federbock eines geländegängigen Fahrzeuges bei Verwindungsbeanspruchung

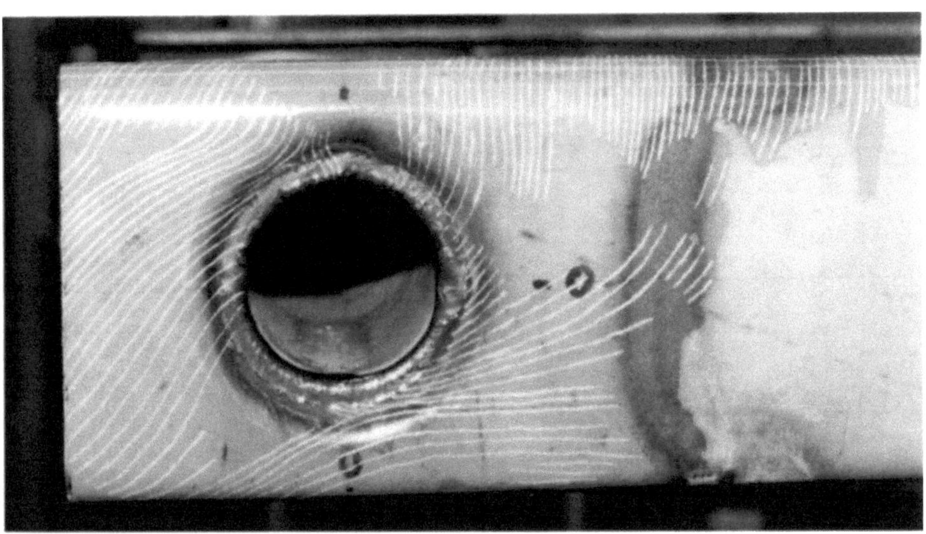

Bild 19.5 Rißlinienbild einer Reißlackuntersuchung an einem Längsträger eines
geländegängigen Fahrzeuges mit einem Rohrqueranschluß

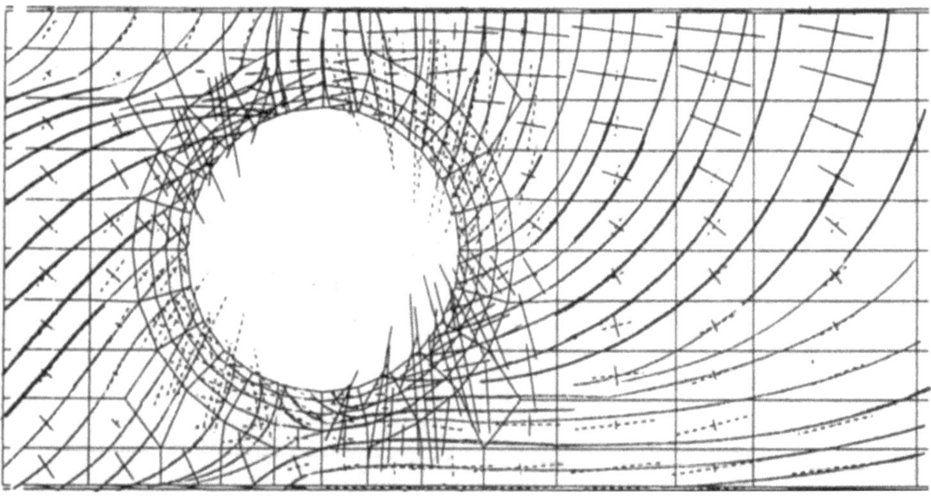

Bild 19.6 FEM-Raster und Kreuze der Hauptspannungsrichtungen mit kräftiger
nachgezogenen Dehnlinien eines Längsträger mit einem Rohrqueranschluß eines geländegängigen Fahrzeuges zum Vergleichen mit Bild 19.5

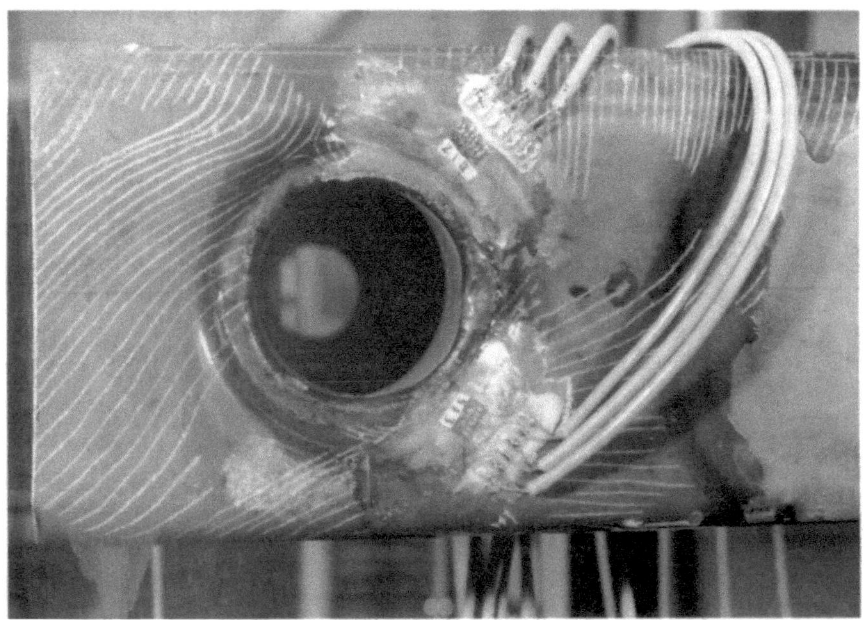

Bild 19.7 Längsträger mit einem Rohrqueranschluß mit aufgeklebten Dehnungs-meßstreifen

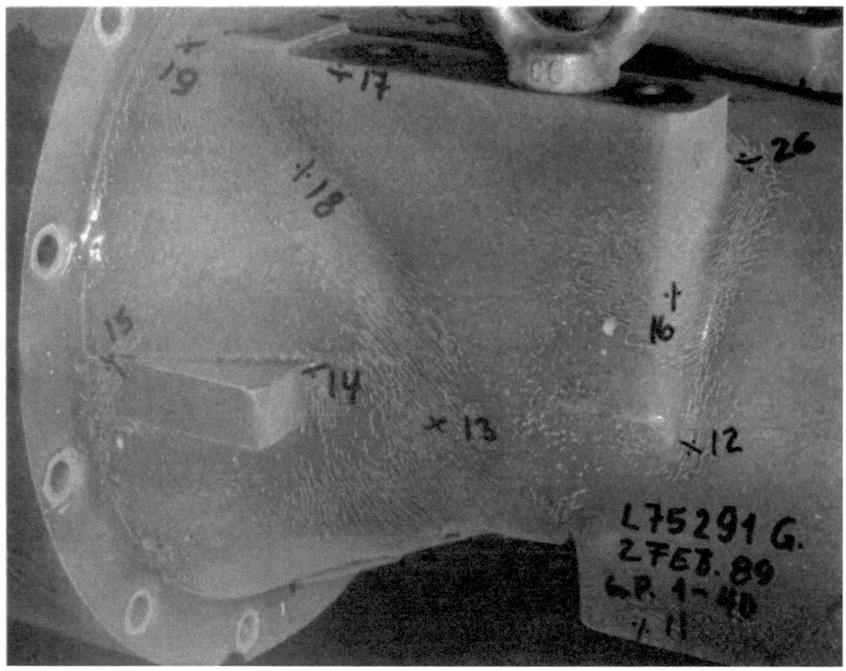

Bild 19.8 Rißlinienbild an einem Kupplungsgehäuse eines Traktors

Bild 19.9   Rißlinienbild am Hinterachsgehäuse eines Traktors

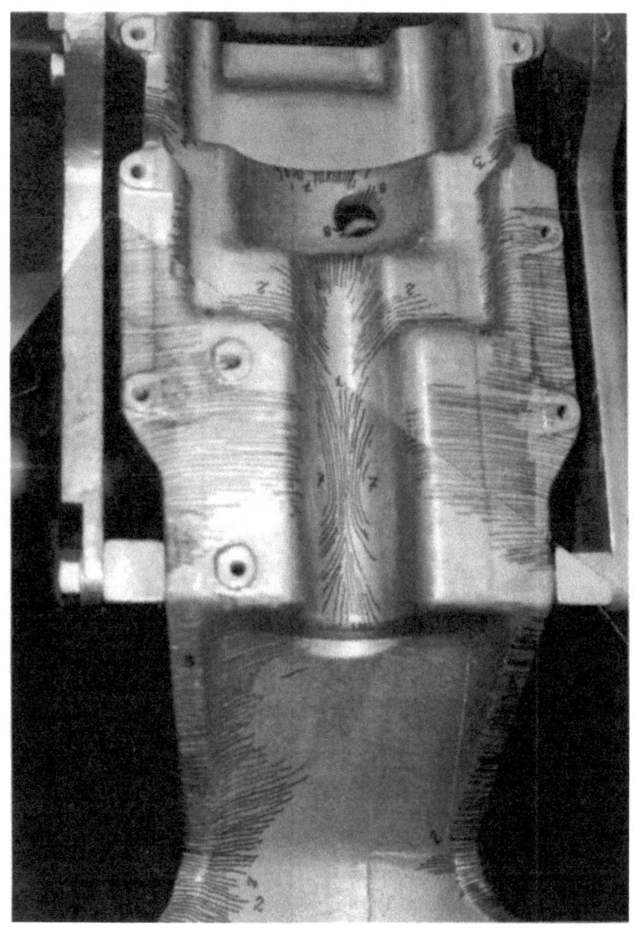

Bild 19.10 Rißlinien einer Reißlackuntersuchung am Vorderachsbock eines Traktors (Montage zweier Einzelaufnahmen)

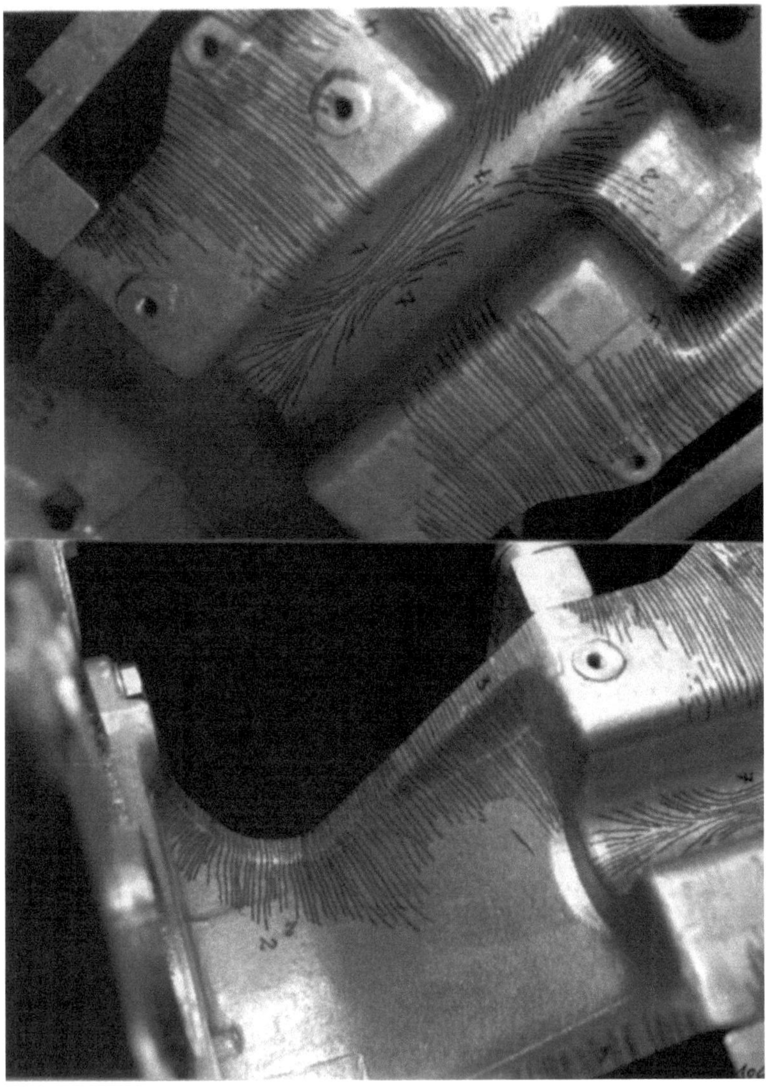

Bild 19.11 Ausschnitte der im Bild 19.10 dargestellten Rißlinien am Vorderachsbock eines Traktors mit geändertem Blickrichtungen

20   3-, 2- und 1-axiale Röntgen-Spannungsmessungen Die Röntgen-Integral-Methode (RIM)

20.1 Überblick

Das Röntgen-Integral-Verfahren gestattet es, inhomogene Verformungen im Eindringbereich des Röntgenbündels zu erfassen. Die Erweiterung gegenüber dem bisher häufig benützten "sin$^2\psi$-Verfahren" besteht in einem erweiterten Ansatz des Formänderungsfeldes ε und einer Wichtung der Meßwerte über das vom Röntgenstrahl beleuchtete Gebiet. Eine vollständige dreiaxiale Dehnungs- oder Spannungsanalyse erfordert daher eine physikalische Beschreibung des Strahlweges durch das zu untersuchende Material. Diese Beschreibung berücksichtigt die Besonderheiten der beiden etablierten experimentellen Meßtechniken, die des Ω- und Ψ Goniometers. Die Theorie wurde für ebene, zylindrische, sphärische oder beliebig gekrümmte konvexe oder konkave Probenoberflächen abgeleitet, deren Topologie durch die Angabe zweier Krümmungsradien beschrieben werden kann. Alle Kristallstrukturen werden unterstützt. Messungen und Auswertungen werden durch die unabhängige Bestimmung der POISSON-Zahl und der spannungsfreien Gitterkonstanten kontrolliert. Die physikalischen Randbedingungen werden je nach Qualität der Meßdaten verifiziert oder können optional postuliert werden. Die Vorteile der Röntgen-Integral-Methode werden an ausgesuchten Beispielen dargelegt. Es wird eine Eigendehnungs- bzw. Eigenspannungsanalyse an kugelgestrahlten Stahlproben und geschliffenen Aluminiumoxid-Keramiken diskutiert. Diese Daten wurden an konventionellen Röntgendiffraktometern gemessen. Darüberhinaus werden Untersuchungen von Nickeloxid-Schichten vorgestellt, die mit einem hochauflösenden Diffraktometer mit paralleler Strahloptik am Synchrotron durchgeführt wurden.

20.2 Notation

$\varphi,\ \psi$	: Winkel zur Festlegung der Meßrichtung.
$\varepsilon,\ \sigma$	: Dehnungs- bzw. Spannungsmatrix.
$\varepsilon_0,\ \sigma_0$	: Dehnungs- und Spannungsmatrix der Oberfläche.
$\varepsilon_x,\ \varepsilon_y,\ \varepsilon_z$	: Gradienten Dehnungsmatrizen bezüglich eines kartesischen Koordinatensystems, wobei der Index z einen Tiefengradienten bezeichnet.
x, y, z	: Orthogonale Koordinaten.
E, G	: Elastizitäts- und Schermodul.
ν	: POISSON-Zahl.

rms	: root-mean-square (Wurzel der mittleren quadratischen Abweichung der gemessenen und rechnerisch bestimmten Dehnungen).
a_0	: Spannungsfreie Gitterkonstante in der Oberfläche.
d	: Gitterebenenabstand.
k	: Verhältnis von angenommener zu mittlerer Eindringtiefe der Röntgenstrahlung.
e	: Eulersche Zahl.
λ	: Wellenlänge in nm (Nanometer).
Θ	: BRAGG-Winkel, Index : "b" : berechnet.
h,k,l	: MILLER'sche Indizes.
μ	: Absorptionskoeffizient in mm^{-1}.
ε_{ij}	: Element der Dehnungsmatrix.
σ_{ii}, σ_{ij}	: Normal- und Scherspannungen.
ssp	: sine-square-psi method (Sinus-Quadrat-Psi-Methode).

20.3 Situation

Alle Meßmethoden, die sich aus dem BRAGG'schen Gesetz ableiten, wie Röntgen-
oder Neutronenbeugung, detektieren stets einen Dehnungs- und keinen Spannungszustand.

$$n \cdot \lambda = 2 \cdot d \cdot \sin \Theta \qquad\qquad\qquad (20\text{-}1)$$

Von daher ist eine Beschreibung der Meßdaten immer nur sinnvoll in Bezug auf
Dehnungen. Ein Dehnungszustand irgend eines räumlichen Punktes einer Probe
wird durch einen symmetrischen Tensor zweiter Stufe beschrieben, der sechs unterschiedliche Elemente enthält. Im folgenden wird davon ausgegangen, daß der Dehnungszustand eines polykristallinen Materials als Antwortverhalten eines Eigenspannungszustandes aufgefaßt wird. Dies hat zur Folge, daß der Dehnungstensor
nicht konform zur Kristallsymmetrie sein muß wie z.B. der Tensor der thermischen
Ausdehnung. Von daher sind keine weiteren Einschränkungen erlaubt und alle Elemente des Tensors müssen berücksichtigt werden. Zur Beschreibung des Material-
verhaltens ist allerdings für den Ingenieur die Angabe einer Spannung aussagefäh-
iger als eine Dehnung. Von daher hat man in der Vergangenheit das "Sinus-Quadrat
-Psi-Verfahren" [20.1] als das Verfahren der Wahl in der Röntgenspannungsmeßtechnik angesehen. Dieses Verfahren, das in Kapitel 12 erläutert wird, erlaubt zwar
auf recht einfache Weise die Angabe eines Spannungszustandes, birgt aber soviele
Einschränkungen in sich, daß mitunter sogar unbrauchbare Aussagen erhalten
werden können.

20.4 Goniometer

In der Röntgenbeugungstechnik sind zwei verschiedene Aufnahmegeometrien gebräuchlich, das Ω- und Ψ-Goniometer, die in den Abbildungen 20.1 und 20.2 dargestellt sind.

Es wird ein probenfestes orthogonales Koordinatensystem X,Y,Z so gewählt, daß Z die Oberflächennormale darstellt. Der monochromatische Röntgenstrahl, der durch einen Wellenvektor K_0 repräsentiert werden kann, wird an Gitterebenen BRAGG-reflektiert, deren Normale mit L gekennzeichnet ist. Es wird nur elastische Beugung betrachtet, d.h. beide Wellenvektoren K_0 und K_1 unterscheiden sich zwar in ihrer Orientierung, sind aber betragsgleich. Im Falle des Ω-Goniometers wird die Probe um eine Achse T gedreht, die in der Probenoberfläche liegt und senkrecht auf der Beugungsebene steht, die durch ein quadratisches Muster gekennzeichnet ist. Betrachtet man das Ψ-Goniometer in Abbildung 20.2, so liegt die Drehachse in der Probenoberfläche und in der Beugungsebene, aber steht senkrecht auf dem Beugungsvektor, der parallel zu L, der Meßrichtung, steht. Die Größe der Kippung wird durch den Winkel ψ beschrieben. Die Meßrichtung ist daher vollständig durch die Angabe der beiden Winkel φ und ψ definiert, wobei φ als Drehwinkel um die Z-Achse zwischen X und der Projektion von L auf die Probenfläche definiert ist. Da im folgenden der Einfluß von Gradienten diskutiert wird, ist es notwendig entsprechende Vorzeichenkonventionen festzulegen. Alle Rotationen um Drehachsen werden positiv gezählt, wenn sie im Gegenuhrzeigersinn ausgeführt werden. Diese Festlegung ist von entscheidender Bedeutung, da sich daraus wichtige Schlußfolgerungen für den Einfluß von Meß- und Auswerteparametern ergeben.

20.5 Grundlagen

Differentiation von Gl. (20-1) liefert eine Beziehung zwischen der Dehnung $\varepsilon_{\varphi,\psi}$ des deformierten Kristalls und der Winkelverschiebung der Interferenzlinie.

$$\varepsilon_{\varphi,\psi} = (d_{\varphi,\psi} - d_0)/d_0 = -\cot\Theta_0 \cdot (\Theta_{\varphi,\psi} - \Theta_0) \qquad (\,20\text{-}2\,)$$

Dabei sind $d_{\varphi,\psi}$ bzw. d_0 die Abstände der Gitterebenen {hkl} eigenspannungsbehafteter bzw. eigenspannungsfreier Werkstoffzustände. $\Theta_{\varphi,\psi}$ bzw. Θ_0 sind die BRAGG-Winkel der zugehörigen Interferenzen {hkl}. Die Gitterdeformationsmessungen sind umso genauer möglich, je größer der BRAGG-Winkel der vermessenen Gitterebenen ist, wie aus Gleichung (20-2) abgelesen werden kann. Deshalb werden derartige Messungen in der Regel im Rückstrahlbereich $(2\cdot\Theta \approx 90°)$ durchgeführt. Unter der Annahme eines dreiaxialen Dehnungszustandes und mit Hilfe der Winkeldefinition des Ω- Goniometers in Abbildung 20.1 kann $\varepsilon_{\varphi,\psi}$ ausgedrückt werden als:

$$\varepsilon_{\varphi,\psi} = \varepsilon_{11}\cdot\cos^2\varphi\cdot\sin^2\psi + \varepsilon_{12}\cdot\sin 2\varphi\cdot\sin^2\psi + \varepsilon_{13}\cdot\cos\varphi\cdot\sin 2\psi +$$
$$\varepsilon_{22}\cdot\sin^2\varphi\cdot\sin^2\psi + \varepsilon_{23}\cdot\sin\varphi\cdot\sin 2\psi + \varepsilon_{33}\cdot\cos^2\psi \qquad (\,20\text{-}3\,)$$

Dies bedeutet, daß die orthogonalen Dehnungen $\varepsilon_{11,22,33}$ relativ zum gewählten Koordinatensystem fixiert sind. Die Berechnung einer vollständigen, sprich dreiaxialen, Dehnungsverteilung innnerhalb der Informationstiefe der Röntgenstrahlen, erfordert eine physikalische Beschreibung des Röntgenpfades durch die mehraxial verformten oberflächennahen Schichten (Abb. 20.3). Beim Durchdringen von Materie wird monochromatische Röntgenstrahlung der Wellenlänge λ mit der Primärintensität I_0 längs des Weges S auf den Wert

$$I(S) = I_0 \cdot \exp[-\mu \cdot S] \qquad (\,20\text{-}4\,)$$

geschwächt. μ ist der lineare Absorptionskoeffizient, der von der verwendeten Röntgenwellenlänge λ und dem untersuchten Werkstoff abhängt. In Referenz [20.5] findet man eine nahezu vollständige Auflistung von tabellierten Absorptionskoeffizienten. Diese sind elementspezifisch als μ/ρ- Werte angegeben, wobei ρ die Dichte bezeichnet. Daher wird der Absortionskoeffizient gelegentlich auch als Massenschwächungskoeffizient bezeichnet. Für den gesamten Pfad $S = S_P + S_R$ aus Abbildung 20.3 findet man für das Ω-Goniometer eine Eindringtiefe

$$Z_0 = ((\cos^2\eta - \sin^2\psi)/(2 \cdot \mu \cdot \cos\eta \cdot \cos\psi)) \cdot \ln(I_0/I) \qquad (\,20\text{-}5\,)$$

und für das ψ-Goniometer eine Eindringtiefe, die durch Gleichung (20-6) beschrieben wird.

$$Z_0 = ((\ \cos\eta \cdot \cos\psi)/2 \cdot \mu) \cdot \ln(I_0/I) \qquad (\,20\text{-}6\,)$$

In Praxi wäre es eine sehr schwierige Aufgabe, die Intensität absolut zu messen. Deshalb definiert man üblicherweise eine Eindringtiefe v_0, die sich ergibt, wenn die Intensität auf 1/e der Primärintensität abgeklungen ist; dies vereinfacht die obigen Gleichungen. Obwohl 63% der abgebeugten Intensität aus einer Eindringteife v_0 stammen, ist das Röntgen-Integral-Verfahren nicht auf diesen Wert beschränkt, sondern erlaubt eine variable Informationstiefe v, die durch den Faktor $k = v/v_0$ gesteuert wird. Gemäß dem Superpositionsprinzip übermittelt das reflektierte Strahlenbündel eine wegen der Absorption gewichtete Information, die in integraler Form dargestellt werden kann. Deshalb wurde die neue Theorie Röntgen-Integral-Methode genannt, abgekürzt RIM [20.6;–20.10]. Die gewichtete Integration trägt dem Sachverhalt Rechnung, daß oberflächennahe Schichten aufgrund des Absorptionsverhaltens mehr zur Signalamplitude beitragen als tieferliegende. Weil die Integration sich über eine Fläche erstreckt, ist die vom Röntgenstrahl übermittelte Information stets eine gemittelte Information, die durch die Angabe von eckigen Klammern <> gekennzeichnet wird. Die gemittelte Dehnung über der Eindringtiefe und der endlichen Strahlbreite kann ausgedrückt werden durch

$$<\varepsilon_{ij}>_{\varphi,\psi} = \int\int\int \varepsilon_{\varphi,\psi} \cdot \exp[-k]\,dx\ dy\ dk / \int\int\int \exp[-k]\,dx\ dy\ dk \qquad (\,20\text{-}7\,)$$

Dabei ist die tatsächlich vorliegende Gitterdeformationsverteilung $\varepsilon_{\varphi,\psi}(x,y,z)$ (Vergl. Gl. 20.3) unbekannt. Wie stets, wenn für eine Verteilung kein funktioneller Zusammenhang vorausgesagt werden kann, bietet sich die Möglichkeit, $\varepsilon_{\varphi,\psi}$ als TAYLOR-Reihenentwicklung aufzufassen. Für ein isotropes Material wird je nach Oberflächentopologie in einem geeignet gewählten Koordinatensystem, eine Entwicklung angenommen, die durch eine konstante Oberflächenmatrix und drei Gradientenmatrizen entlang zueinander orthogonalen Richtungen beschreibbar ist. Der physikalische Ursprung von Gradienten wird hier nicht diskutiert, da das Interesse in einer allgemeinen und vollständigen Beschreibung des Dehnungszustandes liegt, der von den Röntgenstrahlen gesehen wird. Für ein kartesisches Koordinatensystem kann diese Taylorentwicklung hingeschrieben werden als:

$$\varepsilon_{\varphi,\psi} = \varepsilon_0 + \varepsilon_x \cdot X + \varepsilon_y \cdot Y + \varepsilon_z \cdot Z \dots \qquad (\,20\text{-}8\,)$$

wobei eine Erweiterung zu höheren Termen keine rechentechnischen Schwierigkeiten bereitet.

Die Integralgleichung (20-7) mit dem Ansatz aus Gleichung (20-8) (und entsprechenden Erweiterungen) kann analytisch für willkürlich geformte Oberflächentopologien angegeben werden, wobei die Integrationsgrenzen durch die Strahlbreite des Röntgenbündels und durch den Faktor k festgelegt sind. Die expliziten Gleichungen sind in [20.11] angegeben. (Dort wird der Einfluß der Probentopologie diskutiert und das Verfahren zur Berechnung der spannungsfreien Gitterkonstanten und ihrer linearen Tiefenverteilung angegeben.) Solche Gitterkonstantengradienten können beispielsweise durch Konzentrationsgradienten (VEGARD'sche Regel) oder Oberflächenbehandlungen verursacht werden [20.2].) Bei isotropen und auch quasiisotropen Werkstoffen ist die Formänderungsmatrix ε symmetrisch zur Hauptdiagonalen, so daß demnach 24 Elemente der TAYLOR-Reihenentwicklung von Gleichung (20-8) zu bestimmen sind. Da in der Regel genügend Meßpunkte zur Verfügung stehen, stellt Gleichung (20-7) ein überbestimmtes lineares Gleichungssystem dar, das mit den Methoden aus Kapitel 24 gelöst werden kann. Üblicherweise werden die Meßpunkte in der Form ($\langle 2\Theta\rangle_{\varphi,\psi}$) angegeben, die über die BRAGG'sche Gleichung leicht in ($\langle\varepsilon\rangle_{\varphi,\psi}$) umgerechnet werden können. Durch die Formulierung in ε muß lediglich ein lineares Gleichungssystem gelöst werden, ansonsten ein nichtlineares, was den rechnerischen Aufwand erheblich steigern würde.

In vielen elastizitätstheoretischen Büchern werden stets Gleichgewichtsbedingungen diskutiert und als Ausgangsbasis für theoretische Modelle verwendet, so auch beim Sinus-Quadrat-Psi Verfahren. Jedoch sollte eine sorgfältige Messung, analysiert mit einer vollständigen Theorie, diese Gleichgewichtsbedingungen verifizieren. Die rechentechnische Forderung der Gleichgewichtsbedingungen verdeckt eher die Unzulänglichkeit des Modells oder die Meßunsicherheiten. Grundsätzlich müssen die Randbedingungen natürlich immer erfüllt sein, werden sie in situ erfüllt, erlaubt RIM weitere Schlußfolgerungen. Ohne weitere Vereinfachungen oder Annahmen ist die RIM in der Lage folgendes zu liefern:

- die orthogonale Spannungskomponente an der Oberfläche wird zu Null berechnet.
- die POISSON-Zahl ν wird in situ bestimmt.
- die spannungsfreie Gitterkonstante und ihre lineare Änderung mit der Tiefe kann berechnet werden.
- die Taylorentwicklung des Dehnungszustandes wird bis zu linearen Termen berechnet.

Die unabhängige Berechnung der POISSON-Zahl ν in situ dient als Selbstkontrolle von Messung und Rechnung; eine Kontrollmöglichkeit, die kein anderes Verfahren bietet. Die Theorie wurde in ein Computerprogramm umgesetzt, das menuegeführt die Auswahl mehrere Optionen bietet. Alle Kristallstrukturen von kubisch bis triklin werden unterstützt. Der angenommene Dehnungs/Spannungszustand kann angewählt werden als:

- einaxiale Dehnung/Spannung.
- zweiaxiale Dehnung/Spannung.
- dreiaxiale Dehnung/Spannung.
- willkürlich anwählbarer Dehnungszustand, um den Einfluß der verschiedenen Elemente auf das Gesamtergebnis zu untersuchen.
- Sinus-Quadrat-Psi-Verfahren.

Eine vollständige dreiaxiale Analyse erfordert in jedem Fall die Bestimmung von 24 Dehnungsmatrixelementen, 6 verschiedene Elemente für jede Matrix der Taylorentwicklung. Die zugehörigen Spannungen werden mithilfe des HOOKE'schen Gesetzes berechnet [20.2; 20.4]. Der Vollständigkeit halber wird der am stärksten belastete Punkt sowie eine Vergleichsspannung ermittelt. Zusätzlich kann die POISSON-Zahl oder die spannungsfreie Gitterkonstante berechnet werden. Die Lösung des Eigenwertproblems für die Matrizen erlaubt die Angabe von Hauptdehnungen bzw. Hauptspannungen. Die Eigenvektoren erlauben Aussagen hinsichtlich der Orientierung der Hauptspannungen bezüglich des gewählten Koordinatensystems. Damit lassen sich u.U. Rückschlüsse auf den Fertigungsprozeß oder die Oberflächenbehandlung ziehen. Die Wurzel der mittleren quadratischen Abweichungen von gemessenen und berechneten ε-Werten dient als Güte für die Anpassung der RIM. Eine vollständige Berechnung erfordert folgende Eingabeparameter:

- Wellenlänge der monochromatischen Röntgenstrahlung.
- Faktor k als Maß für die Informationstiefe.
- Kristallstruktur.
- Goniometertyp (Ω oder Ψ).
- Absorptionskoeffizient.
- MILLER'sche Indizes.
- Spannungsfreie Gitterkonstante oder POISSON-Zahl.
- Strahlbreite in Beugungsebene.
- Elastizitätsmodul.
- mindestens 24 Messungen in drei verschiedenen φ-Richtungen.

Die letzte Forderung ist nicht obligatorisch. Einige Gruppen [20.12] benutzen die sogenannte φ-Integral Methode [20.13; 20.14] als Meßmethode. Bei diesem Verfahren wird ψ konstant gehalten und der Winkel φ variiert. Im Gegensatz zu einem Auswerteansatz von LODE [20.14], muß φ hier nicht den gesamten Bereich von 0 bis 2π überstreichen. Die RIM kann jede beliebige Kombination von φ, ψ Messung analysieren. Für eine sorgfältige dreiaxiale Analyse müssen die Messwinkel jedoch so gewählt werden, daß der vollständige Tensor (Gl. (20-3)) bestimmt werden kann. Das überbestimmte "least squares" Problem wird mit dem iterativen Verfahren der konjugierten Gradienten [20.15] gelöst, das numerisch stabil ist.
Im folgenden wird die Röntgen-Integral-Methode auf kürzlich veröffentlichte Daten angewendet, um die Vorteile einer solch ausgeklügelten Methode gegenüber dem häufig verwendeten Sinus- Quadrat-Psi-Verfahren aufzuzeigen.

20.6 Ausgewählte Beispiele

I Kugelgestrahlte Stahlprobe aus 100 Cr6

Dieses erste Beispiel ist Referenz [20.2] auf Seite 226 ff entnommen. Alle relevanten Eingabeparameter für RIM sind dort in tabellarischer Form angegeben. Die Daten wurden aus drei verschiedenen φ-Richtungen (0,45,90°) an einer ebenen Probe aufgenommen, wobei in jeder φ-Richtung verschiedene Psi-Kippungen realisiert wurden. Die Stahlprobe wurde vor der Untersuchung bei $\varphi=0°$ unter 30° Neigung kugelgestrahlt. Als Röntgenwellenlänge wurde CrKα Strahlung verwendet, als Beugungsreflex wurde [211] gewählt, als Diffraktometer wurde ein Standard Omega-Goniometer verwendet. Die Mehr-kipp-Psi-Methode, bei der für ein gegebenes φ mehrere $\pm\psi$ Kippungen realisiert werden, stellt in gewisser Hinsicht noch eine Besonderheit dar. Um Defokus-sierungseffekte bei diesem Diffraktometertyp zu vermeiden, wird in der Praxis häufig eine -ψ Kippung dadurch realisiert, daß in Wirklichkeit von einer +ψ, +φ Anordnung ausgegangen wird und φ anschließend um 180 Grad gedreht wird. Durch diese spezielle Aufnahmetechnik ergeben sich für das durchstrahlte Gebiet besondere geometrische Verhältnisse, auf die im Anschluß eingegangen wird. Die Ergebnisse sind in Abbildung 20.4 und Tabelle 20.1 zusammengefaßt. Aus der Entwicklung des Sinus-Quadrat-Psi-Verfahrens hat sich die Darstellung der Meßwerte in der Form $<2\Theta\varphi\psi>$, aufgetragen gegenüber $\sin^2\psi$, durchgesetzt. Auffallend ist, daß die Meßwerte, die als "+" gekennzeichnet sind, in ihrem Verlauf mit $\sin^2\psi$ keine starke Krümmung aufweisen. Dies bedeutet, daß der Einfluß eines Tiefengradienten von untergeordneter Bedeutung ist. Andererseits wird jedoch eine starke Aufspaltung für +ψ und -ψ Kippungen beobachtet, die bei $\varphi=0$ am größten ist. Solche Aufspaltungen können durch das Sinus-Quadrat-Psi Verfahren nicht beschrieben werden, da es von einem streng linearen Zusammenhang zwischen 2Θ und $\sin^2\psi$ ausgeht. Bemerkenswert ist die Tatsache, daß eine Aufspaltung auch bei $\psi=0$ beobachtet wird. Dieser Sachverhalt wurde in der Vergangenheit stets vernachlässigt oder gar als Indiz für eine falsche Justierung angesehen. Mag dies für die Anfänge der Röntgen-spannungsmeßtechnik noch gelten, so muß man solche Effekte heute außerhalb von systematischen Fehlern sehen. Innerhalb der RIM-Theorie ist eine solche Aufspaltung bei $\psi=0$ eine Konsequenz der Existenz von Oberflächengradienten. Aufgrund der kleinen aber endlichen Strahlbreite sind die durchstrahlten Volumina für die beiden Meßanordnungen $(\psi=0, \varphi=0),(\psi=0, \varphi=180)$ zwar gleiche Parallelepipede, gleich in Dimension und Fläche, aber sie haben unterschiedliche geometrische Orte. Liegt nun ein inhomogener Dehnungszustand in der Oberfläche vor, so kann eine Aufspaltung bei $\psi=0$ beobachtet werden, sofern das Element ε_{x33} des Oberflächengradienten verschieden von Null ist. Daraus kann im vorliegenden Fall gefolgert werden, daß richtungsabhängiges Bearbeiten von Oberflächen Oberflächengradienten verursacht. Die orthogonale Spannungskomponente σ_{033} wird zu Null berechnet mit einer POISSON-Zahl $v_0 = \varepsilon_{033}/(\varepsilon_{033} - \varepsilon_{011} - \varepsilon_{022}) = 0.326$. Dies ist keine ungewöhnliche Zahl für Stahl, denn die Probe wurde kugelgestrahlt. Aus Tabelle 20.1 wird ersichtlich, daß nur eine dreiaxiale Analyse über den Selbstkontrollmechanismus von RIM zufriedenstellende Ergebnisse liefert.

II Geschliffene Keramik

Bei diesem Beispiel [20.16] handelt es sich um Untersuchungen an einer Al_2O_3/TiC-Mischkeramik mit 5 Vol.-% TiC. Die Probe wurde durch Sintern entsprechender Pulvergemische hergestellt und anschließend geschliffen. Die Daten wurden an einem Ψ-Diffraktometer aufgenommen mit TiKα-Strahlung. Das Ψ-Diffraktometer erlaubt im Gegensatz zum Ω-Diffraktometer die Detektion eines wesentlich größeren ψ-Bereiches. Damit sind Messungen bis nahe $\psi=90°$ möglich. Da die Eindringtiefe bei diesem Wert auf Null zustrebt, wäre eine Messung bei diesem Extrapolationswert ein absolutes Maß für die Oberflächendehnungen. Vom theoretischen Standpunkt aus ist eine Entscheidung für das Ω- oder Ψ-Diffraktometer schwer zu fällen. Aufgrund der geometrischen Verhältnisse können beim Ψ-Diffraktometer allerdings keine Oberflächengradienten detektiert werden, da die Strahlbreite in Beugungsebene unabhängig von ψ ist. Die RIM kann daher für den gesamten ψ-Bereich von 0 bis 90 Grad den 2Theta−Verlauf berechnen und liefert damit ein empfindliches Instrumentarium für das asymptotische Verhalten bei $\psi=90°$. Dieser asymptotische Wert hängt natürlich vom vorliegenden Dehnungszustand ab. Die Ergebnisse der RIM-Analyse zusammen mit Auswertungen nach dem Sinus-Quadrat-Psi-Verfahren und der Annahme eines zweiaxialen konstanten Spannungszustandes sind in Abbildung 20.5 und Tabelle 20.2 zusammengefaßt. Die Gleichgewichtsbedingung ist auch hier in situ erfüllt und liefert eine vertrauenswürdige POISSON-Zahl von $v=0{,}296$. Wird die mit der Tiefe veränderliche orthogonale Spannungskomponente σ_{z33} ebenfalls zu Null angenommen, so läßt sich eine Tiefen-POISSON-Zahl angeben, die mit v_z abgekürzt ist. Man findet einen Wert, der mit dem Oberflächenwert identisch ist, was bedeutet, daß die orthogonale Spannungskomponente auf der Oberfläche auch in Tiefenrichtung vernachlässigbar ist. Es wird hier ausdrücklich nochmals darauf hingewiesen, daß diese phsikalische Gleichgewichtsbedingung durch die Analyse nach dem Röntgen-Integral-Verfahren verifiziert wird und nicht, wie häufig, postuliert werden muß. Die Druckspannungen in der Oberfläche liegen bei -1440 MPa während eine Auswertung nach dem Sinus-Quadrat-Psi-Verfahren oder die Annahme eines zweiaxialen Spannungszustandes Werte liefert, die um 40% respektive 30% zu niedrig liegen. Damit sind letztere als Maß für ein Versagenskriterium des betreffenden Werkstoffes ungeeignet. Die relative Stärke von Oberflächen- und Gradientenmatrix kann durch die Angabe einer Vergleichsspannung charakterisiert werden(siehe Kapitel 3). Diese Vergleichspannung hat man geschaffen, um die Abhängigkeiten des Spannungszustandes mit anderen technologischen Kenngrößen, wie z.B. Härte oder Dauerfestigkeit und Stabilität durch eine einzige Kenngröße zu beschreiben. Sie ist per Definition eine einaxiale Zugspannung, die die gleiche Wirkung haben soll wie die dreiaxialen Komponenten. Für die Oberfläche findet man einen Wert von 1459 MPa und für eine Tiefe von 15 µm einen Wert von 2490 MPa, der nahezu doppelt so groß ist wie der Oberflächenwert. Dieser dominante Einfluß eines Tiefengradienten erklärt das stark nichtlineare Verhalten der gemessenen 2Θ-Werte als Funktion von $\sin^2\psi$. Daraus kann gefolgert werden, daß mit zunehmendem Einfluß eines Makroeigenspannungsgradienten mit der Tiefe, die Ergebnisse von Auswerteverfahren wie z.B. das Sinus-Quadrat-Psi-Verfahren nicht mehr zuverlässig sind. Daher sollten solche Analyseverfahren in diesen Fällen nicht länger eingesetzt werden.

III NiO-Schichten

Eine sehr vielversprechende Innovation auf dem Gebiet der Röntgenspannungsmeßtechnik wird in einer Veröffentlichung von FITCH [20.17] behandelt. Diese Gruppe hat ein neues hochauflösendes Diffraktometer an der Sychrotron-Strahlquelle in DARESBURY entwickelt, das eine parallele Strahloptik verwendet. Damit können Verschiebungen von Peakpositionen, die kleiner als 0.005° sind, noch sehr genau gemessen werden. Die ist besonders wichtig für Keramiken, da sich bei diesen Materialien aufgrund der großen Steifigkeit, Spannungen nur als kleine Dehnungen und damit in sehr kleinen Peakverschiebungen meßbar sind. Die Einzelheiten des hochauflösenden Diffraktometers sind in der Literatur [20.18; 20.19] ausführlich beschrieben. Durch die Verwendung der parallelen Strahloptik ist die Lage des Beugungspeaks relativ unempfindlich gegen eine Fehljustierung des Diffraktometers oder die Positionierung der Probe. Die Arbeit von FITCH beschäftigt sich mit der Eigenspannungsanalyse in dünnen Oxid-Schichten, die durch thermische Oxidation auf ein Metallsubstrat hergestellt wurden. Diese Untersuchungen sollen Aussagen über das Adhäsionsverhalten der Oxidschichten auf dem Metall liefern. Die Durchstimmbarkeit der einfallenden Synchrotronstrahlung erlaubt dabei eine Kontrolle über die Eindringtiefe der Röntgenstrahlen in die Oberfläche der Probe und ist daher in idealer Weise dazu geeignet, die Aussagen der RIM zu überprüfen. Von den verschiedenen Dickenskalen der untersuchten Schichten wurden zwei exem-

plarische Datensätze herausgegriffen, die von Dr. FITCH freundlicherweise zur
Verfügung gestellt wurden. Als Aufnahmegeometrie wurde der Ω-Mode gewählt.
In einem sehr überzeugenden Experiment wurde die Variation der Peak-Posi-
tion für den (400)-Peak der NiO Skala mit 13,7 µm mit zwei verschiedenen
Wellenlängen ober- und unterhalb der NiK Absorptionskante gemessen. Dieser
einzigartige Vorteil der Synchrotronstrahlung erlaubt daher einen sensitiven
Test auf Tiefengradienten durch die Variation der Röntgen-Informationstiefe
(Man beachte, daß sich die betreffenden Absorptionskoeffizienten immerhin um
den Faktor 6 unterscheiden). Die Ergebnisse sind in Tabelle 20.3 zusammengefaßt. Oberflächengradienten konnten nicht nachgewiesen werden. Die relativ
kleinen Druckspannungen in der Oberfläche in der Größenordnung von -40MPa
setzen sich mit der Tiefe fort. Als Maß für eine relative Stärke des Spannungszustandes in der Oberfläche und in einer Tiefe von 38,5 µm errechnet man
eine Vergleichsspannung von 43 MPa bzw. 20 MPa. Dies bedeutet, daß ein
Eigenspannungsgradient mit der Tiefe zwar vorhanden ist aber keine entschei-
dende Rolle spielt. Die Gleichgewichtsbedingungen werden auch hier wieder erfüllt und es errechnet sich eine POISSON-Zahl um 0,3. Berücksichtigt man die
Schichtdicke von 13,7 µm, so kann gefolgert werden, daß die gesamte Schicht
als Informationstiefe der Röntgenstrahlen gesehen wird und eine stabile Verbindung mit dem Metallsubstrat vorausgesagt wird. Sehr bemerkenswert ist die
Tatsache, daß die gleiche Messung mit einer Wellenlänge unterhalb der NiK-
Absorptionskante analysiert mit RIM bis auf 5MPa die gleichen Oberflächenspannungen liefert. Diese Unsicherheit wird von den Autoren als experimentel-
les Fehlerintervall angegeben. Ein Tiefengradient kann durch RIM praktisch
nicht nachgewiesen werden, wie aus Tabelle 20.3 ersichtlich ist. Vergleicht man
die mittleren Informationstiefen beider Messungen (6,2 und 38,5 µm) so kann
gefolgert werden, daß die Oxidschicht durch einen homogenen zweiaxialen
Spannungszustand charakterisiert werden kann.
Die Ergebnisse der Untersuchungen an der dünnsten Schicht sind in
Tabelle 20.4 angegeben. Bei dieser Probe werden in der Oberfläche die größten
Druckeigenspannungen gefunden sowie ein beträchtlicher Zugeigenspannungs-
gradient. Dieser Gradient ist sicherlich durch die Fehlanpassung von Oxid- und
Substratgitter verursacht. Beide haben unterschiedliche Kristallstrukturen und
unterschiedliche thermische Ausdehnungskoeffizienten. In der Interfaceregion
dominieren allerdings die Druckeigenspannungen was bedeutet, daß auch diese
dünne Oxidschicht haftet. Die Gleichgewichtsbedingungen ergeben eine
POISSON-Zahl um 0,38. Die Vergleichsspannung als möglicher Indikator einer
relativen Stärke errechnet sich zu $\sigma_0 : \sigma_x : \sigma_y : \sigma_z = 157 : 14 : 39 : 227$ MPa,
was auf eine untergeordnete Bedeutung von Oberflächengradienten hinweist.
Ob Oberflächengradienten innerhalb der Streuung der experimentellen Daten
tatsächlich existieren oder nicht kann nur durch ein sehr subtiles Experiment
beantwortet werden. Die größte Psi-Kippung bei dieser Meßserie wurde bei
ψ=-40 Grad realisiert, die bei der Ω-Aufnahmetechnik bereits recht nahe dem
streifenden Einfall kommt. Existieren Oberflächengradienten tatsächlich, dann
sollte für Psi gegen den streifenden Einfall ein divergenter -ψ-Ast beobachtet

werden, wie aus Abbildung 20.6a ersichtlich ist. Zum Vergleich ist in Abbildung 20.6b eine Analyse gegenübergestellt, die Oberflächengradienten vernachlässigt. In diesem Fall zeigt sich kein divergenter Charakter. Bei dieser Analyse reduzieren sich die Oberflächenspannungen um etwa 10%. Das Sinus-Quadrat-Psi-Verfahren sagt hier wiederum Spannungen voraus, die wesentlich zu niedrig sind und sollte daher nicht als Maßstab genommen werden. Leider war für diese Oxidschicht kein vollständiger Datensatz für die Messung mit einer Wellenlänge unterhalb der NiK-Absorptionskante verfügbar.

20.7 Schlußbemerkung

Die Beispiele haben gezeigt, daß die Röntgen-Integral-Methode ein äußerst leistungsfähiges Werkzeug der Röntgenspannungsanalyse darstellt, besonders wegen seines Selbstkontrollmechanismus für Messung und Berechnung. Alle hier analysierten Datensätze erfüllten in situ die Gleichgewichtsbedingungen, was einen entsprechenden Qualitätsstandard in der Meßtechnik belegt. Als 'Bonbon' sozusagen liefert die RIM die entsprechenden in situ POISSON-Zahlen, was derzeit keine andere Auswertetechnik bietet. Bei bekannter POISSON-Zahl andererseits kann die spannungsfreie Gitterkonstante mit ihrer linearen Tiefenverteilung berechnet werden, ein interessanter Aspekt für all solche Materialien, bei denen die spannungsfreie Gitterkonstante oft nicht bekannt ist. Solch ein ausgeklügeltes Analyseverfahren wie die Röntgen-Integral-Methode erfordert in jedem Fall einen vollständigen experimentellen Datensatz, der eine dreiaxiale Analyse ermöglicht, um alle Elemente des Dehnungs- bzw. Spannungstensors zu bestimmen. Die Richtigkeit der Ergebnisse der RIM konnten an einem sehr überzeugenden Experiment mit Synchrotron-strahlung verifiziert werden. Die Röntgen-Integral-Methode sollte sich daher als das Verfahren der Wahl zur Röntgenspannungsanalyse durchsetzen. In einem nächsten Schritt wird die Theorie der RIM erweitert werden, um das Verfahren auch auf Neutronenmessungen [20.20; 20.21] anzuwenden (NIM). Wegen der wesentlich größeren Eindringtiefe gegenüber Röntgenstrahlen, eignet sich diese Methode besonders zur Untersuchung von sehr großen Bauteilen. Alle Forschungsgruppen, die Neutronen-Beugungsmethoden zum Studium von Eigenspannungsfeldern einsetzen, werden an dieser Stelle auf-gefordert, ihre Ergebnisse dem Autor zugänglich zu machen.
RIM wird exklusiv von PHILIPS Almelo, Niederlande vertrieben.

Tabelle 20.1 Ergebnisse einer kugelgestrahlten Stahlprobe aus 100 Cr 6

ψ	φ	2Θ	ε	$2\Theta_b$	$\Delta 2\Theta = 2\Theta - 2\Theta_b$
45.000	0.000	155.880	0.000336	155.894	-0.0136
30.000	0.000	155.483	0.001083	155.463	0.0196
15.000	0.000	155.240	0.001547	155.242	-0.0015
0.000	0.000	155.252	0.001523	155.275	-0.0229
-0.000	0.000	155.386	0.001267	155.373	0.0129
-15.000	0.000	155.619	0.000825	155.645	-0.0258
-30.000	0.000	156.109	-0.000089	156.076	0.0329
-45.000	0.000	156.502	-0.000808	156.511	-0.0092
45.000	45.000	155.986	0.000139	156.013	-0.0274
30.000	45.000	155.666	0.000737	155.611	0.0546
15.000	45.000	155.354	0.001328	155.375	-0.0212
0.000	45.000	155.292	0.001447	155.274	0.0181
-0.000	45.000	155.360	0.001317	155.374	-0.0141
-15.000	45.000	155.636	0.000793	155.659	-0.0232
-30.000	45.000	156.064	-0.000006	156.034	0.0299
-45.000	45.000	156.487	-0.000781	156.496	-0.0094
45.000	90.000	156.255	-0.000358	156.259	-0.0039
30.000	90.000	155.838	0.000414	155.824	0.0135
15.000	90.000	155.476	0.001096	155.494	-0.0177
0.000	90.000	155.296	0.001439	155.302	-0.0062
-0.000	90.000	155.352	0.001332	155.346	0.0063
-15.000	90.000	155.507	0.001037	155.493	0.0141
-30.000	90.000	155.812	0.000463	155.818	-0.0065
-45.000	90.000	156.357	-0.000544	156.356	0.0008

```
RMS = 0.18942E-03

POISSON RATIO = 0.326E+00

Epsilon -0- Matrix
EPS11= -0.002030    EPS12=    0.001435    EPS13=    0.000592
EPS21=  0.001435    EPS22=   -0.000831    EPS23=   -0.000100
EPS31=  0.000592    EPS32=   -0.000100    EPS33=    0.001386

Hauptdehnungen und Eigenvektoren
  -0.003054    (0.831,-.542,-.123)
   0.000082    (0.520,0.837,-.172)
   0.001496    (0.196,0.079,0.977)

Epsilon -x- Matrix
EPS11= -0.000299    EPS12=   -0.000732    EPS13=    0.000088
EPS21= -0.000732    EPS22=   -0.000366    EPS23=   -0.001172
EPS31=  0.000088    EPS32=   -0.001172    EPS33=    0.000318

Hauptdehnungen und Eigenvektoren
   0.001363    (0.311,-.620,0.721)
  -0.001501    (0.432,0.767,0.473)
  -0.000210    (-.846,0.164,0.507)

Epsilon -y- Matrix
EPS11= -0.000366    EPS12=   -0.000732    EPS13=   -0.001172
EPS21= -0.000732    EPS22=   -0.000642    EPS23=   -0.001059
EPS31= -0.001172    EPS32=   -0.001059    EPS33=    0.000141

Hauptdehnungen und Eigenvektoren
  -0.002271    (0.571,0.612,0.547)
   0.000209    (-.660,0.739,-.137)
   0.001195    (-.488,-.282,0.826)

Epsilon -z- Matrix
EPS11= -0.000042    EPS12=   -0.000040    EPS13=   -0.000044
EPS21= -0.000040    EPS22=   -0.000025    EPS23=   -0.000016
EPS31= -0.000044    EPS32=   -0.000016    EPS33=    0.000049

Hauptdehnungen und Eigenvektoren
  -0.000075    (0.778,0.629,0.000)
   0.000007    (-.629,0.778,0.000)
   0.000049    (0.000,0.000,1.000)
```

a_0 [nm]	λ [nm]	hkl	Strahlbreite [mm]	μ [mm^{-1}]	E (MPa)	k
0.28665 kubisch	0.22896	211	2.5	89.7	230000	10

	$\sigma = \sigma_o + \sigma_x \cdot x + \sigma_y \cdot y + \sigma_z \cdot z$ [MN/m^2]	ν_o	ν_z	rms
RIM 3-axial	$\begin{pmatrix} -592 & 249 & 103 \\ & -384 & -17 \\ & & 0 \end{pmatrix} + \begin{pmatrix} -108 & -127 & 15 \\ & -120 & -203 \\ & & 0 \end{pmatrix} \cdot x + \begin{pmatrix} -205 & -127 & -203 \\ & -253 & -184 \\ & & 0 \end{pmatrix} \cdot y + \begin{pmatrix} -10 & -7 & -8 \\ & -7 & -3 \\ & & 5 \end{pmatrix} \cdot z$	0.326	0.42	1.89E-4
2-axial constant	$\begin{pmatrix} -426 & -122 & 0 \\ & -497 & 0 \\ & & 0 \end{pmatrix}$	-	-	1.76E-3
3-axial constant	$\begin{pmatrix} -591 & -11 & 115 \\ & -667 & 7 \\ & & 0 \end{pmatrix}$	0.25	-	3.8E-4
ssp	$\begin{pmatrix} -583 & 0 & 0 \\ & -640 & 0 \\ & & 0 \end{pmatrix}$ $\sigma_{45} = -597$	-	-	2.4E-3

Für die Auswertung nach Sinus-Quadrat-Psi und 2-axial wurde die gleiche POISSON-Zahl wie bei dreiaxial benützt.

Vergleichsspannung

$$\sigma = \sqrt{0.5[(\sigma_{11} - \sigma_{22})^2 + (\sigma_{22} - \sigma_{33})^2 + (\sigma_{33} - \sigma_{11})^2] + 3(\sigma_{12}{}^2 + \sigma_{23}{}^2 + \sigma_{13}{}^2)}$$

Tabelle 20.2 Ergebnisse für eine geschliffene Al_2O_3 Keramik

ψ	φ	2Θ	ε	$2\Theta_b$	$\Delta 2\Theta = 2\Theta - 2\Theta_b$
-80.000	0.000	118.630	-0.002172	118.626	0.0042
-77.500	0.000	118.553	-0.001774	118.595	-0.0419
-75.000	0.000	118.553	-0.001774	118.563	-0.0102
-72.500	0.000	118.547	-0.001743	118.531	0.0159
-70.000	0.000	118.509	-0.001546	118.499	0.0101
-65.000	0.000	118.432	-0.001147	118.436	-0.0039
-55.000	0.000	118.323	-0.000580	118.322	0.0005
-45.000	0.000	118.237	-0.000132	118.235	0.0018
-35.000	0.000	118.201	0.000056	118.176	0.0246
-25.000	0.000	118.138	0.000386	118.141	-0.0034
-15.000	0.000	118.107	0.000548	118.122	-0.0150
0.000	0.000	118.108	0.000543	118.108	0.0003
15.000	0.000	118.116	0.000501	118.110	0.0061
25.000	0.000	118.143	0.000360	118.131	0.0124
35.000	0.000	118.187	0.000130	118.177	0.0099
45.000	0.000	118.266	-0.000283	118.255	0.0111
55.000	0.000	118.348	-0.000710	118.363	-0.0145
65.000	0.000	118.462	-0.001302	118.488	-0.0264
70.000	0.000	118.527	-0.001639	118.552	-0.0249
72.500	0.000	118.565	-0.001836	118.582	-0.0175
75.000	0.000	118.639	-0.002219	118.612	0.0273
77.500	0.000	118.663	-0.002343	118.639	0.0241
80.000	0.000	118.692	-0.002492	118.664	0.0280
-80.000	90.000	118.599	-0.002012	118.627	-0.0280
-77.500	90.000	118.586	-0.001945	118.597	-0.0109
-75.000	90.000	118.557	-0.001795	118.566	-0.0088
-72.500	90.000	118.561	-0.001815	118.534	0.0268
-70.000	90.000	118.520	-0.001603	118.502	0.0176
-65.000	90.000	118.445	-0.001214	118.440	0.0055
-55.000	90.000	118.308	-0.000502	118.325	-0.0172
-45.000	90.000	118.237	-0.000132	118.236	0.0012
-35.000	90.000	118.183	0.000150	118.175	0.0082
-25.000	90.000	118.137	0.000391	118.138	-0.0014
-15.000	90.000	118.110	0.000532	118.119	-0.0091
0.000	90.000	118.092	0.000626	118.108	-0.0157
15.000	90.000	118.115	0.000506	118.114	0.0005
25.000	90.000	118.143	0.000360	118.138	0.0052
35.000	90.000	118.199	0.000067	118.185	0.0136
45.000	90.000	118.242	-0.000158	118.263	-0.0207
55.000	90.000	118.367	-0.000809	118.368	-0.0010
65.000	90.000	118.481	-0.001401	118.491	-0.0098
70.000	90.000	118.557	-0.001795	118.553	0.0043
72.500	90.000	118.590	-0.001965	118.582	0.0076
75.000	90.000	118.607	-0.002053	118.611	-0.0039
77.500	90.000	118.641	-0.002229	118.638	0.0035
80.000	90.000	118.676	-0.002410	118.662	0.0141

```
RMS = 0.54924E-03  POISSON RATIO = 0.296E+00

Epsilon -0- Matrix
EPS11=   -0.002684      EPS12=    0.000000      EPS13=    0.000327
EPS21=    0.000000      EPS22=   -0.002701      EPS23=   -0.000365
EPS31=    0.000327      EPS32=   -0.000365      EPS33=    0.002265

Hauptdehnungen und Eigenvektoren
   -0.002690      (0.844,0.537,-.016)
   -0.002743      (-.533,0.841,0.096)
    0.002313      (0.065,-.072,0.995)

Epsilon -z- Matrix
EPS11=    0.274271      EPS12=    0.000000      EPS13=   -0.056583
EPS21=    0.000000      EPS22=    0.287650      EPS23=    0.069104
EPS31=   -0.056583      EPS32=    0.069104      EPS33=   -0.268011

Hauptdehnungen und Eigenvektoren
    0.277432      (0.934,0.353,-.052)
    0.298623      (-.342,0.928,0.147)
   -0.282146      (0.100,-.120,0.988)
```

a_0, c_0 [nm]	λ [nm]	hkl	Strahlbreite	μ [mm^{-1}]	E (MPa)	k
0.47601; 1.29995 (hexagonal)	0.27497	116	–	66.8	376000	10

	$\sigma = \sigma_0 + \sigma_z \cdot z$ [MN/m^2]		ν_0	ν_z	rms
RIM 3–axial	$\begin{pmatrix} -1436 & 0 & 95 \\ & -1441 & -106 \\ & & 0 \end{pmatrix} + \begin{pmatrix} -141462 & 0 & -16416 \\ & 145344 & 20048 \\ & & -15858 \end{pmatrix} \cdot z$		0.296	0.32	5.49E-4
3–axial constant	$\begin{pmatrix} -1006 & 0 & 0 \\ & -1003 & 0 \\ & & 0 \end{pmatrix}$		–	–	3.09E-3
ssp	$\begin{pmatrix} -868 & 0 & 0 \\ & -856 & 0 \\ & & 0 \end{pmatrix}$		–	–	2.55E-3

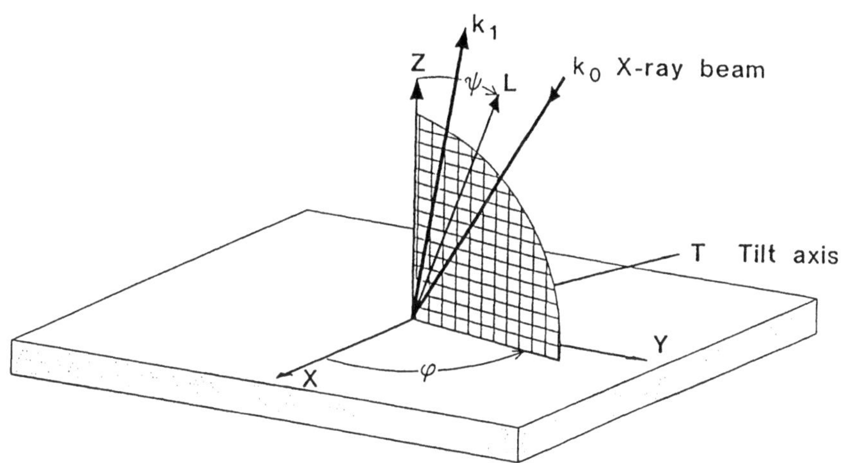

Bild 20.1 Winkeldefinition für das Ω-Goniometer. Die Kippachse T liegt in der Probenoberfläche und steht senkrecht auf der Beugungsebene, die durch ein quadratisches Muster gekennzeichnet ist

Tabelle 20.3 Ergebnisse für eine NiO Schicht der Dicke 13.7 μm

ψ	φ	2Θ	ε	$2\Theta_b$	$\Delta 2\Theta = 2\Theta - 2\Theta_b$
40.000	0.000	94.141	0.000038	94.143	-0.0020
35.000	0.000	94.140	0.000052	94.138	0.0018
30.000	0.000	94.135	0.000085	94.132	0.0030
25.000	0.000	94.126	0.000164	94.127	-0.0017
20.000	0.000	94.121	0.000206	94.123	-0.0024
15.000	0.000	94.118	0.000229	94.119	-0.0013
10.000	0.000	94.122	0.000195	94.116	0.0059
5.000	0.000	94.115	0.000248	94.114	0.0015
0.000	0.000	94.119	0.000222	94.113	0.0057
-5.000	0.000	94.116	0.000241	94.113	0.0032
-10.000	0.000	94.119	0.000220	94.114	0.0044
-15.000	0.000	94.122	0.000195	94.117	0.0050
-20.000	0.000	94.121	0.000204	94.121	0.0003
-25.000	0.000	94.127	0.000155	94.125	0.0016
-30.000	0.000	94.130	0.000128	94.131	-0.0008
-35.000	0.000	94.135	0.000090	94.137	-0.0025
-40.000	0.000	94.145	0.000010	94.144	0.0004
40.000	45.000	94.133	0.000109	94.138	-0.0051
35.000	45.000	94.138	0.000060	94.133	0.0051
30.000	45.000	94.134	0.000094	94.129	0.0050
25.000	45.000	94.125	0.000170	94.125	-0.0003
20.000	45.000	94.119	0.000223	94.122	-0.0032
15.000	45.000	94.115	0.000252	94.118	-0.0036
10.000	45.000	94.115	0.000252	94.116	-0.0009
5.000	45.000	94.114	0.000263	94.114	-0.0005
0.000	45.000	94.110	0.000291	94.113	-0.0028
-5.000	45.000	94.107	0.000316	94.113	-0.0059
-10.000	45.000	94.110	0.000293	94.114	-0.0041
-15.000	45.000	94.114	0.000256	94.116	-0.0015
-20.000	45.000	94.121	0.000205	94.119	0.0016
-25.000	45.000	94.122	0.000198	94.123	-0.0018
-30.000	45.000	94.127	0.000156	94.129	-0.0018
-35.000	45.000	94.133	0.000107	94.134	-0.0018
-40.000	45.000	94.144	0.000013	94.141	0.0032
40.000	90.000	94.136	0.000082	94.138	-0.0026
35.000	90.000	94.136	0.000082	94.134	0.0020
30.000	90.000	94.134	0.000099	94.129	0.0044
25.000	90.000	94.124	0.000175	94.125	-0.0007
20.000	90.000	94.120	0.000211	94.121	-0.0014
15.000	90.000	94.113	0.000269	94.118	-0.0053
10.000	90.000	94.113	0.000265	94.116	-0.0022
5.000	90.000	94.114	0.000261	94.114	0.0000
0.000	90.000	94.112	0.000279	94.113	-0.0014
-5.000	90.000	94.116	0.000241	94.113	0.0031
-10.000	90.000	94.114	0.000256	94.114	0.0001
-15.000	90.000	94.116	0.000243	94.117	-0.0007
-20.000	90.000	94.122	0.000197	94.120	0.0015
-25.000	90.000	94.127	0.000157	94.124	0.0021
-30.000	90.000	94.127	0.000154	94.130	-0.0029
-35.000	90.000	94.134	0.000094	94.136	-0.0015
-40.000	90.000	94.144	0.000015	94.142	0.0017

```
RMS = 0.17071E-03
POISSON RATIO = 0.305E+00
```

Epsilon -0- Matrix

EPS11= -0.000336	EPS12= 0.000053	EPS13= 0.000015
EPS21= 0.000053	EPS22= -0.000271	EPS23= 0.000030
EPS31= 0.000015	EPS32= 0.000030	EPS33= 0.000267

Hauptdehnungen und Eigenvektoren

```
-0.000366   (0.871,-.492,0.003)
-0.000243   (0.491,0.869,-.066)
 0.000269   (0.030,0.059,0.998)
```

Epsilon -z- Matrix

EPS11= -0.000258	EPS12= 0.000141	EPS13= -0.002565
EPS21= 0.000141	EPS22= 0.000073	EPS23= -0.003248
EPS31= -0.002565	EPS32= -0.003248	EPS33= 0.000091

Hauptdehnungen und Eigenvektoren

```
-0.000310   (0.938,-.346,0.000)
 0.000125   (0.346,0.938,0.000)
 0.000091   (0.000,0.000,1.000)
```

a_0 [nm]	λ [nm]	hkl	Strahlbreite [mm]	μ [mm^{-1}]	E (MPa)	k
0.41765 kubisch	0.152909	400	1.3	26	95600	10

	$\sigma = \sigma_0 + \sigma_z \cdot z$ [MN/m^2]			ν_0	ν_z	rms
RIM	$\begin{pmatrix} -44 & 4 & 1 \\ & -39 & 2 \\ & & 0 \end{pmatrix} + \begin{pmatrix} -24 & 10 & -188 \\ & -0.1 & -238 \\ & & 1 \end{pmatrix} \cdot z$			0.31	0.32	1.70E-4
ssp	$\begin{pmatrix} -38 & 0 & 0 \\ & -41 & 0 \\ & & 0 \end{pmatrix} \quad \sigma_{45} = -44$			-	-	2.65E-4

a_0 [nm]	λ [nm]	hkl	Strahlbreite [mm]	μ [mm^{-1}]	E (MPa)	k
0.41765 kubisch	0.145	400	1.3	160.7	95600	10

	$\sigma = \sigma_0 + \sigma_z \cdot z$ [MN/m^2]			ν_0	ν_z	rms
RIM	$\begin{pmatrix} -39 & 3 & 0 \\ & -34 & 0 \\ & & 0 \end{pmatrix} + \begin{pmatrix} 0.05 & 0 & -0.01 \\ & 0.06 & -0.01 \\ & & 0.23 \end{pmatrix} \cdot z$			0.31	-	1.40E-4
ssp	$\begin{pmatrix} -34 & 0 & 0 \\ & -34 & 0 \\ & & 0 \end{pmatrix} \quad \sigma_{45} = -40$			-	-	2.18E-4

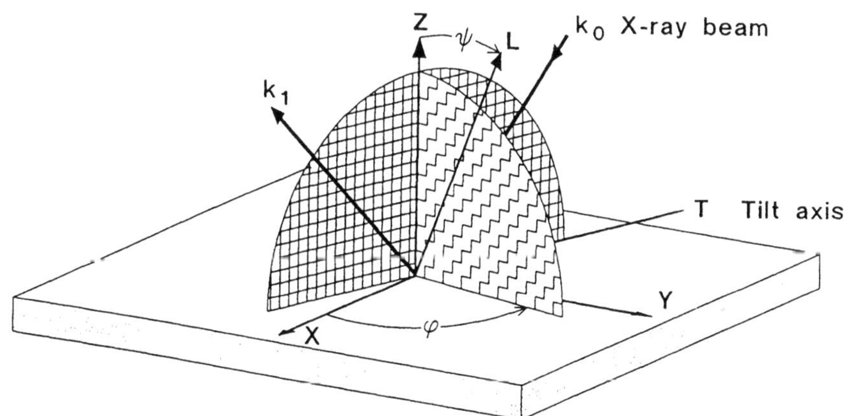

Bild 20.2 Winkeldefinition für das Ψ-Goniometer. Die Kippachse liegt in der Probenoberfläche und in Beugungsebene aber steht senkrecht auf dem Beugungsvektor, der parallel zu L liegt

Tabelle 20.4 Ergebnisse für eine NiO Schicht der Dicke 6.4 μm

ψ	φ	2Θ	ε	$2\Theta_b$	$\Delta 2\Theta = 2\Theta - 2\Theta_b$
40.000	0.000	94.158	0.000263	94.154	0.0041
35.000	0.000	94.144	0.000377	94.142	0.0019
30.000	0.000	94.131	0.000482	94.134	-0.0024
25.000	0.000	94.132	0.000475	94.128	0.0043
20.000	0.000	94.120	0.000578	94.124	-0.0043
15.000	0.000	94.118	0.000587	94.121	-0.0025
10.000	0.000	94.121	0.000566	94.119	0.0021
5.000	0.000	94.119	0.000579	94.117	0.0023
0.000	0.000	94.118	0.000593	94.115	0.0022
-5.000	0.000	94.121	0.000562	94.114	0.0072
-10.000	0.000	94.118	0.000589	94.113	0.0047
-15.000	0.000	94.113	0.000628	94.114	-0.0003
-20.000	0.000	94.114	0.000625	94.115	-0.0017
-25.000	0.000	94.121	0.000568	94.120	0.0010
-30.000	0.000	94.126	0.000523	94.127	-0.0008
-35.000	0.000	94.134	0.000461	94.138	-0.0042
-40.000	0.000	94.142	0.000396	94.141	0.0005
40.000	45.000	94.160	0.000250	94.160	-0.0001
35.000	45.000	94.145	0.000374	94.145	-0.0003
30.000	45.000	94.133	0.000470	94.134	-0.0009
25.000	45.000	94.127	0.000519	94.126	0.0011
20.000	45.000	94.119	0.000583	94.120	-0.0012
15.000	45.000	94.117	0.000596	94.116	0.0009
10.000	45.000	94.115	0.000614	94.114	0.0011
5.000	45.000	94.111	0.000650	94.113	-0.0020
0.000	45.000	94.111	0.000645	94.112	-0.0005
-5.000	45.000	94.108	0.000668	94.112	-0.0031
-10.000	45.000	94.114	0.000626	94.112	0.0017
-15.000	45.000	94.116	0.000609	94.113	0.0025
-20.000	45.000	94.115	0.000611	94.116	-0.0002
-25.000	45.000	94.119	0.000582	94.120	-0.0008
-30.000	45.000	94.125	0.000532	94.126	-0.0008
-35.000	45.000	94.135	0.000452	94.134	0.0013
-40.000	45.000	94.142	0.000395	94.142	-0.0001
40.000	90.000	94.159	0.000255	94.156	0.0029
35.000	90.000	94.137	0.000437	94.140	-0.0027
30.000	90.000	94.125	0.000536	94.127	-0.0026
25.000	90.000	94.119	0.000586	94.119	-0.0002
20.000	90.000	94.115	0.000611	94.113	0.0020
15.000	90.000	94.110	0.000656	94.110	-0.0005
10.000	90.000	94.112	0.000642	94.109	0.0025
5.000	90.000	94.108	0.000673	94.109	-0.0011
0.000	90.000	94.103	0.000711	94.109	-0.0063
-5.000	90.000	94.108	0.000675	94.110	-0.0027
-10.000	90.000	94.107	0.000678	94.112	-0.0043
-15.000	90.000	94.115	0.000618	94.113	0.0013
-20.000	90.000	94.115	0.000614	94.115	-0.0005
-25.000	90.000	94.116	0.000608	94.119	-0.0028
-30.000	90.000	94.123	0.000548	94.123	0.0003
-35.000	90.000	94.132	0.000474	94.128	0.0047
-40.000	90.000	94.142	0.000398	94.142	-0.0005

```
RMS = 0.15897E-03
POISSON RATIO = 0.390E+00


Epsilon -0- Matrix
EPS11=    -0.000924        EPS12=    -0.000077        EPS13=     0.000000
EPS21=    -0.000077        EPS22=    -0.001076        EPS23=     0.000000
EPS31=     0.000000        EPS32=     0.000000        EPS33=     0.001279

                                            -0.000892      (0.923,-.385,0.000)
        Hauptdehnungen und Eigenvektoren    -0.001108      (0.385,0.923,0.000)
                                             0.001279      (0.000,0.000,1.000)


Epsilon -x- Matrix
EPS11=     0.000127        EPS12=    -0.000047        EPS13=     0.000000
EPS21=    -0.000047        EPS22=     0.000004        EPS23=     0.000000
EPS31=     0.000000        EPS32=     0.000000        EPS33=    -0.000083

                                             0.000143      (0.946,-.324,0.000)
        Hauptdehnungen und Eigenvektoren    -0.000012      (0.324,0.946,0.000)
                                            -0.000083      (0.000,0.000,1.000)

Epsilon -y- Matrix
EPS11=    -0.000062        EPS12=    -0.000047        EPS13=     0.000000
EPS21=    -0.000047        EPS22=    -0.000370        EPS23=     0.000000
EPS31=     0.000000        EPS32=     0.000000        EPS33=     0.000276

                                            -0.000055      (0.989,-.149,0.000)
        Hauptdehnungen und Eigenvektoren    -0.000377      (0.149,0.989,0.000)
                                             0.000276      (0.000,0.000,1.000)

Epsilon -z- Matrix
EPS11=     0.037920        EPS12=    -0.003332        EPS13=    -0.005621
EPS21=    -0.003332        EPS22=     0.038090        EPS23=     0.004992
EPS31=    -0.005621        EPS32=     0.004992        EPS33=    -0.046635

                                             0.034671      (0.716,0.698,0.000)
        Hauptdehnungen und Eigenvektoren     0.041338      (-.698,0.716,0.000)
                                            -0.046635      (0.000,0.000,1.000)
```

a_0 [nm]	λ [nm]	hkl	Strahlbreite [mm]	μ [mm^{-1}]	E (MPa)	k
0.41765 kubisch	0.152909	400	1.3	26	95600	10

	$\sigma = \sigma_0 + \sigma_x \cdot x + \sigma_y \cdot y + \sigma_z \cdot z$ [MN/m^2]	ν_0	ν_z	rms
RIM 3–axial	$\begin{pmatrix} -152 & -5 & 0 \\ & -162 & 0 \\ & & 0 \end{pmatrix} + \begin{pmatrix} 14 & -3 & 0 \\ & 6 & 0 \\ & & 0 \end{pmatrix} \cdot x + \begin{pmatrix} -23 & 3 & 0 \\ & -45 & 0 \\ & & 0 \end{pmatrix} \cdot y + \begin{pmatrix} 6190 & -229 & -387 \\ & 6201 & 343 \\ & & 374 \end{pmatrix} \cdot z$	0.39	0.38	1.51E-4
ssp	$\begin{pmatrix} -42 & 0 & 0 \\ & -54 & 0 \\ & & 0 \end{pmatrix} \quad \sigma_{45} = -52$	–	–	5.12E-3

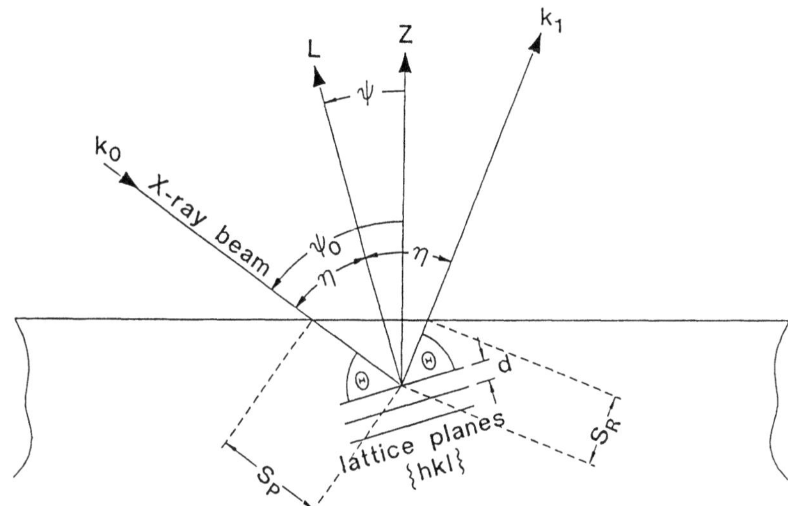

Bild 20.3 Röntgenweg in Ω-Beugungsgeometrie für eine ebene Probe

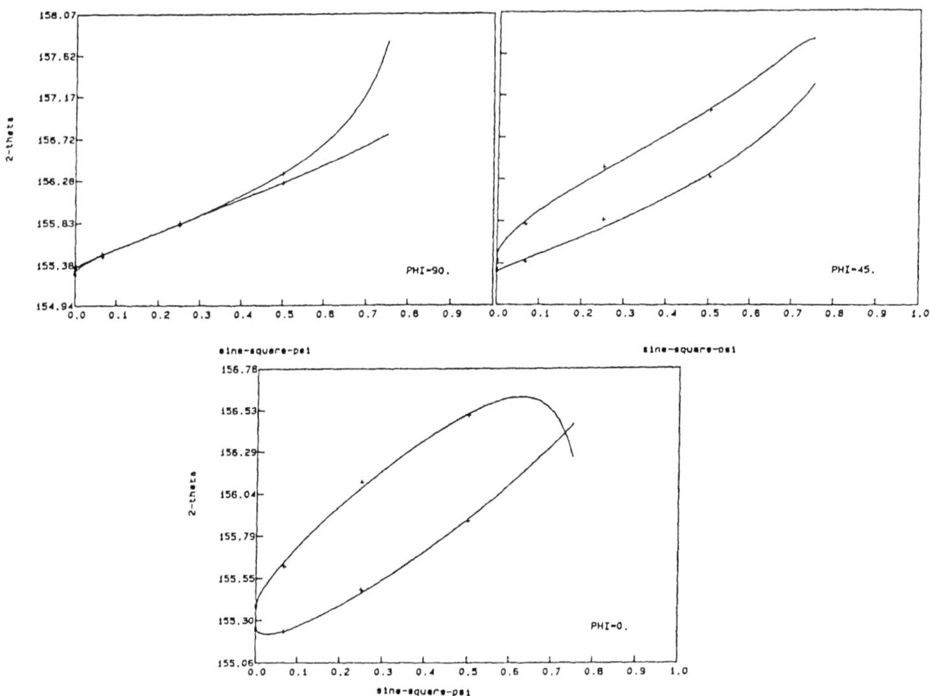

Bild 20.4 $2\Theta_{\varphi,\psi}$ Verteilungen gegenüber $\sin^2\psi$ einer kugelgestrahlten Stahlprobe aus 100 Cr 6

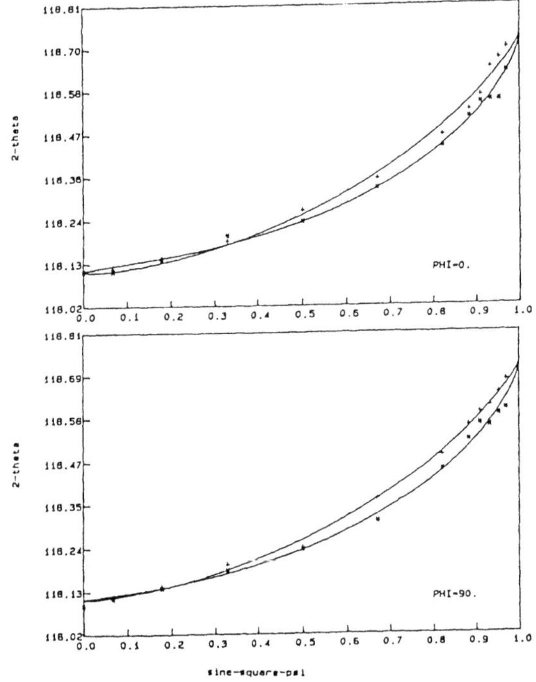

Bild 20.5 $2\Theta_{\varphi,\psi}$ Verteilung gegenüber $\sin^2\psi$ einer geschliffenen $Al_2\,O_3$/TiC Mischkeramik

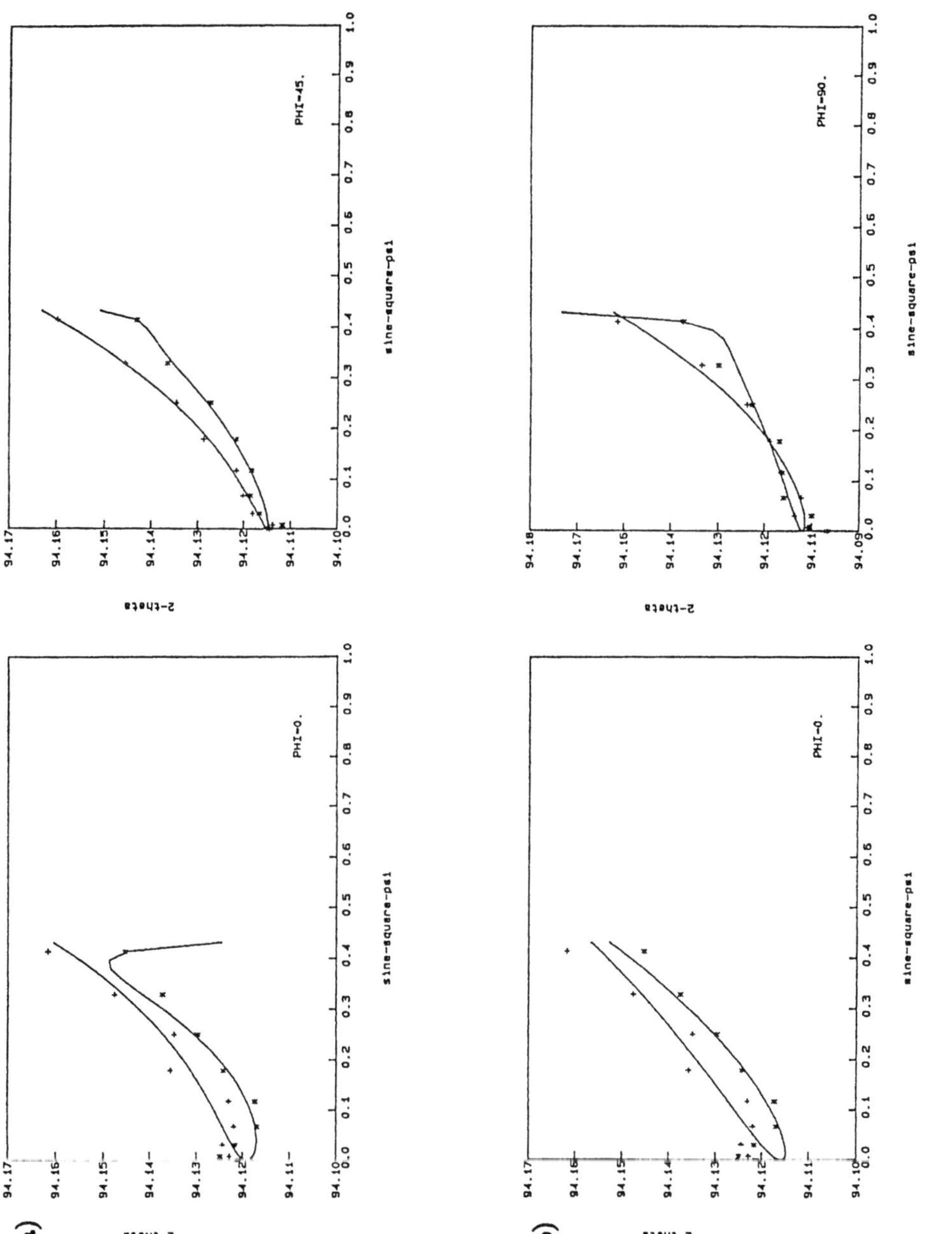

Bild 20.6a oben links und rechts. $2\Theta_{\varphi,\psi}$ Verteilung einer NiO-Schicht 6.7μm. Die durchgezogenen Linien repräsentieren das RIM Ergebnis unter der Annahme von Oberflächen- und Tiegengradienten

Bild 20.6b unten links. Die selbe Messung wie oben links. Die durchgezogene Linie repräsentiert das RIM Ergebnis unter Vernachlässigung von Oberflächengradienten

21 Das spannungsoptische Oberflächenschichtverfahren

21.1 Vorbemerkung

Das spannungsoptische Oberflächenschichtverfahren (OSV) hat sich als eine Methode erwiesen, die einerseits breiteste Anwendungsmöglichkeiten besitzt, und andererseits in ihrer Handhabung denkbar einfach ist. Sie vereint in sich sowohl die augenfälligsten Vorteile der Dehnungsmeßstreifentechnik als auch die der klassischen Spannungsoptik, indem sie :

- die Sichtbarmachung der Spannungsverteilung auf der Oberfläche eines Bauteils,

- die Messung von Richtung und Größe dieser Spannung an jedem beliebigen Punkt der Oberfläche

erlaubt. [21.1; 21.2; 21.3]

21.2 Prinzip

Die Spannungsoptik beruht auf der optischen Interferenz. Diese ergibt sich aus der optischen Doppelbrechung, die man bei festen, transparenten Werkstoffen beobachten kann, wenn diese mit mechanischen Spannungen belastet werden. Die Doppelbrechung wiederum ist eine Folge der Anisotropie solcher Werkstoffe bezüglich ihrer Brechungsindizes als Funktion der Belastungsgröße. Die Spannungsoptik gestattet qualitatives und quantitatives Ermitteln zweier wichtiger Parameter, nämlich der Richtung und Größe von Dehnungen und Spannungen. Zur Messung der Richtungen wird ein Meßaufbau mit "planpolarisiertem" Licht benötigt; und zur Messung der Dehnungs- oder Spannungsgrößen ein solcher mit "zirkularpolarisiertem" Licht. Der gesamte Meßaufbau wird in der Fachsprache "Polariskop" genannt. Im allgemeinen wird mit "Dunkelfeld", d.h. mit gekreuzten Polarisationsfiltern gearbeitet, sodaß für den Beobachter außer den spannungsbedingten Farbmustern kein anderes, vielleicht störendes Licht sichtbar bleibt.

Die Umwandlung von planpolarisiertem in zirkularpolarisiertes Licht geschieht durch das Einbringen eines weiteren Filterpaares in den Lichtweg. Diese werden Viertelwellen- Platten genannt.

Im Gegensatz zur klassischen Durchlicht-Spannungsoptik, welche die Herstellung von transparenten Modellen aus Kunststoffen erfordert, werden um die Dehnungen in der Oberfläche von Körpern beliebiger Werkstoffe im reflektierten polarisierten Licht zu messen, auf diese spannungsoptisch wirksame Schichten aus speziellen Epoxid- oder Polyesterharzen aufgebracht. [21.4; 21.5]

Für die Anwendung des Oberflächenschichtverfahrens sollten also - abgesehen von Sonderfällen - bereits Originalbauteile oder Baugruppen vorliegen. Diese können dann mit den wirklich auftretenden Betriebskräften belastet werden.

Bei mechanischer Beanspruchung des Bauteiles übertragen sich seine Oberflächendehnungen in die Schicht, wodurch diese doppelbrechend wird und ein entsprechendes spannungsoptisches Farbmuster zeigt, welches meßtechnisch ausgewertet werden kann.

21.3 Das Reflexionspolariskop

Das Reflexionspolariskop Modell 031 besteht aus zwei Polarisationsfiltern mit Viertelwellen- Platten in einem kugelgelagerten Rotationsrahmen, die so miteinander verbunden sind, daß sie synchron rotieren können (siehe Abb. 21.2). Der Rahmen (1) besitzt eine Vorrichtung zur Befestigung der Lichtquellen (3), die andere Seite (2) des Rahmens ist mit Meßskalen versehen. An das Instrument kann eine Vielzahl von Zusatzeinrichtungen angebracht werden, welche die Vielseitigkeit des Instruments sicherstellen und eine volle Ausschöpfung alle denkbaren Möglichkeiten des spannunsoptischen Oberflächenschichtverfahren möglich machen.

Das Grundgerät gestattet die quantitative Bestimmung dreier wichtiger Meßdaten:

- Die Richtungen der Hauptdehnungen oder - spannungen.

- Die Größe und das Vorzeichen von Tangentialspannungen an freien Kanten oder überall in einaxialen Spannungsfeldern.

- Die Größe der Hauptspannungsdifferenz an jedem beliebigen beschichteten Punkt.

Das Instrument kann in Handgriffversion oder auf einem Stativ befestigt zum Einsatz kommen. Aus einer Reihe von Gründen sollte der Einsatz mit Stativ vorgezogen werden, während die Handgriffversion dann herangezogen wird, wenn ein Stativ wegen Meßbedingungen nicht anwendbar ist.

In der PhotoStress-Technik werden Dehnungsmessungen mit Hilfe polarisierten Lichts durchgeführt, das von der Oberfläche des Versuchsobjekts reflektiert wird, auf die vorher eine Kunststoffschicht appliziert worden ist (siehe Abb. 21.1)

Das damit beobachtbare spannungsoptische Bild zeigt ein ganzes Oberflächenspannungsbild zur allgemeinen Beurteilung von Spannungszustände. [21.1; 21.2; 21.3]

21.4 Messung der Hauptrichtungen

Die Hauptdehnungsrichtungen werden immer relativ zu einer definierten Linie, Achse oder Ebene als Referenz gemessen. Konsequenterweise wird der erste

Schritt zu ihrer Messung die Festlegung einer Referenzachse sein. In den meisten Fällen wird sich diese sinnvoll aus den Meßbedingungen selbst ergeben, indem sich z.B. die Symmetrieachse des Meßobjekts als solche anbietet. In anderen Fällen wird die Vertikale oder Horizontale als Referenzachse hinreichende Bezugsbedingungen ergeben. [21.4]

Wenn ein Strahl planpolarisierten Lichtes eine spannungsoptisch aktive Schicht durchläuft, wird er sich da, wo diese Schicht Spannungen ausgesetzt ist, in zwei Wellen, nicht mehr phasengleich, schwingen und sich auch nicht mehr zu einer einzigen Schwingung, parallel zu der ursprünglichen in die Schicht eintretenden, vereinigen. Allerdings ist es so, daß an Punkten, an denen die Hauptspannungsrichtungen mit der Polarisationsachse der Polarisationfilter übereinstimmen, der Lichtstrahl keinen Veränderungen ausgesetzt ist und der aus der Schicht austretende also parallel mit dem eintretenden bleibt. Der Polarisationsfilter A (Analysator) mit seiner senkrecht zur Polarisationsachse des Polarisators P stehenden Polarisationsachse wird an diesen Punkten eine Auslöschung der Schwingung bewirken (siehe Abb. 21.3)

Wenn man Bauteile, die unter mechanischen Spannungen stehen, und die mit spannungsoptisch aktiven Schichten versehen worden sind, durch ein Polariskop betrachtet, werden Linien oder Fläche erscheinen, die dunkel oder schwarz sind. Diese nennt man Isoklinen. An jedem Punkt dieser Isoklinen sind die Hauptspannungsrichtungen zu den Polarisationsebenen der Filter P und A gleich. In Bezug auf die definierte Referenzachse R bedeutet also die Messung der Hauptdehnungsrichtung weiter nichts als eine gemeinsame Drehung der Filter P und A und zwar solange, bis am interessierenden Punkt eine schwarze Linie erscheint. Wenn eine gesamte Darstellung der Isoklinenverteilung gebraucht wird, kann man die Isoklinen direkt auf der spannungsoptisch aktiven Schicht mit einem Fettstift nachzeichnen.

Folgt man diesem Isoklinenfluß, können die Isostaten leicht skizziert werden, und diese zeigen die Richtungen der Hauptdehnungen an jedem gewünschten Punkt des beschichteten Bauteils. Abbildung 21.4 zeigt eine fotografische Aufnahme von Isoklinen in einem diametral belasteten Ring. Abbildung 21.5 zeigt, wie diese Isoklinen dann auf ein Papier übertragen und aus diesen die Isostaten, d.h. die Hauptdehnungsrichtungen, abgeleitet worden sind.

Wenn sich die Isoklinen als schmale, scharf gezeichnete Linie zeigen, bedeutet das, daß sich die Richtungen von ε_x und ε_y von Punkt zu Punkt rasch ändern. Wenn sich dagegen die Isoklinen als breite Bänder oder Flächen zeigen, deutet das auf eine geringe Änderung der Richtung von ε_x und ε_y hin. Im Falle einer Nachzeichnung der Isoklinen sollten dann ihre Grenzen markiert werden und nicht nur deren Mittelpunkte oder Linien. Am Beispiel einer Zugprobe mit konstanten Querschnitt wird sich bei einer spannungsoptischen Untersuchung eine einzige Isokline über die ganze Oberfläche der Probe beobachten lassen, und zwar dann, wenn die Polarisationsachse mit den Hauptachsen der Probe (Längs- und Querachse) zusammenfallen, da ja die

Richtung von ε_x an jedem Punkt die gleiche ist.

21.5 Spannungsoptische Dehnungsmessung

Wenn ein spannungsoptisch beschichtetes Bauteil mechanischen Spannungen ausgesetzt wird, sind die Dehnungen der Plastikschicht die gleichen wie in der Bauteiloberfläche:

> ε_x und ε_y sind die Hauptdehnungen,
> β ist die Richtung, bzw. der Winkel zwischen ε_x und einer gewählten Referenzachse.

Die Spannungen leiten sich nach dem HOOKE'schen Gesetz aus den Dehnungen im elastischen Bereich ab:

$$\sigma_x = \frac{E}{1-\nu^2} \cdot (\varepsilon_x + \nu \cdot \varepsilon_y)$$

$$\sigma_y = \frac{E}{1-\nu^2} \cdot (\varepsilon_y + \nu \cdot \varepsilon_x) \qquad (\ 21\text{-}1\ )$$

$$\sigma_x - \sigma_y = \frac{E}{1+\nu} \cdot (\varepsilon_x - \varepsilon_y)$$

Man kann nun an jedem beliebigen Punkt ein spannungsoptisches Signal erhalten, das den Gangunterschied zwischen den beiden Lichtstrahlen darstellt: der eine entlang der Achse ε_x polarisiert, der andere entlang der Achse ε_y:

$$\delta = N \cdot \lambda = 2 \cdot t \cdot K \cdot (\varepsilon_x - \varepsilon_y) \qquad (\ 21\text{-}2\ )$$

wobei
δ = Gangunterschied (10^{-6} mm),
λ = Wellenlänge (weißes Licht 576 x 10^{-6} mm),
N = Ordnungszahl (die gemessen wird)$\cdot$

Die gemessenen Zahl N wird für die Herleitung aller Meßdaten benutzt:

$$\varepsilon_x - \varepsilon_y = N \cdot \frac{\lambda}{2 \cdot t \cdot K} = N \times f \qquad (\ 21\text{-}3\ )$$

Der "Ordnungswert" f ist eine Materialkonstante des aufgeschichten Plastikmaterials.

$$f = \frac{\lambda}{2 \cdot t \cdot K} = \frac{576 \times 10^{-6}}{2 \cdot t \cdot K} \qquad (\ 21\text{-}4\ )$$

wobei
t = Schichtdicke des Plastikmaterials in mm,
k = Empfindlichkeit der Plastikschicht, wird vom Hersteller angegeben.

Die Differenz der Hauptspannungen im Bauteil ist demnach:

$$\sigma_x - \sigma_y = (\epsilon_x - \epsilon_y) \cdot \frac{E}{1+\nu} = N \cdot f \cdot \frac{E}{1+\nu} \qquad (21\text{-}5)$$

Man beachte, daß bei NORMALEM (senkrechtem) LICHTEINFALL die gemessene Größe immer die Differenz der beiden Hauptspannungen $\sigma_x - \sigma_y$ ist.

In vielen praktischen Anwendungsfällen, z.B. bei Kanten und Rändern, im einaxialen Spannungsfeld, ist eine der Hauptspannungen gleich Null.

In solchen Fällen kann man demzufolge schreiben:

$$\sigma = N \cdot f \cdot \frac{E}{1+\nu} \qquad (21\text{-}6)$$

Im Falle eines biaxialen Spannungsfeldes werden zwei Messungen benötigt, um die Hauptspannungen σ_x und σ_y getrennt bestimmen zu können.

Wenn die Spannungsgrößen Punkt für Punkt oder für eine ganzen Bereich bestimmt werden sollen, müssen die Isoklinen (Punkte, Linien, Bereiche gleicher Spannungsrichtungen) unterdrückt werden. Das wird einfach dadurch erreicht, daß das ursprünglich planpolarisierte Licht in zirkularpolarisiertes umgewandelt wird, indem man Viertelwellenplatten unter 45° zu den Polarisationsachsen von Polarisator und Analisator in den Lichtweg einführt.

Das spannungsoptische Erscheinungsbild zeigt sich als farbenreiches Muster, bestehend aus Linien gleicher Farben (Isochromaten, Ordnungen). Jede Linie gleicher Farbe repräsentiert einen konstanten Wert von N (oder $\delta = N \times 576 \times 10^{-6}$ mm) entlang dieser Linie. Der erste Schritt der Messung ist es, die Beziehung der einzelnen Linien zu N zu bestimmen (Beispiel: N=1, 2, 3, etc.), um ihren Ordnungswert zu identifizieren.

Ein einfaches Biegebalkenexperiment ist ein gutes Hilfsmittel, das den Vorgang der Identifikation der Ordnungen klarmacht (siehe Abb. 21.6). Der Biegebalken ist mit spannungsoptisch aktivem Material beschichtet und wird an einem Ende (Schicht nach oben) fest eingespannt. Das freie Ende des Balkens wird mit einem Gewicht belastet. Durch das Polariskop betrachtet (zirkular polarisiertes Licht) sieht man, wie der Gangunterschied proportional mit der Spannung ansteigt. Immer dann, wenn dieser Gangunterschied als ganzzahliges Vielfaches der Wellenlänge erscheint

$$\delta = 1, \; 2\lambda, \; 3\lambda, \ldots 4 \times \lambda \qquad (21\text{-}7)$$

verschwindet eine bestimmte Welle und die Komplementärfarbe wird sichtbar. Zum Beispiel $\delta = 1600 \times 10^{-6}$ mm
$\delta = \lambda$rot, rot verschwindet und grün erscheint.

Die folgende Tabelle gibt den Ablauf der Farbenfolge:
Tabelle 21.1

Gangunterschied in 10^{-6}mm	Interferenz-Farben (Isochromaten)	N
0	schwarz	0
304,8	gelb	
457	rot	
576,6	1. Ordnung	1
635	blau-grün	
889	gelb	
1016	rot	
1153	2. Ordnung	2
1270	grün	
1448	gelb	
1600	rosa	
1729,8	3. Ordnung	3
1854	grün	

Das Biegebalkenexperiment, zeigt deutlich die beschriebene Farbenfolge mit steigender Belastung, nämlich vom belasteten freien Ende des Balkens (Spannung Null) bis zum eingespannten Ende (hohe Spannung). Die Farbensequenz ist schwarz, gelb, rot, blau, gelb, rot, grün, gelb, rot, grün. Der Farbumschlag von rot nach blau (1. Ordnung) und von rot nach grün (2. und weitere Ordnungen) kommt scharf heraus.

Man kann jetzt, beginnend bei schwarz, wo $\varepsilon_x - \varepsilon_y = 0$ (belastetes Ende des Biegebalkens), die Orte der aufeinanderfolgenden Ordnungen bestimmen. Zu beachten ist dabei, daß die 1. Ordnung da erscheint, wo ein Farbumschlag von rot nach blau erfolgt - alle weiteren höheren Ordnungen finden sich bei einem Farbumschlag von rot nach grün.

Die Ordnung verhalten sich zur zunehmenden Dehnung wie folgt:

Beispiel: $\qquad$ t — 2.54 mm , f = 756 μμ/m (με)
$\qquad\qquad$ k = 0.15

Man sieht, daß die Möglichkeit Ordnungen zu identifizieren für die Meßmethode von entscheidender Wichtigkeit ist. Nachdem dieser erste Schritt getan ist, kann man eine erste Studie der Gesamtspannungsverteilung an einem Bauteil unternehmen. Die Ordnungen erscheinen als kontinuierliche Bänder, gelegentlich auch als Flächen, die an Kanten und Ecken enden oder in kontinuierlichen Schwüngen und Schleifen weitergehen. Sie sind an keinem Punkt unterbrochen. Sie folgen einander wiederum in fortlaufender Sequenz, d.h. wenn die

1. und 3. Ordnung ausgemacht ist, muß die 2. Ordnung zwischen diesen beiden liegen. Wenn man eine Ordnung gefunden hat, gewöhnlich die "0." oder die 1. Ordnung, folgt man dem ansteigenden Dehnungspegel (gelb-rot-grün) und lokalisiert die 2. Ordnung, dann die 3. Ordnung etc. Man muß immer nur die Farbenfolge mit steigender Dehnung beachten: gelb-rot-grün-gelb-rot-grün.... Ist die Farbenfolge umgekehrt, nämlich grün-rot-gelb-grün-rot-gelb... hat man es mit einem abnehmeden Dehnungspegel zu tun.

Wenn die Isochromaten (Ordnungslinien) sehr dicht aufeinander folgen, wie man das etwa um Kerben und Bohrungen herum beobachten kann, dann heißt das, daß die Dehnung sich von Punkt zu Punkt sehr stark ändert und in einer Spannungskonzentration resultiert. Mit anderen Worten: hier liegt ein hoher Dehnungsgradient vor. Andererseits kann man auch große Flächen mit einer einzigen, gleichförmigen Farbe beobachten. Bei einer Zugprobe im einaxialen Spannungszustand sieht man das sehr deutlich. Das bedeutet, daß man es über die ganze Fläche mit einem gleichförmigen Dehnungspegel zu tun hat, d.h., daß die Dehnung innerhalb dieses Bereiches weder ansteigt noch absinkt.

21.6 Dehnungsmessung an einem Punkt

Der erste Meßschritt besteht darin, einen ganzen Bereich zu betrachten und jeder Ordnung ihren Wert beizumessen (N=1, 2, 3, etc.). Es ist dann N für jeden Punkt entlang einer Ordnungslinie bekannt und man kann schreiben

$$\varepsilon_x - \varepsilon_y = f \times N$$

Im allgemeinen liegt aber der interessierende Meßpunkt zwischen zwei ganzzahligen Ordnungen, also etwa zwischen der 1. und 2. Ordnung. Das bedeutet, daß man eine Methode braucht, mit deren Hilfe man Teilordnungen oder Dezimalen einer Ordnung bestimmen kann. Es gibt solche Methoden, und man nennt sie "Kompensation". Es wird mit einer der beiden folgenden grundsätzlichen Kompensationsmethoden gearbeitet:

>   1. TARDY-KOMPENSATION, unter Anwendung eines vom Polarisator
>   getrennt drehbarem Analysators beim Polariskop Modell 031.

>   2. ABSOLUTE KOMPENSATION oder Nullabgleich unter Verwendung des
>   Kompensators Modell 232.

TARDY-KOMPENSATION

Die TARDY-KOMPENSATION ist eine relativ einfache und schnelle Methode. Allerdings bedarf es hier zur Messung und Auswertung erhebliche Erfahrung. Die Methode arbeitet nach folgendem Prinzip:

Wenn die Polarisationsachsen von Polarisator und Analysator in Richtung der Hauptspannungen eingestellt sind, die Viertelwellenplatte unter 45° zu beiden

Achsen steht (Position "M" am Gerät), wird eine Drehung α des Analysators im Uhrzeigersinn eine Bewegung der Ordnungslinien hin auf den interessierenden Punkt bringen.

Die Teilordnung (r) ist dann $\frac{\alpha}{180}$ (TARDY-KOMPENSATION). [21.5]

Die Skala am Analysator ist in 100 Teile aufgeteilt, also in 1/100 Ordnungen (siehe Abb. 21.7 Obere Hälfte des Analysators). Die Analysator wird im Uhrzeigersinn gedreht bis eine Ordnung den Meßpunkt erreicht, d.h. der Punkt genau zwischen rot und grün liegt. Die Ordnungsdezimale-Teilordnung (r) kann jetzt direkt von der Analysatorskala abgelesen werden. Falls sich eine Ordnung niedrigeren Wertes auf den Punkt zubewegt, ergibt sich der Gesamtmeßwert zu

$$N = (n + \text{Teilordnung})$$
und $\quad \varepsilon_x = \varepsilon_1, \ \varepsilon_y = \varepsilon_2 \qquad\qquad (21\text{-}8)$

Wenn sich eine Ordnung höheren Wertes auf den Meßpunkt zubewegt, schreibt man

$$N = ((n + 1) - \text{Teilordnung})$$
und $\quad \varepsilon_x = \varepsilon_2, \ \varepsilon_y = \varepsilon_1 \qquad\qquad (21\text{-}9)$

In jedem Fall bleibt die Beziehungen 21-3 und 21-9 bestehen.

Vorzeichen und Größe der Hauptspannungen im einaxialen Spannungsfeld sowie an freien Ecken oder Kanten können direkt mit Normallichteinfall bestimmt werden, da eine der Hauptspannungen Null ist.

Der Meßvorgang gestaltet sich so:

1. Bringe eine Isokline zum Meßpunkt.

2. Bestimme die Ordnung n oder n+1 an beiden Seiten des Punktes.

3. Drehe den Kompensator im Uhrzeigersinn. Wenn die niedrigere Ordnung (n) sich auf den Meßpunkt zubewegt, ist das Spannungsvorzeichen positiv und der Gesamtmeßwert ergibt sich zu N=n+r. Bewegt sich höhere Ordnung auf den Punkt zu, hat die Spannung ein negatives Vorzeichen und der Meßwert ist N=-((n+1)-r). In beiden Fällen berechnet sich die Spannung nach Gleichung 21-6

ABSOLUTE KOMPENSATION – Messung mit der Null-Abgleich-Methode

Das Prinzip der Null-Abgleich-Methode ist beträchtlich einfacher als die TARDY-KOMPENSATION. Um das spannungsoptische Signal an einem Punkt zu messen, wird in den Lichtweg lediglich ein gleich großes , geeichtes Signal eingeführt, das jedoch ein entgegengesetztes Vorzeichen hat. (Siehe Abb. 21-8).

Dadurch wird das spannungsoptische Meßsignal am Meßpunkt vollkommen ausgelöscht, d.h. das ausgelöschte Signal hat die Größe des bekannten ein-kalibrierten Signals (mit entgegengesetztem Vorzeichen) und ist damit auch bekannt. Bei diesem Meßprinzip ist es also nicht mehr erforderlich, Ordnungen aufzusuchen und ihnen ihren Wert zuzumessen. Der kalibrierten Kompensator über-lagert dem Meßsignal ein Signal mit entgegengesetztem Vorzeichen, die Summe ist Null und am Meßpunkt erfolgt eine Farb-, bzw. Lichtauslöschung.

Der Kompensator Modell 232, der bei dieser Messung verwendet wird, kann, wie in Abb. 21.9 gezeigt, direkt an das Polariskop adaptiert werden. Das gleich-förmige Feld des Kompensators eliminiert Parallaxenfehler und ergibt eine bessere Auflösung als andere Kompensationsmethoden. Um den absoluten Ordnungswert an einem beliebigen Punkt zu messen, wird folgendermaßen verfahren:

1. Man bringt eine Isokline auf den Meßpunkt und bestimmte die Richtung der Hauptdehnungen. Dann wird die Polarisator-Analysator-Einheit in dieser Stellung arretiert.

2. Man wandelt das planpolarisierte Licht in zirkularpolarisiertes Licht um und bringt den Kompensator am Analysator an.

3. Man schaut durch das Fensterchen des Kompensators und beobachtet das spannungsoptsiche Erscheinungsbild. Drehen am Knopf des Kom-pensators bringt die Isochromatenschar in Bewegung. Man dreht so-lange, bis der Meßpunkt, den man sich vorher ausgesucht und mar-kiert hat, von einer schwarzen Linie oder Fläche bedeckt ist. Damit hat man den Nullabgleich vorgenommen und N des Kompensators ist gleich N auf der Probenoberfläche (siehe Abb. 21.10).

4. Man liest die Zahl ab, die auf der Digitalskala des Kompensators erscheint und geht damit in eine Kalibrierkurve (siehe Abb. 21.11) aus der man den Ordnungswert ablesen kann.

Man Beachte:

1. Die auf der Digitalskala erscheinende Zahl steigt mit steigendem N während der Kompensation.

2. Die Auflösung des Kompenstors Modell 232 ist ca. 1/50 Ordnung (±1 Digit).

3. Modell 232 kann auch angewendet werden, um das Auflösungsver-mögen der TARDY-Methode zu erhöhen, was für schwierig auszu-wertende Bereiche von Bedeutung ist. In Fällen, wo $N < 1$, stellt man den Kompensator auf $N = 1$. Es wird damit der tatsächliche Ordnungs-wert auf dem Meßobjekt um 1 erhöht und damit die Auflösung ver-bessert.

Measurements Group Vishay hat einen neuen Kompensator entwickelt, der eine direkte Ablesung von Dehnungen in µm/m sowie von Dehnungsrichtungen in Winkelgraden ermöglicht. Es handelt sich um das Modell 632. Es enthält eine Drucker, der alle Meßwerte sowie dazugehörige Informationen ausdruckt, nämlich

- laufende Meßpunktnummer
- Vorzeichen
- Winkelgrad
- Vorzeichen
- Dehnungsgröße

(siehe Abb. 21.12)

21.7 Methoden zur getrennten Bestimmung der Hauptspannungen

In den vorausgegangenen Abschnitten ist gezeigt worden, wie man folgenden Meßdaten erhält:

- Die Größe der Differenz der beiden Hauptspannungen

- Die Richtung der beiden Hauptspannungen

- Die maximale Schubspannung $\dfrac{\sigma_x - \sigma_y}{2}$

- Den Wert von σ_x an freien Kanten und Ecken, wo die maximale Spannung gewöhnlich auftritt, da an diesen Punkten $\sigma_y = 0$ ist

Um aber die Größe der beiden Hauptspannungen an anderen Punkten getrennt zu bestimmen, ist eine zweite zusätzliche Messung erforderlich. Dies ist mit der Photostress-Bohrlochmethode möglich. Damit erhält man eine zusätzliche Größe, nämlich das Verhältnis der beiden Hauptdehnungen $\varepsilon_2/\varepsilon_1$. Dazu wird in die spannungsoptische Schicht ein kleines Loch gebohrt (siehe Bild 21.13), wobei sich um dieses Loch herum ein für ein bestehendes Hauptdehnungsverhältnis typisches Isochromatenbild ergibt. Mit Hilfe eines Vergleichskataloges kann jetzt das Verhältnis eindeutig bestimmt werden. [21.6; 21.7; 21.8]

Die Symmetrieachsen des Isochromatenbildes um das Bohrloch ergeben exakt die Richtungen der Hauptdehnungen.

Eine weitere Trennung der Hauptdehnungen ist mit der "DMS-Separator"-Methode möglich.

Wenn nämlich an der gleichen Stelle, für welche die Hauptdehnungsdifferenz bestimmt worden ist, die Summe der Hauptdehnungen einfach durch Addition und Subtraktion dieser beiden Werte getrennt ermittelt werden.

Der Photo-Stress Separator-Dehnungsmeßstreifen basiert auf diesem Prinzip der Mechanik. Wie Abb. 21.13 zeigt, handelt es sich beim Separator-DMS um zwei senkrecht zueinander stehende Gitter in Reihenschaltung. Die von diesem DMS angezeigte Dehnung entspricht $\varepsilon_x + \varepsilon_y/2$, ungeachtet der Gitterrichtung des DMS auf der PhotoStress-Schicht. Das Ausgangssignal aus dem DMS, mit S_G bezeichnet, kann man schreiben

$$S_G = \frac{\varepsilon_x + \varepsilon_y}{2} \qquad \text{und} \qquad (\ 21\text{-}10\ )$$

$$\varepsilon_x + \varepsilon_y = 2 \cdot S_G$$

Wenn man diesen Ausdruck zur vorher gemessenen Hauptdehnungs-Differenz addiert und von ihr subtrahiert erhält man

$$\begin{aligned} \varepsilon_x - \varepsilon_y &= N_n \cdot f \\ \varepsilon_x + \varepsilon_y &= 2 \cdot S_G \\ \hline \varepsilon_x &= S_G + \frac{N_n \cdot f}{2} \end{aligned} \qquad \text{und} \qquad (\ 21\text{-}11\ )$$

$$\begin{aligned} \varepsilon_x - \varepsilon_y &= N_n \cdot f \\ -\,\varepsilon_x - \varepsilon_y &= -2\, S_G \\ \hline \varepsilon_y &= S_G - \frac{N_n \cdot f}{2} \end{aligned} \qquad (\ 21\text{-}12\ )$$

In der Praxis geht man so vor, daß zuerst alle PhotoStress-Messungen mit Lichteinfall in der Normalen durchgeführt werden. Damit sind alle interessierenden Hauptdehnungsdifferenzen bestimmt. Danach werden an den interessierenden Punkten Separator-DMS appliziert, das Bauteil wird wieder entsprechend belastet, und man bekommt jetzt aus dem Separator-DMS die Hauptdehnungs-Summe.

In den Separator-DMS sind eine Reihe von Eigenschaften sozusagen "eingebaut", die seine Anwendung einfach machen und sein Einsatzverhalten optimieren. Von primärer Wichtigkeit ist in diesem Zusammenhang natürlich die Tatsache, daß auf eine Richtungsorientierung der Gitter nicht geachtet zu werden braucht. Der Separator-DMS wird einfach in irgendeiner Richtung auf den Meßpunkt geklebt. Unter Berücksichtigung der Problematik, die im allgemeinen bei DMS-Applikationen auf Plastikmaterialien auftritt, hat der Separator-DMS Anschlußdrähtchen und ist auch mit einer Polyimidschicht gekapselt, so daß in den allermeisten Fällen eine spezielle Schutzabdeckung bei PhotoStress-Messungen unnötig wird.

Der Separator-DMS hat einen Gitterwiderstand von 200 Ω. Als Meßinstrument wird besonders die Dehnungsmeßbrücke Modell P-3500 zusammen mit dem Anpassungsmodul Modell 330 empfohlen (siehe Abb. 21.14). Dieses Anpassungsmodul ist im Prinzip eine 4-Kanal-Umschalt- und Abgleicheinheit, die die not-

wendigen hochpräzisen Brückenergänzungen und Widerstandsnetzwerke enthält.
Damit wird für eine entsprechende Abschwächung der Brückenspeisespannung
gesorgt und ein Speisestrom von ca. 1 mA eingestellt. Dieser Strompegel ist
dann niedrig genug, um Selbsterhitzungseffekte am DMS zu vermeiden.

21.8 Zusammenfassung

Durch Kombination von Dehnungsmeßstreifen (DMS) und Spannungsoptik wird
es möglich, schnell einen großflächigen Überblick von Spannungsfeldern zu gewinnen aber auch örtliche Angaben zu machen über Spannungshöhen und
-richtungen. Die Tabellen 21.2 und 21.3 stellen beide Verfahren mit ihren Auswertegleichungen gegenüber und erleichtern das Abschätzen der Einsatzmöglichkeiten.

Tabelle 21.2 Methodenvergleich

Kriterien	DMS	PhotoStress®
Ungefähre maximale Dehnungs- empfindlichkeit in μm/m	1	20
Visualisierung des Dehnungsfeldes	nein	ja
Meßbarkeit der Hauptdehnungsrichtungen	ja, bei Anwendung von 3-Element-Rosetten	ja
Meßbarkeit von Dehnungsgradienten	nein	ja
Wesentliche Vorteile	Hohe Meßwertauflösung; Messungen auf große Distanz und über einen großen Temperatur- bereich möglich. Einsatz auch bei schwierigen Umgebungs- bedingungen.	Flächenhafte Anzeige von Dehnungsverteilungen; lokalisiert Bereiche maximaler Dehnungen unter statischen und dynamischen Bedingungen bei variablen Belastungszuständen. Meßlänge praktisch Null.
Grenzen der Methode	Nur annähernd punktförmige Messungen. Dehnungsmittelwert über Gitterfläche.	Oberfläche des Teststücks muß dem Licht zugänglich sein, um Messungen zu gestatten.

Tabelle 21.3 Spannungs-/Dehnungsbeziehung[1])

DMS	PhotoStress®
Hauptspannungsrichtungen sind bekannt, eine der beiden ist Null (einachsiger Spannungszustand) $\sigma_x = E\,\epsilon_x$ Hauptspannungsrichtungen sind bekannt, Größen unbekannt. $\left.\begin{array}{l}\sigma_x = \dfrac{E}{1-\nu^2}(\epsilon_x + \nu\epsilon_y) \\[2ex] \sigma_y = \dfrac{E}{1-\nu^2}(\epsilon_y + \nu\epsilon_x)\end{array}\right\}^{(2)}$ Hauptspannungsrichtungen und Größen unbekannt. $\sigma_{\text{MAX/MIN}} = \dfrac{E}{2}\left[\dfrac{\epsilon_1 + \epsilon_3}{1-\nu} \pm \dfrac{\sqrt{2}}{1+\nu}\sqrt{(\epsilon_1 - \epsilon_2)^2 + (\epsilon_2 - \epsilon_3)^2}\right]$	$\sigma_x - \sigma_y = \dfrac{E}{1+\nu}(\epsilon_x - \epsilon_y)$ $\sigma_y =$ Null unter der Bedingung eines einachsigen Spannungszustands und an allen freien Rändern, wo im allgemeinen die Maximalspannungen auftreten. Dann kann man schreiben $\sigma_x = \dfrac{E}{1+\nu}(\epsilon_x - \epsilon_y)$ An Orten ohne freie Ränder werden die Differenz und die Summen der Hauptdehnungen gemessen[3]) $\begin{array}{cc}\text{SUMME/2} & \text{DIFFERENZ/2} \\ \dfrac{\epsilon_x - \epsilon_y}{} & \dfrac{\epsilon_x + \epsilon_y}{} \\ \dfrac{\epsilon_x + \epsilon_y}{\epsilon_x} & \dfrac{-(\epsilon_x - \epsilon_y)}{\epsilon_y}\end{array}$ $\left.\begin{array}{l}\sigma_x = \dfrac{E}{1-\nu^2}(\epsilon_x + \nu\epsilon_y) \\[2ex] \sigma_y = \dfrac{E}{1-\nu^2}(\epsilon_y + \nu\epsilon_x)\end{array}\right\}^{(2)}$

[1]) Diese Beziehungen gelten unter der Annahme, daß das Testmaterial in seinen mechanischen Eigenschaften homogen und isotrop ist.

[2]) Minimale und maximale Hauptspannungen.

[3]) Die Hauptdehnungssumme wird mit der PhotoStress®-Separator-DMS-Rosette bestimmt.

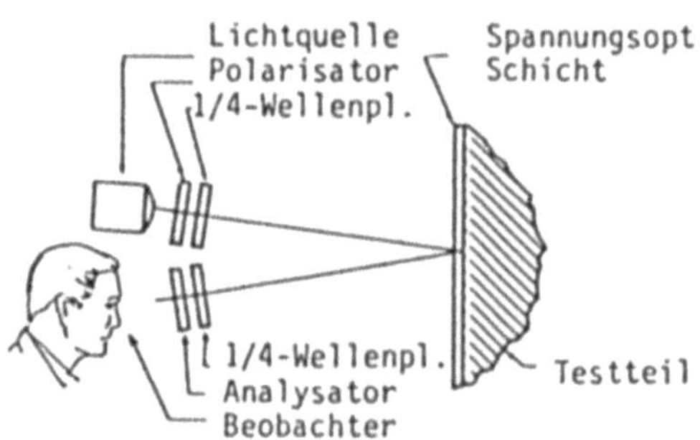

Bild 21.1   Filteranordnung im Reflexionspolariskop

Bild 21.2 Reflexionspolariskop

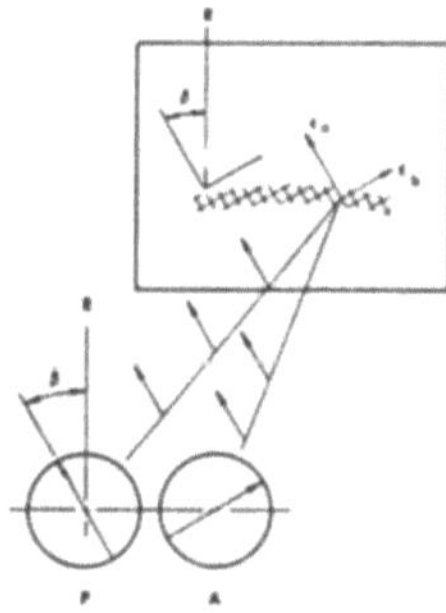

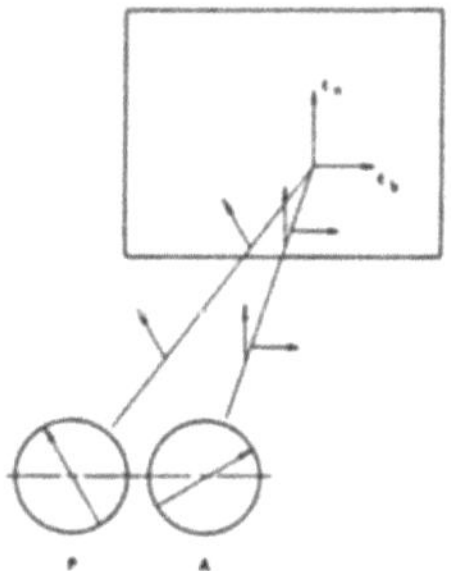

Bild 21.3 Messung der Isoklinen

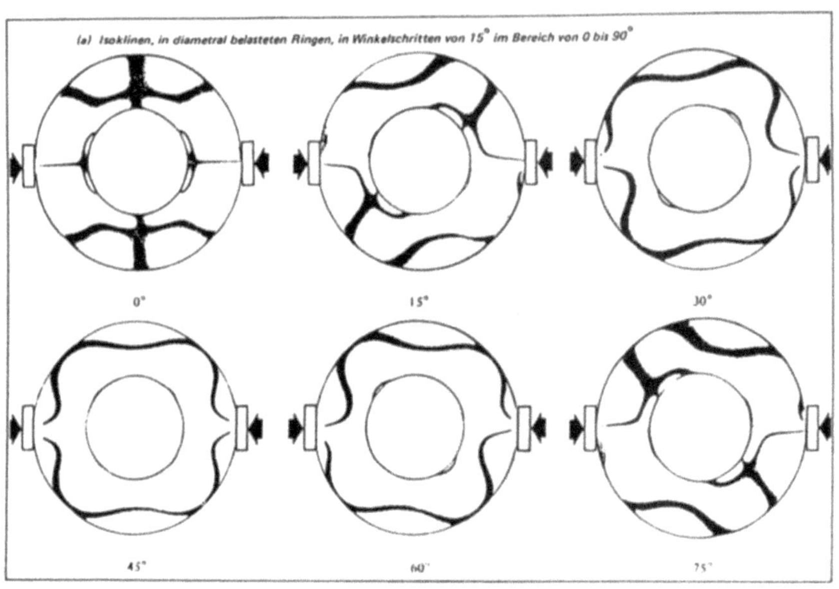

Bild 21.4 Beobachtete Isoklinen an verschiedenen Bauteilstellen bei gleichbleibender Belastungsrichtung

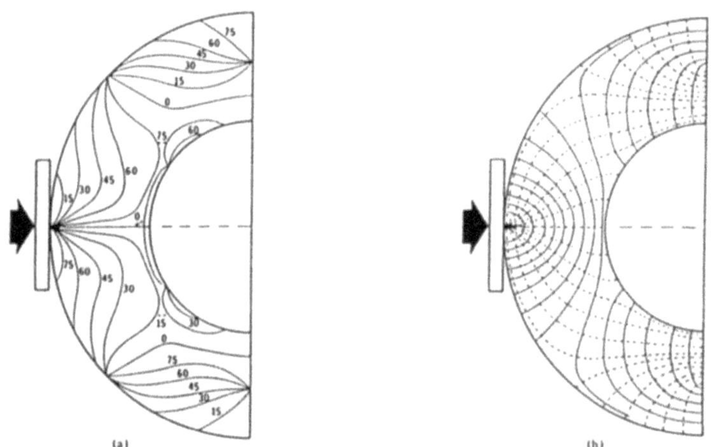

Bild 21.5 (a) Isoklinen, übertragen von den Bildern 20.4
(b) Isostaten, konstruiert von den Isoklinen aus dem Bild 21.6a

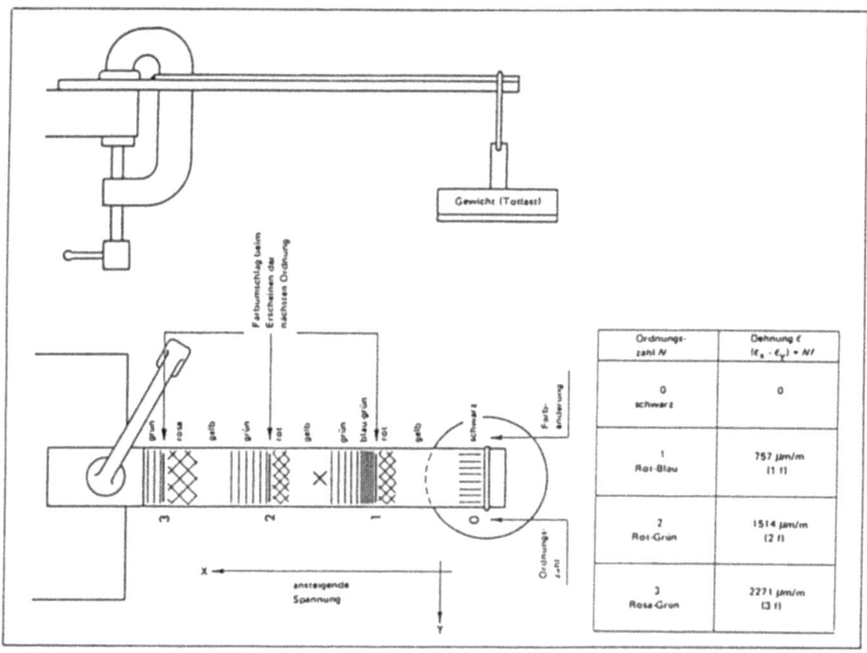

Bild 21.6 Biegebalkenexperiment zur Identifikation der Ordnungen

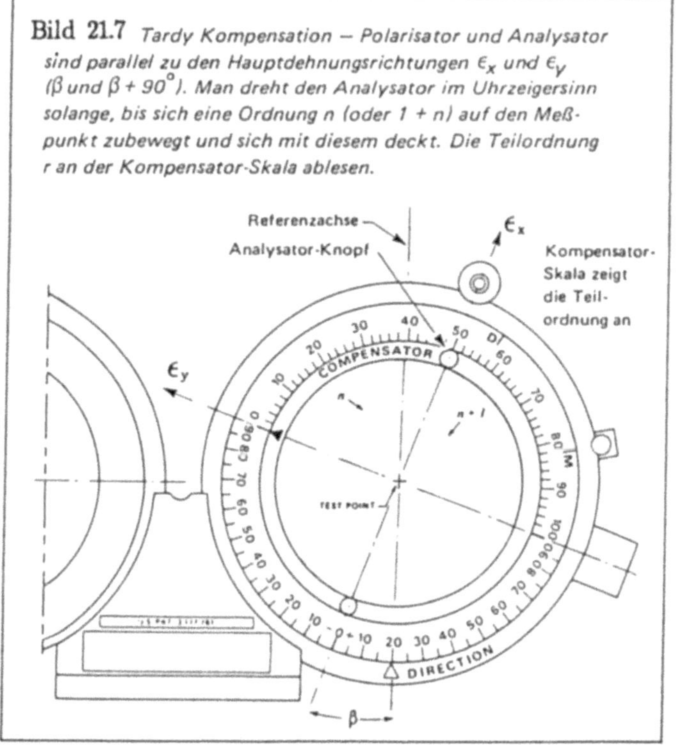

Bild 21.7 *Tardy Kompensation — Polarisator und Analysator sind parallel zu den Hauptdehnungsrichtungen ϵ_x und ϵ_y (β und $\beta + 90°$). Man dreht den Analysator im Uhrzeigersinn solange, bis sich eine Ordnung n (oder 1 + n) auf den Meßpunkt zubewegt und sich mit diesem deckt. Die Teilordnung r an der Kompensator-Skala ablesen.*

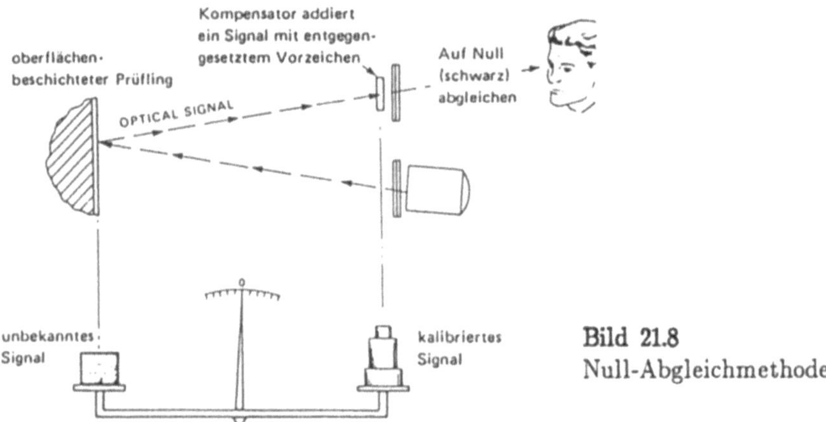

Bild 21.8
Null-Abgleichmethode

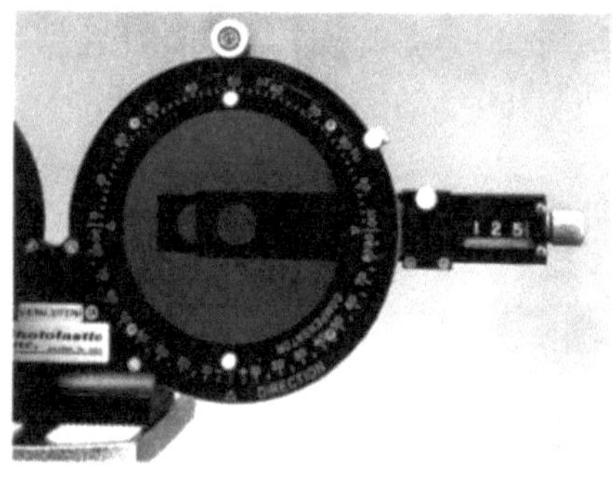

Bild 21.9
Kompensator mit Polariskop

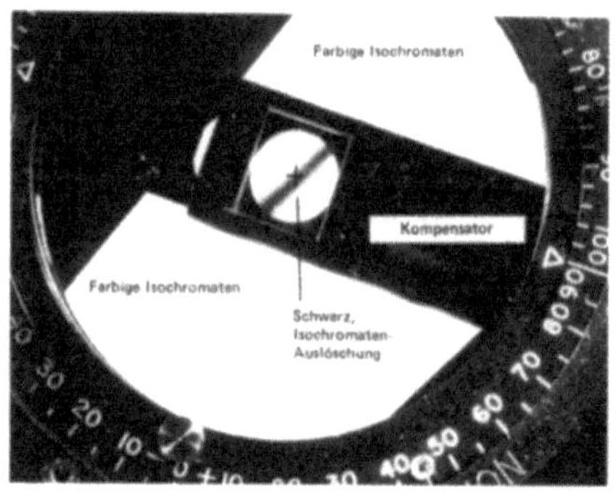

Bild 21.10
Null-Abgleich mit Kompensator

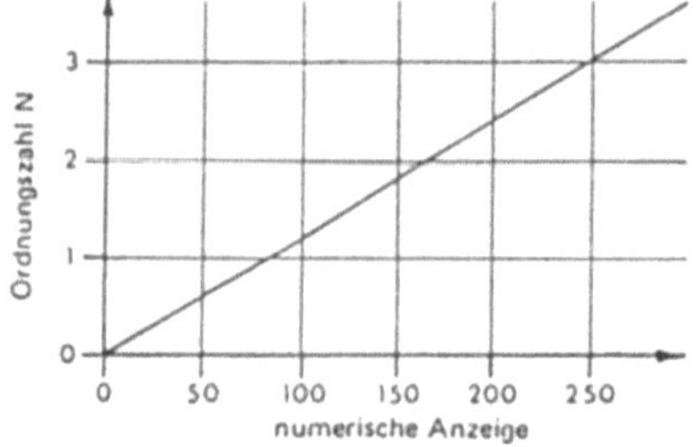

Bild 21.11
Eichkurve für Ordnungen

Bild 21.12 Kompensator mit Drucker

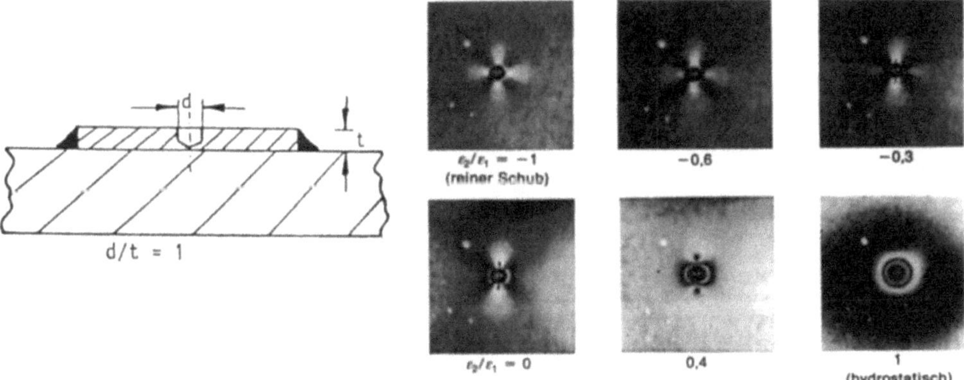

Bild 21.13 Bohrloch und Isochromatenbildner in der spannungsoptisch aktiven Schicht

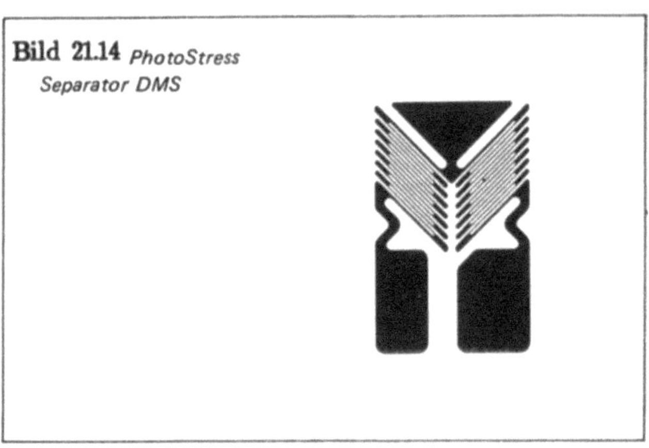

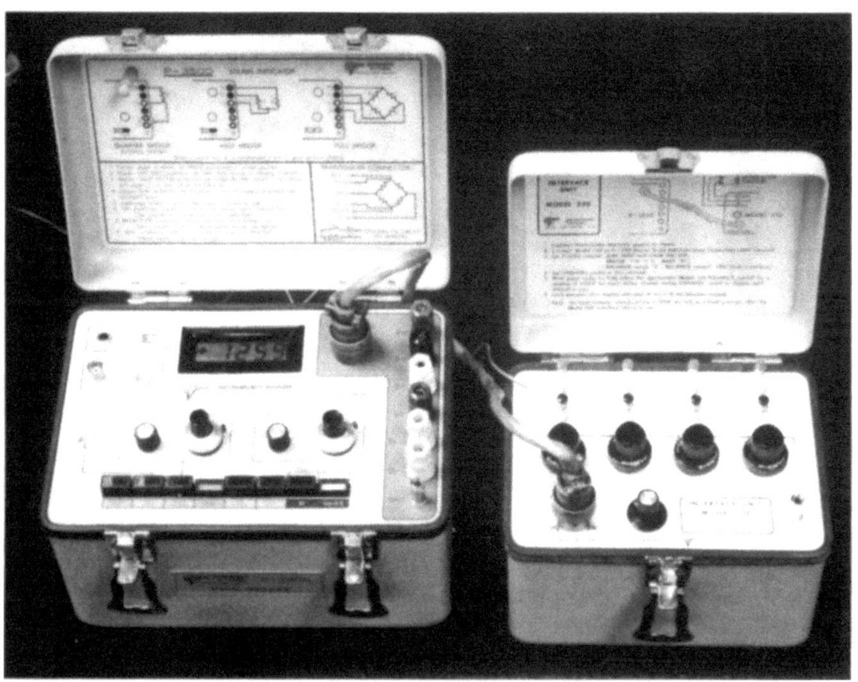

Bild 21.15 Modell 330 Interface Modul (Anpassungsgerät) in Verbindung mit der Dehnungsmeßbrücke P-3500 von Measurements Group zur Messung von $\varepsilon_x + \varepsilon_y$

22 Ultraschall-Spannungsmessungen

22.1 Bleche

Sägeblätter z.B. werden aus gestanzten Blechen herausgearbeitet und besitzen daher eine Textur, der sich Eigenspannungen überlagern (können). Bei einem überwalzten Sägeblatt aus 75 Cr 1 mit 2,5 mm Dicke und 390 mm Durchmesser wurde eine Meßspur entsprechend Bild 22.1a mit dem Doppelbrechungsverfahren untersucht. In dieser Spur ergaben sich die Hauptanisotropieachsen in radialer und tangentialer Richtung (Extremwerte der Schallaufzeiten). Die Texturkorrektur erfolgte zum damaligen Zeitpunkt auf der Grundlage begleitender Messungen des Schwächungskoeffizienten in einem Analogieschluß. Das Ergebnis der bei 4 MHz und mit einem Prüfkopfdurchmesser von 6,5 mm durchgeführten Untersuchung (siehe Bild 22.1b) zeigt eine befriedigende Übereinstimmung mit der röntgenographische Oberflächen-Spannungsmessung. [22.1]

22.2 Schweißnähte

Die inhomogene Gefügestruktur in Schweißnähten erlaubte zunächst keine Spannungsmessung im Schweißnahtgefüge selbst. Die sich beim Schweißen in Nahtnähe im Grundwerkstoff aufbauenden Eigenspannungen waren jedoch schon mehrfach bestimmt worden. Bild 22.2a stellt in guter Übereinstimmung mit der zerstörenden Messung die Änderung der Hauptspannungsdifferenz $\sigma_\parallel - \sigma_\perp$ als Funktion des Abstandes zur Naht dar. Gemessen wurde mit der Doppelbrechungsmethode bei 4 MHz (Werkst. : 22 NiMoCr 3.7). Hierbei sind $\sigma_{\parallel, \perp}$ die parallel bzw. senkrecht zur Schweißrichtung auftretenden Spannungen. Die Ultraschallausbreitung ist in vertikaler Richtung. [22.2]

Bild 22.2b gibt den Verlauf der tangentialen und axialen Oberflächenspannungen in der Nähe einer austenitischen Rohrrundnaht wieder (Rohrwerkstoff: 304 SS). Hier wurde bei 2,2 MHz mit Oberflächenwellen gearbeitet, die piezoelektrisch gesendet, aber elektromagnetisch empfangen wurden. [22.3]

Das Problem der Spannungen in der Naht selbst konnte unter Berücksichtigung der elastischen Konstanten 2. und 3. Ordnung in Grundwerkstoff, Wärmeeinflußzone und Schweißgut gelöst werden. [22.4]
In großem Abstand von der Naht einer geschweißten Platte (Kreuzungsbereich der Meßspuren 1 bzw. A in Bild 22.3a) wurden L-Wellen-Laufzeiten von sich an der Oberfläche und parallel zu ihr ausbreitenden L-Wellen in einer Sender-Empfänger-Anordnung vermessen. Dort ermittelte Richtungsabhängigkeiten wurden der Textur zugeschrieben. Auf Spuren A-F quer über die Naht gemessene Laufzeitprofile (Bild 22.3b) wurden in Spannungen umgerechnet und korrelieren gut mit an ausgewählten Punkten zerstörend ermittelten Meßwerten (Bild 22.3c).

22.3 Schwere Schmiedestücke

Größere Erfahrungen wurden bisher mit der Ultraschall-Doppelbrechungs-
methode insbesondere an schweren Schmiedestücken gesammelt. Bild 22.4 zeigt
stellvertretend zwei Ergebnisse zylindrischer Komponenten mit bzw. ohne
Axialbohrungen (Werkstoffe: 26 NiCrMo V 8.5 bzw. 26 NiCrMo V 14.5). Der
Verlauf der Spannungsdifferenz σ_{tan}- σ_{ax} gibt eindeutige Hinweise über den
jeweiligen Objektzustand (Meßfrequenz: 5MHz).

22.4 Schienen und Schrauben

Die zerstörungsfreie Spannungsmessung an Schienen ist sowohl bei der
Fertigung (Richten) als auch im Betrieb (Temperaturschwankungen) von
Bedeutung. Bild 22.5 gibt Ergebnisse wieder, die aus kombinierten Longitudinal-
und Transversalwellenmessungen genommen wurden. [22.6]

Eine gleichartige Kombination kann bei der Spannungsmessung an Schrauben
genutzt werden, wenn deren Länge (z.B. im eingebauten Zustand) unbekannt
ist. Die Linearität der Laufzeit-Dehnungsbeziehung (siehe Bild 22.6) erlaubt
eine eindeutige Aussage über den Spannungszustand, sofern nicht in den
Bereich plastischer Dehnung hinein angezogen wird (”Dehnschrauben”).
[22.7]
Für die Spannungsmessung an Schrauben, die vor und nach dem Einsatz vermessen
werden können, ist eine reine Longitudinalwellentechnik möglich und auch als
Gerät schon realisiert. [22.8]

22.5 Hartmetall und Keramik

Den besonderen Bedingungen in Hartmetall und Keramik wurde in der
jüngeren Vergangenheit mit der Ultraschall-Spannungsmessung ebenfalls
Rechnung getragen. Erste Ergebnisse liegen vor und können als Ausgangspunkt
für anwendungstechnische Arbeiten betrachtet werden. [22.9, 22.10]

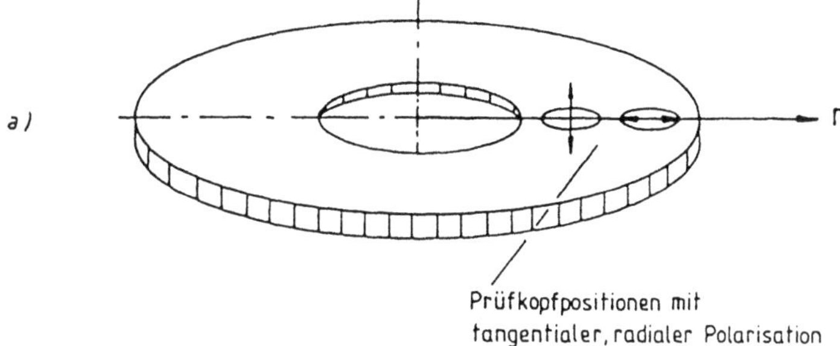

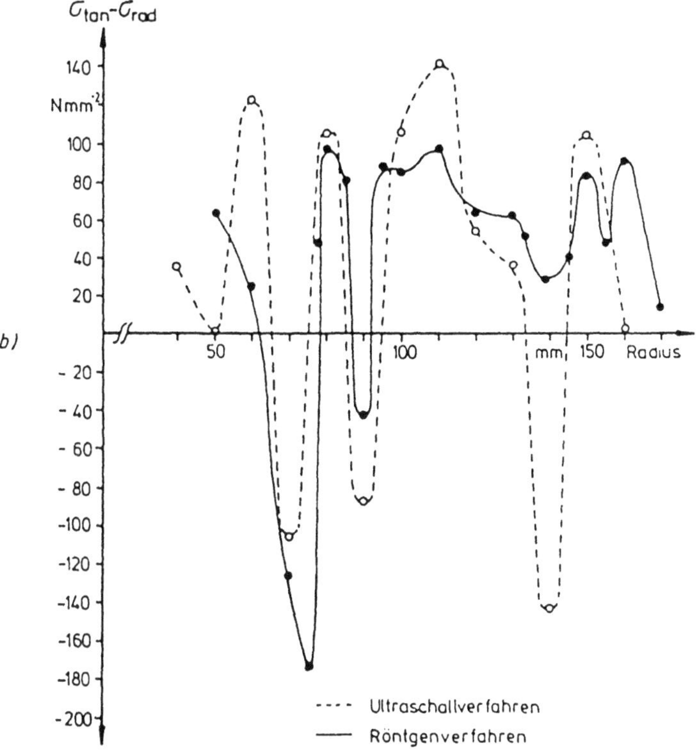

Bild 22.1 Eigenspannungsverlauf in einem Sägeblatt

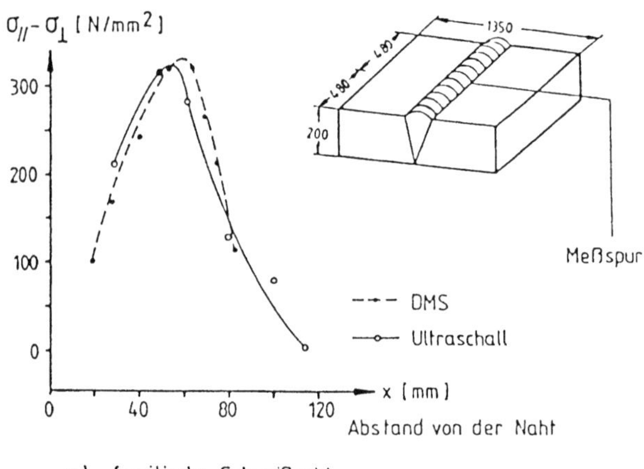

a)   ferritische Schweißnaht

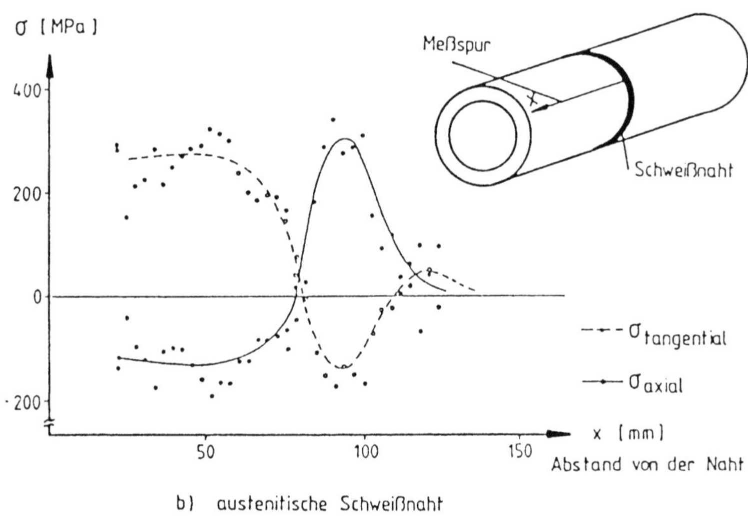

b)   austenitische Schweißnaht

Bild 22.2 Eigenspannungsverläufe in der Nähe von Schweißnähten

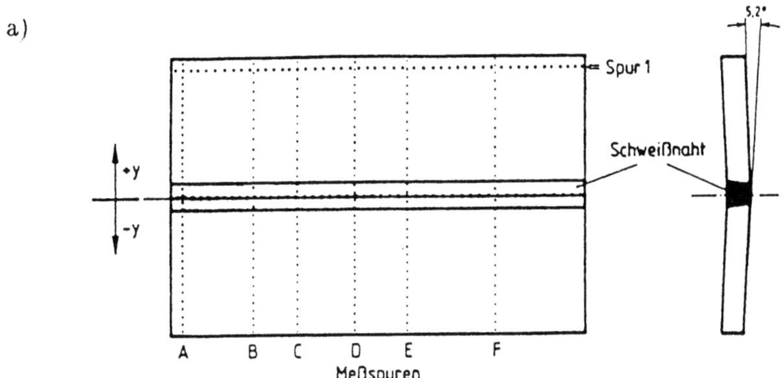

Skizze der geschweißten Platte mit Darstellung der Meßspuren

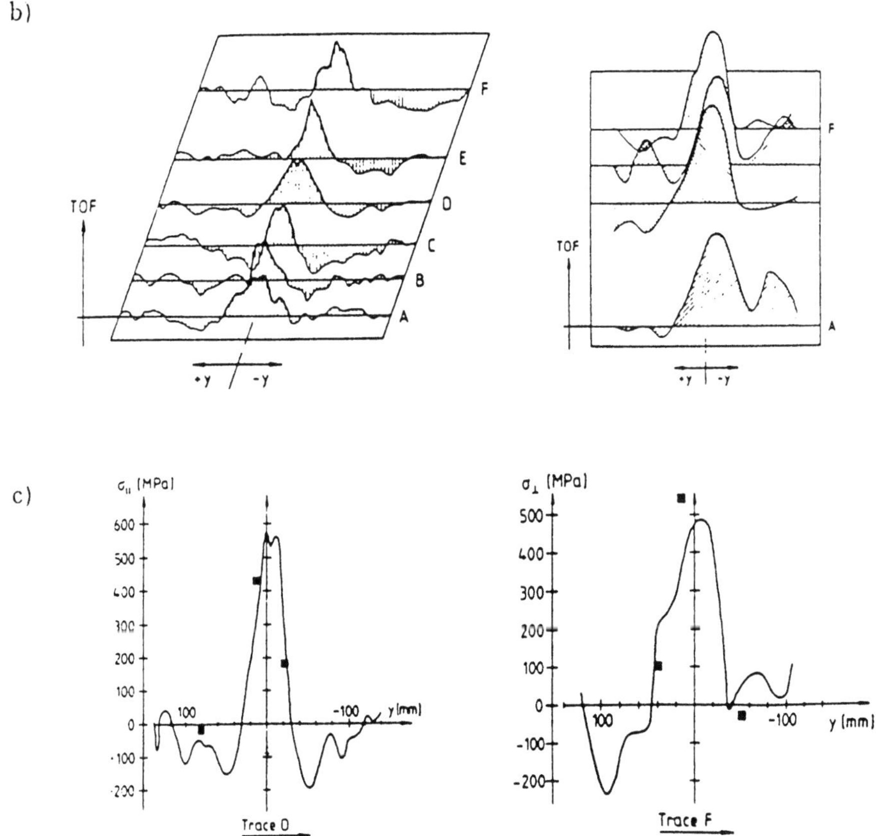

Bild 22.3 Laufzeit-(TOF) und Spannungsprofile über eine Mehrlagen-Schweißnaht zerstörend ermittelte Werte nach EFA

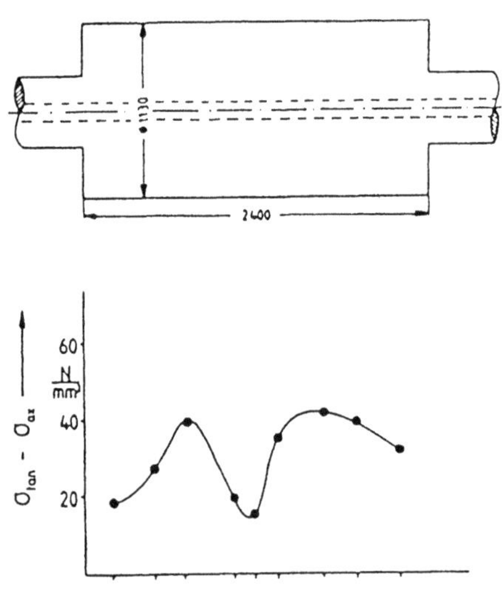

a) mit Zentralbohrung

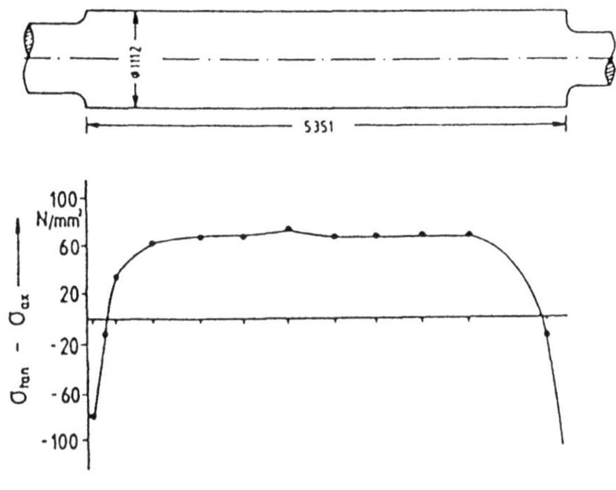

b) ohne Zentralbohrung

Bild 22.4 Eigenspannungsverlauf $\sigma_{tang.} - \sigma_{axial}$ in schweren Schmiedestücken

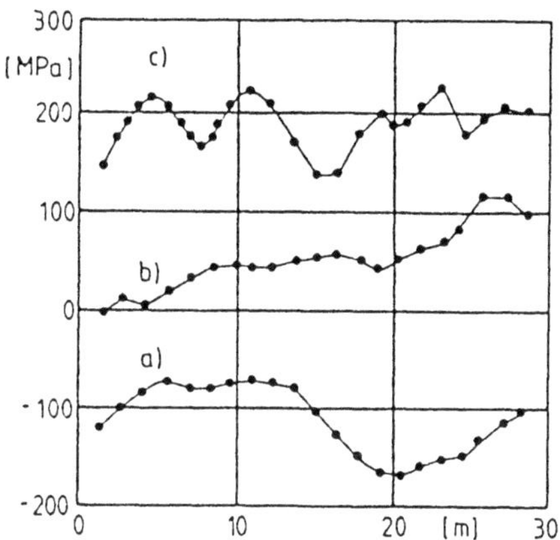

Bild 22.5 Eigenspannungsverlauf σ_{axial} in Schienen nach dem Walzen (a) sowie nach Richtprozessen mit unterschiedlicher plastischer Verformung (b,c)

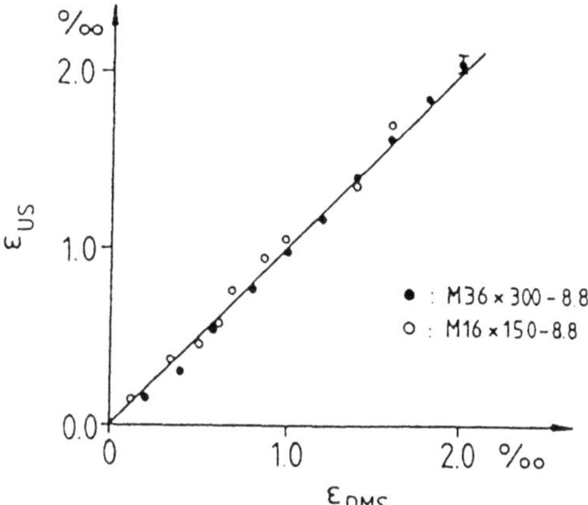

Bild 22.6 Dehnungsmessung an zwei Schraubentypen im Vergleich Ultraschall-Dehnungsmeßstreifen

23 Mikromagnetische Spannungsmessungen

Die Mikromagnetik hat zur zerstörungsfreien Spannungsmessung relativ rasch Eingang in die Praxis gefunden. Die wesentlichen Anwendungen liegen bei der Analyse des Spannungszustandes der Oberflächen von Turbinenschaufeln sowie bei oberflächennahen Schweißnaht-Spannungsprofilen. Die folgenden Abschnitte stellen diese Erfahrungen zusammen.

23.1 Turbinenschaufeln

Niederdruck-Turbinenschaufeln werden an der Einlaßkante stellenweise flammgehärtet, um eine erhöhte Widerstandsfähigkeit gegen Tropfenerosion zu erlangen. Zugspannungen im flammgehärteten Bereich tragen zur Gefahr der Spannungsrißkorrosion bei, eine Kontrolle des Spannungszustandes ist daher notwendig (Werkstoff: X20Cr 13). Die aufwendige röntgenographische Spannungsmessung an isolierten Meßstellen konnte durch die rasche mikromagnetische Messung an beliebigen Stellen ersetzt werden. Bild 23.1 zeigt den Vergleich zwischen Röntgentechnik und Mikromagnetik entlang einer Meßspur. Die Gefügeschwankungen werden durch eine Kalibrierung der Koerzitivfeldstärke mit der Härte korrigiert, während das Maximum der Amplitude des magnetischen BARKHAUSEN-RAUSCHENS M(H) mit der Spannung korreliert. [23.1, 23.2]

23.2 Sägeblatt

Die Sägeblattproblematik war schon in Kapitel 22.1 angeschnitten worden. Wie die Ultraschall-Technik vermag auch die Mikromagnetik (Maximum des magnetischen BARKHAUSEN-RAUSCHENS) den oberflächennahen Spannungszustand in guter Übereinstimmung mit der Röntgenmethode darzustellen (Bild 23.2). Dabei liegt der Kurvenverlauf röntgenographisch/mikromagnetisch noch näher zusammen als im Vergleich Röntgen/Ultraschall, weil der Ultraschall über das gesamte durchschallte Volumen des 2.5 mm dicken Sägeblattes integriert, während Röntgen und Mikromagnetik sich auf eine Schichtdicke ⊥1 mm konzentrieren. [23.3]

23.3 Schweißnähte

Der Verlauf der Spannungen über eine Blindnaht hinweg ist in Bild 23.3 wiedergegeben. Röntgentechnik und Mikromagnetik (Maximum des magnetischen BARKHAUSEN-RAUSCHENS) zeigen qualitativ den Verlauf, so daß die Werte der Röntgenspannungsmessung zur Kalibrierung der Mikromagnetik herangezogen werden können. [23.4]
Die Spannungsverteilung als Funktion des Abstandes und der Richtung bezogen auf eine in eine Platte geschweißte Kreisscheibe ist dem theoretisch bestimmten Verlauf entsprechend in Bild 23.4 wiedergegeben. Der Verlauf der

Amplitude des BARKHAUSEN-RAUSCHENS stellt - nach Kalibrierung im Zugversuch - in Bild 23.5 dies qualitativ und quantitativ dar. [23.5]
Mit der Meßgröße dynamische Magnetostriktion - Lage des Minimums bei der Durchsteuerung der Hysteresekurve - lassen sich ebenfalls die oberflächennahen Eigenspannungen an Schweißnähten bestimmen, wie Bild 23.6 zeigt. [23.6]

23.4 Kugelgestrahlte Oberflächen

Randschichtverfestigungen können durch Kugelstrahlen erzielt werden. Die zeit- und kostenintensive Stichprobe bzgl. des Erfolgs kann, wie in Bild 23.7 im Vergleich Röntgen/Mikromagnetik (Maximum des magnetischen BARK-HAUSEN-RAUSCHENS) zeigt, durch die mikromagnetische Spannungsmessung wesentlich rationeller gestaltet werden. [23.7]

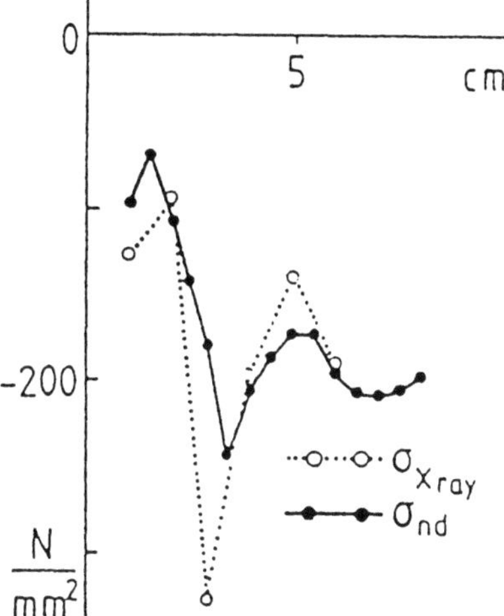

Bild 23.1 Radialspannungen als Funktion des Abstandes von der Turbinen-schaufel-Eintrittskante. Vergleich Röntgen (X-ray)/Mikromagnetik (nd)

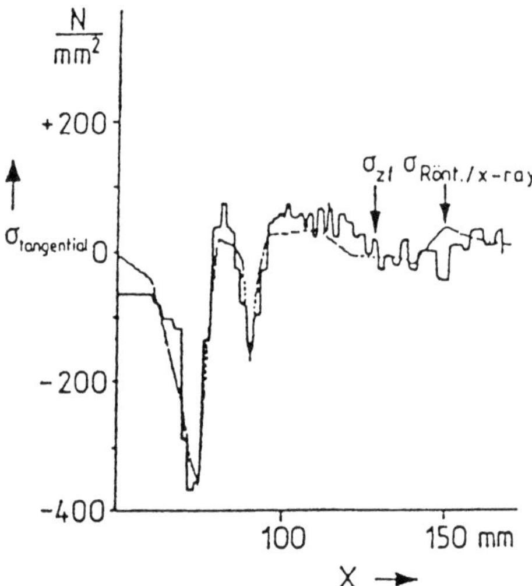

Bild 23.2 Spannungsverlauf in einem Sägeblatt

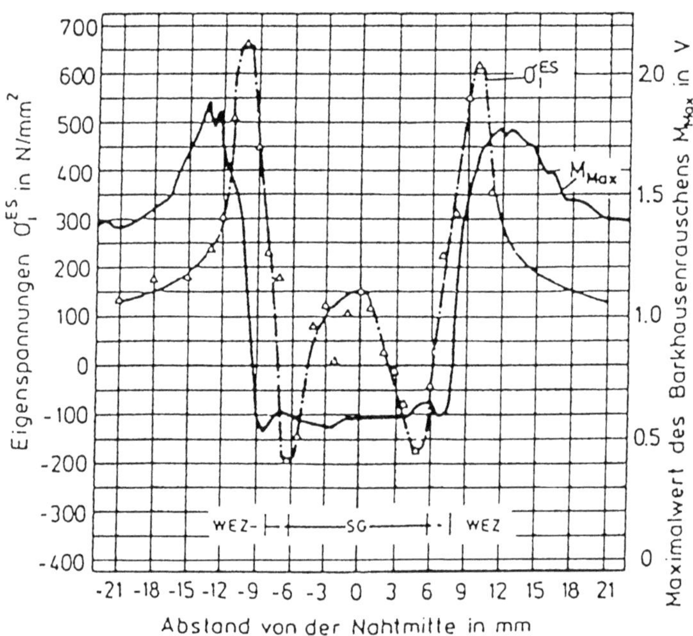

Bild 23.3 Vergleich der röntgenographisch ermittelten Oberflächen-Längseigen-
spannungen mit der magnetisch gemessenen BARKHAUSEN-Rausch-
amplitude M_{Max} um eine Bindenaht in einem Blech aus dem Fein-
kornbaustahl StE 890. Blechdicke 10 mm, Nahtlänge 110 mm,
W = 19,63 kJ/cm, SG = Schweißgut, WEZ = Wärmeeinflußzone

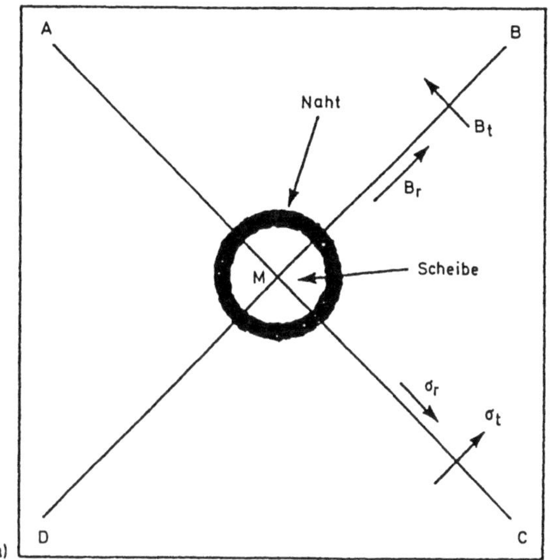

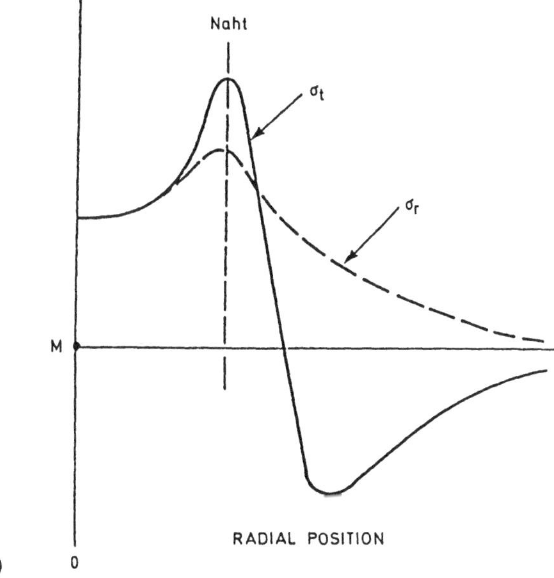

Bild 23.4 a) Skizze zum Testobjekt der in eine Platte eingeschweißten Scheibe
b) theoretisch zu erwartender Spannungsverlauf als Funktion des Abstandes von der Plattenmitte M für Radial- und Tangentialspannungen

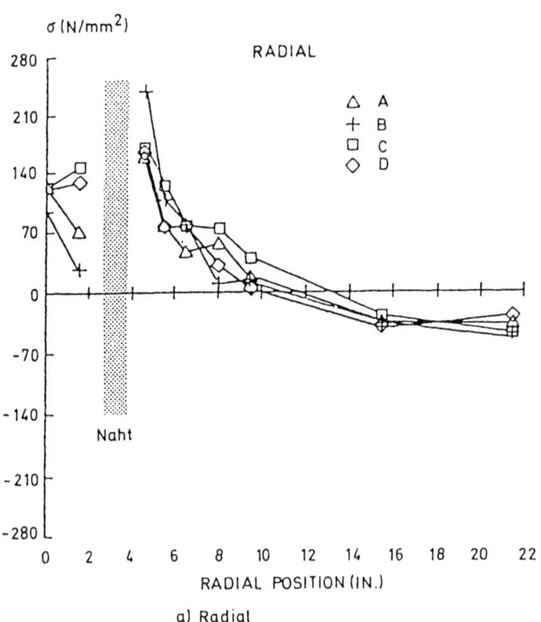

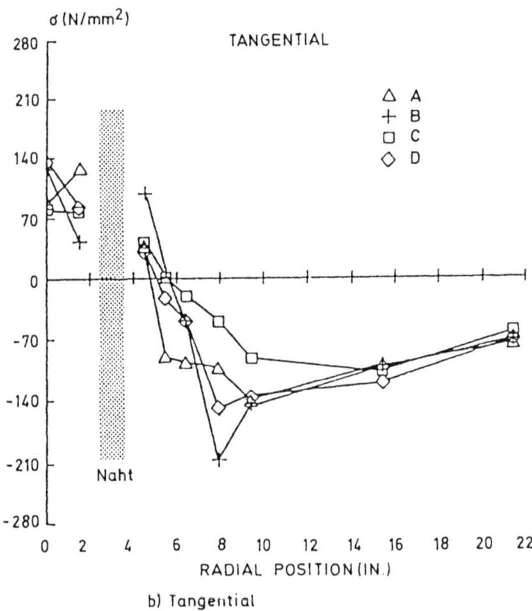

Bild 23.5 Mikromagnetisch (magnetische BARKHAUSEN-Rauschen) ermitteler Verlauf der Radial- und Tangentialspannungen am Testobjekt entsprechend Bild 23.4

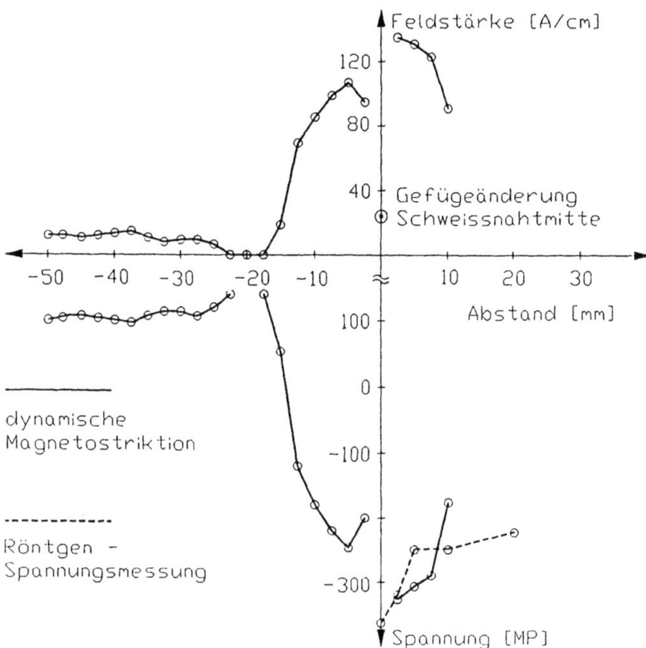

Bild 23.6 Verlauf der Querspannungen an einer Schweißnaht (22 NiMoCr 3 7). Vergleich Röntgen/Mikromagnetik (dynamische Magnetostriktion

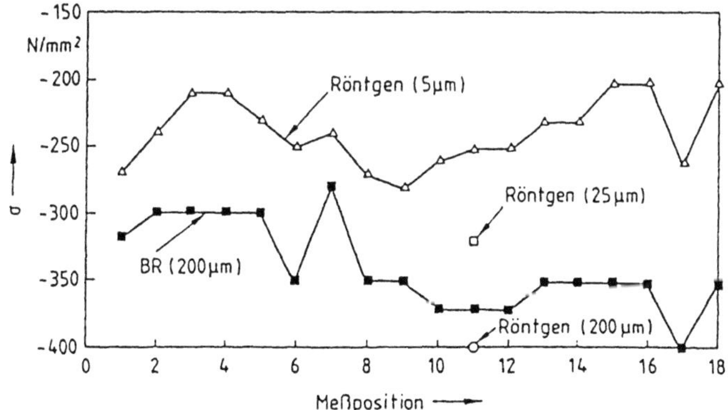

Bild 23.7 Mikromagnetische Spannungsmessung an Achskörpern im Vergleich zu Röntgendiffraktometrischen Meßergebnissen. In Klammern die Wechselwirkungstiefe der jeweiligen Messungen

24 Neutronen-Spannungsmessungen

Im folgenden Kapitel wird an Beispielen die Bandbreite der Möglichkeiten aufgezeigt, die die Neutronendiffraktometrie zur Messung innerer Spannungen bietet. Nähere Einzelheiten sind den zitierten Arbeiten zu entnehmen.

24.1 Einaxiale Beanspruchungen

Abbildung 24.1 zeigt die mikroskopische Dehnung der (211)-Netzebene in Baustahl bei einaxialer Beanspruchung in einer Zugvorrichtung. Die Gitterdehnung wird verglichen mit der makroskopischen Dehnung, gemessen mit einem Extensiometer. Den Verlauf der Kurve beschreibt das HOOKE'sche Gesetz mit einem effektiven Elastizitätsmodul für die (211)-Kristallorientierung. Mikroskopisch bleibt der lineare Zusammenhang zwischen Spannung und Dehnung auch noch bestehen, wenn die plastische Verformung einsetzt. Der E-Modul hat etwa den makroskopischen Wert. Nach Entspannen der Probe bleibt eine plastische Verformung von ~0,04% zurück. Der Anisotropiefaktor des (211)-Reflexes A_{211}=0,25 ist der gleiche wie der für den (110)- und den (321)-Reflex: diese Reflexe zeigen daher ein ähnliches Verhalten unter Last und sind für Spannungsmessungen am besten geeignet. Systematische Untersuchungen haben gezeigt, daß andere Reflexe dem linearen Spannungs-Dehnungszusammenhang nicht folgen und eine elastische Komponente nach dem Entspannen zurückbleibt. Die Interpretation solcher Ergebnisse ermöglicht es, Informationen über die Spannungsvorgeschichte eines Materials zu gewinnen, das seine Elastizitätsgrenze überschritten hatte. Nachdem die Elastizitätsgrenze erreicht ist, kommt es bei σ~250MPa zu einer Relaxation der elastischen Spannungen und einer Zunahme der Mikrodehnungen. Abbildung 24.2 zeigt dieses Verhalten am Beispiel des (310)-Reflexes von Stahl, für den die Dehnungen parallel und senkrecht zur Richtung der angreifenden Zug- und Druckspannungen gemessen wurden. Diese Relaxation ist nicht für alle Reflexe gleich; dies wird als Behinderung des Gleitens von Netzebenen durch benachbarte Körner und die Anisotropie der Körner erklärt. Messungen an Flugzeitspektrometern mit einer Detektoranordnung zu beiden Seiten der Streuprobe (Abbildung 24.3) liefert gleichzeitig die Dehnung in zwei zueinander senkrechten Richtungen. Auf diese Weise können die effektiven Elastizitätskonstanten und die entsprechenden POISSON-Zahlen orientierungsabhängig gemessen werden. Sie liegen für kubische Gitterstruktur etwa in der Mitte zwischen den Werten, die man nach den Modellen von VOIGT und REUSS erwartet. Die Änderung der E-Moduln mit dem Anisotropiefaktor wird durch das KRÖNER- ESHELBY Modell gut beschrieben.

24.2 Schweißverbindungen

Mit einem ortsauflösenden Detektor (Abbildung 24.4) wurde der Dehnungsverlauf mit 34 Meßpunkten im Materialquerschnitt bestimmt [24.3]. Die Dehnung im Bereich der Schweißnaht (Abbildung 24.5) geht in einem Abstand von ca. 5 mm in Druck über, nimmt danach bis zu einem Abstand von 20 mm wieder zu, um anschließend wieder abzunehmen. Die Spannungen innerhalb einer Doppel-V-Schweißnaht zeigt Abbildung 24.6. Die Neutronenbeugungsergebnisse werden durch Messungen mit Dehnungsmeßstreifen bestätigt. Ein Streuvolumen von ca. 30 mm^3 wurde bei diesem Experiment in z-Richtung durch die Schweißnaht gemessen. Die Spannung senkrecht zu einer Oberfläche muß aus Gleichgewichtsgründen verschwinden. Daher sollte sie an den äußeren Rändern Null werden. Daß dies hier nicht der Fall ist, kann verschiedene Gründe haben; das Modell einer ebenen Spannungsverteilung ist zu grob, der Referenznetzebenenabstand d wurde nicht genau genug bestimmt oder die Messungen im Bereich der Oberflächen der Schweißnaht weisen systematische Fehler auf.

In Abbildung 24.7 ist die Wirkung einer thermischen Behandlung auf den Spannungsverlauf im Bereich unterhalb des Stoßes zu sehen. Dies Beispiel zeigt den Nutzen der zerstörungsfreien Untersuchungen mit Neutronen vor und nach einer Maßnahme zum Lösen der inneren Spannungen besonders deutlich.

In Abbildung 24.8 ist das Ergebnis der Bestimmung des dreidimensionalen Spannungszustands in einem T-Stoß in einer Tiefe von ca. 1-2 mm im Schweißnahtbereich, von der Unterseite her gesehen [24.5]. Es liegen ausschließlich Zugspannungen vor. An der Oberfläche der Probe liefern röntgenographische Messungen Druckspannungen, sodaß innerhalb eines Bereiches von 2 mm ein Spannungsgradient von rund 600 MPa/mm besteht.

P.J. WEBSTER [24.13] konnte in einer Untersuchung zeigen, daß mit der Neutronendiffraktometrie innerhalb einer Schweißnaht Details über die Spannungen (Makro- und Mikrospannungen) zusammen mit der Textur erkannt werden können. Eine Querschnittsstudie durch eine Doppel-V-Schweißnaht in einer Palette aus der Aluminiumlegierung 5083 mit einem Streuvolumenelement von 3x3x3 mm^3 liefert die in Abbildungen 24.9, 24.10 und 24.11 dargestellten Ergebnisse. Die deutliche Verbreiterung der Reflexe zeigt, daß die Spannungen 2. und 3. Art im Bereich der Schweißnaht ansteigen. Die transversale Eigenspannungsverteilung im Profil der Probe in einer Tiefe von 2 mm zeigt (Abbildung 24.12) starke Variationen innerhalb der Schweißnaht, die auf den Einfluß von besonders großen Einzelkörnern zurückgeführt werden.

24.3 Verbundwerkstoffe

Die Frage, wie sich die inneren Spannungen in Verbundstoffen darstellen, ist mit der Flugzeitmethode besonders effizient zu bearbeiten. Verschiedene Phasen unterscheiden sich durch ihre Beugungsspektren und sind daher klar voneinander zu trennen. Am Beispiel einer faserverstärkten Aluminiumlegierung (Al 2014 Matrix mit 20 vol% SiC Fasern) unter äußerer Belastung (Abbildung 24.13) ist zu erkennen, daß nur geringe elastische Anisotropie vorliegt. Das Aluminium dehnt stärker als die eingelagerten Fasern, jedoch liegt das elastische Verhalten bei beiden ganz in der Nähe des theoretischen Wertes (nach dem Modell von REUSS) [ ]. Ein Rückgang bis auf den Wert Null nach Entlastung wird interessanterweise nur für Dehnungen parallel zur äußeren Krafteinwirkung beobachtet, nicht dagegen für solche senkrecht dazu. Der Grund dafür wird in Relaxationseinflüsse vermutet.

24.4 Entwicklungstendenzen der Neutronenmethode

Die Neutronenstreuung zur zerstörungsfreien Bestimmung innerer Spannungen geht in den letzten Jahren aus der Demonstrationsphase erfolgreich in den Bereich der Anwendung über. Die an fast allen Forschungsreaktoren bzw. gepulsten Neutronenquellen vorhandenen Instrumente zur Pulverdiffrakometrie werden daher inzwischen auch für diese Meßaufgaben eingesetzt. Darüberhinaus werden neue Spektrometer entwickelt und gebaut, die den besonderen Anforderungen der Spannungsmessung angepaßt sind. Einer der wichtigsten Gesichtspunkte ist dabei die optimale Ausnutzung der vorhandenen Neutronen, die durch verbesserte Detektoren zu erreichen ist. Die apparative Auflösung dieser neuen Geräte ermöglicht die Untersuchung der Mikrospannungen aus der Form der Reflexe. Auf absehbare Zeit wird die Neutronenmethode jedoch auf stationäre Reaktoren bzw. gepulste Quellen angewiesen sein, denn leistungsfähige transportable Neutronenquellen sind zur Zeit noch nicht in Sicht.
In den beiden folgenden Abschnitten werden Ergebnisse neuer Untersuchungen vorgestellt, die in ihrer Art nur mit Neutronen durchgeführt werden können und die die Spannungsmessungen unterstützen bzw. ergänzen werden.

24.5 Der Neutroneneinfang als Quelle zusätzlicher Informationen

Nicht alle Neutronen, die eine Probe treffen, werden kohärent gestreut und tragen zur Intensität der BRAGG-Reflexe bei. Ein Teil wird vom Material absorbiert. Dies führt zu hochangeregten Kernzuständen, die ihre Energie u. a. in Form vom Gammastrahlung unmittelbar nach dem Einfang wieder abgeben. Die Gammaspektren sind Linienspektren, aus deren Energie und Intensität die Art und Menge eines Isotops und damit die chemische Zusammensetzung der Probe bestimmt werden kann. Solche Messungen lassen sich mit Hilfe eines hochauflösenden Gammaspektometers während der Spannungsmessung durchführen. Es ist bekannt, daß die Netzebenenabstände mit der chemischen Zusammensetzung einer Probe stärker variieren können, als dies in Bezug auf die für Dehnungsmessungen geforderte Genauigkeit tolerierter ist. Die Analyse der Einfanggammaspektren erhöht die Zuverlässigkeit der d_0-Bestimmung, damit ihr Unterschiede der Materialzusammensetzungen der Spannungsprobe und der Referenzprobe festgestellt werden können.
In Abbildung 24.14 ist die Nachweisempfindlichkeit der charakteristischen Einfanggammastrahlung einiger Werkstoffe für einen Germaniumdetektor in der typischen Größe von 100 cm^3 angegeben. Auch Wasserstoff ist mit Hilfe der Einfanggammastrahlung zerstörungsfrei nachzuweisen. Die Nachweisgrenze hängt sowohl vom Neutronenfluß als auch vom Material der Matrix ab, in die er eingelagert ist. Sie liegt für einen Fluß von 10^6 n/cm^2 sec bei etwa 50 ppm. Die Energie der Einfanggammastrahlung ist gewöhnlich höher als die Schwellenenergie zur Erzeugung von

Elektron-Positron-Paaren. Deshalb entstehen während der Dehnungsmessung als Sekundärprozess direkt in der Probe in großer Zahl Positronen-Vernichtungsquanten mit einer Energie von 511 keV, die ebenfalls vom Gammastrahlungsdetektor nachgewiesen werden. Sie stellen eine weitere zerstörungsfreie Sonde zur Untersuchung des Materialzustands dar, denn die Positronenvernichtung wird durch die Defektkonzentration bzw. den Grad der plastischen Verformung beeinflußt.

WIENER [24.7] hat zum ersten Mal an Eisenproben zeigen können, daß die Änderung der Linienbreite der Vernichtungsgammastrahlung insitu erzeugter Positronen mit dem Grad der plastischen Verformung korreliert ist.

24.6 Transmissionsspektroskopie

Das Spektrum der thermischen Neutronen enthält auch solche Wellenlängen, die das BRAGG'sche Reflexionsgesetz nicht erfüllen können, weil sie den doppelten Netzebenenabstand $2 \cdot d$ einzelner Netzebenenscharen übertreffen. Eine polykristalline Probe im direkten Neutronenstrahl zwischen einer gepulsten Neutronenquelle und dem Detektor verändert die Form des Spektrums in charakteristischer Weise durch scharfe Kanten Abbildung 24.15 zeigt die Transmission von Neutronen durch 1 cm Eisen, als Funktion der Neutronenflugzeit. Die Position dieser sogen. BRAGG Kanten im Flugzeitspektrum liefert sehr genaue Werte der Netzebenenabstände d_{hkl}. Sie sind unabhängig vom Abstand der Probe zur Quelle oder zum Detektor und daher von Vorteil für die gleichzeitige Bestimmung vieler d_0-Werte. Die Neutronenintensität ist in Transmissionsgeometrie besonders hoch, sodaß der Strahlquerschnitt auf unter 1 mm reduziert werden kann. Mit dieser Technik können insbesondere zweidimensionale Spannungsprobleme bearbeitet werden. WOODWARD hat die Methode erstmals zur bildhaften Wiedergabe der Spannungsverteilung (Spannungsradiographie, ähnlich der Spannungsoptik) in einer Doppel-V Schweißnaht eingesetzt. MEGGERS hat die Transmissionsspektroskopie benutzt, um die Dehnungen zu untersuchen, die durch Zentrifugalkräfte in einer Kreiselkompass-Scheibe bei 18.000 Upm entstehen. An der intensiven gepulsten Neutronenquelle LANSCE in Los Alamos (USA) können inzwischen Transmissionsmessungen mit einer zeitlichen Auflösung in der Größenordnung 50 bis 100 µsec durchgeführt werden. Damit ergeben sich völlig neue Untersuchungsmöglichkeiten etwa für innere Spannungen in Proben unter sehr hoher momentaner Belastung, die auch mit einer Änderung der Phase einhergehen kann, oder für den zeitlichen Verlauf von Materialermüdung bzw. Spannungsänderung unter Beanspruchung.

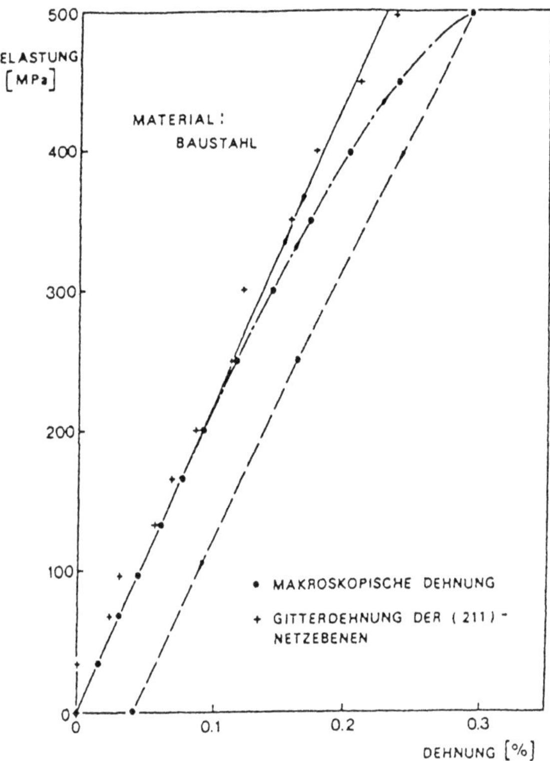

Bild 24.1
Dehnungen einer Stahlprobe in Zugrichtung. [24.1]

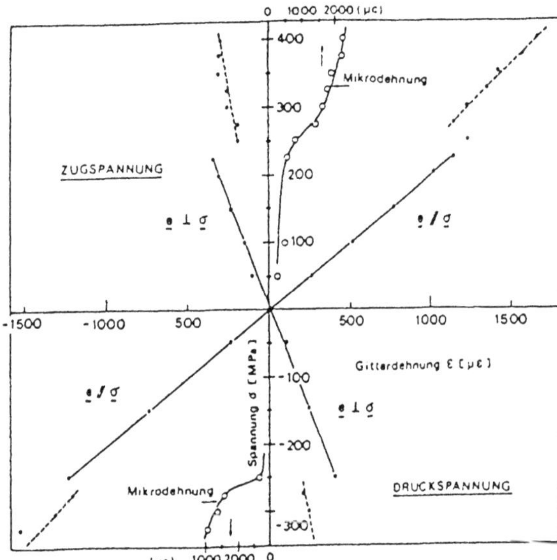

Bild 24.2 Elastisches und plastisches Verhalten einer spannungsarm geglühten Stahlprobe, bei Druck- und Zugbelastung parallel und senkrecht zur (310)-Netzebenenschar. [24.2]

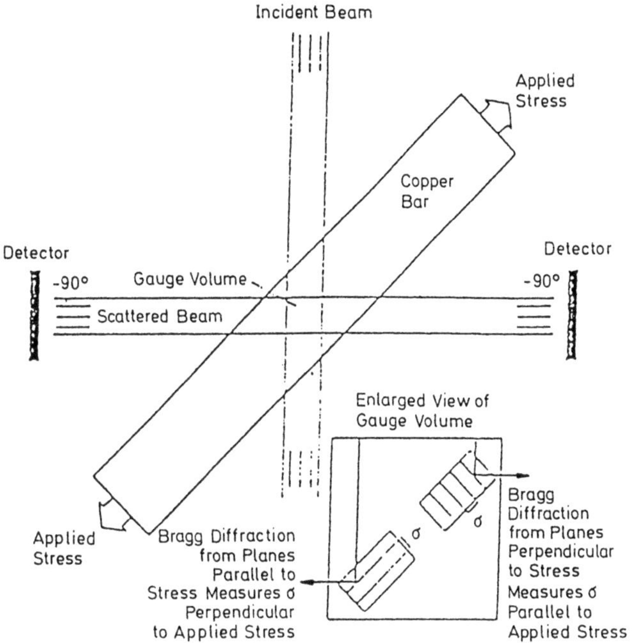

Bild 24.3 Detektoranordnung für Flugzeitspektrometer zur Bestimmung zweier zueinander senkrechter Dehnungsrichtungen. [24.3]

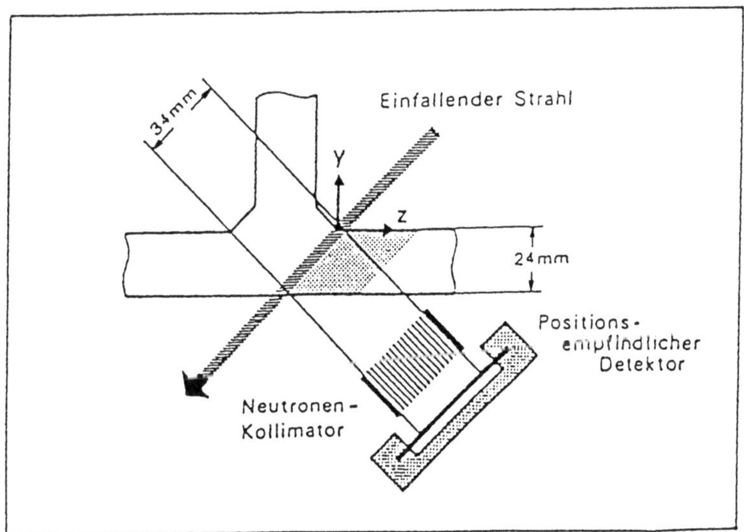

Bild 24.4 Tiefenprofiluntersuchung der Komponente ε_z mit einem positionsempfindlichen Detektor am Kristallspektrometer. [24.3]

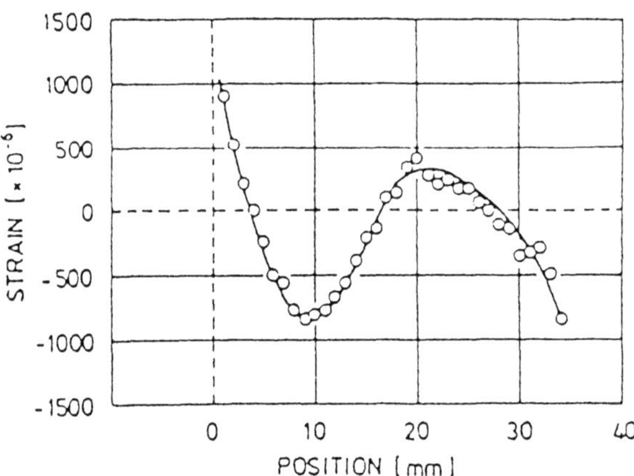

Bild 24.5 Die Dehnungsverteilung der Komponente ε_z in der Nähe der Schweißnaht eines T-Stoßes. [24.1]
(gemessen mit der experimentellen Anordnung aus Bild 24.4)

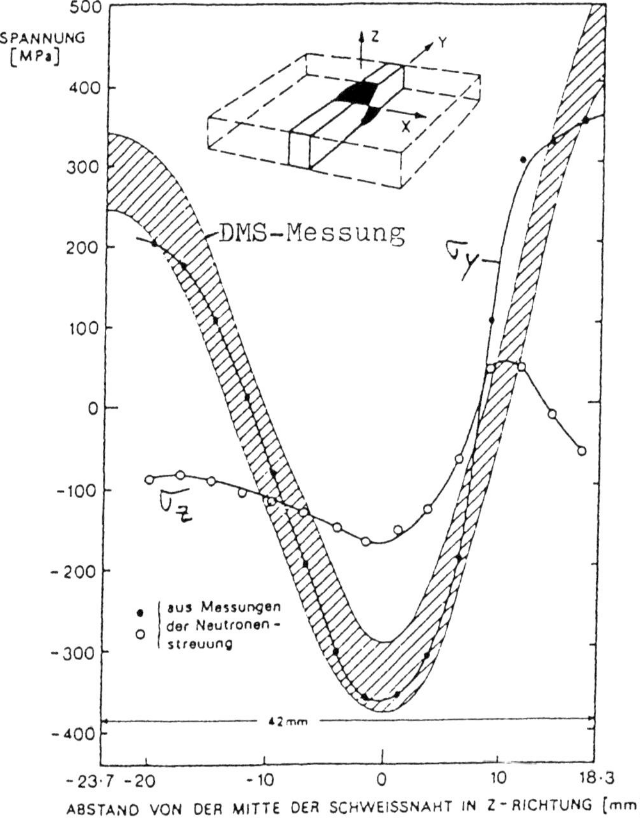

Bild 24.6 Der Spannungsverlauf im Bereich einer Doppel-V-Schweißnaht. [24.1]

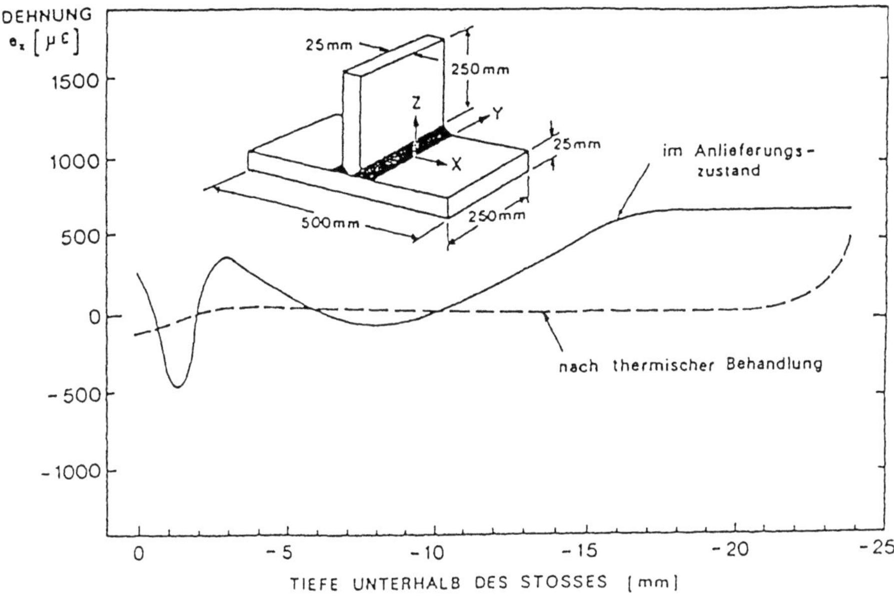

Bild 24.7 Der Dehnungsverlauf unterhalb eines geschweißten T-Stoßes vor und nach thermischer Behandlung. [24.4]

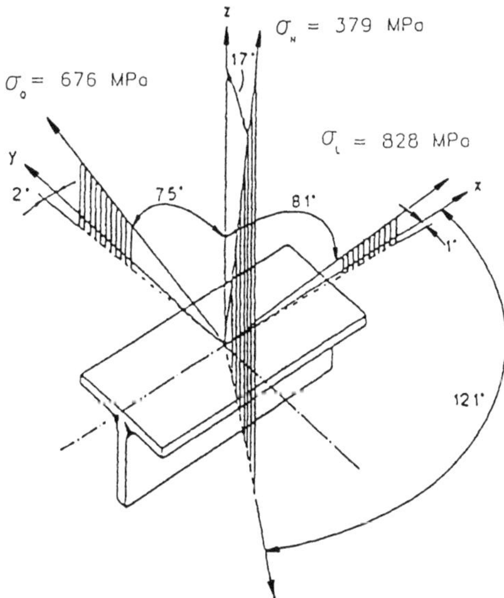

Bild 24.8 Die Hauptspannungen im Material unterhalb eines geschweißten T-Stoßes. [24.5]

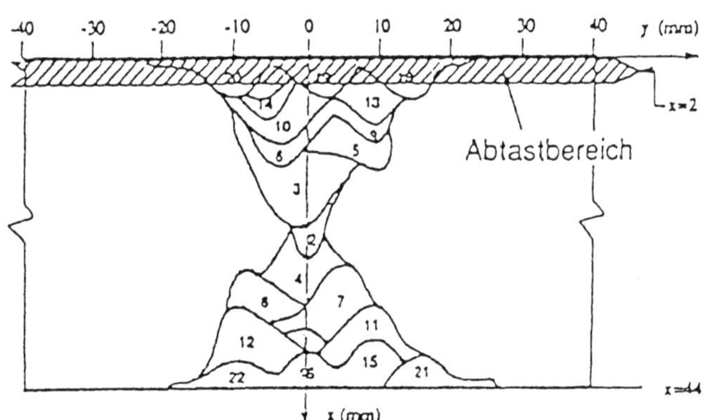

Bild 24.9 Schnitt durch die untersuchte Doppel-V-MIG. Schweißnaht in einer Platte aus der Aluminium-Legierung 5083. [24.5]

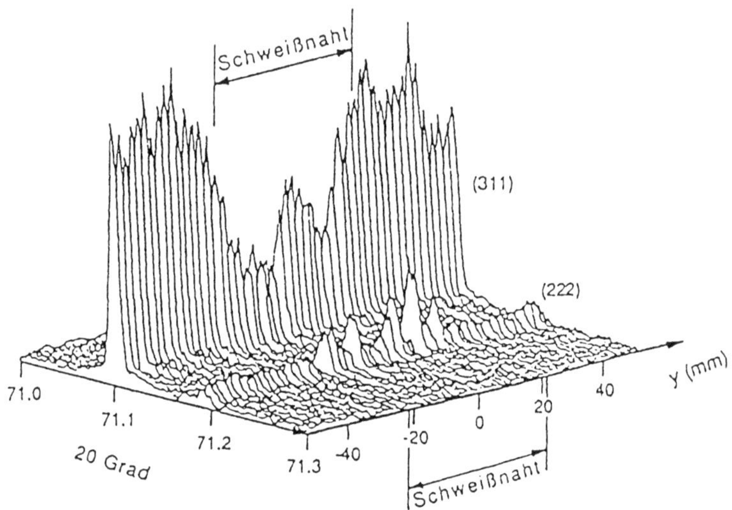

Bild 24.10 Variation der Reflexintensitäten im Abtastbereich der geschweißten Aluminiumplatte. [24.5]

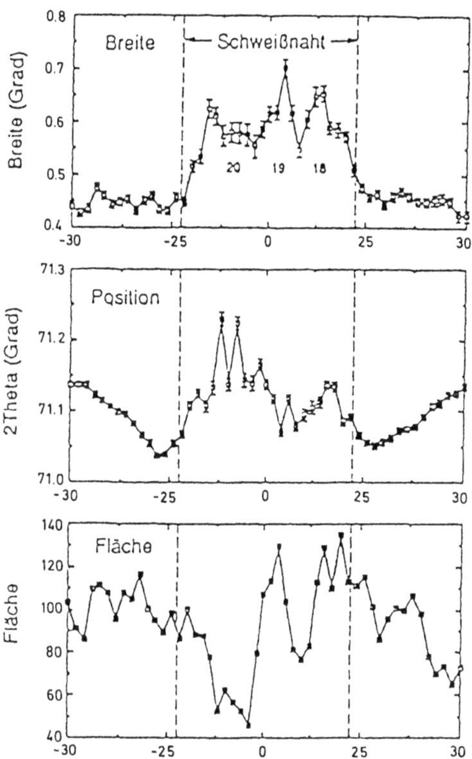

Bild 24.11 Variation der Form, Position und integralen Intensität des (311)-Reflexes im Abtastbereich der geschweißten Aluminiumplatte. [24.5]

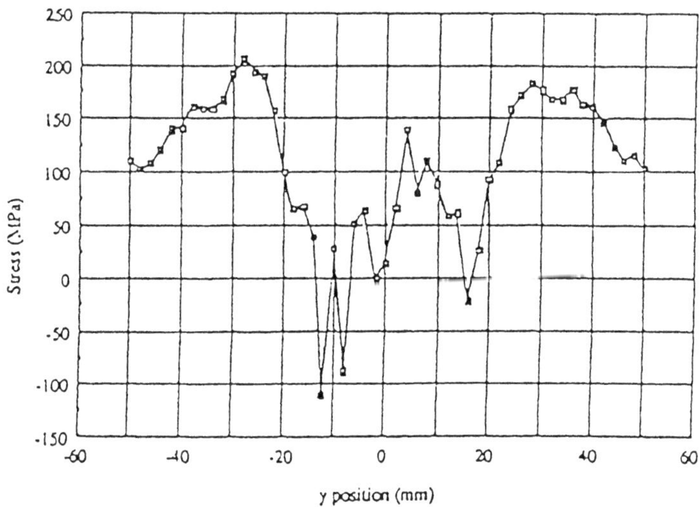

Bild 24.12 Die transversale Eigenspannungsverteilung in 2mm Materialtiefe. [24.1]

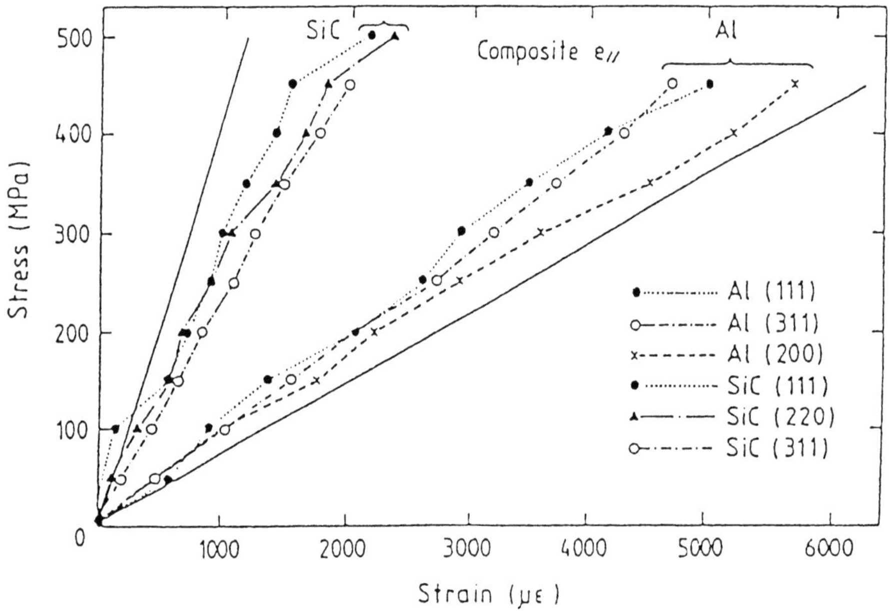

Bild 24.13 Dehnungen in SiC und Al im Verbundwerkstoff parallel zur äußeren Belastung. [24.6]

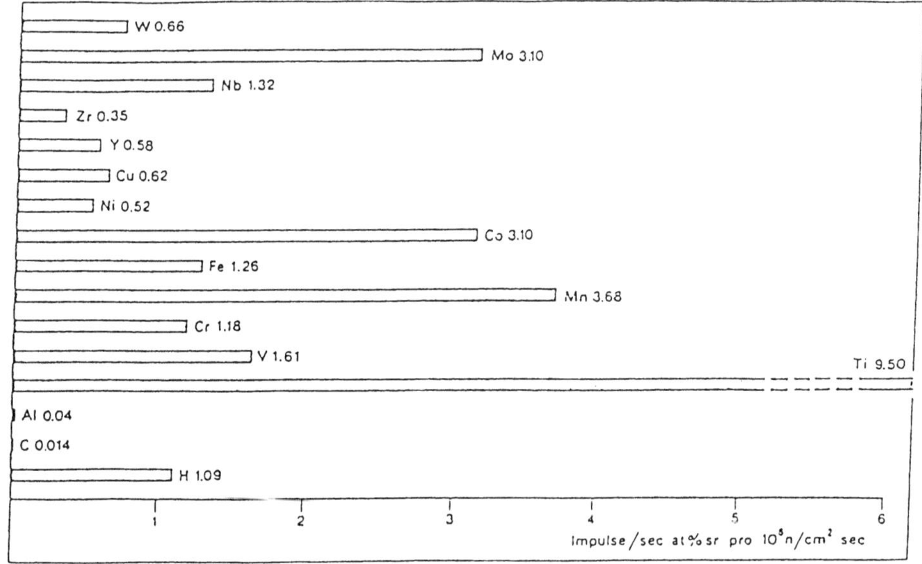

Bild 24.14 Die Empfindlichkeit des Nachweises einiger Werkstoffe durch ihre prompte Neutronen-Einfanggammastrahlung.

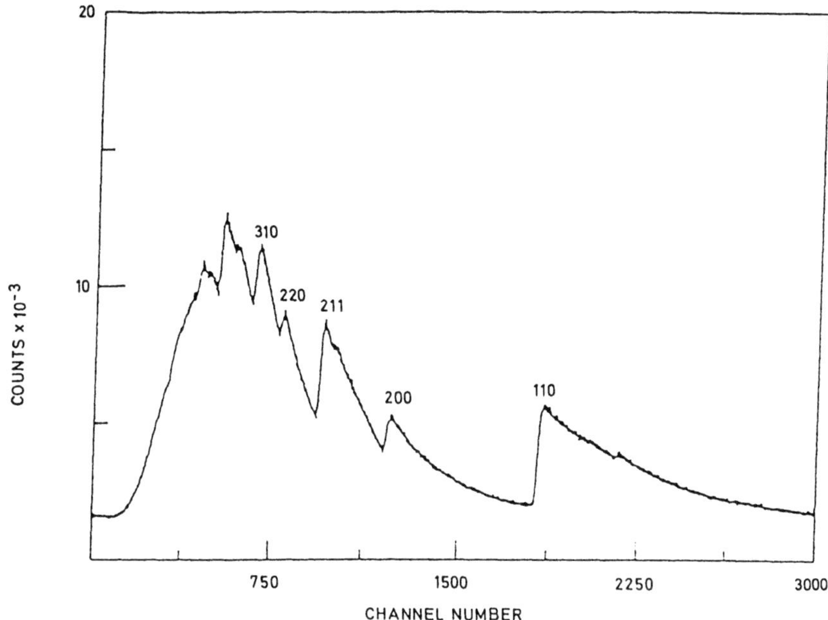

Bild 24.15 Transmissionsspektrum einer 10 mm dicken Eisenprobe. [24.7; 8]

25 Fehleranalyse und Datenreduktion

25.1 Problemstellung

Eine physikalische Größe wird durch einen Zahlenwert und ihre Maßeinheit beschrieben und läßt sich experimentell nur näherungsweise bestimmen. Die gemessenen Zahlenwerte liegen innerhalb eines von dem Meßverfahren abhängigen Fehlerintervalles, das gesondert abgeschätzt werden muß. Die Fehler lassen sich in systematische und zufällige Fehler gliedern, wobei freilich die Grenze zwischen beiden nicht immer eindeutig zu ziehen ist. Die systematischen Fehler werden z.B. durch Ungenauigkeit der Eichung eines Meßgerätes und der Anzeige des Gerätes in folge von fehlerhafter Funktion verursacht. Sie sind dadurch gekennzeichnet, daß sie den Meßwert stets in nur einer Richtung verfälschen. Systematische Fehler erkennt man durch geeignete Kontrollmessungen der Meßapparatur an bekannten Meßobjekten, d.h. durch Eichung des Meßgerätes. Obwohl die systematischen Fehler ebenso wichtig sind wie die zufälligen, spielen letztere bei der üblichen Fehlerabschätzung eine größere Rolle. Das liegt u.a. daran, daß sie durch eine einfache Statistik leicht zu erkennen oder abzuschätzen sind und ohne Änderung der Meßapparatur auch meist durch Wiederholungen der Meßung verringert werden können. Die im folgenden aufgezeigten Methoden der Fehlerabschätzung beschränken sich ausschließlich auf den Anteil der zufälligen Fehler am Gesamtfehler.

25.2 Termdefinition

Zur Verkleinerung des Anteils der zufälligen Fehler am Gesamtfehler mißt man dieselbe Größe X mehrfach unter unveränderten Versuchsbedingungen. Aus N Einselmessungen x_i bestimmt man den Mittelwert $\bar{x}$ durch arithmetische Mittelung:

$$\bar{x} = 1/N \cdot \sum_{i=1}^{N} x_i \qquad\qquad (\ 25\text{-}1 \ )$$

Die Mittelwertbildung führt zu einer genaueren Aussage als der Einzelwert, da sich die Schwankungen der Meßgröße teilweise kompensieren. Systematische Fehler dagegen werden durch eine Mittelwertbildung nicht verringert, da sie jeden Einzelwert in derselben Richtung verfälschen. Zu unterscheiden ist der Mittelwert vom "wahren Wert" μ. Beide werden erst dann übereinstimmen, wenn die Zahl N gegen Unendlich geht, d.h.

$$\mu = \lim_{N \to \infty} (\ 1/N \cdot \sum_{i=1}^{n} x_i \ ) \qquad\qquad (\ 25\text{-}2 \ )$$

Der arithmetische Mittelwert $\bar{x}$ ergibt sich aus der Forderung, daß die Summe der Quadrate aller Abweichungen der Einzelmeßwerte x_i vom Mittelwert minimal sein sollen,

$$f = \sum_{i=1}^{n} (\ x_i - \bar{x} \ )^2 \overset{!}{=} \text{Minimum} \qquad\qquad (\ 25\text{-}3 \ )$$

wie sich durch Differentiation leicht zeigen läßt. Das Ausgleichsprinzip, das auf das arithmetische Mittel führt, nennt man GAUSS'sches Ausgleichsprinzip oder die Methode der kleinsten Quadrate. Bei dieser Methode wird das Minimum von (Gl. 25-3) als Maß für das Schwankungsquadrat der x_i um den Mittelwert genommen. Da das Minimum mit wachsender Zahl der Messungen zunimmt, muß noch durch die Zahl der Kontrollmessungen dividiert werden. Denn nur diese können eine Aussage über den Fehler geben. Ist nämlich der wahre Wert μ bereits vor der Messung bekannt, so stellen alle N Messungen Kontrollmessungen dar. Häufiger aber ist der wahre Wert unbekannt, so daß von den N Messungen nur $N-1$ Kontroll-messungen sind.

$$s^2 = \sum_{i=1}^{N} (x_i - \bar{x})^2 / (N-1) \qquad\qquad (25\text{-}4)$$

$s = \sqrt{s^2}$ ist ein Maß für die Streuung der Einzelwerte um den Mittelwert, wobei die Unsicherheit des Mittelwertes, d.h. dessen mögliche Abweichung vom wahren Wert durch Division durch ($N-1$) statt durch N mit berücksichtigt ist. s trägt die Bezeichnung Standardabweichung, s^2 wird Varianz genannt. Die "wahre" Varianz σ^2 ist wie folgt definiert.

$$\sigma^2 = \lim_{N \to \infty} \left[1/N \cdot \sum_{i=1}^{n} (x_i - \mu)^2 \right] \qquad\qquad (25\text{-}5)$$

Die Varianz σ^2 und die Standardabweichung σ charakterisieren die Unsicherheiten, mit denen ein Experiment behaftet ist, um den wahren Wert μ zu bestimmen. $\bar{x}$ und s, die aus dem Experiment berechnet werden können, sind also Schätz-werte. Die "wahren" Werte sind μ und σ. Das Ergebnis der Messung wird ange-geben in der Form:

$$x = \bar{x} \pm s \qquad\qquad (25\text{-}6)$$

Dieser Sachverhalt soll an einem Beispiel erläutert werden. Man messe ein-hundert mal die Länge einer Stange. Die Beobachtungen sollen reichen von 18,9 bis 21,2 cm und viele dieser Beobachtungen sind identisch. Diese Messungen sind in Tabelle 25.1 aufgelistet in Abhängigkeit von der Häufigkeit f mit der gemessen wurde. Der Mittelwert der Datenpunkte ergibt $\bar{x}$ = 20,03 und die Standardabweichung s = 0,48. Das Ergebnis lautet also x = (20,03 ± 0,48) cm. [1]

25.3 Ausgleichsrechnung

In diesem eben diskutierten Fall wird also die euklidische Norm des Fehlers minimiert (Gl. 25-3) und man hat ein Problem der Ausgleichsrechnung im engeren Sinn vor sich, das bereits von GAUSS studiert wurde. Neuerdings werden jedoch auch die Lösungen x betrachtet, welche die Maximumnorm des Fehlers minimieren.

$$\max \quad | \, y_i - f_i \, (\, x_1, \dots , x_n \,) \, | \qquad\qquad 1 \leq i \leq m \qquad (\; 25\text{-}7 \;)$$

y_i bezeichnet eine der Messung zugängliche Größe, die auf eine bekannte gesetzmäßige Weise von den Variablen x_i abhängt. Die Minimierung der Maximumnorm läuft in der Literatur unter der Bezeichnung "Diskretes TSCHEBYSCHEFF-Problem". Die Berechnung der besten Lösung x ist in diesem Fall schwieriger, als bei der Methode der kleinsten Quadrate. Bei vielen wisssenschaftlichen Beobachtungen geht es darum, die Werte gewisser Konstanten x_1, x_2,.., x_n zu bestimmen. Häufig ist es aber nur schwer möglich, die interessierenden Größen x_i direkt zu messen. Man benutzt dann einen indirekten Weg. Statt der x_i mißt man eine andere, leichter der Messung zugängliche Größe y, die auf eine bekannte Weise von den x_i und gegebenenfalls von weiteren Versuchs- oder Randbedingungen, die durch die Variable z symbolisiert werden sollen, abhängt:

$$y = f(\; z; \; x_1, \dots , x_n \;) \qquad\qquad\qquad (\; 25\text{-}8 \;)$$

Um die x_i zu bestimmen, führt man unter "m" verschiedenen Versuchsbedingungen $z_1, \dots , z_m$ Experimente durch, mißt die zugehörigen Resultate

$$y_k = f(\; z_k, \; x_1, \dots , x_n \;) \qquad\qquad k = 1, \, 2, \dots , \; m \qquad (\; 25\text{-}9 \;)$$

und versucht durch Rechnung die Größen $x_1, \dots , x_n$ so zu bestimmen, daß die Gleichung (25-9) erfüllt ist. Natürlich muß man i.a. mindestens m Experimente, m > n durchführen, damit durch (25-9) die x_i eindeutig bestimmt sind. Für m > n ist (25-9) aber ein überbestimmtes Gleichungssystem für die unbekannten Parameter $x_1, \dots , x_n$, das gewöhnlich keine Lösung besitzt, weil die y_i als Messresultate mit unvermeidlichen Fehlern behaftet sind. Es stellt sich dabei das Problem, wenn schon nicht exakt, so doch "möglichst gut" zu lösen. Als "möglichst gute" Lösungen von (25-9) bezeichnet man solche, die entweder die euklidische Norm, oder die Maximumnorm des Fehlers minimieren. [25.4]

Bevor an einem konkreten Beispiel die Ausgleichsrechnung demonstriert wird, ist es erforderlich, noch einige Bemerkungen zu Fehlerfortpflanzung anzufügen.

25.3.1 Fehlerfortpflanzung

Die bisher angegebenen Fehler charakterisieren die Streuung einer direkt gemessenen, konstanten Größe. Häufig ist man aber an einer mittelbaren Größe interessiert, die sich über Formeln aus verschiedenen Meßwerten x_1, x_2, x_3, ... ergibt: $F = F(\, x_1, \, x_2, \, x_3, \, \dots .)$. Infolge der Fehler der direkten Meßwerte hat auch F einen Fehlerbereich. Als Fehlerfortpflanzung bezeichnet man die Auswirkung der Einzelfehler δ_{x1}, δ_{x2}, usw. auf F. Je nach Art der Funktion F kann diese

Auswirkung völlig unterschiedlich sein, so kann z.B. ein kleiner Fehler δ_{x1} einen großen Fehler für F bedingen. In diesem Fall spricht man von einer schlecht konditionierten Funktion F. Daher ist es angebracht, die Fehlerfortpflanzung schon vor der Messung der Einzelgrößen abzuschätzen, um zu wissen, welche Messungen besonders sorgfältig durchgeführt werden müssen und bei welchen ein großer Meßaufwand überflüssig ist. Zur Herleitung des Fehlerfortpflanzungsgesetzes wird sich auf eine Funktion mit 2 Meßgrößen x_1 und x_2 beschränkt: $F = F(x_1, x_2)$. Setzt man einmal die Mittelwerte $\bar{x}_1$, $\bar{x}_2$ und dann die Werte $\bar{x}_1 + \Delta x_1$, $\bar{x}_2 + \Delta x_2$ in F ein, so ergibt der Unterschied der zugehörigen F-Werte die Auswirkung der Fehler Δx_1 und Δx_2 auf F an. Den Wert von $F(\bar{x}_1 + \Delta x_1, \bar{x}_2 + \Delta x_2)$ erhält man, indem man F in eine TAYLOR-Reihe um $F(\bar{x}_1, \bar{x}_2)$ herum entwickelt.

$$F(\bar{x}_1 + \Delta x_1, \bar{x}_2 + \Delta x_2) = F(\bar{x}_1, \bar{x}_2) + \frac{\partial F}{\partial x_1} \Delta x_1 + \frac{\partial F}{\partial x_2} \Delta x_2 +$$

$$\frac{\partial F}{\partial x_1^2} \Delta x_1^2 + \frac{\partial^2 F}{\partial x_1 \cdot \partial x_2} \Delta x_1 \Delta x_2 + \ldots \qquad (25\text{-}10)$$

Sofern Δx_1 und Δx_2 klein gegen $\bar{x}_1$ und $\bar{x}_2$ sind, kann man diese Reihe nach den linearen Gliedern abbrechen, und es gilt für die Differenz:

$$F(\bar{x}_1 + \Delta x_1, \bar{x}_2 + \Delta x_2) - F(\bar{x}_1, \bar{x}_2) = \frac{\partial F}{\partial x_1} \Delta x_1 + \frac{\partial F}{\partial x_2} \Delta x_2 \qquad (25\text{-}11)$$

Wie die Fehler Δx_1 und Δx_2 zu bilden sind, ist nicht festgelegt. Man kann z.B. den "mittleren Fehler des Mittelwertes" oder GAUSS'schen Fehler des Mittelwertes δ_{xG} einsetzen, der wie folgt definiert ist:

$$\delta_{xG} = \sqrt{\sum_{i=1}^{n} (x_i - \bar{x})^2 / [n \cdot (n-1)]} \qquad (25\text{-}12)$$

Zur Berechnung der oberen Grenze des Schwankungsintervalles von F muß man annehmen, daß die Beiträge aller Einzelfehler dasselbe Vorzeichen haben, d.h. es sind die Absolutbeträge der Einzelfehler zu nehmen. Die Summe der Absolutbeträge liefert dann den absoluten Größtfehler ΔF:

$$\Delta F \leq \left| \partial F / \partial x_1 \cdot \Delta x_1 \right| + \left| \partial F / \partial x_2 \cdot \Delta x_2 \right| \qquad (25\text{-}13)$$

Dabei bedeutet $\partial F / x_1$ und $\partial F / x_2$ die partiellen Ableitungen. Für eine Funktion f mit n Variablen erhält man analog:

$$\Delta f \leq \sum_{i=1}^{n} \left| \partial f / \partial x_i \cdot \Delta x_i \right| \qquad (25\text{-}14)$$

Für einige häufig auftretende Typen von Funktionen läßt sich das Fehlerfortpflanzungsgesetz (Gl. 25-14) vereinfachen:
a) Funktionen, die ausschließlich aus Summen und / oder Differenzen bestehen.

$$f = \sum_{i=1}^{n} a_i \cdot x_i \quad \text{erhält man} \quad \Delta f \leq \sum_{i=1}^{n} \left| a_i \cdot \Delta x_i \right| \qquad (25\text{-}15)$$

b) Funktionen, die ausschließlich aus Produkten und / oder Quotienten der Variablen x_i mit beliebigen Potenzen m_i bestehen gilt:

$$f = A \cdot \prod_{i=1}^{n} x_i^{m_i} \qquad\qquad (\ 25\text{-}16 \ )$$

In diesem Fall ist es zweckmäßiger zunächst den relativen Größtfehler zu berechnen:

$$\Delta f / f = \sum_{i=1}^{n} \left| \ m_i \cdot \Delta x_i / x_i \ \right| \qquad\qquad (\ 25\text{-}17 \ )$$

d.h. der relative Größtfehler ist gleich der Summe der Beträge der relativen Einzelfehler, jeder multipliziert mit dem Exponenten der Variablen.

25.3.2 Wahrscheinlichkeitsverteilung

Kehren wir zum Problem der Ausgleichsrechnung zurück. Die Verfahrensregel in Kap. 25.1 lautet "Minimiere die EUKLID 'sche Norm des Fehlers" ohne daß bisher auf die Voraussetzungen für die generelle Anwendbarkeit dieses Verfahrens eingegangen wurde. Dazu ist es erforderlich sich einige Begriffe der Wahrscheinlichkeitstheorie zu vergegenwärtigen. Ausgehend von einer kontinuierlichen Variablen x definiert man eine Wahrscheinlichkeitsdichte f(x) derart, daß das Integral von f(x) über ein Intervall A die Wahrscheinlichkeit P angibt mit der X innerhalb dieses Intervalles liegt.

$$P \ (x \in A) = P(A) = \int_{A} f(x) dx \qquad\qquad (\ 25\text{-}18 \ )$$

Für ein unendliches Intervall gilt:

$$\int_{-\infty}^{\infty} f(x) dx = 1 \qquad\qquad (\ 25\text{-}19 \ )$$

d.h. man betrachtet stets eine normierte Wahrscheinlichkeitsdichte. Das Verteilungsmittel $\mu(x)$, die Varianz σ^2 und die sogenannte Verteilungsfunktion F sind wie folgt definiert:

$$\mu \quad = \int_{-\infty}^{\infty} x \cdot f(x) dx \qquad\qquad (\ 25\text{-}20 \ )$$

$$\sigma^2 \quad = \int_{-\infty}^{\infty} (x - \mu)^2 \cdot f(x) dx \qquad\qquad (\ 25\text{-}21 \ )$$

$$F(x) \quad = \int_{-\infty}^{x} f(y) dy \qquad\qquad (\ 25\text{-}22 \ )$$

Welches sind nun typische Wahrscheinlichkeitsverteilungen f(x) ?

Ohne näher darauf einzugehen seien hier nur folgende genannt: Binominalverteilung, POISSON-Verteilung, Exponetialverteilung, Gammaverteilung, STUDENT'sche t-Verteilung. Die speziellen Eigenschaften all dieser Verteilungen und anderer mehr sind in der Literatur ausführlich beschrieben. Die weitaus wichtigste und am häufigsten benützte Verteilung in der Statistik ist jedoch die GAUSS'sche Normalverteilung. Dies liegt u.a. daran, daß in der Praxis sehr viele Meßdaten normalverteilt sind. Darüberhinaus ist die Theorie der Normalverteilung und daraus abgeleiteter Verteilungen eingehend untersucht und entsprechendes Tabellenmaterial existiert. Zudem sind in viele statistische Techniken, die auf der Normalverteilung basieren sehr robust, d.h. sie funktionieren auch noch bei Abweichungen vom Normalverhalten. [25.1, 25.2, 25.3, 25.5, 25.6]

Die Dichtefunktion mit Mittel μ und Varianz σ^2 ist definiert als:

$$f(x) = (2 \cdot \pi \cdot \sigma^2)^{-0,5} \cdot \exp\left(-(x-\mu)^2 / (2 \cdot \sigma^2)\right) \qquad (25\text{-}23)$$

Üblicherweise benützt man die standardisierte Form:

$$z = (x-\mu)/\sigma \qquad (25\text{-}24)$$

$$\Phi(z) = (2 \cdot \pi)^{-0,5} \cdot \exp\left(-z^2/2\right) \qquad (25\text{-}25)$$

Will man Überprüfen, ob Datenpunkte normalverteilt sind, so ist lediglich der lineare Zusammenhang zwischen x und der standardisierten Variablen z nachzuweisen:

$$x = \sigma \cdot z + \mu \qquad (25\text{-}26)$$

Betrachtet man dazu das Beispiel aus der Tabelle 25.1, so folgt die Verteilungsfunktion F_j aus der Summe der relativen Häufigkeiten $F_j = \Sigma j \; f_j \, / 100$. Den zugehörigen z-Wert entnimmt man einer Tabelle oder rechnet ihn über die Definition der Verteilungsfunktion $F_j(z) = \int_{-\infty}^{z} \Phi(x) dx$ aus. Die Auftragung der x_j gegenüber der Variablen z_j ist eine Übungsaufgabe für den Leser.
Im folgenden soll nun eine Funktion an gemessene Datenpunkte angepaßt werden, und es gelte

$$y(x_i) = a + b \cdot x_i \qquad\qquad i=1, N \qquad N \geq 2 \qquad (25\text{-}27)$$

Unter der Annahme, daß die Daten für N Beobachtungen normalverteilt sind, kann man die Wahrscheinlichkeit für die geschätzte Werte von a und b berechnen, diesen Satz von Messungen zu beobachten. [25.3]

$$P(a,b) = \prod_{i=1}^{N} (1/\sigma_i \cdot \sqrt{2 \cdot \pi}) \; \exp\left(-\frac{1}{2} \sum_{i=1}^{N} ((y_i - y(x_i))/\sigma_i)^2\right) \qquad (25\text{-}28)$$

Die besten Schätzwerte für a und b werden nun gerade diejenigen sein, für die

die Wahrscheinlichkeit P(a,b) maximal wird. Dies ist äquivalent mit der Forderung, daß die Größe

$$\chi^2 = \sum_{i=1}^{N} (1/\sigma_i^2 \cdot (y_i - a - b \cdot x_i)^2)$$

$$(25\text{-}29)$$

minimal werden soll.

Die Größe χ^2 wird oft als Güte der Anpassung bezeichnet. Die Minimumbedingung bedeutet also, daß die partiellen Ableitungen nach den beiden Koeffizienten a und b simultan verschwinden müssen,

$$\frac{\partial}{\partial a} \chi^2 = -2/\sigma^2 \cdot \sum_i (y_i - a - b \cdot x_i) = 0$$

$$(25\text{-}30a)$$

$$\frac{\partial}{\partial b} \chi^2 = -2/\sigma^2 \cdot \sum_i x_i \cdot (y_i - a - b \cdot x_i) = 0$$

$$(25\text{-}30b)$$

wobei der Einfachheit halber alle Standardabweichungen gleichgesetzt wurden.
$\sigma_i = \sigma$
Werden die Standardabweichung σ_i der Einzelmessungen mitberücksichtigt, so spricht mam von einer gewichteten Ausgleichsrechnung. Statt die Summation in Gl. 25-30 explizit durchzuführen ist es äquivalent und vom Aufwand her einfacher das überbestimmte lineare Gleichgewichtssystem durch Multiplikation mit der transponierten Koeffizientenmatrix von links wieder auf eine quadratische Form zu bringen, die dann mit Standardalgorithmen gelöst werden kann. Die Vereinfachung liegt darin, daß viele Taschenrechner heute die Matrizenmultiplikation als Unterroutine zur Verfügung haben. [25.4, 25.5]

$$A \begin{pmatrix} a \\ b \end{pmatrix} = y$$

$$(25\text{-}31)$$

$$A = \begin{pmatrix} 1 & x_1 \\ \cdot & \cdot \\ \cdot & \cdot \\ 1 & x_n \end{pmatrix} \qquad\qquad y = \begin{pmatrix} y_1 \\ \cdot \\ \cdot \\ y_n \end{pmatrix}$$

$$(25\text{-}32)$$

$$A^T \cdot A \begin{pmatrix} a \\ b \end{pmatrix} = A^T \cdot y$$

$$(25\text{-}33)$$

Sofern die Matrix $A^T \cdot A$ nicht singulär ist, d.h. die Determinate $\det (A^T \cdot A)$ nicht verschwindet, existiert eine eindeutige Lösung

$$x = \begin{pmatrix} a \\ b \end{pmatrix} = (A^T \cdot A)^{-1} \cdot A^T \cdot y$$

$$(25\text{-}34)$$

wobei $(A^T \cdot A)^{-1}$ die Inverse von $A^T \cdot A$ ist und folgende statistische Bedeutung besitzt. [25.4] Dazu wird angenommen, daß die Komponenten von y_i, i=1,...,N unabhängige Variablen mit dem Mittelwert μ_i und gleicher Streuung σ^2 sind.

$$E\,[\,y_i\,] = \mu_i \qquad\qquad\qquad\qquad\qquad\qquad (25\text{-}35)$$

$$E\,[(\,y_i - \mu_i\,)\cdot(\,y_k - \mu_k\,)] = \begin{cases} \sigma^2 & i = k \\ 0 & \text{sonst} \end{cases} \qquad (25\text{-}36)$$

Setzt man $\mu = (\mu_1,...,\mu_n)^T$, so ist dies gleichbedeutend mit

$$E\,[\,y\,] = \mu, \qquad E\,[(\,y - \mu\,)\cdot(\,y - \mu\,)^T] = \sigma^2\cdot I \qquad (25\text{-}37)$$
$$I \text{ ist die Einheitsmatrix}$$

Für den Mittelwert des Lösungsvektors erhält man damit:

$$E\,[\,x\,] = E\,[(\,A^T A\,)^{-1}\cdot A^T\cdot y]$$

$$= (\,A^T A\,)^{-1}\cdot A^T\cdot E[\,y\,]$$

$$= (\,A^T A\,)^{-1}\cdot A^T\cdot \mu \qquad\qquad\qquad (25\text{-}38)$$

und für die Streuung

$$E\,\Big[(x - E[x])\cdot(x - E[x])^T\Big] = E\,[(A^T A)^{-1}\cdot A^T\cdot(y - \mu)\cdot(y - \mu)^T\cdot A\cdot(\,A^T A\,)^{-1}\,]$$

$$= (A^T A)^{-1}\cdot A^T\cdot E[(y - \mu)\cdot(y - \mu)^T]\cdot A\cdot(\,A^T A\,)^{-1}$$

$$= \sigma^2\cdot I\cdot(A^T A)^{-1} \qquad\qquad\qquad (25\text{-}39)$$

$E[\,]$ bedeutet Erwartungswert. Dies bedeutet also, daß bei bekannter Varianz σ^2 der Meßdaten die Varianz der erzielten Lösung σ_x^2 proportional ist zu den Diagonalelementen von $(A^T A)^{-1}$. Ist die wahre Varianz σ^2 unbekannt, so wird sie abgeschätzt durch s^2 (siehe Gl. 25-4). $(A^T A)^{-1}_{jj}$ wird häufig als Fehlermatrix bezeichnet. Hierzu ein Beispiel: [25.3]
Folgende Meßdaten seien gegeben und sollen an eine Gerade der Form $y = a + b\,x_i$ angepaßt werden.

i	x_i	y_i
1	1.0	15.6
2	2.0	17.5
3	3.0	36.6
4	4.0	43.8
5	5.0	58.2
6	6.0	61.6
7	7.0	64.2
8	8.0	70.4
9	9.0	98.8

Das überbestimmte Gleichungssystem hat also folgende einfache Gestalt.

$$\begin{pmatrix} 1. & 1. \\ 1. & 2. \\ 1. & 3. \\ 1. & 4. \\ 1. & 5. \\ 1. & 6. \\ 1. & 7. \\ 1. & 8. \\ 1. & 9. \end{pmatrix} \begin{pmatrix} a \\ b \end{pmatrix} = \begin{pmatrix} 15.6 \\ 17.5 \\ 36.6 \\ 43.8 \\ 58.2 \\ 61.6 \\ 64.2 \\ 70.4 \\ 98.8 \end{pmatrix} \qquad (25\text{-}40)$$

Durch Multiplikation mit der transponierten Koeffizientenmatrix erhält man:

$$\begin{pmatrix} 9 & 45 \\ 45 & 285 \end{pmatrix} \cdot \begin{pmatrix} a \\ b \end{pmatrix} = \begin{pmatrix} 466.7 \\ 2898 \end{pmatrix} \qquad (\ 25\text{-}41\ )$$

mit der Lösung a=4.8 und b=9.4
Für $(A^T A)^{-1}$ ergibt sich:

$$(A^T A)^{-1} = \begin{pmatrix} 0.52\overline{7} & -0.08\overline{3} \\ -0.08\overline{3} & 0.01\overline{6} \end{pmatrix} \qquad (\ 25\text{-}42\ )$$

Für die Varianz s^2 erhält man

$$s^2 = \frac{1}{N-2} \cdot \sum_{i=1}^{9} (y_i - a - b \cdot x_i)^2 = \frac{1}{7} \cdot (316.69) = 45.24 \qquad (\ 25\text{-}43\ )$$

Für die Unsicherheit in den Parametern a und b folgt damit:

$$\sigma_a^2 \simeq s^2 \cdot 0.52\overline{7} = 23.9 \qquad\qquad \sigma_a \simeq 4.9$$
$$\sigma_b^2 \simeq s^2 \cdot 0.01\overline{6} = 0.754 \qquad\qquad \sigma_b \simeq 0.87 \qquad (\ 25\text{-}44\ )$$

Neben diesem einfachen Spezialfall einer linearen Funktion treten in der Praxis
häufig Funktionen auf, die nichtlinear in den Parametern sind. Dann ist der
oben beschriebene Weg nicht mehr gangbar. In diesem Fall besteht die Möglichkeit wie in Bild 25.1 gezeigt mit der Versuchswerten a und b zu starten und
diese dann sukzessiv zu ändern, um das Maximum χ^2 zu finden. Diese Methode
ist zwar recht einfach, konvergiert aber schlecht, wenn die Parameter nicht
unabhängig voneinander sind. Ein wesentlich effizienteres Verfahren ist die
Gradienten-Such-Methode. Hier wird der in Bild 25.1 zickzackartige Weg durch
einen direkten Vektor in Richtung des Minimums ersetzt.

$$\nabla \chi^2 = \sum_{i=1}^{n} \frac{\partial \chi^2}{\partial a_j} \cdot \hat{a}_j \qquad (\ 25\text{-}45\ )$$

($\hat{a}_j$ bezeichnet einen Einheitsvektor)

Alle Parameter a_j werden simultan inkrementiert, wobei die notwendigen Dif-
ferentationen numerisch durchgeführt werden.

$$\frac{\partial \chi^2}{\partial a_j} \simeq \left(\ \chi^2(a_j + f \cdot \Delta a_j) - \chi^2(a_j)\ \right) / (f \Delta a_j) \qquad (\ 25\text{-}46\ )$$

Der Betrag um den a_j geändert wird um die Ableitung zu bestimmen sollte kleiner
sein als die Schrittweite Δa_j. f wird daher zumeist zwischen 1% und 10% gewählt
(f=0.01-0.1).
Diese Methode zeigt eine gute Konvergenz wenn die Parameter weit außerhalb
des Minimums liegen. In unmittelbarer Nähe des Minimums gibt es allerdings
Probleme mit der numerischen Ableitung. Eine dritte häufig angewendete

Möglichkeit, besteht in der Linearisierung der theoretischen Funktion $y(x)$. Dabei wird die anzupassende Funktion in eine TAYLOR-Reihe um die Startparameter herum entwickelt und nach dem ersten Glied abgebrochen.

$$y(x) = y_0(x) + \sum_{i=1}^{n} \frac{\partial y_0}{\partial a_i} \cdot \delta a_i \qquad (25\text{-}47)$$

Die Minimierung für χ^2 führt wieder auf ein <u>lineares</u> Gleichungssystem, das mit Standardalgorithmen gelöst werden kann. [25.3, 25.5]

$$\alpha \cdot \delta a = \beta \qquad (25\text{-}48)$$

$$\beta_k = \sum_i \left(1/\sigma_i^2 \cdot \left[y_i - y_0(x_i) \right] \cdot \frac{\partial y_0(x_i)}{\partial a_k} \right) \qquad (25\text{-}49)$$

$$\alpha_{j,k} = \sum_i \left(1/\sigma_i^2 \cdot \frac{\partial y_0(x_i)}{\partial a_j} \cdot \frac{\partial y_0(x_i)}{\partial a_k} \right) \qquad (25\text{-}50)$$

Ein gebräuchlicher Algorithmus (MARQUART), der die Eigenschaften des Gradienten - Such - Verfahrens mit der Methode der Linearisierung der Funktion verknüpft, besteht darin, die Diagonalelemente der Matrix α um den Faktor η zu erhöhen, der Interpolation zwischen den beiden Verfahren kontrolliert.

$$\alpha_{j,k} = \begin{cases} \alpha_{j,k} \ (1+\eta) & j = k \\ \alpha_{j,k} & j \neq k \end{cases} \qquad (25\text{-}51)$$

Für kleine η liegt das Problem von (Gl. 25-48) an, für große η dominieren die Diagonalelemente der Matrix α und die Matrixgleichung entkoppelt in j separate Gleichungen analog dem Gradientenverfahren.

Da die Lösung nach dieser Methode der kleinsten Quadrate keine exakte analytische Lösung ist, kann auch keine analytische Form für die Unsicherheit σ_{a_i} in den resultierenden nichtlinearen Parametern an gegeben werden. Für <u>unabhängige</u> Parameter kann jedoch ein Maß für diese Unsicherheiten angegeben werden. In diesem Fall sind die $\sigma_{a_i}^2$ durch die inversen Diagonalelemente der Matrix α gegeben.

In [25.3] sind vollständige Unterprogramme in FORTRAN zur Lösung eines Fitproblems nach dem MARQUARDT-Algorithmus angegeben.

Anschließend sei noch an einem konkreten Beispiel die Topologie einer χ^2-Fläche explizit aufgezeigt. Mit Hilfe des Röntgenintegralverfahrens (siehe Kap. 20) wurden experimentelle Röntgenspannungsmessungen an Scheiben aus 100 Cr 6 ausgewertet. In Bild 25.2 sind die Meßwerte 2 Θ/ψ und die zugehörige Ausgleichskurve dargestellt. Daneben abgebildet ist die Zentralprojektion der topologischen χ^2- Fläche in Abhängigkeit der beiden Formänderungen ε_{011} und ε_{033}. Deutlich ist ein Minimalverhalten dieser Fläche zu erkennen, die aufgrund des linearen Ansatzes des Formänderungsfeldes keine singulären Punkte zeigt.

Tabelle 25.1 Beispiel aus Referenz 25.3

x, cm	f	$\sum_j f_j/100$	fx	$x - \bar{x}$	$(x - \bar{x})^2$	$f(x - \bar{x})^2$
18.9	1	0.01	18.9	-1.128	1.2616	1.262
19.0	0	0.01	0.0	-1.028	1.0568	0.0
19.1	1	0.02	19.1	-0.928	0.8612	0.861
19.2	2	0.04	38.4	-0.828	0.6856	1.371
19.3	1	0.05	19.3	-0.728	0.5300	0.530
19.4	4	0.09	77.6	-0.628	0.3944	1.578
19.5	3	0.12	58.5	-0.528	0.2788	0.836
19.6	9	0.21	176.4	-0.428	0.1832	1.649
19.7	8	0.29	157.6	-0.328	0.1076	0.861
19.8	11	0.40	217.8	-0.228	0.0520	0.572
19.9	9	0.49	179.1	-0.128	0.0164	0.147
20.0	5	0.54	100.0	-0.028	0.0008	0.004
20.1	7	0.61	140.7	0.072	0.0052	0.036
20.2	8	0.69	161.6	0.172	0.0296	0.237
20.3	9	0.78	182.7	0.272	0.0740	0.666
20.4	6	0.84	122.4	0.372	0.1384	0.830
20.5	3	0.87	61.5	0.472	0.2228	0.668
20.6	2	0.89	41.2	0.572	0.3272	0.754
20.7	2	0.91	41.4	0.672	0.4516	0.903
20.8	2	0.93	41.6	0.772	0.5960	1.192
20.9	2	0.95	41.8	0.872	0.7604	1.521
21.0	4	0.99	84.0	0.972	0.9448	3.775
21.1	0	0.99	0.0	1.072	1.1492	0.0
21.2	1	1.00	21.2	1.172	1.3736	1.374
SUM	100		2002.8			22.627

$$\bar{x} = \frac{1}{N} \sum_{j=1}^{n} f_j x_j = \frac{2002.8}{100} = 20.028 \text{ cm}$$

$$s^2 = \frac{1}{N-1} \sum_{j=1}^{n} f_j (x_j - \bar{x})^2 = \frac{22.627}{99} = 0.229 \text{ cm}^2$$

$$s = \sqrt{s^2} = 0.48 \text{ cm}$$

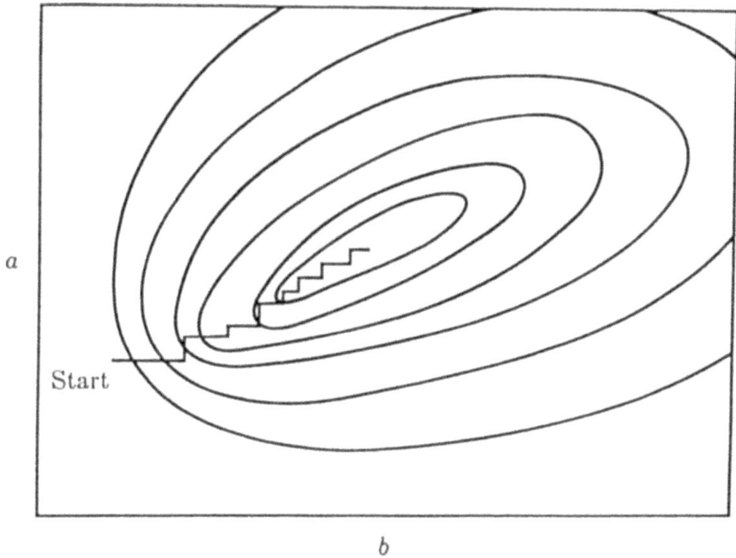

Bild 25.1 Höhenlinie der topologischen Fläche χ^2 in Abhängigkeit von den Parametern a und b [25.3]

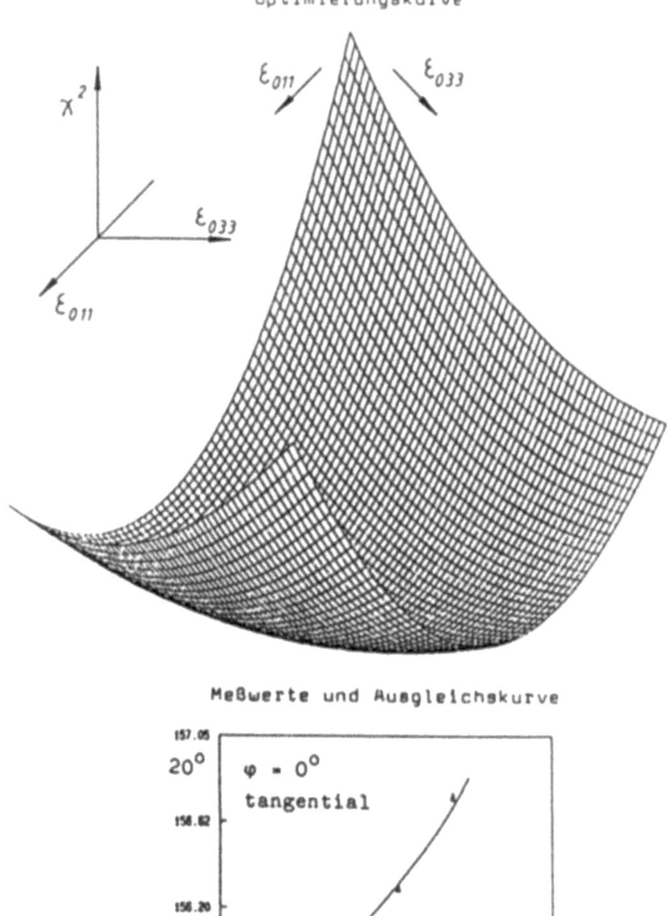

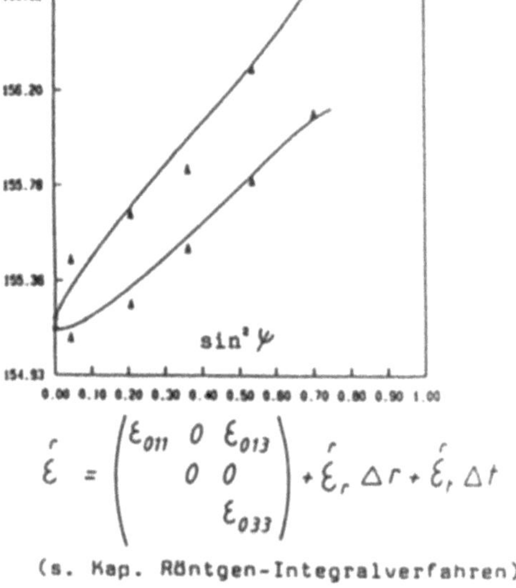

$$\overset{r}{\varepsilon} = \begin{pmatrix} \varepsilon_{011} & 0 & \varepsilon_{013} \\ & 0 & 0 \\ & & \varepsilon_{033} \end{pmatrix} + \overset{r}{\varepsilon}_r \, \Delta r + \overset{r}{\varepsilon}_t \, \Delta t$$

Bild 25.2 χ^2-Fläche zur Optimierung der beiden Formänderungen ε_{011} und ε_{033} aus Röntgen-Spannungsmessungen an Scheiben aus 100 Cr 6

26 Ausblick

Überschaut man einmal die Spannungsmeßtechnik der letzten 50 Jahre, so lassen sich tiefgreifende Änderungen und Entwicklungen erkennen, die bis heute noch nicht beendet sind. Es gilt auch heute noch nach 2500 Jahren das Wort des griechischen Philosophen Heraklite: „Panta rhei" (Alles fließt). Aus heutiger Sicht ergeben sich nachstehende Hinweise, wie es weitergehen wird.

Es begann damit, daß die bis zur Perfektion entwickelten mechanischen und optischen Laborgeräte durch den Dehnungsmeßstreifen (DMS) eine solche Konkurrenz erhielten, daß sie fast alle verdrängt wurden, und heute nur noch der Setzdehnungsmesser der BUNDESANSTALT FÜR MATERIALPRÜFUNG, Berlin, verwendet wird. Mit dem beginnenden elektrischen Messen mechanischer Größen ergaben sich vielfältigere und ganz neue Anwendungen außerhalb der Labors, auf Baustellen und Werkstätten, bei statischer und dynamischer Beanspruchung, bei hohen und tiefen Temperaturen, im Wasser und in aggressiven Medien. Der DMS und die in der Folge entwickelten kapazitiven und induktiven Aufnehmer erweiterte dadurch die bisher fast nur theoretisch und auf Einzelproben orientierte Festigkeitslehre, Mechanik und Materialprüfung auf fast alle technische Bereiche. Es wurde möglich am fertigen Werkstück, an vielen Stellen, unter Betriebsbedingungen die wahren Spannungen auf einer Fläche von nur wenigen mm^2 zu ermitteln, zu speichern, zu übertragen und damit Vorgänge zu steuern oder langfristig zu beobachten. Es ist zu erwarten, daß der Einsatz von DMS so zunimmt, daß er in Werkstätten und Baustellen zusammen mit Meßuhren, Mikrometern und Lupen benutzt wird, d. h. daß er technisches Allgemeingut wird. Begünstigt wurde eine solche Entwicklung durch einfacheres Applizieren, integrierte DMS und Anlötstellen, kleinere, leichte Meßstellenumschalter und Verstärker, sowie automatisierte Auswertung und Anzeige der Koordinaten-, Haupt- und Vergleichsspannungen. Daneben wird der DMS verstärkt in Aufnehmern eingesetzt werden, wobei eine Selbstanzeige z. B. in Kraftmeßdosen wünschenswert ist.

Eine großflächige Feldanalyse der Oberflächenbeanspruchung ist durch das spannungsoptische Oberflächenschichtverfahren möglich. Es entwickelte sich aus der zwei- und dreiaxialen Modell-Photoelastizität. Das Verfahren ist praxisgerecht weiterentwickelt worden, wird aber fast nur in Entwicklungs- und Versuchslabors eingesetzt. Vielleicht kann es durch eine automatisierte, digitale Bildverarbeitung attraktiver werden.

Schnelle, einfache Feldanalyse könnte einmal mit dem Dehnlinienverfahren möglich werden. Gelänge es mit: Aufsprühen, kurzem Warten, Belasten, die Stellen der größten Beanspruchung auf einen Blick zu erfassen und zu messen, dann wäre dies wohl das ideale Verfahren für Labors und Werkstätten, sowie bei Belastungsprüfungen.

Röntgenverfahren übermitteln vielfältige Angaben von der Oberfläche und darunter liegenden Schichten, von Makro- und Mikrospannungen, von einzelnen Gefügeanteilen, Korngrößen und von Texturen. Entsprechend schwierig sind Analysen und Aussagen. Sie können nur durch geschulte Physiker und Computereinsatz erarbeitet werden. Hier wären handliche, selbstjustierende und gesteuerte Geräte zu wünschen, die innerhalb kurzer Zeit eine vollständige Analyse erstellen, d. h. die Spannungsmatrix für jede Stelle im Strahleneindringbereich.

Noch tiefer dringen Ultraschallwellen in die Werkstücke ein, und damit sind auch ihre Angaben noch schwieriger zu analysieren. Verfahren, Technik und Auswertung sind in Entwicklung, um die Einflüsse von Gefüge und Spannung zu trennen. Eine SIM, (Schall-Integralmethode) steht noch aus, um mit unterschiedlich eindringenden Oberflächenwellen den 3-axiale Spannungszustände mit ihren Gradienten zu erfassen. Eine recht junge Methode zur Spannungsanalyse ist die Neutronenbeugung. Neutronen mit Energien von 0,01 bis 0,1 eV haben nach der DE BROGLIE-Gleichung Wellenlängen von etwa 0,1 nm, was Atomabständen in Kristallgittern entspricht. Weil sie aber nur mit Nukleonen reagieren, ist ihre Eindringtiefe im Vergleich zu Röntgenstrahlen etwa um 20.000-mal größer. Mit Neutronen lassen sich daher zerstörungsfrei Spannungen im Werkstoffinneren messen, wenn man durch geeignete Prüfsysteme das BRAGG-Gesetz auf kleine Volumen von etwa 1 mm^3 mit dortiger, konstanter Beanspruchung anwenden kann. Dieses Verfahren wird vorerst nur in Verbindung mit Hochenergie-Reaktoren und ausreichender Neutronenquelle einsetzbar sein.

Bei dem MOIRE-Verfahren werden zwei flächige, durchsichtige Strichgitter überlagert. Verformt sich das auf der Probe befindliche gegenüber dem unverformten Referenzgitter, so kommt es zu MOIRE-Streifen. Aus deren Abstand und Drehung kann man auf die Oberflächenspannung schließen. Das Verfahren wird wenig angewendet, obwohl es kostengünstig ist und bei hohen, sowie tiefen Temperaturen eingesetzt werden kann. Der größte Vorteil gegenüber anderen Methoden ist die Feldanalyse über 100 x 100 mm^2 und mehr und die dortige Messung großer Verformungen.

In letzter Zeit gewinnen berührungslos messende Verfahren an Bedeutung:

– Mit der Holographie ist es möglich großflächige, dynamisch beanspruchte Proben zu untersuchen. Überlagert man einen kohärenten Laserstrahl nach Reflexion vom Prüfling mit einem Referenzstrahl, so lassen sich aus den Interferenzen alle Verschiebungen der Oberfläche nachweisen, insbesondere die Schwingungsknoten. Die Messung von Verformungen und damit von Spannungen ist aufwendig.

– In dynamisch und somit adiabatisch beanspruchten Werkstücken kommt es infolge der Spannungsänderung zu Temperaturänderungen, die durch Messen der Infrarotstrahlung der Oberfläche ermittelt werden kann. Dieser thermoelastische Effekt ermöglicht sehr genaue Spannungsbestimmungen. Die mit flüssiger Luft gekühlten Spannungsanalysatoren lösen auf 1 mm genau noch Temperaturunterschiede von 0,002°C auf und weisen so Spannungsänderungen in Stahl von 1 und in Aluminium von 0,4 N/mm^2 nach. Die Geräte sollen sich auch für den Einsatz in Werkstätten eignen.

– Eine ganz neue Analyse- und Aufnehmertechnik wird durch Lichtleitfasern gegeben. Es lassen sich damit in Verbindung mit mechanischen und physikalischen Änderungen der Prüfkörper Temperaturen, Drücke, Konzentrationen, elektrische und magnetische Felder und Spannungen messen. Ob sich die vielen Möglichkeiten in der Praxis durchsetzen, wird davon abhängen, wie sich die notwendigen Aufnehmer realisieren lassen, und ob es möglich ist, die Signale optisch weiterzuverarbeiten, auszuwerten und zu speichern.

Aus der kurzen Vorstellung bekanntgewordener und bewährter Verfahren ist zu ersehen, daß sie sich heute nicht mehr den Rang ablaufen oder verdrängen. Jedes ist speziellen Aufgaben und Auswertungen zugeordnet, die sich mechanisch allerdings überschneiden. Ungelöst sind heute jedoch immer noch die Fragen nach Meßabweichungen, -korrekturen und -genauigkeiten. Hier muß man sich auf Firmenangaben, eigenen Kalibrierungen und Erfahrungen verlassen. Es gibt in dem sehr umfangreichen deutschen Normenwerk keine Vorschrift über Spannungsmessungen. Vielleicht ist dies dadurch bedingt, daß es z. Z. auch noch keine Spannungsnormale gibt, mit der Meßmethoden kontrolliert werden könnten, wie z. B. Bleche, Platten, Stäbe, Rohre, in denen durch eine gezielte Behandlung definierte Eigenspannungen erzeugt wurden. Gemeinschaftsuntersuchungen der letzten Jahre erbrachten leider nicht die erhofften Spannungsgenauigkeiten. Hier müssen die zukünftigen Bemühungen einsetzen; denn jedes Verfahren ist nur so gut wie seine kontrollierbaren Aussagen, insbesondere seine Genauigkeit.

27 Anhang

Im folgenden werden einige Daten und Erläuterungen gegeben, welche für die theoretischen Grundlagen und experimentellen Auswertungen in der Spannungstechnik unerläßlich sind.

27.1 Elastische Kennwerte

Zur Spannungsermittlung müssen die Meßwerte mit Hilfe werkstoffeigener, elastischer Kennwerte in die mechanischen Spannungen umgerechnet werden.

K. M. SWAMY und K. L. NARAYANA stellten in ihrem Aufsatz „Elastische und akustische Eigenschaften isotroper, polykristalliner Metalle" (Austica Vol. 54, 1983, Seite: 123/125) zehn Kennwerte von 66 reinen Metallen zusammen. Daraus entnommen sind nachstehende Angaben:

Met.	Git-ter	(g/cm^3) Dichte	E	G	K	(−) ν	v_l	v_s	v_t
			(GPa)				(m/s)		
Al	kfz.	2,70	70,3	26,1	76,0	0,346	6409	3109	5102
Be	hex.d	1,85	287,25	128,4	125,6	0,118	12678	8342	12477
Co	hex.d	8,90	215,2	82,1	190,0	0,311	5798	3037	4917
Cr	krz.	7,19	279,0	115,0	162,0	0,213	6622	3999	6229
Cu	kfz.	8,94	128,2	47,7	137,0	0,344	4736	2310	3786
Fe	krz.	7,87	211,0	81,9	166,0	0,288	5912	3226	5177
Mg	hex.d	1,74	44,63	17,3	35,4	0,290	5797	3153	5064
Mn	Kom.k	7,44	191,0	82,6	92,6	0,156	5219	3332	5066
Mo	krz.	10,22	323,7	125,0	263,0	0,295	6485	3497	5627
Ni	kfz.	8,90	222,5	85,8	183,0	0,297	5777	3105	5000
Pb	kfz.	11,34	24,23	8,6	44,7	0,409	2219	871	1461
Sn	tetr.	7,30	48,47	17,9	55,4	0,354	3293	1566	2576
Ti	hex.d	4,54	114,66	43,4	107,0	0,321	6021	3092	5025
V	krz.	6,11	130,9	48,1	157,0	0,361	6015	2805	4628
W	krz.	19,30	409,6	160,0	310,0	0,280	5208	2879	4606
Zn	hex.d	7,13	99,3	39,5	68,3	0,257	4114	2353	3731

Hier bedeuten:

kfz., krz.:   kubischflächenzentriert, kubischraumzentriert
hex.d, tetr.:   hexagonal dicht, tetragonal
kom.k: Kompakt kubisch
E, G, K: Elastizitäts-, Gleit- und Kompressionsmodul
                     Für isotrope Stoffe gilt u. a. $G = E \, / \, |\, 2 \, (1 + \nu)\,|$
                                                       $K = E \, / \, |\, 3 \, (1 - 2\nu)\,|$

$$\nu = - \frac{\text{Querdehnung}}{\text{Längsdehnung}} > 0 \; : \; \text{POISSON-Zahl}$$

v_l, v_s, v_t: Longitutinal-, Scher- und Transversalgeschwindigkeit

Literaturverzeichnis

Kapitel 1

1.1   N. N., Deutsche Normen, Beuth-Verlag

1.2   HAASEN, P., Physikalische Metallkunde, Springer-Verlag, 1984

1.3   BROSTOW, W., Einstieg in die moderne Werkstoffwissenschaft, Carl Hanser- Verlag, 1984

1.4   ILSCHER, B., Werkstoffwissenschaften, Springer-Verlag, 1982

1.5   LASKA, R. und FELSCH, Chr., Werkstoffkunde für Ingenieure, Vieweg-Verlag, 1981

1.6   BERGMANN, W., Werkstofftechnik, Teil 1, Grundl. Carl Hanser-Verlag, 1984

Kapitel 2

2.1   NEUBER, H., Technische Mechanik, Springer-Verlag, 1974

2.2   NEUBER, H., Kerbspannungslehre, Springer-Verlag, 1983

Kapitel 3

3.1   BETTEN, J., Elastizitäts- und Plastizitätstheorie, Vieweg-Verlag, 1985

3.2   TETELMAN /McEVILY, Bruchverhalten technischer Werkstoffe, Verlag Stahleisen, 1971

3.3   LIPPMANN, H., Mechanik des physikalischen Fließens, Springer-Verlag, 1981

Kapitel 4

4.1   FREUDENTHAL, A. M., Inelastisches Verhalten von Werkstoffen, VEB-Verlag technik, 1955

4.2   N. N., Die wichtigsten physikalischen Eigenschaften von 52 Eisenwerkstoffen, Stahleisen-Verlag

4.3   SCHARR, G., Experimentelle Bestimmung des kompletten Stoffgesetzes von anisotropen faserverstärkten Kunststoffen, Messtechn. Brief 21 (1985) H. 1, S. 7-11

Kapitel 5

5.1   PEITER A., KL. MAFFERT und H.-J. STARK "Vollständige Beschreibung der Spannungs-Dehnungs-Kurven mit HOOKE-Gerade, Fließhorizontale und Verfestigungsklothoide", steel research 58 (1987) Nr. 5, ". 278/282

5.2   PEITER A., J. JÄCKEL, A. SEGER und M. SEGER "Mathematische Beschreibung der σ-ε-Kurve des Zugversuches von gezogenem und angelassenem Automatenstahl 9 SMMn 28", steel research 58 (1987) No. 8, S. 384/388

5.3 PEITER A. und Mitarbeiter "Der Verfestigungsmodul gezogenen Messings CuZn40", METALL Jg. 41 (1987) h. 11, S. 1128/1130

5.4 PEITER A., A. BERWEILER und U. MARX "Spannungsermittlung bei überelastischen Verformungsmessungen in gekerbten Flachzugproben aus Stahl", Konstruktion 40 (1988) H. 7,S. 272/276

5.5 PEITER A., B. CHRISTOFFEL, B. EHLERT und W. MARKENSTEIN "Die σ-ε-Kurve des Zugversuches von wärmebehandelten CK 45 und ihre mathematische Beschreibung", Material und Technik 16 (1988) Nr.8, S. 59/66

5.6 PEITER A., B. JOST, A. LESSEL und WEBER "Funktionale Ermittlung elastischer und technologischer Kennwerte des Zugversuchs", Konstruktion 41 (1989) H. 8, S. 272/276

5.7 PEITER A., B. JOST und Mitarbeiter "Programmierte Aufnahme, Speicherung und funktionale Auswertung von Zugversuchen an Gußeisen mit Kugelgraphit GGG-40 und GGG-60", Gießereiforschung 41 (1989) Nr. 5, S. 166/173

Kapitel 6

6.1 FINK, K. und ROHRBACH, CHR., Handbuch der Spannungs- und Dehnungsmessung, VDI-Verlag, Düsseldorf (1958)

Kapitel 7

7.1 MACHERAUCH, E., H. WOHLFAHRT und U. WOLFSTIEG, Zur zweckmäßigen Definition von Eigenspannungen. Härterei-Technische Mitteilungen 28 (1973) Nr. 3, S. 201/211

7.2 SCHIMMÖLLER, H., Analytische Behandlung von Eigenspannungszuständen auf der Grundlage der Elastizitätstheorie. Fortschr.-Ber. VDI, Reihe 18: Mechanik/Bruchmechanik, Nr. 88. Düsseldorf: VDI-Verlag 1990

7.3 SCHIMMÖLLER, H., Vorlesungen über Festigkeitslehre. Vorlesungsmanuskript Nr. 17, Universität Hamburg 1989

7.4 PESTEL, E. und J. WITTENBURG, Technische Mechanik, Band 2: Festigkeitslehre. Mannheim/Wien/Zürich: B.I.–Wissenschaftsverlag 1981

7.5 REIßNER, H., Eigenspannungen und Eigenspannungsquellen. ZAMM 11 (1931) Nr. 1, 1/8

7.6 RIEDER, G., Spannungen und Dehnungen im gestörten elastischem Medium. Zeitschr. für Naturforschung 11a (1956), 171/173

7.7 RIEDER, G., Eigenspannungen in unendlich geschichteten und elastisch anisotropen Medien, insbesondere in WEISS'schen Bezirken und in geschichteten Platten. Abh. d. Brschwg. Wiss. Gesellschaft 11 (1959), 20/61

7.8 INDENBOM, V.L. u. L.I. VIDRO, Thermoplastic and Stresses in Solids. Soviet Physics-Solid State 6 (1964) Nr. 4, 767/772

7.9 STICKFORTH, J., Die Krümmung freier Bimetallstreifen sowie allgemeiner freier Streifen mit beliebiger Ortsabhängigkeit der thermischen und elastischen Eigenschaften über den Streifenquerschnitt. Techn. Mitt. Krupp, Forsch.-Ber. 21 (1963) Nr.3, 85/93

7.10 SCHIMMÖLLER, H., Vorlesung über Elastizitätstheorie. Vorlesungsmanuskript Nr. 21, Universität Hamburg 1990

7.11 BETTEN, J., Elastizitäts- und Plastizitätslehre. Braunschweig/Wiesbaden: Friedr. Vieweg u. Sohn 1985

7.12 ESCHENAUER, H. u. W. SCHNELL, Elastizitätstheorie I: Grundlagen, Scheiben und Platten. Mannheim/Wien/Zürich: B.I.-Wissenschaftsverlag 1986

7.13 HAHN, H.G., Elastizitätstheorie. Stuttgart: G.B. Teuber 1985

7.14 ISMAR, H. u. O. MAHRENHOLTZ, Technische Plastomechanik. Braunschweig/ Wiesbaden: Friedr. Vieweg u. Sohn 1979

7.15 KRÖNER, E., Kontinuumstheorie der Versetzungen und Eigenspannungen. Berlin/Göttingen/Heidelberg: Springer-Verlag 1958

7.16 SCHIMMÖLLER, H., Rechnerische Behandlung der Verlagerung von Eigenspannungen in einem Stabmodell durch Überlastung. Zeitschrift für Werkstofftechnik 3 (1972) Nr. 6, 301/306

7.17 SCHIMMÖLLER, H., Eigenspannungen. Abschnitt 23.5 in: J. RUGE, Handbuch der Schweißtechnik, Bd. II, Verfahren und Fertigung, S. 277/315. Berlin/ Heidelberg/New York: Springer-Verlag 1980

7.18 RÄDEKER, W., Anwendung einer gezielten Überbelastung zur Verringerung der Sprödbruchgefahr. Schweißen und Schneiden 22 (1970), 178/183

Kapitel 8

8.1 N. N., Hersteller von Setzdehnungsmesser und Überträger: Fa. Fr. Staeger, Zossenerstr. 56-58, 1 Berlin 61 (Kreuzberg)

8.2 PEITER, A. und DERENBACH, W., Eigenspannungsverteilung in geschweißten Platten aus St 52, Schweißen und Schneiden 26 (1974), H. 1 S. 7-11

Kapitel 9

9.1 N. N., von verschiedenen DMS-Herstellern

9.2 N. N., Veröffentlichungen über DMS in verschiedenen Zeitschriften

Kapitel 10

10.1 RICHTER, I., Dehnungslinienverfahren VDI-Bildungswerk, Lehrgang: Experimentelle Spannungsmeßtechnik

10.2 Vertrieb von Stresscoat-Dehnlinienlack: Fa. Fischer-Pierce & Waldburg, 7964 Kisslegg

Kapitel 11

11.1 AVRIL, J., Encyclopedie d' Analyse des Contraintes. Malakoff, France: Micromesures, pp 49-66, 1984

11.2 BLUM, A. E., "The Use and Understanding of Photoelastic Coatings," Strain, Journal of the British Society for Strain Measurement 13: 96-101 (July 1977)

11.3 DALLY, J. W. and W. F. RILEY, Experimental Stress Analysis, 2nd ed. pp. 406-531. New York: McGraw-Hill Book Company, 1978

Kapitel 12

12.1 MACHERAUCH, E. und WOLFSTIEG, U., Zur zweckmäßigen Definition von Eigenspannungen. HTM 28 (1973), S. 201

12.2 HAUK, V. und STUITJE, P. J. T., Röntgenographische phasenspezif. Eigenspannungsuntersuchungen heterogener Werkstoffe nach plastischen Verformungen. Z. Metallkunde 76 (1985), S. 445

12.3 KRÖNER, E., Berechnung der elastischen Konst. des Vielkristalls aus den Konst. des Einkristalls. Z. Physik 151 (1958), S. 504

12.4 WARREN, B. E., X-Ray Diffraction. Addison-Wesley Publ. Comp. (1969)

12.5 KRIER, J., RUPPERSBERG, H., BERVEILLER, M. und LIPINSKI, P. Elastic and Plastic Anisotropy Effects on Second Order Internal Stresses in Textured Polycrystalline Materials. Proc. ICOTOM 9 (1991) im Druck.

12.6 STICKFORTH, J., Über den Zusammenhang zwischen röntgenographischer Gitterdehnung und makroskopischen elastischen Spannungen. Techn. Mitt. Krupp 23 (1966), H. 3/1

12.7 BURBACH, J., Mechanische Anisotropie, Ed. H. P. STÜWE, Springer-Verlag (1974), S. 105

12.8 HAUK, V., NIKOLIN, H.-J. und WEISSHAUPT, H., Röntgenographische Elastizitätskonstanten von einem niedrig leg. Stahl in zwei Zuständen. Z. Metallkunde 76 (1985), S. 226

12.9 BEHNKEN, H. und HAUK, V., Berechnung der röntgenographischen Elastizitätskonstanten (REK) des Vielkristalls aus den Einkristalldaten für beliebige Kristallsymmetrie. Z. Metallkunde 77 (1986) 620-626

12.10 EVENSCHOR, P. D. und HAUK, V., Berechnung der röntgenographischen Elastizitätskonstanten von Mehrstoffsystemen. Z. Metallkde. 66 (1975) 210-213

12.11 RUPPERSBERG, H., DETEMPLE, I. und Krier, J., Evaluation of Strongly Non-Linear Surface-Stress-Fields $\sigma_{xx}(z)$ and $\sigma_{yy}(z)$ from Diffraction Experiments. phys. stat. sol. (a) 116 (1989) 681-687

12.12 Autoengemeinschaft, HTM-Sonderheft (1976), H 1/2

12.13 MACHERAUCH, E., Stand und Perspektiven der röntgenographischen Spannungsmessung. I. Metall 34 (1980), S. 443, II. Metall 34 (1980), S. 1087

12.14 NOYAN, I. C. und COHEN, J. B., Redidual Stress Measurement by Diffraction and Interpretation. Springer-Verlag (1987)

12.15 MACHERAUCH, E. und HAUK, V., Eigenspannungen, Entstehung-Messungen-Bewertung. DGM (1983), 2 Bände

12.16 WELSCH, E., SCHOLTES, B., EIFLER, D. und MACHERAUCH, E., Überlastungsbedingte Eigenspannungsverteilung in rißspitzennahen Werkstoffbereichen und deren Einfluß auf die Ausbreitung von Ermüdungsrissen. In 13.10, Band 2, S. 219

12.17 PRÜMMER, R. und PFEIFFER-VOLLMAR, H. W., Einfluß eines Konzentrationsgradienten bei röntgenograph. Spannungsmessungen. Z. für Werkstofftechnik 12 (1981), S. 282

12.18 BERVEILLER, M., KRIER, J., RUPPERSBERG, H. und WAGNER, C. N. J. Theoretical Investigation of ψ-Splitting after Plastic Deformation of Two-Phase Materials. Proc. ICOTOM 9 (1991) im Druck

12.19 PEITER, A. und LODE, W., Beanspruchungsanalyse metallischer Kontaktflächen mit Röntgen-Integralverfahren. Fachber. Hüttenpraxis 21 (1983), 6, S. 398-405

12.20 DÖLLE, H. und HAUK, V., Einfluß der mechanischen Anisotropie des Vielkristalls (Textur) auf die röntgenographische Spannungsermittlung. Z. Metallkunde 69 (1978). S. 410

12.21 BARRAL, M., SPRAUEL, J. M. und MAEDER, J., Stress Measurements by X-ray Diffraction on Textured Material Characterised by its Orientation Distribution Function (ODF). In 13.10, Band 2, S. 31

12.22 BRAKMAN, C. M., Residual Stresses in Cubic Materials with Orthorhombic or Monoclinic Specimen Symmetry: Influence of Texture on ψ-Splitting and Non-Linear Behaviour. J. Appl. Cryst. 16 (1983) 325-340

12.23 HAUK, V. und VAESSEN, G., Röntgenographische Spannungsermittlung an texturierten Stählen. In Band 2, S. 9

12.24 MAURER, G., Texture and Lattice Deformation Pole Figures of Rolled Tugsten. Bericht Tagung Fachausschüsse „Spannungszustand und Werkstoffverhalten", Straßburg 17. und 18.10.1985

12.25 MASING, G., Zur HEYN'schen Theorie der Verfestigung der Metalle durch verborgene elastische Spannungen. Wiss. Veröff. Siemens-Konz. 3 (1923) 231-239

12.26 KAPPLER, E. und REIMER, L., Röntgenographische Untersuchungen über Eigenspannungen in plastisch gedehntem Eisen. Z. Angew. Physik 5 (1953) 401-406

12.27 HAUK, V. und KOCKELMANN, H., Röntgenographische Elastizitätskonstanten ferritischer, austenitischer und gehärteter Stähle. Arch. Eisenhüttenwesen 50 (1979), S. 347

12.28 RUPPERSBERG, H. und SCHWINN, V., unveröffentlicht

Kapitel 13

13.1 A.J. ALLEN, M.T. HUTCHINGS, C.G. WINDSOR und C. ANDREANI: Neutron diffraction methods for the study of residual stress fields Advances in Physics, 1985, Vol. 34, No. 4, pp. 445-473

13.2 G. KNEER: Über die Berechnung der Elasizitätsmoduln vielkristalliner Aggregate mit Textur. Phys. stat. sol. 9, pp. 825-838 (1965)

13.3 PINTSCHOVIUS, L., JUNG, V., MACHERAUCH, E., SCHÄFER, R. und VÖHRINGER, O. (1981): Determination of residual stress distributions in the interior of technical parts by means of neutron diffractions. Proceedings of the 28th Sagamore Army Materials Conference, Sagamore, USA, pp. 467-482

Kapitel 14

14.1 MURNAGHAN, F.D., Finite Deformation of an Elastic Solid. New York: Wiley 1951

14.2 HUGHES, D.S. und KELLEY, J.L.; Second-Order Elastic Deformations of Solids, Phys. Rev. 92 (1953) 1145-1149

14.3 SCHNEIDER, E. und GOEBBELS, K., Zerstörungsfreie Bestimmung von (Eigen-) Spannungen mit linear-polarisierten Ultraschallwellen. VDI-Bericht Nr. 439 (1982) 91-96

14.4 GOEBBELS, K. und HIRSEKORN, S., A New Ultrasonic Method for Stress Determination in Textured Materials. NDT Intern. 17 (1984) 337-341

14.5 THOMPSON, R.B., SMITH, J.F. and LEE, S.S., Acoustoelastic Measurements of Stress. Appl. Phy. Lett. 44 (1984), 269-298

14.6 SCHNEIDER, E., und W. REPPLINGER: Materialspannungen. FKM-Forschungsheft, Nr. 147, 1990

14.7 PEUKERT, H. und SCHNEIDER, E.: Berichtsband DACH-Tagung, Lindau 1987, 356 ff

14.8 HERZER, R. und Schneider E.: in P. HÖLLER et al. (ED.): Nondestructive Characterization of Materials. Springer, 1989, 673 ff

Kapitel 15

15.1 THEINER, W.A. und HÖLLER, P., Magnetische Verfahren zur Spannungsermittlung. Härtereitech. Mitteilungen, Sonderband "Eigenspannungen und Lastspannungen", Hrsg. V. HAUK, E. MACHERAUCH, Carl Hanser Verlag, München (1982), 156-163

15.2 ALTPETER, I., THEINER, W.A. und REIMRINGER, B., Härte- und Eigenspannungsmessungen mit magnetischen zerstörungsfreien Prüfverfahren. In "Eigenspannungen", Band 2, Hrsg. E. MACHERAUCH, V. HAUK, DGM Oberursel (1983), 83-103

15.3 BRINGSMEIER, E., SCHNEIDER, E., THEINER, W.A. und TÖNSHOFF, H.K., Nondestructive Testing for Evaluating Surface Integrity. Annals of the CIRP 33 (1984), 489-509

15.4 THEINER, W.A., REIMRINGER, B., KOPP, H., GESSNER, M.: in P. HÖLLER et al. (Ed.): Nondestructive Characterization of Materials. Springer, Berlin, 1989, 699 ff

15.5 THEINER, W.A., ALTPETER, I.: in P. HÖLLER (Ed.): New Procedures in NDT. Springer, Berlin, 1983, 575 ff

Kapitel 16

16.1 O.C. ZIENKIEWICZ, Methode der finiten Elemente, Carl Hanser Verlag München Wien (1984)

16.2 Klaus-Jürgen BATHE, Finite Elemente-Methode, Springer-Verlag Berlin, Heidelberg, New York, Tokyo (1986)

16.3 H. WERN und A. PEITER, Mathematische Lösungen für das Ring-Kern-Verfahren zur Last- und Eigenspannungsanalyse, Steel Research 59, S. 115-120 (1988), Auswerteprinzip für Einbohrverfahren zur Eigenspannungsmessung, Materialprüfung 30, S. 99-101 (1988)

16.4 G. S. SCHAJER, Application of Finite Element Calculations to Residual Stress Measurements, Trans. ASME, J. Engn. Mat. & Technology 103, S. 157-163 (1981)

Kapitel 17

17.1 HEHN, K.-H., Messungen an Baustoffen, VDI-Bildungswerk, Lehrgang: Spannungsanalyse mit Dehnungsmeßstreifen (36-10)

Kapitel 18

18.1 ELFINGER, F. X., PEITER, A., THEINER, W. A. und STÜCKER, E., Verfahren zur Messung von Eigenspannungen. 6. GESA-Symposium 1982. VDI-Bericht 439 (1982), S. 71-84

18.2 PEITER, A., LODE, W., EWEN, M. und HERZ, TH., Eigenspannungen ermitteln mit mechanischen Meßwerkzeugen. Bänder, Bleche, Rohre, 22 (1981) H. 12, S. 340-344

18.3 PEITER, A., LODE, W., HEKTOR, A. und PRAUM, U., Bestimmung der Eigenspannungen in lichtbogenhand- und gasgeschweißten Stahlblechen nach dem Biegepfeilverfahren. Schweißen und Schneiden 35 (1983) H. 7, S. 312-318

18.4 PEITER, A., KELLER, A. und NEUSIUS, W., Eigenspannungen in längsgeschweißten sowie hartgelöteten Stahlrohren; Oerlikon Schweißmittel 102, Mai (1983), S. 24-31

18.5 PEITER, A. und LODE, W., Ermittlung von Eigenspannungen in zweischichtigen Thermobimetallen. Metall 37 (1983) H. 1, S. 40-43

18.6 PEITER, A., LODE, W., JOST, A. und MEISINGER, M., Verteilung von Eigenspannungen in Thermobimetallen. Metall 38 (1984) H. 1, S. 46-50

18.7 PEITER, A., HEINRICH, R. und TREBING, N., Meßstand zur Ermittlung von Längs- und Torsionseigenspannungen in Stäben, Fachberichte. Hüttenpraxis 22 (1984) H. 8, S. 749

18.8 PEITER, A. und Mitarbeiter, Vergleichende Spannungsmessungen und -berechnungen mit Bohrlochrosetten Arch. Eisenhüttenwesen 50 (1979) H. 7, S. 305-310

18.9   PEITER, A., LODE, W. und Mitarbeiter, Die ε-Feldanalyse, ein DMS-Verfahren zur örtlichen, dreiaxialen Last- und Eigenspannungsmessung. Fachbericht Hüttenpraxis, 23 (1985) H. 10, S. 984-990

18.10   PEITER, A., SCHNEIDER, E.und WERN, H. "Messen von Schweißeigenspannungen mit ε-Feldanalyse und Ultraschallverfahren". Materialprüf. Bd. 29 (1987) Nr. 5, S. 129-32

18.11   PEITER, A. "Die Eigenspannungsermittlung in ebenen Blechen und in oberflächennahen Zonen dicker Werkstücke.". Fachber. Hüttenpraxis und Metallweiterver. Vol. 25, Nr. 6, Juni 1987, S. 490-498

18.12   PEITER, A. "Abtrennverfahren zum Ermitteln von Eigenspannungen in Blechen", Bänder, Bleche, Rohre Jg. 29 (1988) H. 1, S. 30-33

18.13   PEITER, A., WERN, H., EHLERT, B. und MARKENSTEIN, W. "Vergleichende Spannungsermittlung mit ε-Feldanalyse bei unterschiedlichen Spannungsgradienten", STEEL&METALS Magazine Vol. 27, Nr. 10, S. 774-778

18.14   PEITER, A. und WERN, H. "Eigenspannungsauswertung beim Einschneideverfahren", STEEL&METALS Magazine Vol. 28, Nr. 11/12. (1990) S. 722-726

Kapitel 19

19.1   DURELLI, A.J.,PHILLIPS, E.A. und TSAO, C.H., Introction to the Theoretical and Experimental Analysis of Stress and Strain, Teil 4, Kapitel 14-17, S. 329-467, New York, Toronto, London Mc Graw-Hill 1958

19.2   DALLY, J.W. und RILEY, W.F.,Experimental Stress Analysis, New York, Toronto, London Mc Graw-Hill 1972

19.3   BERGMANN, W., Dehnungsmessung mit Reißlack, In FINK, K, und ROHRBACH, CH., Handbuch der Spannungs- und Dehnungsmessung, Düsseldorf, VDI-Verlag 1958

19.4   Magnaflux-Corporation, Principles of Stresscoat, Chicago 1971

19.5   DIETRICH, D. und LEHR, E., Das Dehnungslinienverfahren, VDI-Zeitschrift 76 (1932) Nr. 41, S. 973-982

Kapitel 20

20.1   MACHERAUCH, E. und MÜLLER, P., 'Das $\sin^2\Psi$ -Verfahren der röntgenographischen Spannungsmessung', Z. angew. Phys., 13,(1961),S.305-312.

20.2   NOYAN, I.C. und COHEN, J.B., 'Residual Stress, Measurement by Diffraction and Interpretation', Springer Verlag New York (1987).

20.3   GLOCKER, R., 'Materialprüfung mit Röntgenstrahlen', Springer Verlag Berlin Heidelberg New York Tokyo (1985), S.515-517.

20.4   WERN, H. und PEITER, A., 'Drei-, zwei- und einaxiale Auswertungen von Verformungsmessungen', Swiss Materials 1, (1989),S.16-23.

20.5   'International Tables of X-ray Crystallography', Vol. IV, (1974), pp.47-66.

20.6   PEITER, A. und WERN, H., 'Simultaneous X-ray measurements insitu of triaxial stresses, Poisson's ratio and the stress free lattice spacing', Strain, August, 1987, pp.103-107.

20.7   WERN, H. und PEITER, A., 'Rand- und Optimierungsbedingungen bei Röntgenspannungs- messungen', Metall 12, (1986), S.1269-1273.

20.8   siehe 20.4

20.9   WERN, H. und PEITER, A., et al., 'Spannungsmeßpraxis', Vieweg Verlag Braunschweig/Wiesbaden, (1986), S.224-237.

20.10   LODE, W. und PEITER, A., 'Theorie des Röntgenintegralverfahrens', Härterei Techn. Mitt., 35, (1981), S.148-155.

20.11   WERN, H., 'Theory of RIM, a universal approach for X-ray and neutron stress analysis', to be published.

20.12   GONSER, U., 'Microscopic Methods in Metals', Topics in Current Physics, Vol.40, Springer Verlag Berlin Heidelberg (1986), pp.144-152.

20.13   LODE, W. und PEITER, A., 'Numerik röntgenographischer Eigenspannungsanalysen oberflächennaher Schichten' Härterei Tech. Mitt., 32 (1977), S.235-240.

20.14   LODE, W. und PEITER, A., 'Grundsätzliche Erweiterungsmöglichkeiten der Röntgen- Verformungsmeßtechnik', Metall 8 (1981), S.758-762.

20.15   RALSTON, A. und WILF, H.S., 'Mathematische Methoden für Digitalrechner', R. Oldenburg Verlag München Wien, (1972), S.106-126.

20.16   EIGENMANN, B., SCHOLTES, B. und MACHERAUCH, E., 'Eine Mehrwellenlängenmethode zur röntgenographischen Analyse oberflächennaher Eigenspannungszustände in Keramiken', Mat.-wiss. u. Werkstofftech., 21, (1990),S.257-265.

20.17   FITCH, A.N., CATLOW, C.R.A. und ATKINSON, A., 'Measurement of stress in nickel oxide layers by diffraction of synchrotron radiation', Journal of Materials Science 26, (1991), pp.2300-2304.

20.18   PARRISH, W. und HART, M., Z. Kristallogr., 179, (1987), S.161.

20.19   CERNIK, R., PATTISON, P., MURRAY, CATLOW, C.R.A. und FITCH, A.N., Serc Bull., 3, (1988), pp.14.

20.20   ALLEN, A.J., HUTCHINGS, M.T. und WINDSOR, C.G., 'Neutron diffraction methods for the study of residual stress fields', Advances in Physics Vol.34, 4 (1985), pp.445-473.

20.21   H.G.PRIEßMEYER und J.SCHNEIDER, 'Strain Tensor Determination using neutron diffraction',

Kapitel 21

21.1   DIXON, J.R. and W. VISSER, "An Investigation of the Elastic-Plastic Strain Distribution around Cracks in Various Sheet Materials."In Photoelasticity (Proceedings of the International Symposium held at Illinois Institute of Technology, Chicago, Illinois, October, 1961), edited by M.M. Frocht, pp. 231-250. New York: Pergamon Press, 1963

21.2   GERBERICH, W.W.,"Plastic Strains and Energy Density in Chracked Plates: Part I, Experimental Techniques and Results."Experimental Mechanics 4: 335-344 (Nov. 1964)

21.3 GERBERICH, W.W. and J.L. SWEDLOW, "Plastic Strains and Energy Density in Cracked Plates II, Comparison with Elastic Theory. "Experimental Mechanics 4: 345-351 (December 1964)

21.4 HAWKES, I. and G.S. HOLISTER, "Photoelastic Techniques Applied to Rock Mechanics Problems of Underground Excavations and Foundations. "In Stress Analysis, edited by O.C. ZIENKIEWICZ and G.S. HOLISTER, Chap. 12, pp. 264-292. New York: John Wiley and Sons, 1965

21.5 HEYWOOD, R.B., Photoelasticity for Designers. New York: Pergamon Press, 1969

21.6 HOLISTER, G.S., Experimental Stress Analysis: Principles and Methods. London: Cambridge University Press, 1967

21.7 KUSKE, A. and G. ROBERTSON, Photoelastic Stress Analysis. New York: John Wiley and Sons, 1974

21.8 McIVER, R.W., "Structural-test Applications Utilizing Large Continuous Photoelastic Coatings: Part I, Specimen Preparation, Sheet Contouring and Bonding Procedures. "Experimental Mechanics 5: 19A-25A (January 1965)

Kapitel 22

22.1 SCHNEIDER, E. und GOEBBELS, K., VDI-Bericht Nr. 439 (1982) 91 ff.

22.2 SCHNEIDER, E., HÖLLER, P. und GOEBBELS, K., Nondestructive Detection and Analysis of Residual and Loading Stresses in Thick-Walled Components. Nucl. Eng. and Design 84 (1985), 165-170

22.3 KINO, G.S., HUSSON, D. und BENNETT, S.D., Measurement of Stress. In "New Procedures in NDT", Hrsg. HÖLLER, P., Springer-Verlag, Berlin (1983), 521-537

22.4 PEUKERT, H. und SCHNEIDER, E., Berichtsband DACH-Tagung, Lindau 1987, 356 ff.

22.5 GOEBBELS, K., PITSCH, H.,SCHNEIDER, E. und NOWACK, H., NDE of Stresses in Thick-Walled Components by Ultrasonic Methods. Proc. 7. Intern. Conf. NDE in Nuclear Industry, Grenoble (1985), 405-415

22.6 BROKOWSKI, A. und DEPUTAT, J., Ultrasonic Measurements of Residual Stresses in Rails. Proc. 11 World Conf. on NDT, Las Vegas (1985), 592-598

22.7 SCHNEIDER, E. und REPPLINGER, W., Materialspannungen FKM-Forschungshefte, Nr. 147, 1990.

22.8 BOLTMIKE SM II der Firma Kaufkrämer, Hürth.

22.9 MOHRBACHER, H., BRUCHE, D. und SCHNEIDER, E., Berichtsband DGZFP-Jahrestagung, Kiel 1989, 427 ff

22.10 SCHNEIDER, E., Berichtsband Seminar "Eigenspannungen in Keramik", KFA Jülich, 1989.

Kapitel 23

23.1 THEINER, W.A.,BRINKSMEIER, E., STÜCKER, E.:
Berichtsband "International Conference on Residual Stress", Garmisch-Patenkirchen, 1986

23.2 GARTNER, G., STÜCKER, E., THIELE, D.: VDI-Berichte Nr. 679, 1988, 47 ff

23.3 SCHNEIDER, E.,HÖLLER, P., GOEBBELS, K.:Nucl. Engin. and Design 84 (1985) 165 ff

23.4 HEESCHEN, J., NITSCHKE, Th., THEINER, W.A., WOHLFAHRT, D.H.: DVS-Berichte, Band 112, 1989

23.5 BURKHARDT, G.-L., KWUN, H.: Rev.Progr.Quant. NDE 8B (1989) 2043 ff

23.6 KOCH, R.,HÖLLER, P.: in P. HÖLLER et al. (Eds.): Nondestructive Characterization of Materials. Springer, 1989, 644 ff.

23.7 BACH, G., VALTINGOJER, J., GOEBBELS, K.: Materialprüf. 31 1989 Heft 11/12

Kapitel 24

24.1 A.J. ALLEN, M.T. HUTCHINGS, C.G. WINDSOR und C. ANDREANI: Neutron diffraction methods for the study of residual stress fields. Advances in Physics, 1985, Vol. 34, No. 4. pp. 445-473

24.2 R. PYNN: Neutron Scattering- A Primer. Los Alamos Science, Number 9, 1990, Neutron Scattering pp. 1-31

24.3 T. LORENTZEN: Bulk residual stress studies by neutron diffraction. PhD Thesis 1990

24.4 J. KEUTER: Neutronographische und röntgenographische Spannungsanalyse geschweißter T-Stöße. Diplomarbeit, Kiel 1990/1991

24.5 P.J. WEBSTER: Neutron Strain Scanner: Measurements in Welds IUTAM Symposium on Mechanical Effects of Welding, 10-14 June, 1991, in Lulea pp. 1-8

24.6 H.G. PRIESMEYER: Transmission BRAGG-EDGE Measurements "Measurement of Residual and Applied Stress Using Neutron Diffraction". The stress free reference sample: Alloy composition information on neutron capture. (Proc. NATO ARW Oxfort, 18-22 march 1991), Eds. M.T. HUTCHINGS and A.D. KRAWITZ (KLUVER, DORDRECHT, 1992)

24.7 A.J. ALLEN, C.F. COLEMANN, S.J. CONCHIE, M.T. HITCHINGS und F.A. SMITH: "In the Field" NDT Mapping of Plastic Damage in Metal and Alloy Components using Positron Annihilation Techniques and Comparison with Residual Stresses. Non-Destructive Testing, J.M. FARLEY und R.W. NICHOLS, Pergamon Press, Proceedings 4th European Conf., London 1987, pp. 2193-2202

24.8 G. WIENER: Untersuchung plastisch verformter Eisenproben mit in situ erzeugter Positronen. Diplomarbeit, Kiel 1991

24.9 H. GLÖDE: Neutronendetektoren für das FOURIER-Spannungs-Spektrometer FSS-Auswahl, Aufbau und Test am Forschungsreaktor FRG-1. Diplomarbeit, Kiel 1989/1990

Kontaktadressen in Europa für Spannungsmessungen mit Neutronen

Institut für Werkstofforschung
GKSS Forschungszentrum Geesthacht GmbH.
Postfach 1160
2054 Geesthacht

Hahn-Meitner Institut Berlin GmbH
Abt. N5
Glienicker Str. 100
1000 Berlin 39

ECN
Energieonderzoek Centrum Nederland
PO Box 1
NL-1577 ZG Petten
Holland

CEA
Institut Leon Brillouin
F-91191 Gif-sur-Ysette
Frankreich

AEA InTex.
Non-Destructive Testing Department
B 521.1
Harwell Laboratory
DIDCOT
OX11 ORA
England

Institut für Nukleare Festkörperphysik
KFK
Postfach 3640
7500 Karlsruhe

Riso National Labaratory
Postbox 49
Materials Department
DK-4000 ROSKILDE
Dänemark

Institut Laue Langevin
BP 156
Centre de Tri
F-38042 GRENOBLE cedex
Frankreich

ISIS
Rutherford Appleton Labaratory
DIDCOT
OX11 ORA
England

Kapitel 25

25.1 ZURMÜHL, R., Praktische Mathematik für Ingenieure und Physiker, Springer Verlag (1961)

25.2 GREEN, J. R. und MARGERISON, D., Statistical Treatment of Experimentel Data. Elsevier-Amsterdam-Oxford-New York (1978)

25.3 BEVINGTON, P. R., Data Reduction and Error Analysis for the Physical Sciences. Mac-Graw-Hill, New York (1969)

25.4 STOER, J., Einführung in die Numerische Mathematik I. Springer Verlag Berlin, Heidelberg, New York, Tokyo (1983)

25.5 JORDAN-ENGELN, G. und REUTTER, F., Formelsammlung zur Numerischen Mathematik mit Fortran IV-Prog. BI-Hochschultaschenbuch, Band 106 (1976)

25.6 FRIEDEN, B. R., Probability, Statistical Optics and Data Testing. Springer Verlag Berlin, Heidelberg, New York (1983)

Sachwortverzeichnis

Die Zahlen verweisen auf die Seiten:

I

Isochromaten 61, 306
- kline 61, 304
- state 304

K

k-Faktor 110, 113
Klothoide 43
Kompatibilitätsbedingung 74
Kompensation 308
- absolute 309
- TARDY 308
Kompressionsmodul 35, 362
Koordinaten 10, 283
Krümmungsmessung 101
Kugelstrahlen 287, 329

L

Licht, BREWSTER-Gesetz 135
- Geschwindigkeit 134
- Leitfasern 360
- Polarisation 134
Linienlage 141

M

Magnetostriktion 64, 190
Magnetsonden 198
MARQUART-Algorithmus 355
MAYBACH-Verfahren 128, 272
Meßprinzip 58
- mechanisch 98
Meßort 66
Mikromagnetik 328
- Turbinenschaufeln 328
- Sägeblatt 328
- Schweißnähte 328
- Kugelstrahlen 329
MILLER-Indizes 138
MOHR-Kreis 12, 23
MOIRE-Verfahren 360
MURNAGHAN-Konstanten 62

N

Nennspannung 4
Neutronen 157
- Detektoren 167
- Diffraktometrie 159, 169
- Einfang 336
- Fluß 163
- Quelle 158
- Spannungsmessung 334
- Transmissionsspektometrie 337
- Schweißverbindung 324
- T-Stoß 235
- Verbundstoffe 335
- Zugprobe 334

O

Oberflächenschichtverfahren 302
Ordnungszahl 305, 307

P

Peakbreite 168
POISSON-Zahl 35, 45, 288
Polarisationsachse 304
Polariskop 168

R

Reißlack 272
REUSS-Fall 139
Rißlinien 274
Röntgen-Aufspaltung 287
- Detektor 148
- Diffraktometer 146
- Eingabeparameter 286
- Goniometer 147
- Integralverfahren 281
- Pfad 284
- ψ-Kippung 287
- Linie 141
- Messung 60
- Oberflächengradient 288
- Optik 148
- Quelle 146
- Wellenlänge 293
Rückfederung 41

Reibung und Verschleiß

Methoden zur Lösung tribologischer Probleme

von Horst Czichos und Karl H. Habig

1992. X, 574 Seiten. Gebunden.
ISBN 3-528-06354-8

In dem Werk werden für das Gebiet der Tribologie neben einem fundierten Überblick praxisorientierte Bearbeitungshilfen gegeben. Dabei werden ausführlich die verschiedenen tribologischen Beanspruchungen und die Grundlagen von Reibung, Verschleiß und Schmierung dargestellt. Die anschließend behandelten Anwendungsgebiete der Tribologie umfassen sowohl tribotechnische Werkstoffe und Schmierstoffe als auch die wichtigsten tribotechnischen Systeme des Maschinenbaus und der Fertigungstechnik. Außerdem werden die modernen Methoden der Reibungs- und Verschleißprüftechnik, der Analyse von Verschleißschäden und der systematischen Bearbeitung von Verschleißproblemen aufgezeigt.

Das Buch wird Maschinenbauern, Feinwerktechnikern, Werkstofftechnikern, Physikern und Chemikern Methoden zur Lösung von Reibungs- und Verschleißproblemen in Entwicklung, Konstruktion, Fertigung, Prüfung und betrieblicher Instandhaltung vermitteln.

Verlag Vieweg · Postfach 58 29 · D-6200 Wiesbaden 1

Praktikum in Werkstoffkunde

Skriptum für Ingenieure, Metall- und Werkstoffkundler, Werkstoffwissenschaftler, Eisenhüttenleute, Fertigungs- und Umformtechniker

von Eckard Macherauch

9. Auflage 1990. VIII, 439 Seiten mit 508 Abbildungen. (unitext) Paperback. ISBN 3-528-83306-8

Das Buch vermittelt den Studenten der Ingenieurwissenschaften und der werkstoffwissenschaftlich orientierten Fächer einen systematischen Zugang zu grundlagen- und anwendungsorientierten Fragestellungen der Werkstoffkunde. Dabei werden in ausgewogener Weise sowohl werkstoffwissenschaftliche als auch werkstofftechnische Problemkreise angesprochen. An Hand einer sachlich und didaktisch begründeten Folge von 96 exemplarischen Versuchen wird fortschreitend ein vertiefter Einblick in werkstoffkundliche Zusammenhänge und die zu ihrer Aufklärung geeigneten Untersuchungsmethoden gegeben. Sowohl moderne Experimentalmöglichkeiten zur Charakterisierung von Werkstoffzuständen als auch die wichtigsten Methoden und Verfahren der Werkstoffprüfung werden angesprochen. Bei den einzelnen Versuchen werden jeweils zunächst die erforderlichen Grundlagenkenntnisse ausführlich beschrieben und die anschließend zur Bearbeitung der Fragestellung geeigneten Methoden und Experimentaleinrichtungen vorgestellt.

Verlag Vieweg · Postfach 58 29 · D-6200 Wiesbaden 1

MIX
Papier aus verantwortungsvollen Quellen
Paper from responsible sources
FSC® C105338

If you have any concerns about our products,
you can contact us on
ProductSafety@springernature.com

In case Publisher is established outside the EU,
the EU authorized representative is:
Springer Nature Customer Service Center GmbH
Europaplatz 3, 69115 Heidelberg, Germany

Printed by Libri Plureos GmbH
in Hamburg, Germany